SABER HACER contigo

ESO 3

Biología y Geología

SERIE **OBSERVA**

El libro Biología y Geología 3, para tercer curso de ESO, es una obra colectiva concebida, diseñada y creada en el Departamento de Ediciones Educativas de Grazalema / Santillana Educación, S. L., dirigido por **Maite López-Sáez Rodríguez-Piñero** y **Teresa Grence Ruiz**.

En su elaboración ha participado el siguiente equipo:
Francisco Vives Boix
Ignacio Meléndez Hevia
José Luis Garrido Garrido
Miguel Ángel Madrid Rangel

EDICIÓN
Belén Álvarez Garrido
Vicente Camacho Díaz
Adela Martín Rodríguez
Daniel Masciarelli García
Juan San Isidro González-Escalada
Julia Manso Prieto
Susana Lobo Fernández

EDICIÓN EJECUTIVA
Begoña Barroso Nombela

Las actividades de este libro no deben ser realizadas en ningún caso en el propio libro. Las tablas, esquemas y otros recursos que se incluyen son modelos para que el alumnado los traslade a su cuaderno.

SANTILLANA
GRAZALEMA

BIOLOGÍA

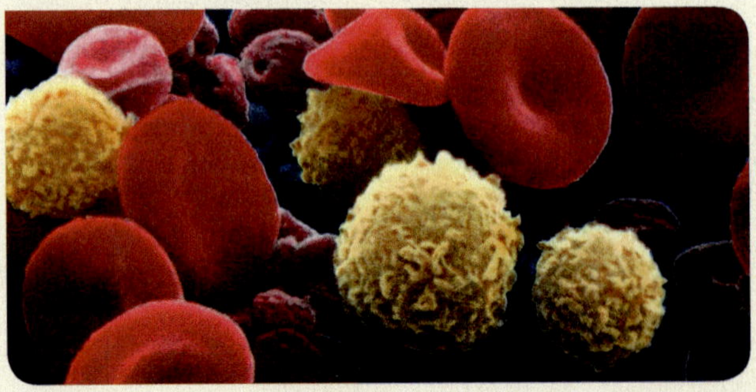

GEOLOGÍA

Te encantará SABER HACER CONTIGO porque:

1 Recoge el currículo oficial con rigor científico y de forma completa y clara.

2 Cada unidad se relaciona con uno de los **ODS de la ONU**. Así el conocimiento contribuye a mejorar el mundo en que vivimos.

3 Las **imágenes** son parte esencial del contenido de la unidad.

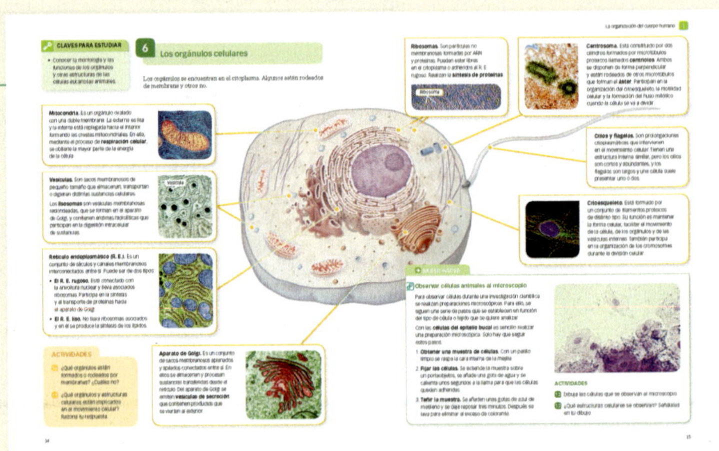

4 Educamos en las **competencias del siglo XXI**, con actividades específicas:

- Competencia matemática, científica y tecnológica
- Comunicación lingüística
- Aprender a aprender
- Competencia social y cívica
- Competencia digital
- Iniciativa y emprendimiento

5 Las **actividades de aprendizaje** te ayudarán a consolidar los conocimientos que vayas adquiriendo en cada unidad.

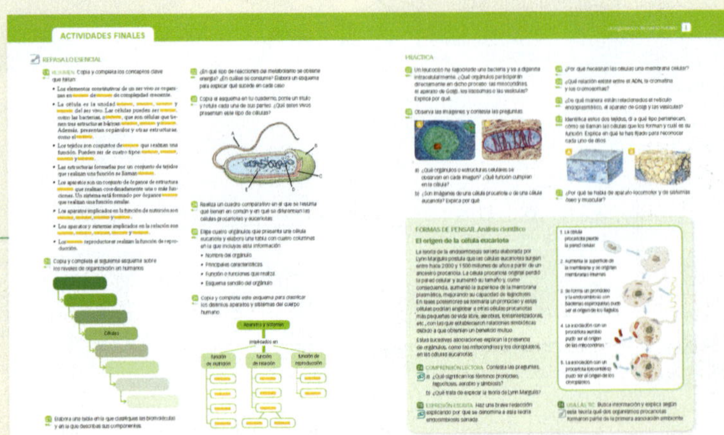

6 Porque vivimos en la sociedad de la información, tienen especial relevancia las **actividades de análisis de la información científica**.

7 Trabajarás específicamente tu competencia científica en la sección **Saber hacer**.

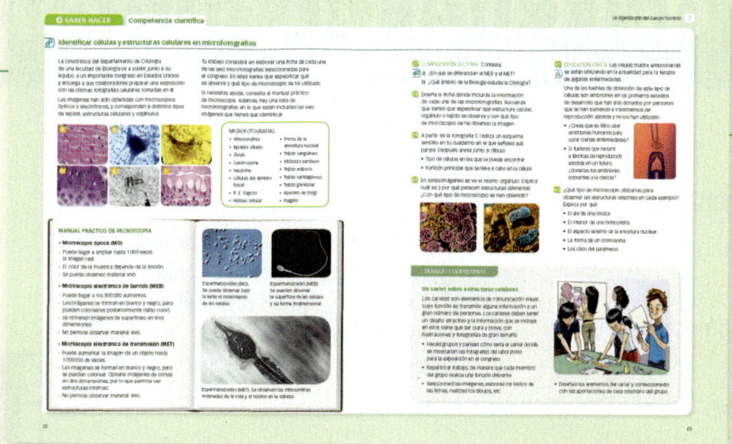

8 Adquirirás destrezas de trabajo en equipo colaborando con tus compañeras y compañeros para realizar **Trabajo cooperativo**.

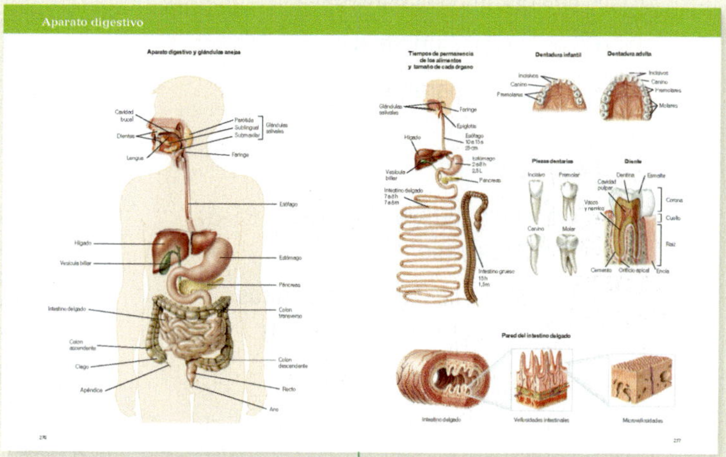

9 Se incluyen prácticas de laboratorio para consolidar tus conocimientos.

10 Y un **atlas del cuerpo humano** para afianzar el estudio de la anatomía.

Grandes personalidades de la ciencia presenta las biografías de personas dedicadas al estudio científico para que descubras las aportaciones de grandes mujeres y hombres a la historia del conocimiento.

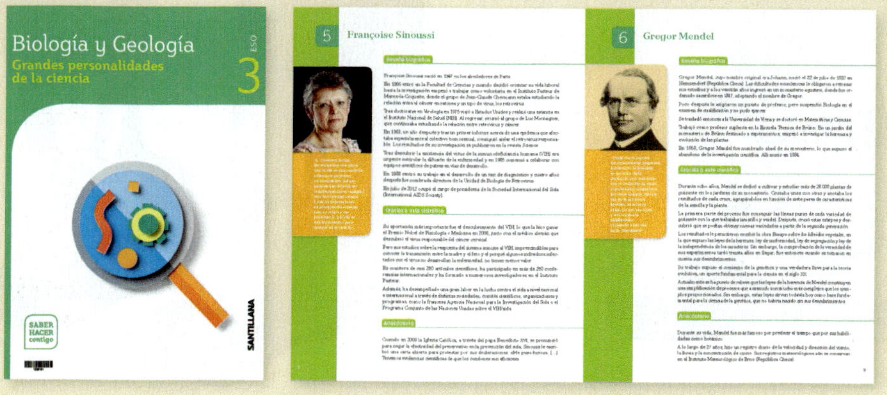

1 La organización del cuerpo humano

SABER

- Los niveles de organización
- La composición química de los seres vivos
- La célula, unidad básica del ser vivo
- La célula procariota
- La célula eucariota
- Los orgánulos celulares
- Los tejidos humanos
- Órganos, aparatos y sistemas

SABER HACER

- Observar células animales al microscopio
- Identificar células y estructuras celulares en microfotografías

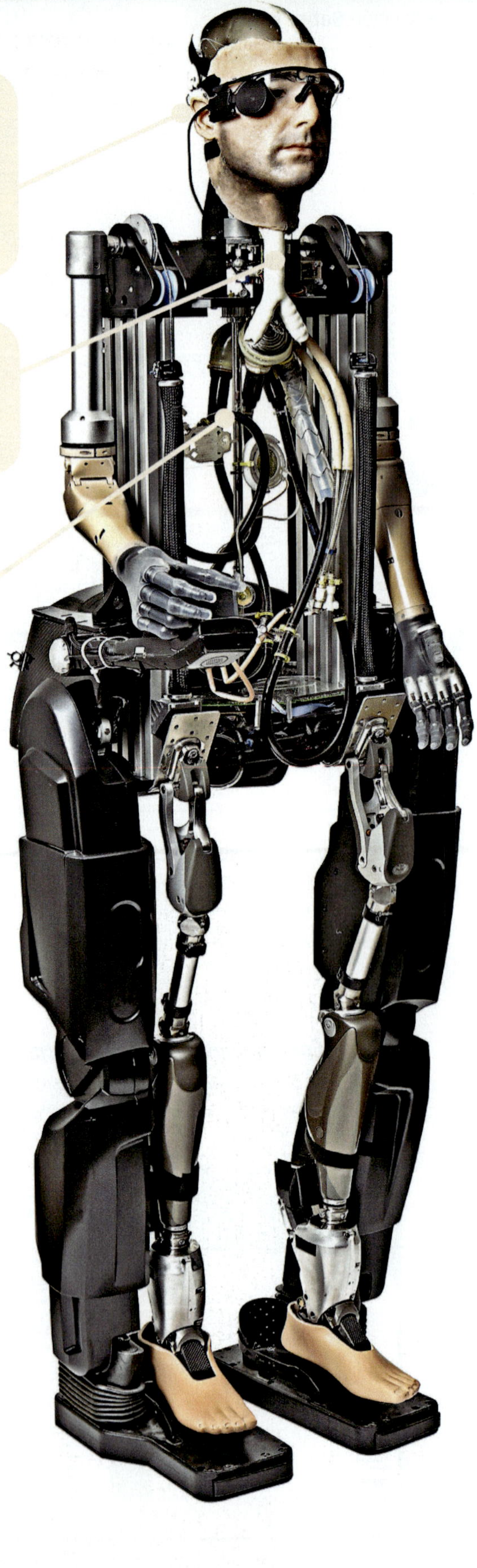

Sus oídos tienen un implante que estimula las fibras nerviosas del oído interno y que convierte las señales acústicas en señales eléctricas.

La tráquea es un tubo artificial igual al que se implanta en personas que padecen cáncer.

La sangre es sintética y circula por el interior de tubos. Las nanopartículas que la forman pueden unirse al oxígeno y transportarlo.

? INTERPRETA LA IMAGEN

- Describe la estructura y la cara del hombre biónico.
- ¿Están presentes en Rex todos los aparatos y sistemas?
- ¿Qué elementos hacen la función de venas y arterias?
- Compara la cara del hombre biónico con la de la persona en la que se inspiraron para crearla.

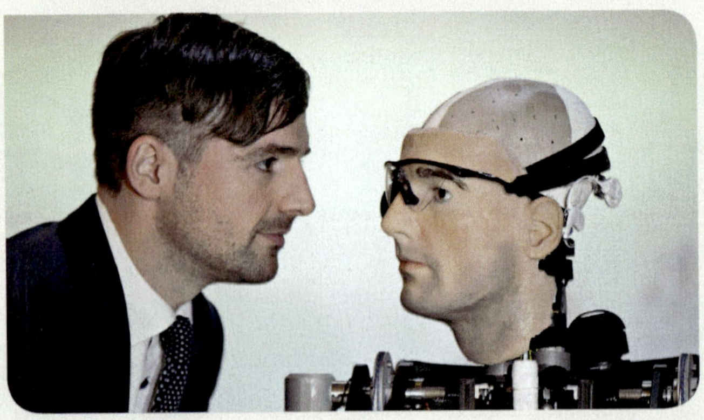

NOS HACEMOS PREGUNTAS

¿Qué es Rex, el hombre biónico?

Rex es un prototipo creado por un equipo experto en robótica. Todos sus órganos han sido creados en un laboratorio y con él se pretende demostrar que la tecnología médica es capaz de sustituir eficazmente ciertas partes del cuerpo.

OPINA. ¿Crees que en los próximos años se podrá construir una persona biónica con todos los órganos artificiales? Explica por qué.

3 SALUD Y BIENESTAR

Promover el bienestar para todos, en todas las edades, a través de un mejor conocimiento de nuestro cuerpo.

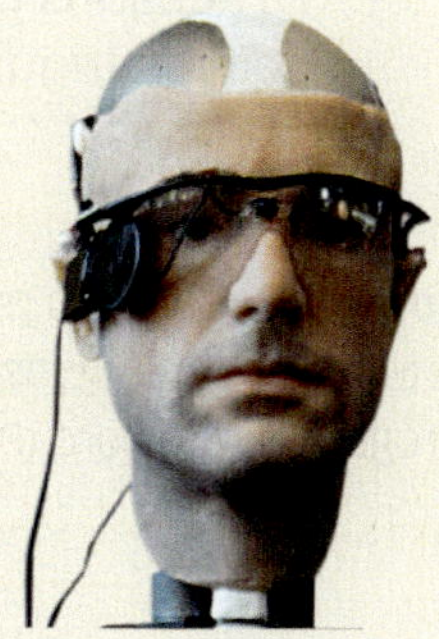

Las gafas de Rex tienen una cámara que capta imágenes que se envían a los microchips de una retina artificial, igual a las que se utilizan para hacer implantes en pacientes reales.

Los órganos internos, como el páncreas, el bazo y los riñones, aún no están del todo técnicamente desarrollados.

En 2017 se consiguió crear un riñón artificial y se espera que a partir de 2020 pueda implantarse en personas enfermas.

El corazón es una válvula que bombea la sangre artificial a todo el cuerpo. Fue diseñado para sustituir al corazón humano en pacientes que esperan un trasplante.

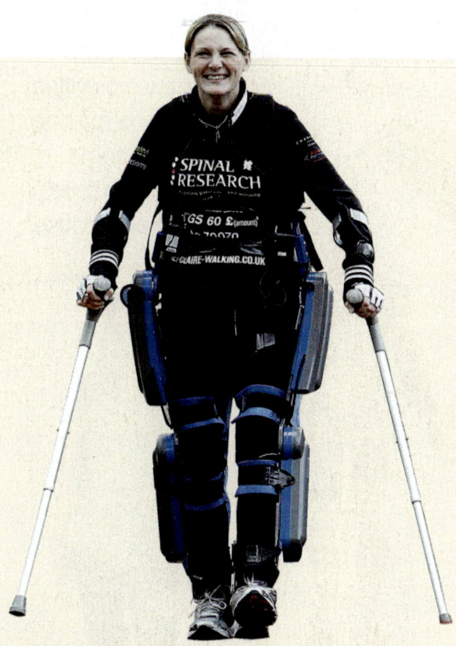

Las extremidades son prótesis artificiales que responden a estímulos eléctricos y permiten el movimiento.

Los dedos pueden doblarse en cada articulación y asir objetos con una fuerza variable.

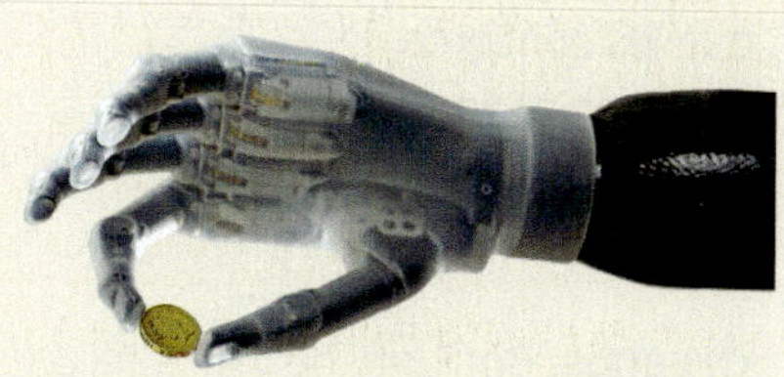

CLAVES PARA EMPEZAR

- ¿Cuáles son las unidades básicas que forman los seres vivos?
- ¿Qué tipo de células presentan las bacterias?
- ¿Qué diferencia un tejido de un órgano?
- ¿Cuáles son las funciones vitales? Di el nombre de un órgano y de un sistema que participen en cada una de ellas.

CLAVES PARA ESTUDIAR

- Diferenciar los niveles de organización de los seres vivos.
- Conocer los bioelementos y las biomoléculas.

1 Los niveles de organización

Todos los seres vivos estamos dotados de un conjunto de estructuras que cumplen unas funciones específicas.

Las unidades que forman un ser vivo presentan distintos grados de complejidad que denominamos **niveles de organización**, en los que cada nivel es estructural y funcionalmente más complejo que el anterior.

Ordenados de menor a mayor complejidad, en un ser humano se pueden distinguir los siguientes niveles de organización:

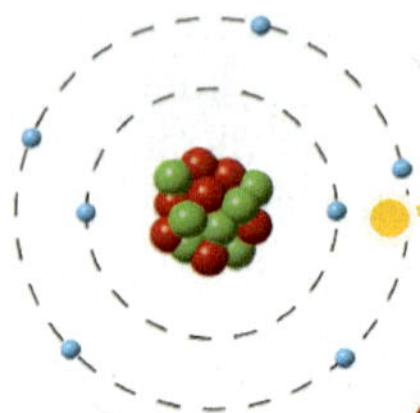

Átomos. Constituido por los átomos de todos los elementos químicos que forman parte de los seres vivos o **bioelementos**, como carbono (C), oxígeno (O), hidrógeno (H), nitrógeno (N), fósforo (P), azufre (S), calcio (Ca), magnesio (Mg) y sodio (Na), entre otros.

Moléculas. Formado por las moléculas que resultan de la unión mediante enlace químico de dos o más bioelementos. Las moléculas que forman los seres vivos se llaman **biomoléculas**.

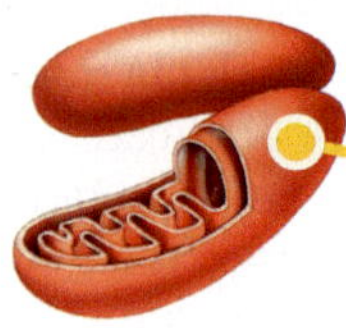

Orgánulos. Las biomoléculas se unen entre sí y forman estructuras celulares que cumplen una función concreta, como las mitocondrias.

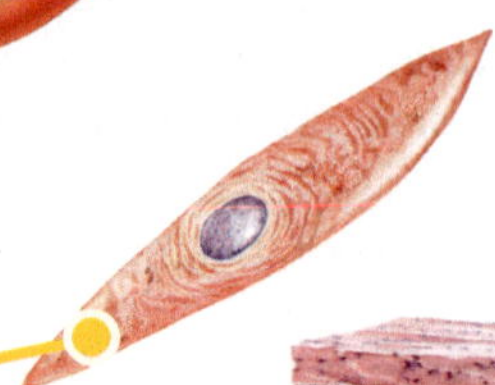

Células. Las células están formadas por un conjunto de estructuras y orgánulos que les confieren una propiedad única: la vida.

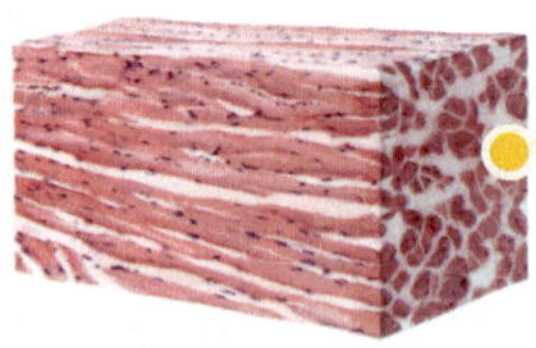

Tejidos. Formado por un conjunto de células especializadas que tienen el mismo origen y cumplen una función determinada, como el tejido óseo, el tejido muscular o el nervioso.

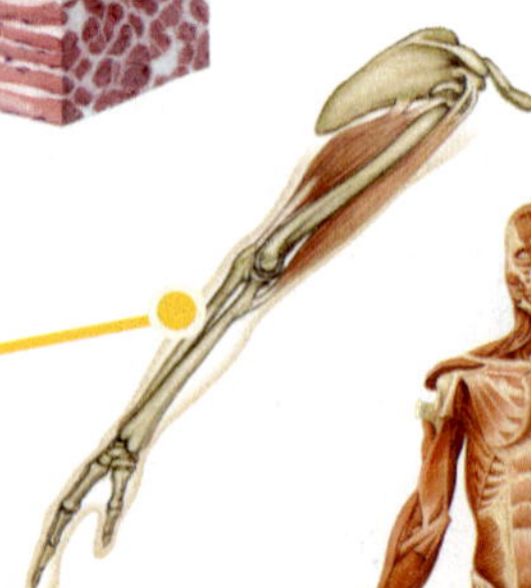

Órganos. Conjunto de varios tejidos distintos que cumplen una función específica. Los músculos, los huesos, los riñones o el corazón son órganos.

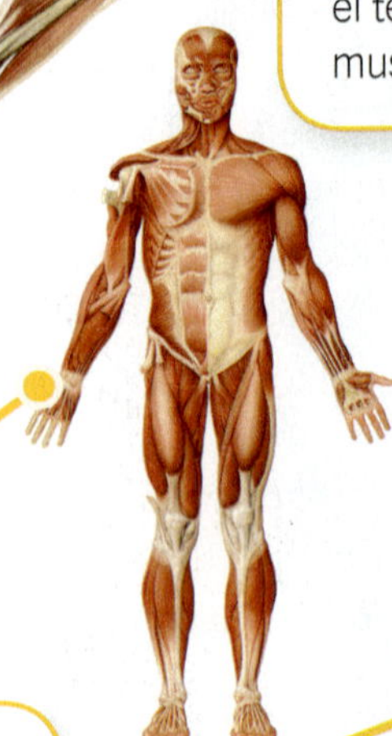

Sistemas y aparatos. Conjunto de órganos semejantes (sistema) o distintos (aparato) que cumplen una función vital, como el sistema muscular y el aparato locomotor.

Organismo. Ser vivo independiente constituido por aparatos y sistemas que es capaz de llevar a cabo todas las funciones vitales.

2 La composición química de los seres vivos

Los bioelementos se combinan entre sí para dar lugar a las biomoléculas, que pueden ser de dos tipos: inorgánicas u orgánicas.

Biomoléculas inorgánicas

Están presentes tanto en los seres vivos como en la materia inerte.

- **El agua.** Es la sustancia más abundante en todos los seres vivos. Constituye alrededor del 65 % de nuestro cuerpo, aunque su distribución varía de unos órganos a otros; por ejemplo, la sangre y el cerebro contienen mayor cantidad de agua que los huesos. Es también el componente principal de las células y de los líquidos internos.
- **Las sales minerales.** Son sustancias que, en los seres vivos, pueden aparecer disueltas en forma de **iones**, como el ion sodio (Na^+) o el ion potasio (K^+), o precipitadas en forma de **cristales**, como el fosfato y el carbonato cálcico. Función estructural.

Biomoléculas orgánicas

Son sustancias exclusivas de los seres vivos, ricas en el elemento químico **carbono**.

ACTIVIDADES

1. Indica a qué nivel de organización corresponden un eritrocito, la sangre, el páncreas, un lípido, el agua y el oxígeno.
2. Realiza una tabla indicando cuáles son los monómeros que forman las biomoléculas orgánicas y cuáles los polímeros resultantes de su unión.

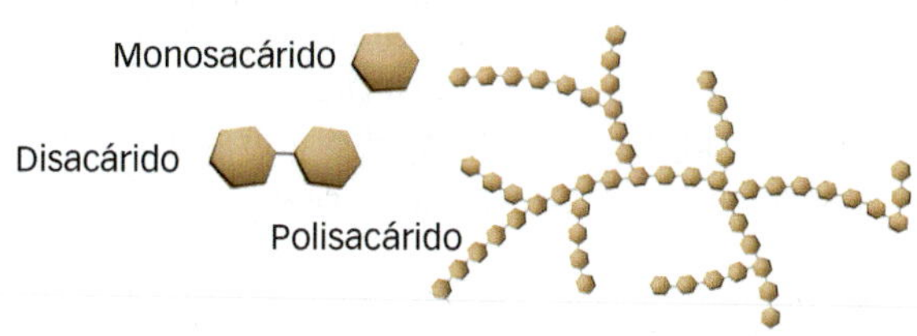

Glúcidos. Son moléculas formadas por **monosacáridos**, como la **glucosa**. La unión de dos monosacáridos forma un **disacárido**, como la **sacarosa** o la **maltosa**. La unión de varios monosacáridos forma los **polisacáridos**, como el **glucógeno** o la **celulosa**.

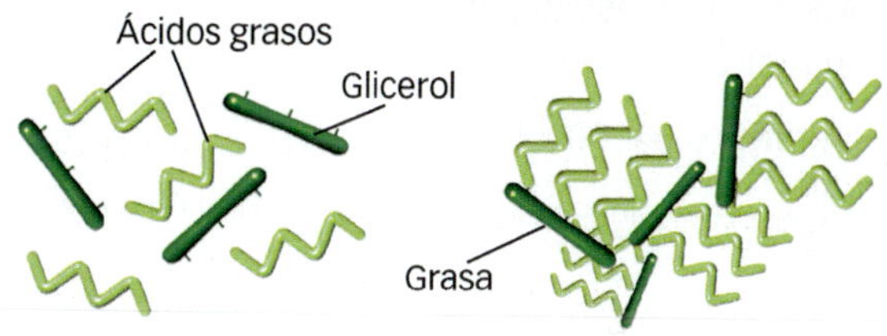

Lípidos. Son moléculas de naturaleza química muy variada. Entre ellos se encuentran las **grasas**, los **fosfolípidos** y el **colesterol**. Las grasas son los lípidos más simples y se pueden descomponer en **ácidos grasos** y en un alcohol, el **glicerol**.

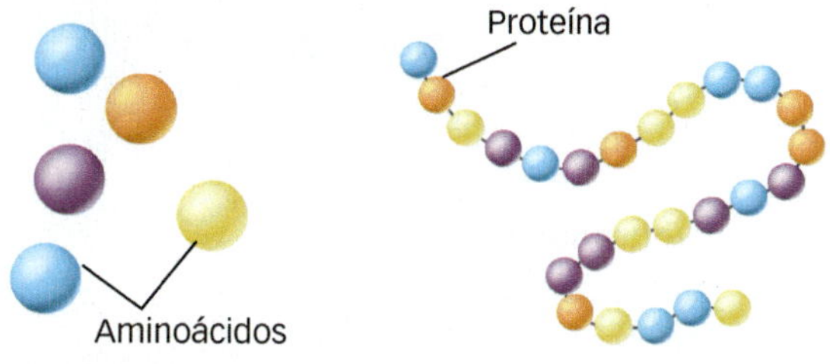

Proteínas. Son macromoléculas constituidas por la unión de muchas moléculas denominadas **aminoácidos**. Algunas proteínas importantes del ser humano son el **colágeno**, la **hemoglobina** o los **anticuerpos**.

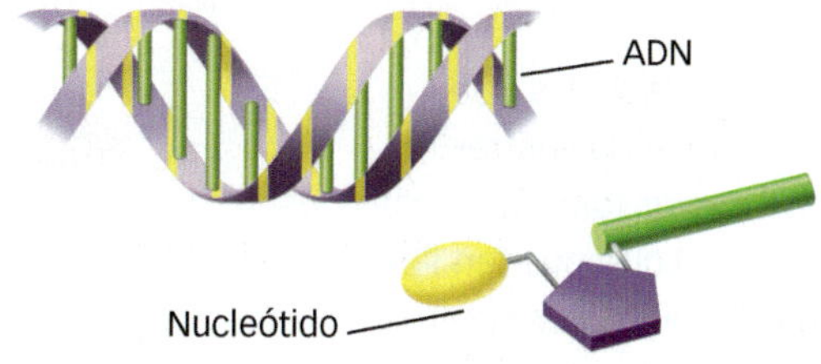

Ácidos nucleicos. Son grandes biomoléculas formadas por la unión de otras más pequeñas llamadas **nucleótidos**. Hay dos tipos: el **ADN** o **ácido desoxirribonucleico** y el **ARN** o **ácido ribonucleico**.

CLAVES PARA ESTUDIAR

- Saber qué es una célula y cuáles son sus funciones.

3 La célula, unidad básica del ser vivo

Todos los seres vivos, desde los más sencillos a los más complejos, están formados por células. La **célula** es la unidad con vida más sencilla capaz de realizar las funciones de nutrición, relación y reproducción. Es, por tanto, la unidad fundamental de todos los seres vivos.

- Es la **unidad morfológica**, ya que forma todas sus estructuras.
- Es la **unidad fisiológica**, porque en su interior se realizan las funciones vitales.
- Es la **unidad genética**, al contener el material hereditario del individuo.
- Es la **unidad de origen**, porque toda célula proviene, por división, de otra célula anterior.

Los seres vivos pueden estar formados por una sola célula o por varias:

- Los **organismos unicelulares** son seres microscópicos formados por una sola célula. Los encontramos en el reino Moneras (bacterias), en el reino Protoctistas (protozoos y algas unicelulares) y en el reino Hongos.
- Los **organismos pluricelulares** son seres vivos, en su mayoría macroscópicos, que están formados por muchas células. Su organización es compleja y los encontramos en el reino Protoctistas (algas) y en los reinos Hongos, Plantas y Animales.

Nuestro cuerpo está formado por billones de células. En una persona adulta existen más de 200 tipos diferentes, cada una con una forma, un tamaño específico y una función concreta. Además, en nuestro cuerpo hay muchas bacterias, que nos proporcionan beneficios e intervienen en procesos como la digestión, la inmunidad y el crecimiento, por eso cada individuo puede considerarse un complejo ecosistema.

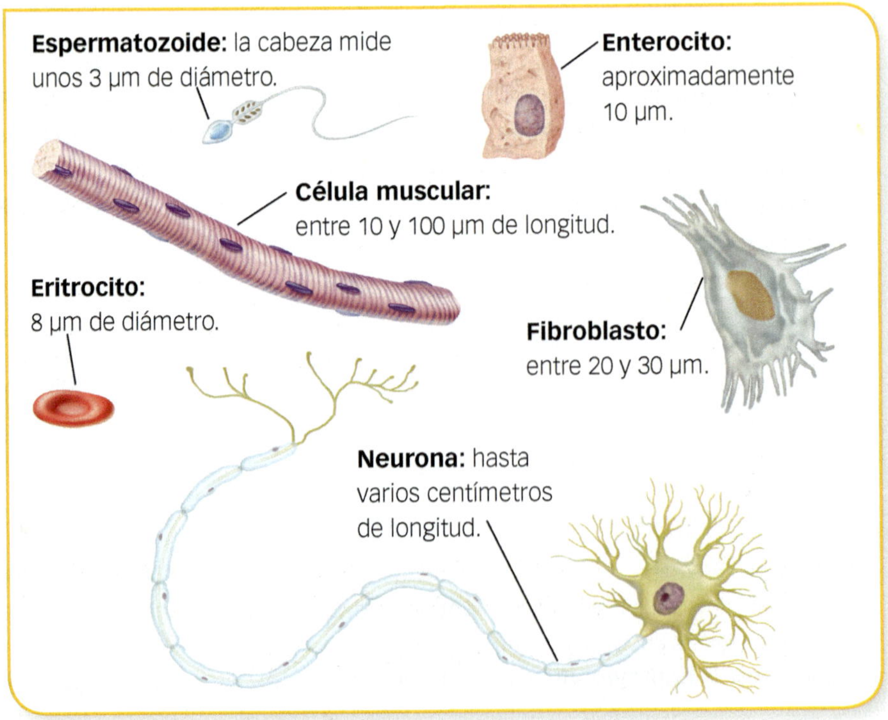

RECUERDA

Un **micrómetro (μm)**, también llamado micra, es la millonésima parte de un metro:

1 μm = 0,000001 m

Un **nanómetro (nm)** es una milmillonésima parte de un metro:

1 nm = 0,000000001 m

? INTERPRETA LA IMAGEN

3. ¿Qué célula de las que aparecen en la ilustración tiene mayor tamaño? ¿Por qué crees que pueden llegar a medir varios centímetros?
4. ¿Cuál de las células tiene capacidad de movimiento? Explica por qué y cuál es su función.

Las funciones vitales en las células

Las células llevan a cabo las tres funciones vitales: nutrición, relación y reproducción.

- La **nutrición celular** es el conjunto de procesos mediante los cuales las células obtienen la materia y la energía necesarias para realizar sus funciones vitales.

  Las sustancias que la célula toma del exterior se denominan **nutrientes**. Estas sustancias son utilizadas por la célula para obtener energía, así como para conseguir los materiales necesarios para crecer y para construir y renovar las estructuras celulares.

  Una vez dentro de la célula, los nutrientes experimentan una serie de procesos químicos que en conjunto reciben el nombre de **metabolismo celular**. Según la finalidad y el tipo de reacción que se produce, el metabolismo se diferencia en catabolismo y anabolismo.

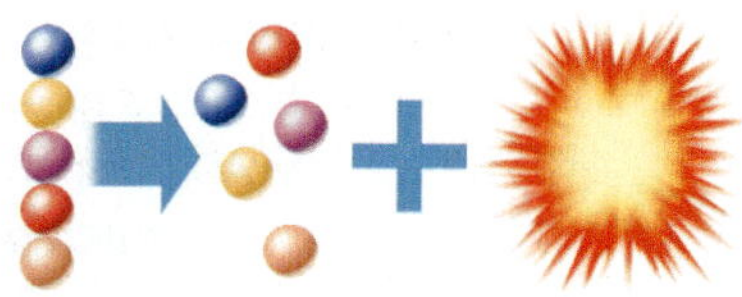

Catabolismo. Consiste en la transformación de sustancias orgánicas complejas, ricas en energía, en compuestos más pequeños y simples. En el catabolismo se obtiene energía, que es utilizada por la célula para sintetizar nuevas moléculas, para la reproducción o para el propio funcionamiento celular.

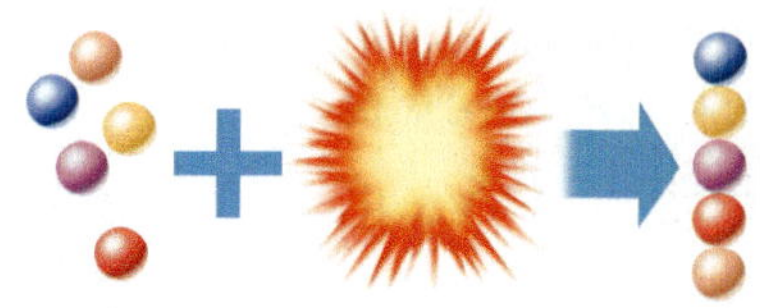

Anabolismo. Corresponde a reacciones de tipo constructivo. Comprende los procesos que convierten las sustancias pequeñas y sencillas en sustancias orgánicas complejas propias de la célula, que utiliza para crecer y para reponer estructuras dañadas o perdidas. Para llevar a cabo estos procesos es necesario utilizar energía.

- La **relación celular** permite a las células recoger información del medio en el que viven y comunicarse con otras células.
- La **reproducción celular** es el proceso mediante el cual una célula madre se divide originando nuevas células, llamadas células hijas.

  En los **organismos unicelulares**, la división celular supone la aparición de nuevos individuos idénticos a los progenitores y, por tanto, un aumento en el tamaño de la población.

  En los **organismos pluricelulares**, la división celular supone un aumento del número de células del organismo y, a su vez, el crecimiento del individuo o la renovación de alguna de sus partes que se hubiera perdido o dañado.

ACTIVIDADES

5. TOMA LA INICIATIVA. Si tuvieras que diseñar una célula que sirviera como superficie de revestimiento, ¿qué forma le darías?
6. Explica qué función cumple el metabolismo celular.

CLAVES PARA ESTUDIAR

- Conocer y comparar las células procariota y eucariota.
- Establecer las diferencias entre ambos tipos de organización celular.

4 La célula procariota

Las células procariotas tienen una organización sencilla y su tamaño es menor que el de las células eucariotas. Se caracterizan por tres rasgos fundamentales:

- **Carecen de núcleo**, su material genético está disperso en el interior del **citoplasma**.
- **Tienen ribosomas**, pero no presentan ningún otro orgánulo.
- La membrana plasmática está cubierta por una **pared celular**.

Las **bacterias** son seres vivos procariotas formados por una sola célula que pertenecen al reino Moneras. Se han encontrado indicios de su actividad en rocas de hace 3800 millones de años.

Membrana plasmática. Delimita el citoplasma. A través de ella se produce el intercambio de sustancias.

Pared celular. Envoltura rígida y gruesa que se sitúa por encima de la membrana. Protege y da forma a la bacteria.

Cápsula bacteriana. Cubierta externa gruesa que no presentan todas las bacterias. Sirve para adherirse y protegerse.

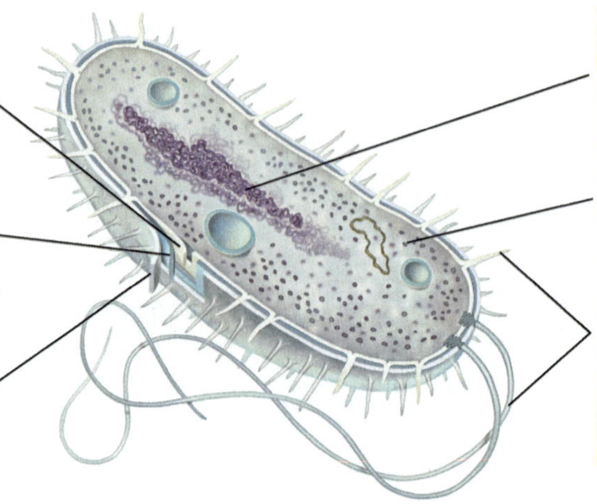

Cromosoma bacteriano. El material genético es una molécula circular de ADN dispuesta en una región llamada **nucleoide**.

Ribosomas. Partículas que realizan la síntesis de proteínas.

Apéndices. Pueden ser estructuras como los **flagelos**, que intervienen en el movimiento, y las **fimbrias**, más cortas y numerosas, que ayudan a la bacteria a fijarse a un sustrato.

SABER MÁS

Los microscopios

Los avances en el estudio de la célula han ido de la mano del desarrollo tecnológico de la óptica. Los microscopios han permitido a los científicos observar directamente las estructuras biológicas. Actualmente, en biología se utilizan dos tipos de microscopios.

- **Microscopio óptico.** Utiliza una fuente de luz visible y dos juegos de lentes de vidrio para aumentar el tamaño de la imagen. Los mejores microscopios ópticos tienen un poder de resolución de 0,2 micrómetros (μm) y permiten aumentar la imagen hasta 1 000 veces.
- **Microscopio electrónico.** Usa haces de electrones y lentes electromagnéticas que enfocan el haz. Tiene un poder de resolución de 0,2 nanómetros (nm), y permite llegar a 1 000 000 de aumentos.

Microscopio óptico (M.O.)

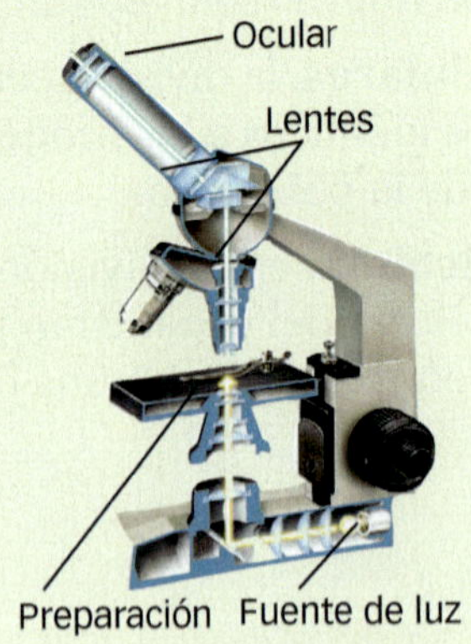

Microscopio electrónico (M.E.)

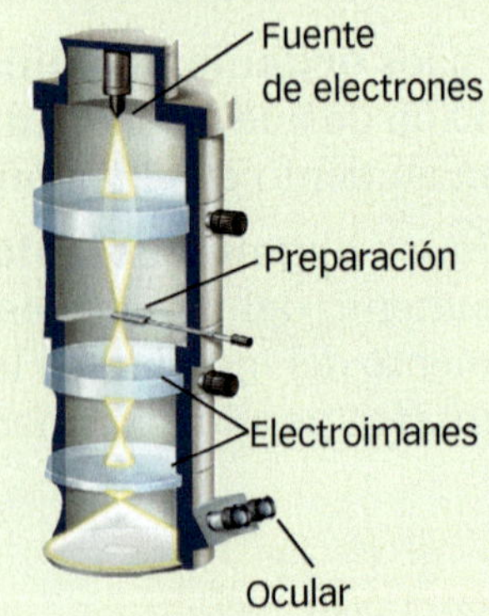

▶ USA LAS TIC. Busca información y explica qué es el poder de resolución.

▶ Un metro, ¿cuántos nanómetros son?

5 La célula eucariota

Las células **eucariotas** son más complejas y generalmente más grandes que las procariotas, su tamaño oscila entre 10-100 µm y varios centímetros. Las células humanas son células eucariotas de tipo animal. En ellas se distinguen tres estructuras:

- **Membrana plasmática.** Es la estructura que delimita la célula y permite el intercambio de sustancias con el exterior. Está formada por una doble capa de fosfolípidos en la que se intercalan moléculas de colesterol y diferentes tipos de proteínas. Este modelo de membrana se denomina de **mosaico fluido** porque los elementos que la constituyen se mueven y cambian de posición.
- **Citoplasma.** Es el espacio de la célula comprendido entre la membrana y el núcleo. En él se encuentra:
  - **El citosol.** Es el medio fluido interno.
  - **Los orgánulos.** Estructuras que cumplen distintas funciones.
  - **El citoesqueleto.** Formado por fibras proteicas que intervienen en el movimiento, la organización interna y la división celular.
- **Núcleo.** Es una estructura esférica en cuyo interior se encuentra el material genético que controla el funcionamiento celular. Está rodeada de una doble membrana denominada **envoltura nuclear**, que tiene multitud de **poros** que permiten el intercambio de sustancias con el resto de la célula. En el núcleo se encuentran el **nucleoplasma**, la **cromatina** y el **nucleolo**.

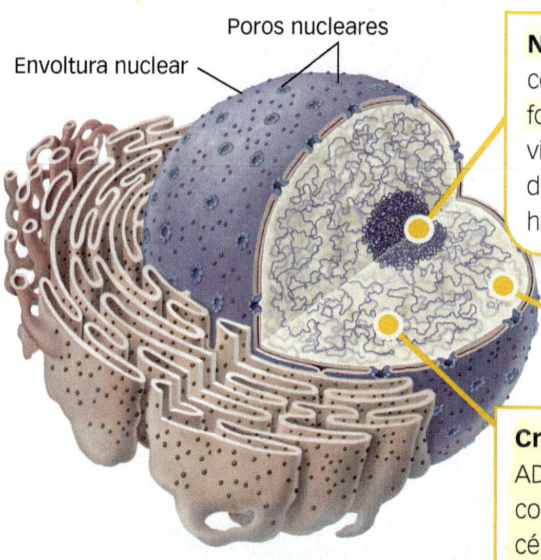

Nucleolo. Estructura que se observa como una masa esférica y densa formada por ARN y proteínas. Solo es visible cuando la célula no se está dividiendo. En una célula puede haber uno o varios nucleolos.

Nucleoplasma. Medio fluido del interior del núcleo.

Cromatina. Conjunto de fibras de ADN unidas a proteínas que constituyen el material genético de la célula. Al condensarse en la división celular forman los **cromosomas**.

Estructura de la membrana plasmática

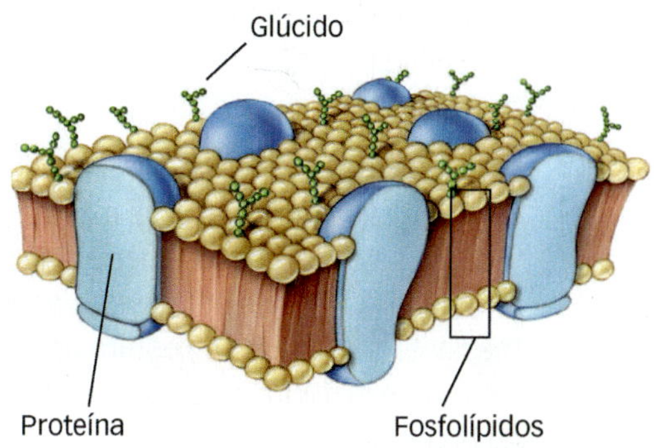

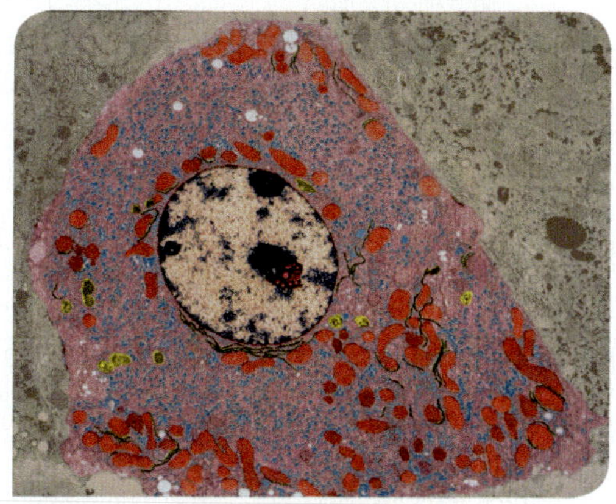

Imagen de microscopía electrónica de una célula animal.

? INTERPRETA LA IMAGEN

7 Dibuja en tu cuaderno la célula que se observa en la imagen de microscopía electrónica y señala en ella la membrana, el citoplasma y el núcleo.

ACTIVIDADES

8 Explica dos estructuras que tengan en común las células procariotas y las células eucariotas y otras tres que las diferencien.

9 ¿En qué se diferencia el nucleolo de la cromatina?

CLAVES PARA ESTUDIAR

- Conocer la morfología y las funciones de los orgánulos y otras estructuras de las células eucariotas animales.

6 Los orgánulos celulares

Los orgánulos se encuentran en el citoplasma. Algunos están rodeados de membrana y otros no.

Mitocondria. Es un orgánulo ovalado con una doble membrana. La externa es lisa y la interna está replegada hacia el interior formando las crestas mitocondriales. En ella, mediante el proceso de **respiración celular**, se obtiene la mayor parte de la energía de la célula.

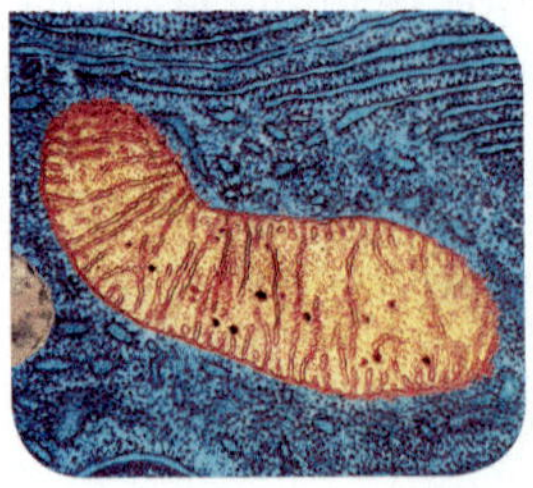

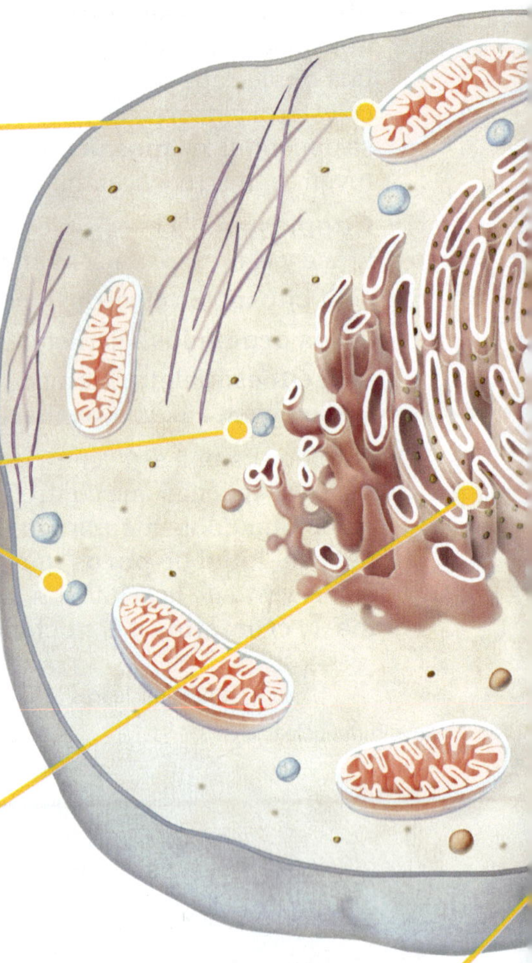

Vesículas. Son sacos membranosos de pequeño tamaño que almacenan, transportan o digieren distintas sustancias celulares.

Los **lisosomas** son vesículas membranosas redondeadas, que se forman en el aparato de Golgi, y contienen enzimas hidrolíticas que participan en la digestión intracelular de sustancias.

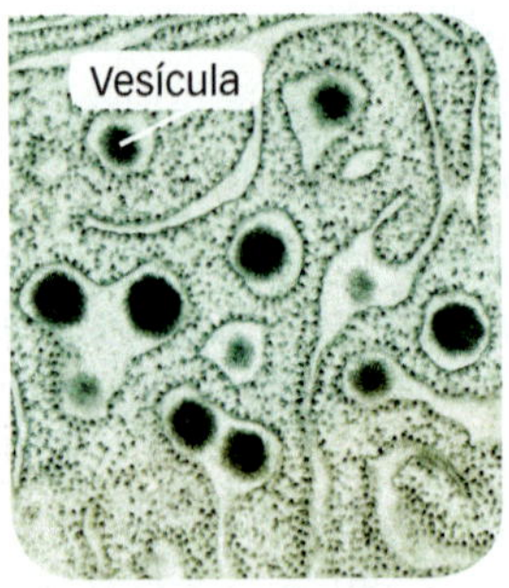

Retículo endoplasmático (R. E.). Es un conjunto de sáculos y canales membranosos interconectados entre sí. Puede ser de dos tipos:

- **El R. E. rugoso.** Está conectado con la envoltura nuclear y lleva asociados ribosomas. Participa en la síntesis y el transporte de proteínas hacia el aparato de Golgi.
- **El R. E. liso.** No lleva ribosomas asociados y en él se produce la síntesis de los lípidos.

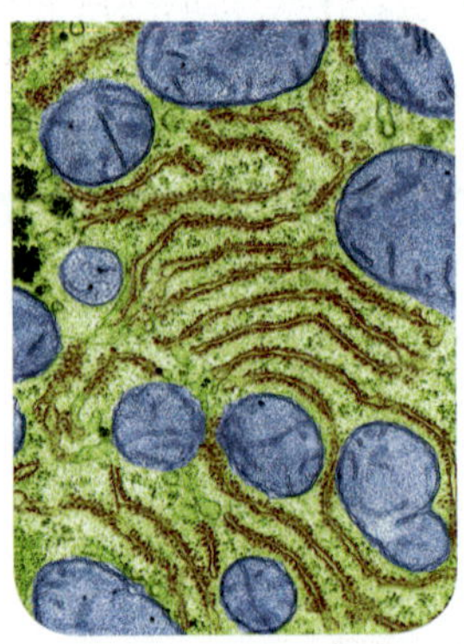

Aparato de Golgi. Es un conjunto de sacos membranosos aplanados y apilados conectados entre sí. En ellos se almacenan y procesan sustancias transferidas desde el retículo. Del aparato de Golgi se emiten **vesículas de secreción** que contienen productos que se vierten al exterior.

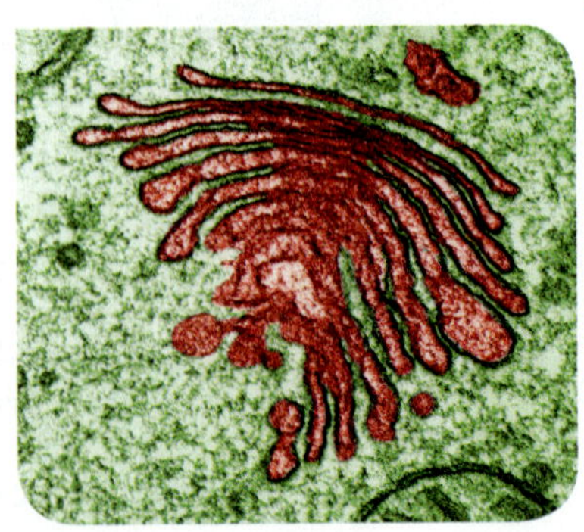

ACTIVIDADES

10 ¿Qué orgánulos están formados o rodeados por membranas? ¿Cuáles no?

11 ¿Qué orgánulos y estructuras celulares están implicados en el movimiento celular? Razona tu respuesta.

Ribosomas. Son partículas no membranosas formadas por ARN y proteínas. Pueden estar libres en el citoplasma o adheridos al R. E. rugoso. Realizan la **síntesis de proteínas**.

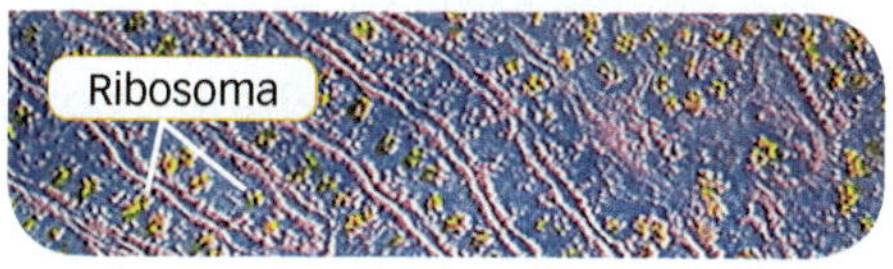

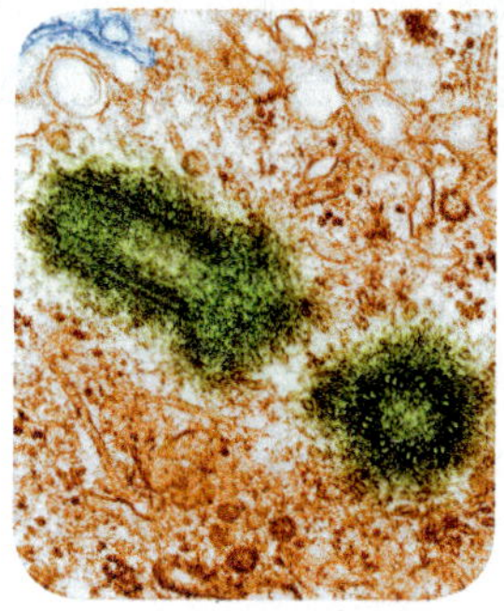

Centrosoma. Está constituido por dos cilindros formados por microtúbulos proteicos llamados **centriolos**. Ambos se disponen de forma perpendicular y están rodeados de otros microtúbulos que forman el **áster**. Participan en la organización del citoesqueleto, la motilidad celular y la formación del huso mitótico cuando la célula se va a dividir.

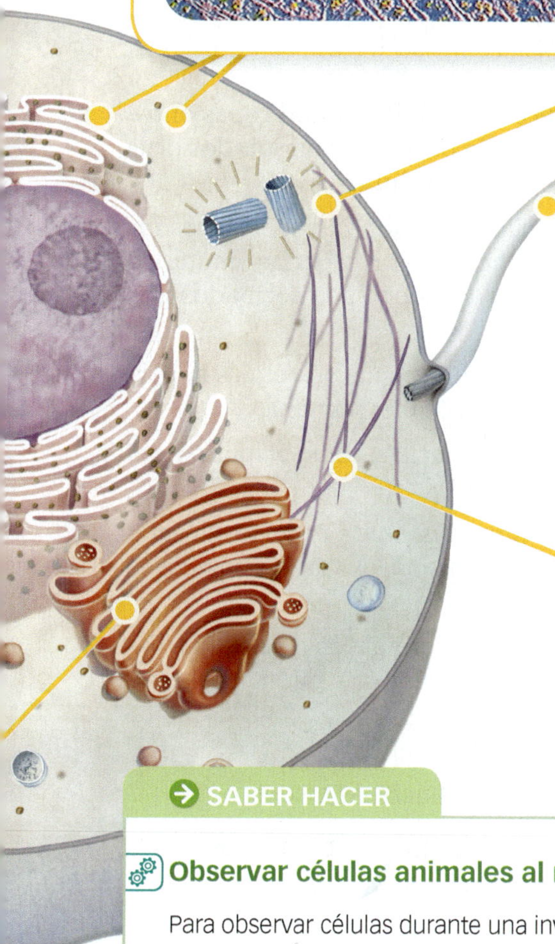

Cilios y flagelos. Son prolongaciones citoplasmáticas que intervienen en el movimiento celular. Tienen una estructura interna similar, pero los cilios son cortos y abundantes, y los flagelos son largos y una célula suele presentar uno o dos.

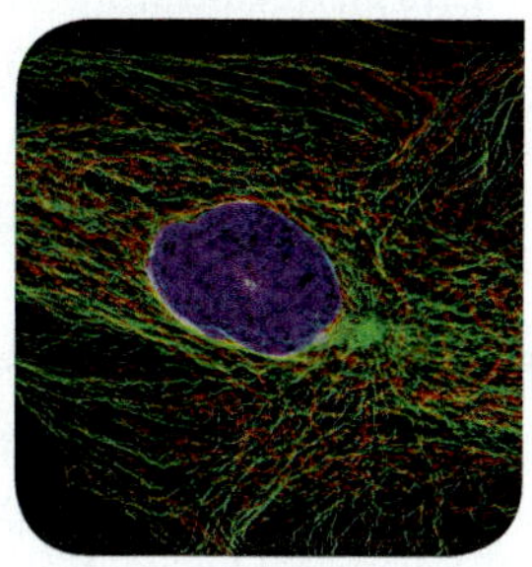

Citoesqueleto. Está formado por un conjunto de filamentos proteicos de distinto tipo. Su función es mantener la forma celular, facilitar el movimiento de la célula, de los orgánulos y de las vesículas internas. También participa en la organización de los cromosomas durante la división celular.

SABER HACER

Observar células animales al microscopio

Para observar células durante una investigación científica se realizan preparaciones microscópicas. Para ello, se siguen una serie de pasos que se establecen en función del tipo de célula o tejido que se quiere analizar.

Con las **células del epitelio bucal** es sencillo realizar una preparación microscópica. Solo hay que seguir estos pasos:

1. **Obtener una muestra de células.** Con un palillo limpio se raspa la cara interna de la mejilla.
2. **Fijar las células.** Se extiende la muestra sobre un portaobjetos, se añade una gota de agua y se calienta unos segundos a la llama para que las células queden adheridas.
3. **Teñir la muestra.** Se añaden unas gotas de azul de metileno y se deja reposar tres minutos. Después se lava para eliminar el exceso de colorante.

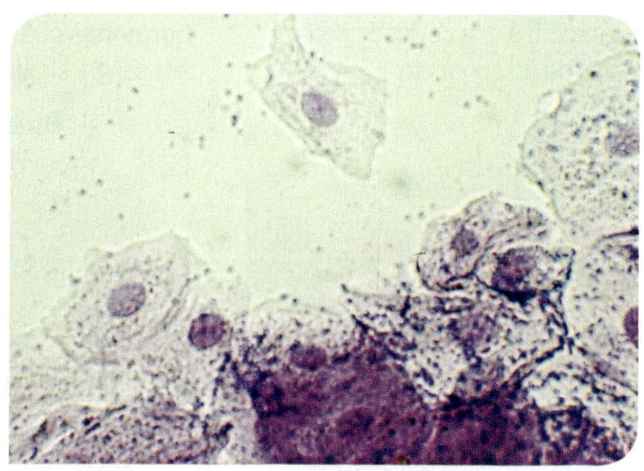

ACTIVIDADES

12 Dibuja las células que se observan al microscopio.

13 ¿Qué estructuras celulares se observan? Señálalas en tu dibujo.

CLAVES PARA ESTUDIAR

- Enumerar las características y las funciones de los tejidos.
- Identificar las células que forman los tejidos.

7 Los tejidos humanos

Los **tejidos** son asociaciones de células especializadas que realizan una función. La rama de la biología que los estudia se llama **histología**.

Los tejidos se clasifican en cuatro tipos principales: **epiteliales**, **conectivos**, **musculares** y **nervioso**.

Tejidos epiteliales

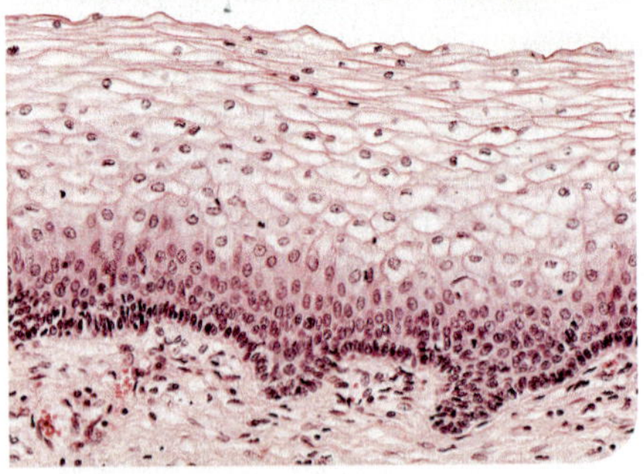

Epitelio del útero formado por varias capas de células superpuestas.

Sus células suelen ser poliédricas y se disponen formando capas entre las que apenas hay sustancia intercelular. Se pueden distinguir dos grupos: los **epitelios de revestimiento** y los **glandulares**.

- **Epitelios de revestimiento.** Son tejidos que tapizan superficies internas o externas del organismo. Su función es protegerlas, limitarlas y permitir el intercambio de sustancias. Pueden estar formados por una sola capa de células o por varias.
  - **La epidermis.** Está formada por muchas capas de células superpuestas. Constituyen la parte externa de la piel humana.
  - **Las mucosas.** Protegen las cavidades internas, como el interior del tubo digestivo o del aparato respiratorio.
  - **Los endotelios.** Están formados generalmente por una sola capa de células. Tapizan las superficies internas de los vasos sanguíneos y el corazón.
- **Epitelios glandulares.** Son los tejidos que forman las **glándulas**. Fabrican sustancias para ser secretadas. Las glándulas pueden ser exocrinas, endocrinas o mixtas.

Glándulas exocrinas

Vierten sus productos al exterior del cuerpo o a una cavidad corporal a través de un conducto.

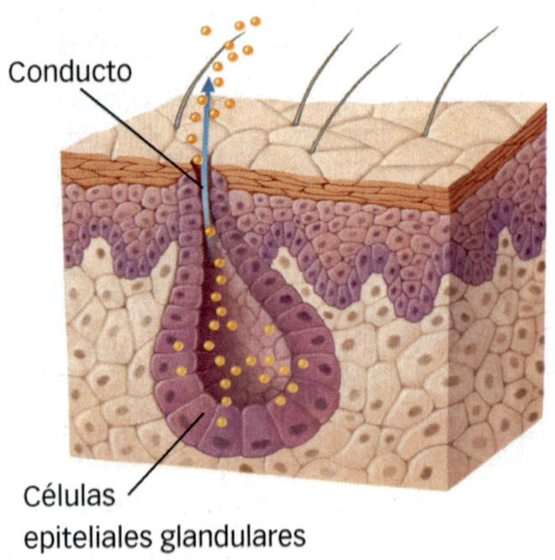

Las glándulas sudoríparas excretan el sudor al exterior del cuerpo. El hígado produce bilis que vierte hacia la vesícula biliar a través de un conducto.

Glándulas endocrinas

Fabrican sustancias químicas llamadas **hormonas** que vierten directamente a la sangre sin utilizar ningún conducto.

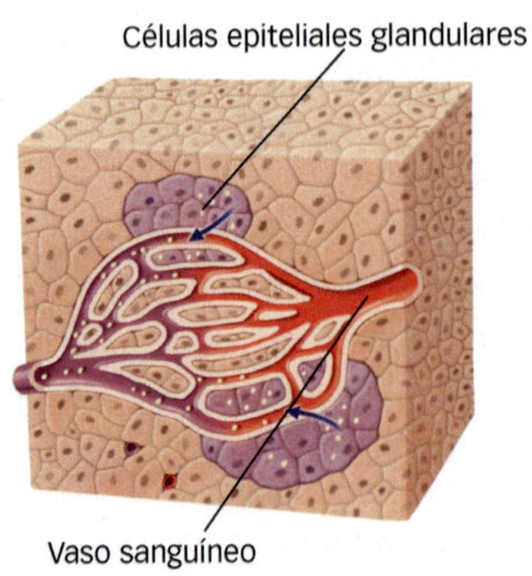

El tiroides es una glándula endocrina que secreta entre otras hormonas la tiroxina, que regula el metabolismo celular e interviene en el crecimiento.

Glándulas mixtas

Son glándulas que secretan otras sustancias y además vierten hormonas a la sangre.

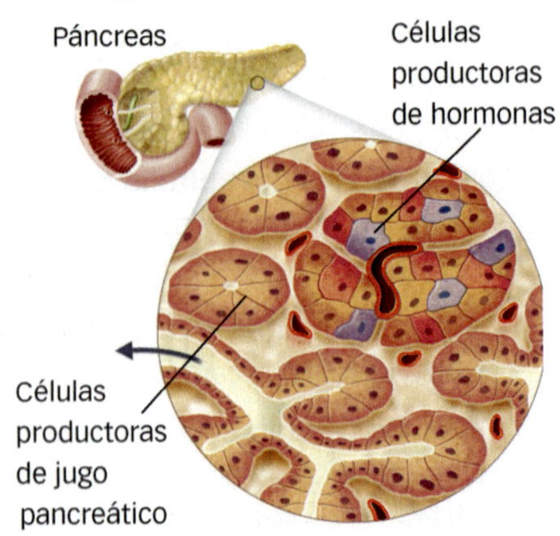

El páncreas, por ejemplo, vierte por un lado hormonas, como la insulina a la sangre, y por otro, enzimas digestivas al intestino delgado.

Tejidos conectivos

Se llaman así porque conectan tejidos entre sí. Están formados por tres constituyentes: las **células**, las **fibras**, que pueden ser de colágeno o de otro tipo, y una sustancia intercelular llamada **matriz**. Hay varios tipos:

Tejido óseo. Sus células son los **osteocitos**, que fabrican una matriz sólida formada por sales minerales de calcio y fósforo. Forma los huesos.

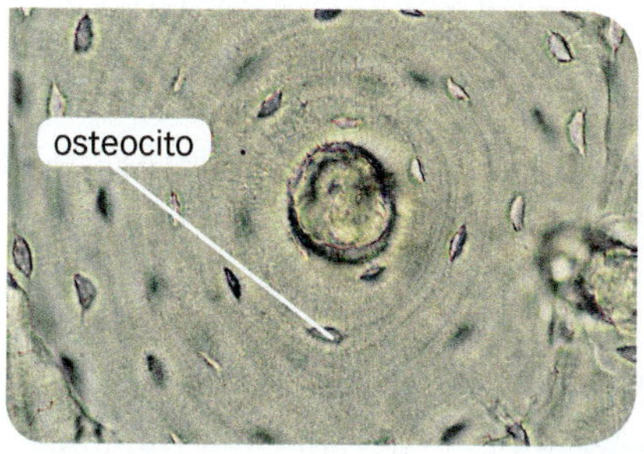

Tejido adiposo. Sus células son los **adipocitos**, que almacenan lípidos. Protege ciertos órganos y constituye una reserva de lípidos.

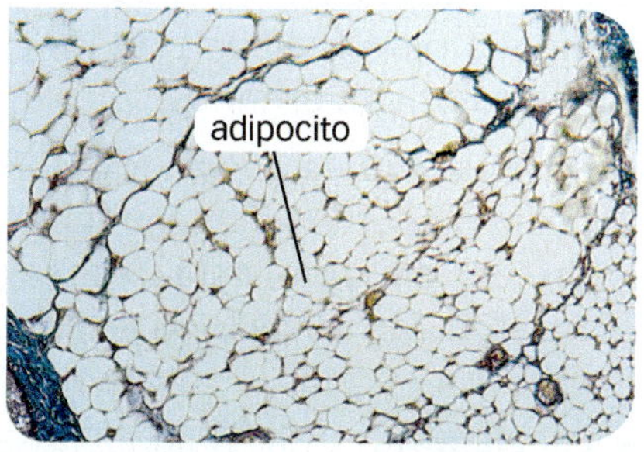

Tejido cartilaginoso. Sus células son los **condrocitos**. Tiene muchas fibras elásticas y su matriz es sólida y flexible. Forma los cartílagos, como los de las articulaciones.

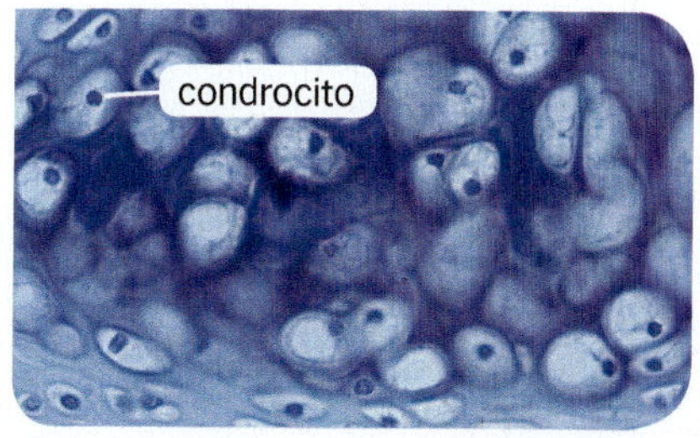

Tejido conjuntivo. Está formado por distintos tipos de células, las principales son los **fibroblastos**. Se localiza entre los tejidos y órganos y su función es mantenerlos unidos, como los tendones o los ligamentos.

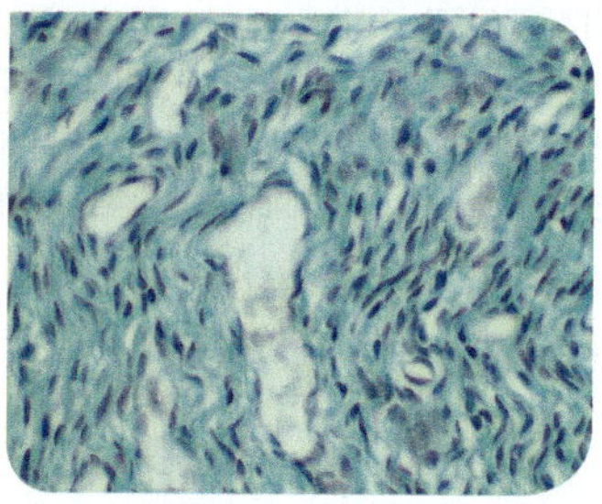

Tejido sanguíneo. Es un tipo especial de tejido conjuntivo. Sus células son **glóbulos rojos** y **blancos**; su matriz, el **plasma**, es líquida y no tiene fibras. Su función es transportar sustancias por el organismo.

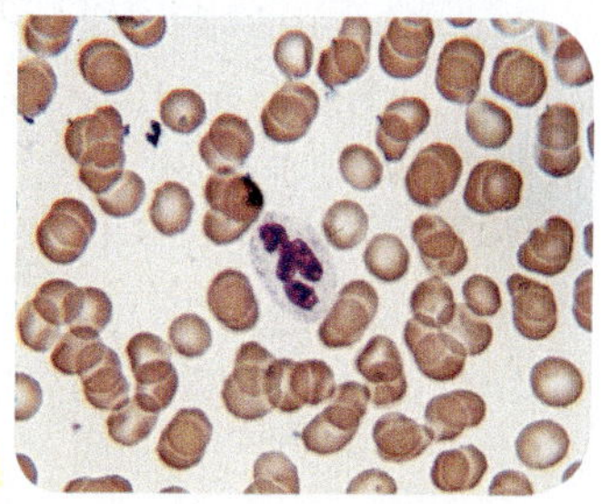

Tejidos musculares

Son tejidos contráctiles, sus células son muy alargadas y se denominan **miocitos** o **fibras musculares**. En su interior poseen fibras proteínicas de **actina** y **miosina** que producen la contracción y relajación muscular. Pueden ser de tres tipos:

- **Tejido muscular liso.** Los miocitos tienen un solo núcleo. Su contracción es involuntaria y forma los músculos viscerales.
- **Tejido muscular estriado.** Los miocitos son polinucleados. Las fibras están ordenadas y se observan como bandas oscuras y claras. Su contracción es voluntaria y forma los músculos esqueléticos.
- **Tejido muscular cardiaco.** Los miocitos están unidos en forma de red, tienen un solo núcleo y su citoplasma tiene aspecto estriado. Su contracción es involuntaria y forma el músculo del corazón.

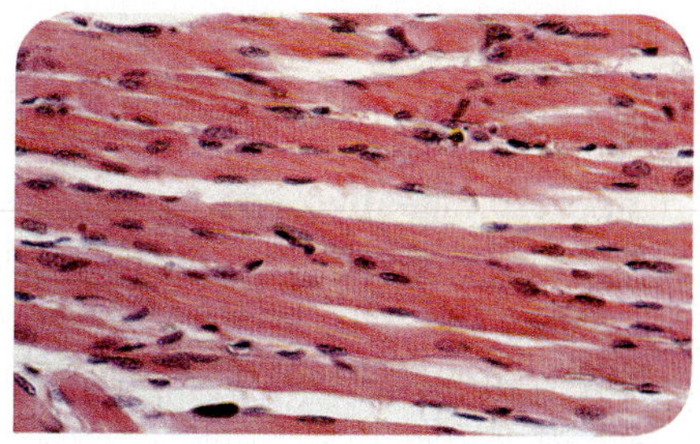

En el tejido muscular estriado, los miocitos se disponen paralelamente y presentan muchos núcleos.

Tejido nervioso

Las células del tejido nervioso reciben y transmiten información por el organismo. Hay dos tipos de células:

- **Neuronas.** Tienen forma estrellada con ramificaciones. Transmiten los impulsos nerviosos.
- **Células de la glía.** Alimentan y protegen a las neuronas. No transmiten impulsos nerviosos.

ACTIVIDADES

14 ¿Por qué los tejidos epiteliales se disponen formando capas?

15 ¿Qué componente predomina en el tejido cartilaginoso? ¿Por qué?

16 ¿Qué característica especial tienen las células que forman el tejido muscular?

CLAVES PARA ESTUDIAR

- Identificar los aparatos y sistemas que forman nuestro cuerpo.
- Relacionar cada aparato y sistema con la función vital en la que interviene.

8 Órganos, aparatos y sistemas

El cuerpo humano está formado por distintos **órganos** que forman parte de los **aparatos** y **sistemas**. La asociación de aparatos y sistemas permite el funcionamiento de nuestro cuerpo. La ciencia que estudia la estructura y morfología de los órganos es la **organografía**, la ciencia que estudia sus funciones es la **fisiología**.

- Un **órgano** es un conjunto de tejidos que funcionan de manera coordinada para realizar una función concreta. El corazón, la piel y los músculos son órganos.
- Un **aparato** está formado por órganos de **estructura distinta** que realizan coordinadamente una o varias funciones. El aparato circulatorio, por ejemplo, está formado por órganos tan diferentes como el corazón, las venas y las arterias, pero todos actúan coordinadamente para transportar los nutrientes por todo el cuerpo.
- Un **sistema** es un conjunto de varios órganos de **estructura parecida** que pueden realizar funciones diferentes. Así, el sistema esquelético está formado por huesos que realizan distintas funciones; unos, como el húmero y el fémur, intervienen en el movimiento, otros, como las costillas y el esternón, protegen a los órganos de la cavidad torácica.

Podemos agrupar los aparatos y sistemas en relación con la función en la que participan, ya sea la nutrición, la relación o la reproducción.

Aparatos y sistemas implicados en la función de nutrición

Son los encargados de obtener nutrientes, transportarlos por todo el cuerpo y eliminar las sustancias nocivas que se producen en el organismo.

Aparato digestivo. Está formado por el tubo digestivo y las glándulas anejas (glándulas salivales, hígado y páncreas). En él se obtienen los nutrientes que necesitamos a partir de los alimentos que consumimos.

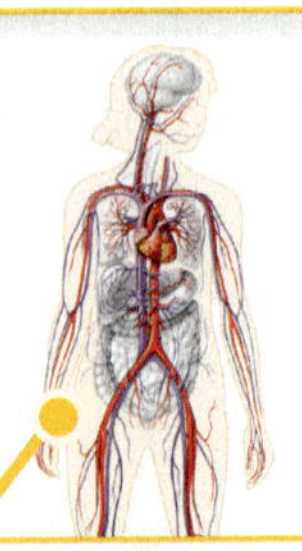

Sistema circulatorio sanguíneo. Está formado por el corazón, la sangre y los vasos sanguíneos. Se encarga de distribuir la sangre por todo el organismo repartiendo los nutrientes y el oxígeno a todas las células y recogiendo de ellas las sustancias nocivas, como el dióxido de carbono.

Aparato respiratorio. Está compuesto por las vías respiratorias y los pulmones. En él se produce el intercambio de gases con la sangre, que proporciona oxígeno al organismo y elimina el dióxido de carbono que producen las células.

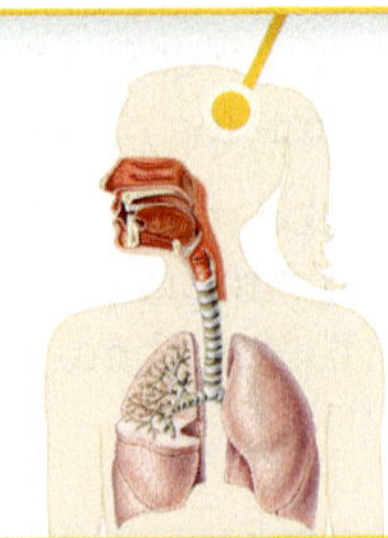

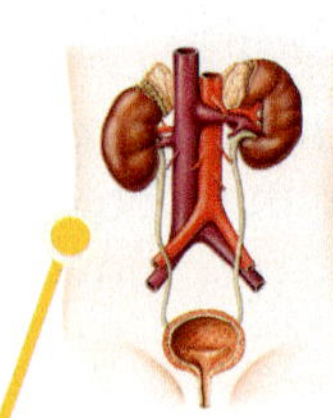

Aparato excretor. Está formado por los riñones, las vías urinarias (uréteres, vejiga urinaria y uretra) y otros órganos, como las glándulas sudoríparas. La excreción consiste en eliminar las sustancias de desecho procedentes de las reacciones químicas que se generan en el metabolismo celular.

Aparatos y sistemas implicados en la función de relación

Son aquellos que se encargan de comunicar y relacionar nuestro cuerpo con el ambiente que lo rodea.

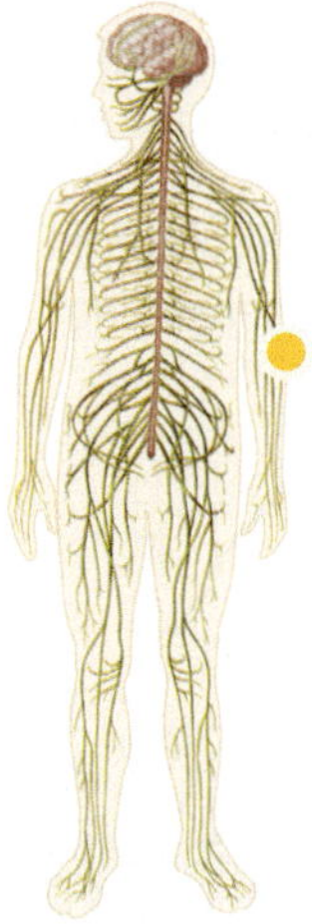

Sistema nervioso. Está formado por el encéfalo, la médula espinal y los nervios. El sistema nervioso capta la información del medio externo e interno, conduce los impulsos nerviosos y elabora órdenes para dar respuestas.

Sistema endocrino. Está constituido por las glándulas endocrinas formadas por tejido epitelial glandular. Fabrica las **hormonas**, que son sustancias químicas que se vierten a la sangre y actúan de manera específica sobre determinadas células.

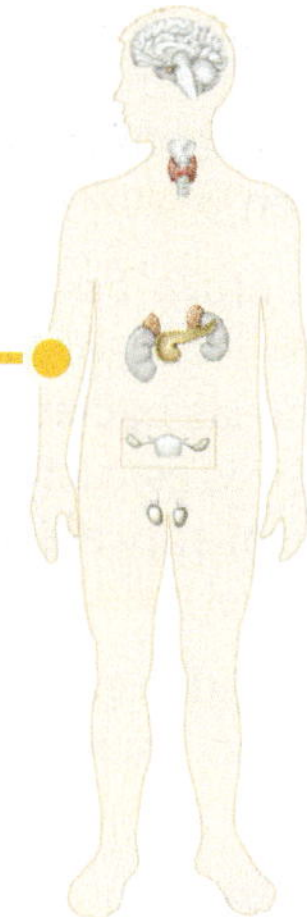

Aparato locomotor. Está formado por los músculos y los huesos, que actúan conjuntamente para realizar la locomoción.

Sistema muscular. Es la parte activa del aparato locomotor. Está constituido por los músculos esqueléticos formados por tejido muscular estriado. Realiza la locomoción, la mímica y el mantenimiento de la postura.

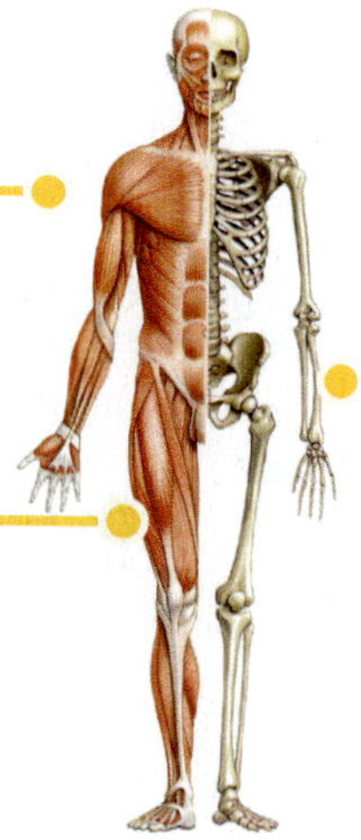

Sistema esquelético. Es la parte pasiva del aparato locomotor. Está formado por huesos, que pueden ser de diferentes tipos y formas. Los huesos están constituidos por tejido óseo cuya matriz está mineralizada, lo que le confiere resistencia y rigidez. Interviene en la locomoción y protege órganos y estructuras.

Aparatos implicados en la función de reproducción

Los aparatos reproductores masculino y femenino se encargan de producir los gametos, que tras la fecundación originarán un nuevo individuo. Están constituidos por diversos órganos, externos e internos.

El **aparato reproductor masculino** fabrica los espermatozoides y las hormonas sexuales masculinas.

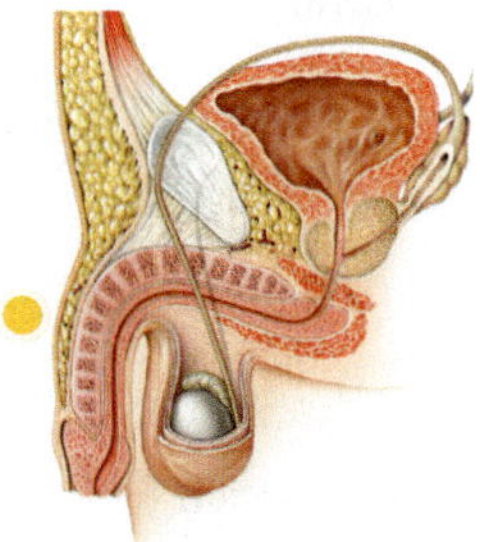

El **aparato reproductor femenino** fabrica los óvulos, las hormonas sexuales femeninas y, tras la fecundación, acogerá el desarrollo del feto hasta el parto.

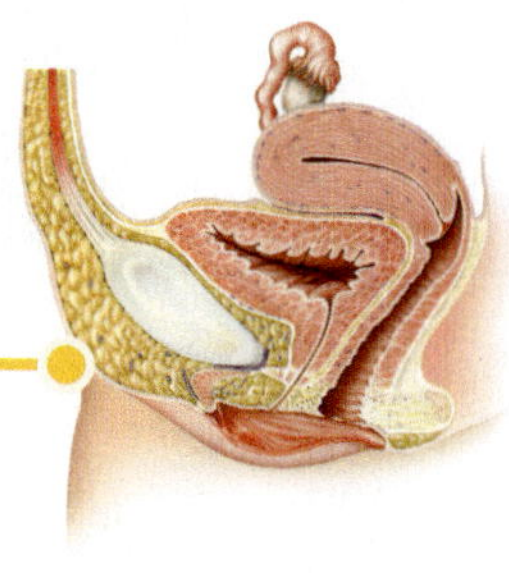

ACTIVIDADES

17 ¿Cómo se llaman los órganos que forman el sistema endocrino? ¿Qué sustancias fabrican?¿Con qué función se relacionan?

18 ¿Qué órganos están implicados en dos funciones vitales diferentes? Di a qué aparatos y sistemas están asociados.

ACTIVIDADES FINALES

REPASA LO ESENCIAL

19 RESUMEN. **Copia y completa los conceptos clave que faltan:**

- Los elementos constitutivos de un ser vivo se organizan en ____ de ____ de complejidad creciente.
- La célula es la unidad ____, ____, ____ y ____ del ser vivo. Las células pueden ser ____, como las bacterias, o ____, que son células que tienen tres estructuras básicas: ____, ____ y ____. Además, presentan orgánulos y otras estructuras, como el ____.
- Los tejidos son conjuntos de ____ que realizan una función. Pueden ser de cuatro tipos: ____, ____, ____ y ____.
- Las estructuras formadas por un conjunto de tejidos que realizan una función se llaman ____.
- Los aparatos son un conjunto de órganos de estructura ____ que realizan coordinadamente una o más funciones. Un sistema está formado por órganos ____ que realizan una función similar.
- Los aparatos implicados en la función de nutrición son ____, ____, ____ y ____.
- Los aparatos y sistemas implicados en la relación son ____, ____, ____, ____ y ____.
- Los ____ reproductores realizan la función de reproducción.

20 **Copia y completa el siguiente esquema sobre los niveles de organización en humanos:**

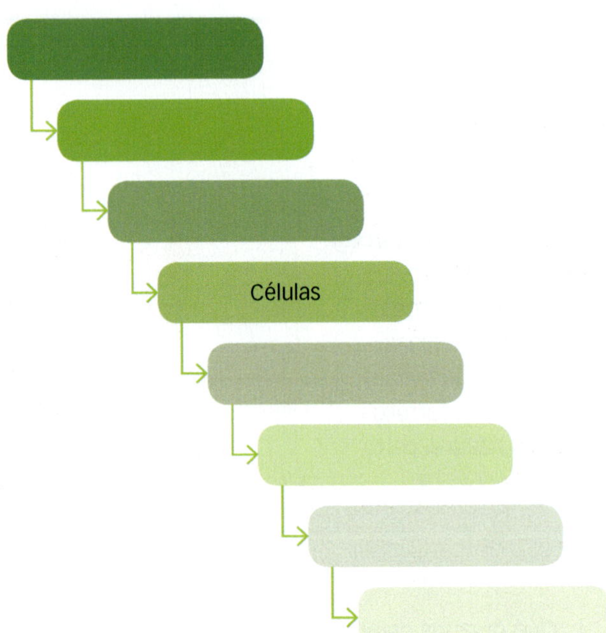

21 **Elabora una tabla en la que clasifiques las biomoléculas y en la que describas sus componentes.**

22 **¿En qué tipo de reacciones del metabolismo se obtiene energía? ¿En cuáles se consume? Elabora un esquema para explicar qué sucede en cada caso.**

23 **Copia el esquema en tu cuaderno, ponle un título y rotula cada una de sus partes. ¿Qué seres vivos presentan este tipo de células?**

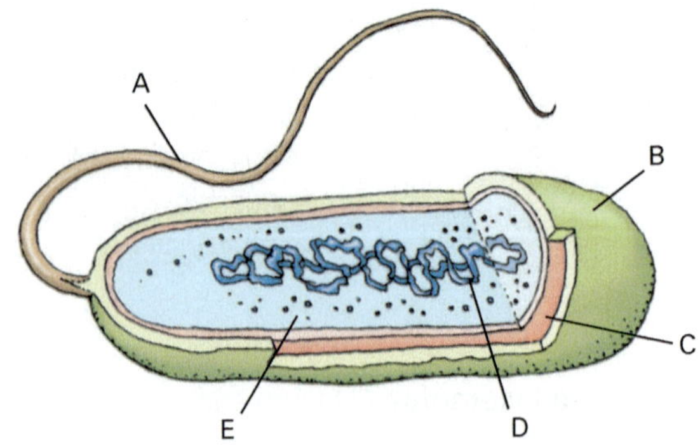

24 **Realiza un cuadro comparativo en el que se resuma qué tienen en común y en qué se diferencian las células procariotas y eucariotas.**

25 **Elige cuatro orgánulos que presenta una célula eucariota y elabora una tabla con cuatro columnas en la que incluyas esta información.**

- Nombre del orgánulo.
- Principales características.
- Función o funciones que realiza.
- Dibujo sencillo del orgánulo.

26 **Copia y completa este esquema para clasificar los distintos aparatos y sistemas del cuerpo humano.**

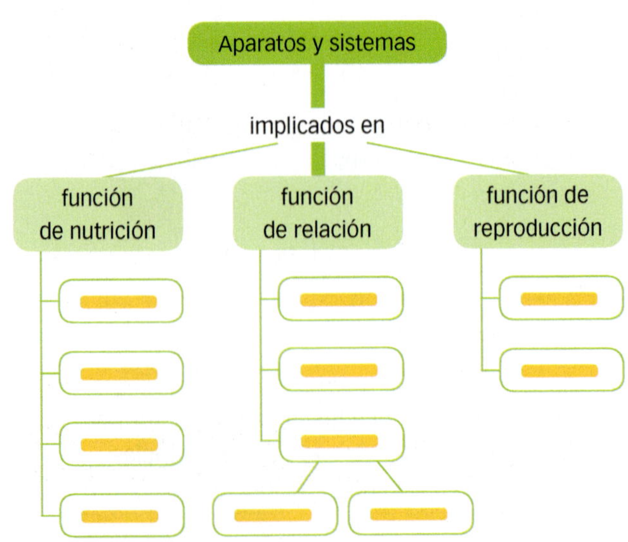

PRACTICA

27 Un leucocito ha fagocitado una bacteria y va a digerirla intracelularmente. ¿Qué orgánulos participarán directamente en dicho proceso: las mitocondrias, el aparato de Golgi, los lisosomas o las vesículas? Explica por qué.

28 Observa las imágenes y contesta las preguntas.

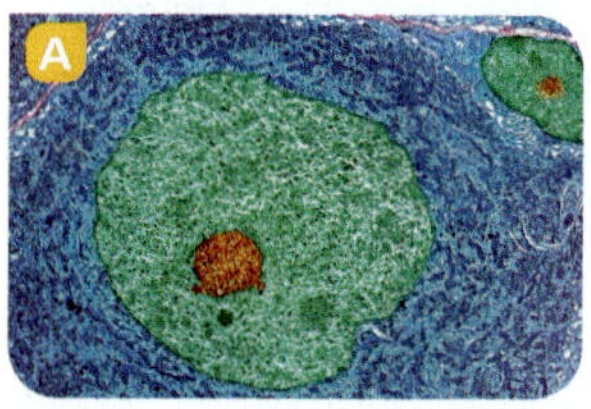

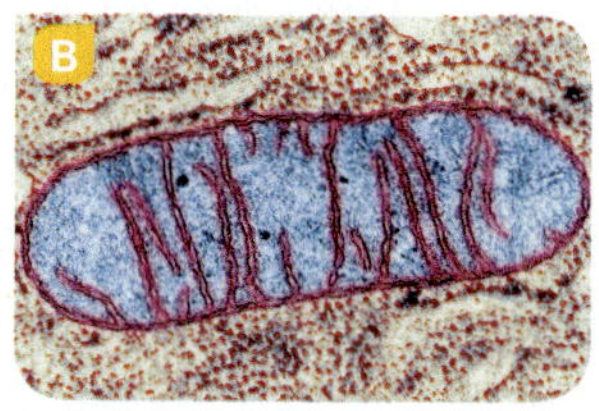

a) ¿Qué orgánulos o estructuras celulares se observan en cada imagen? ¿Qué función cumplen en la célula?

b) ¿Son imágenes de una célula procariota o de una célula eucariota? Explica por qué.

29 ¿Por qué necesitan las células una membrana celular?

30 ¿Qué relación existe entre el ADN, la cromatina y los cromosomas?

31 ¿De qué manera están relacionados el retículo endoplasmático, el aparato de Golgi y las vesículas?

32 Identifica estos dos tejidos, di a qué tipo pertenecen, cómo se llaman las células que los forman y cuál es su función. Explica en qué te has fijado para reconocer cada uno de ellos.

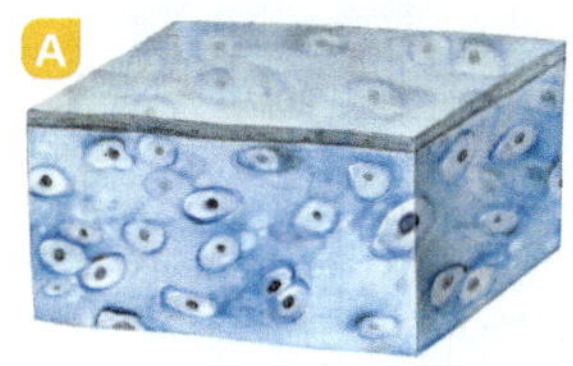

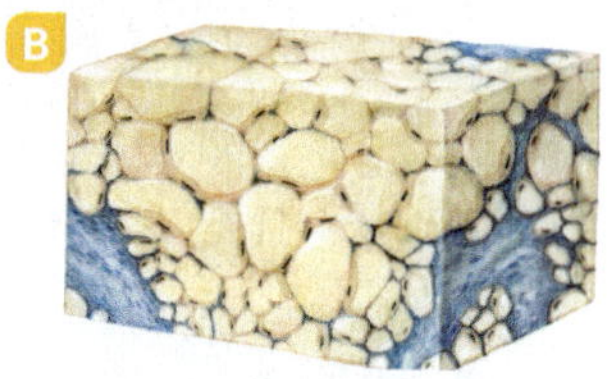

33 ¿Por qué se habla de aparato locomotor y de sistemas óseo y muscular?

FORMAS DE PENSAR. Análisis científico

El origen de la célula eucariota

La teoría de la endosimbiosis seriada elaborada por Lynn Margulis postula que las células eucariotas surgen entre hace 2 000 y 1 500 millones de años a partir de un ancestro procariota. La célula procariota original perdió la pared celular y aumentó su tamaño y, como consecuencia, aumentó la superficie de la membrana plasmática, mejorando su capacidad de fagocitosis. En fases posteriores se formaría un pronúcleo y estas células podrían englobar a otras células procariotas más pequeñas de vida libre, aerobias, fotosintetizadoras, etc., con las que establecieron relaciones simbióticas debido a que obtenían un beneficio mutuo.

Estas sucesivas asociaciones explican la presencia de orgánulos, como las mitocondrias y los cloroplastos, en las células eucariotas.

1. La célula procariota pierde la pared celular.
2. Aumenta la superficie de la membrana y se originan membranas internas.
3. Se forma un pronúcleo y la endosimbiosis con bacterias espiroquetas pudo ser el origen de los flagelos.
4. La asociación con un procariota aerobio pudo ser el origen de las mitocondrias.
5. La asociación con un procariota fotosintético pudo ser el origen de los cloroplastos.

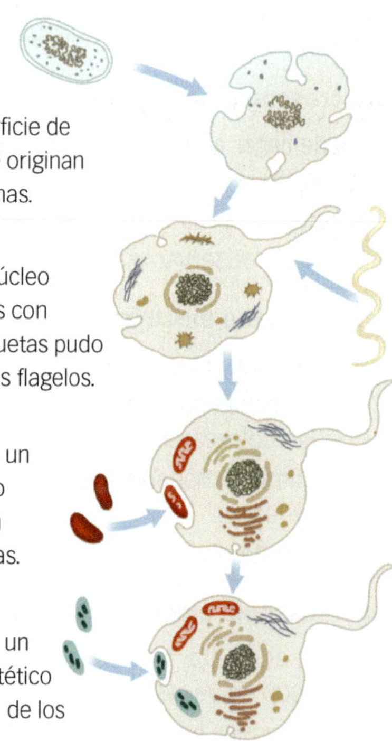

34 COMPRENSIÓN LECTORA. Contesta las preguntas.

a) ¿Qué significan los términos pronúcleo, fagocitosis, aerobio y simbiosis?

b) ¿Qué trata de explicar la teoría de Lynn Margulis?

35 EXPRESIÓN ESCRITA. Haz una breve redacción explicando por qué se denomina a esta teoría endosimbiosis seriada.

36 USA LAS TIC. Busca información y explica según esta teoría qué dos organismos procariotas formaron parte de la primera asociación simbionte.

SABER HACER **Competencia científica**

Identificar células y estructuras celulares en microfotografías

La catedrática del departamento de Citología de una facultad de Biología va a asistir, junto a su equipo, a un importante congreso en Estados Unidos y encarga a sus colaboradores preparar una exposición con las últimas fotografías celulares tomadas en él.

Las imágenes han sido obtenidas con microscopios ópticos y electrónicos, y corresponden a distintos tipos de tejidos, estructuras celulares y orgánulos.

Tu trabajo consistirá en elaborar una ficha de cada una de las seis microfotografías seleccionadas para el congreso. En ellas tienes que especificar qué se observa y qué tipo de microscopio se ha utilizado.

Si necesitas ayuda, consulta el manual práctico de microscopía. Además, hay una lista de microfotografías en la que están incluidas las seis imágenes que tienes que identificar.

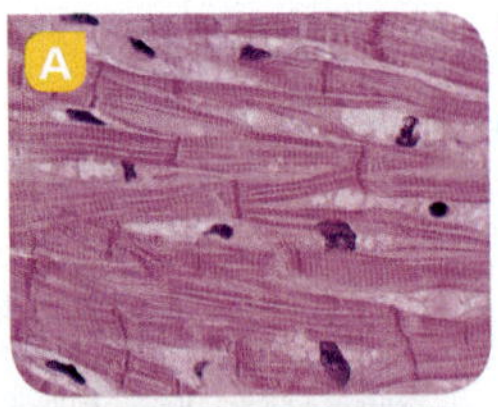

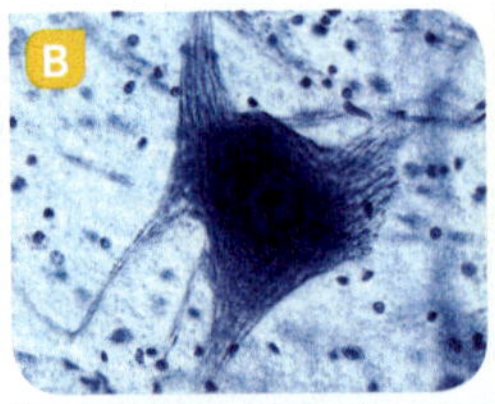

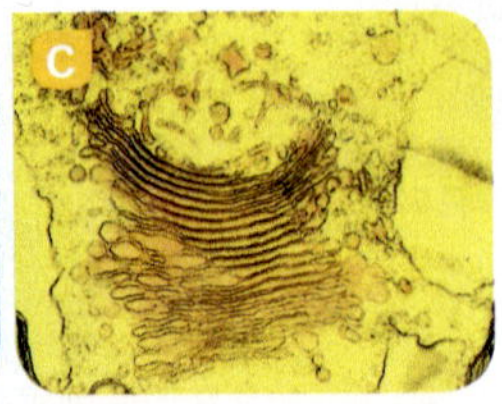

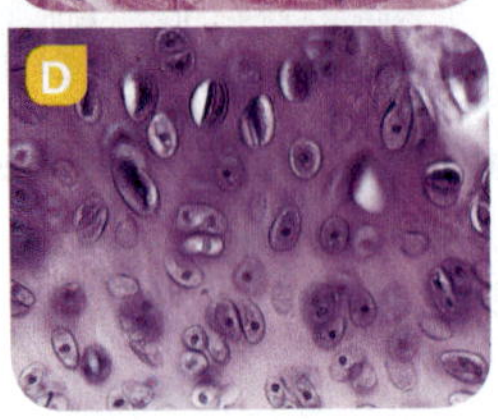

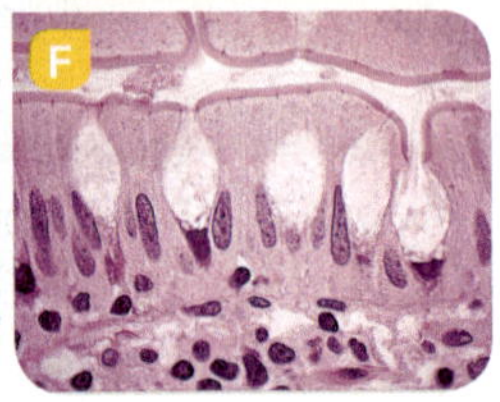

MICROFOTOGRAFÍAS

- Mitocondrias
- Epitelio ciliado
- Óvulo
- Centrosoma
- Neurona
- Células del epitelio bucal
- R. E. rugoso
- Núcleo celular
- Poros de la envoltura nuclear
- Tejido sanguíneo
- Músculo cardiaco
- Tejido adiposo
- Tejido cartilaginoso
- Tejido glandular
- Aparato de Golgi
- Flagelo

MANUAL PRÁCTICO DE MICROSCOPÍA

- **Microscopio óptico (MO)**
  - Puede llegar a ampliar hasta 1 000 veces la imagen real.
  - El color de la muestra depende de la tinción.
  - Se puede observar material vivo.
- **Microscopio electrónico de barrido (MEB)**
  - Puede llegar a los 500 000 aumentos.
  - Las imágenes se forman en blanco y negro, pero pueden colorearse posteriormente (falso color).
  - Se obtienen imágenes de superficies en tres dimensiones.
  - No permite observar material vivo.
- **Microscopio electrónico de transmisión (MET)**
  - Puede aumentar la imagen de un objeto hasta 1 000 000 de veces.
  - Las imágenes se forman en blanco y negro, pero se pueden colorear. Obtiene imágenes de cortes en dos dimensiones, por lo que permite ver estructuras internas.
  - No permite observar material vivo.

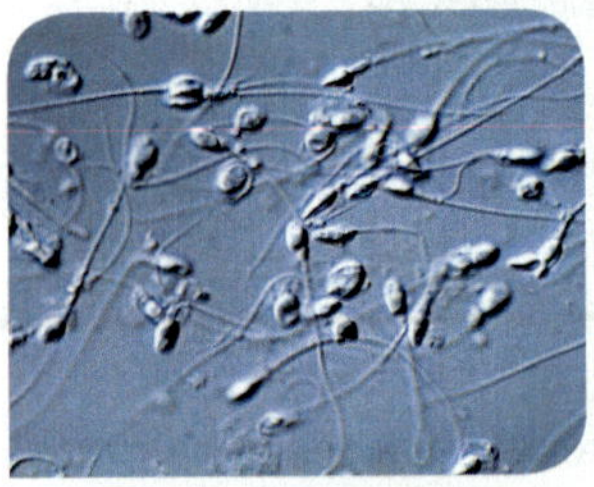

Espermatozoides (MO). Se puede observar bajo la lente el movimiento de las células.

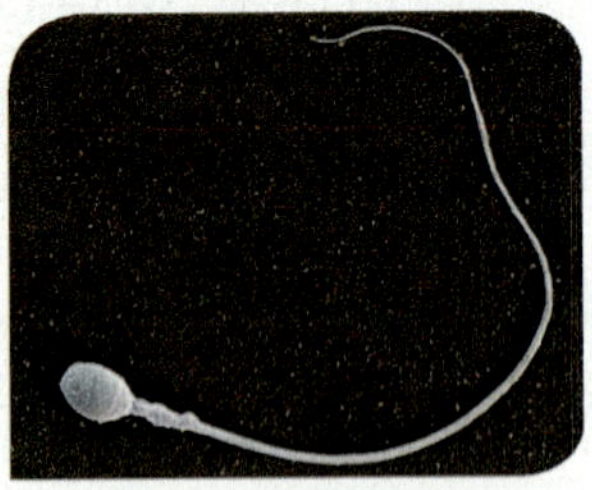

Espermatozoides (MEB). Se pueden observar la superficie de las células y su forma tridimensional.

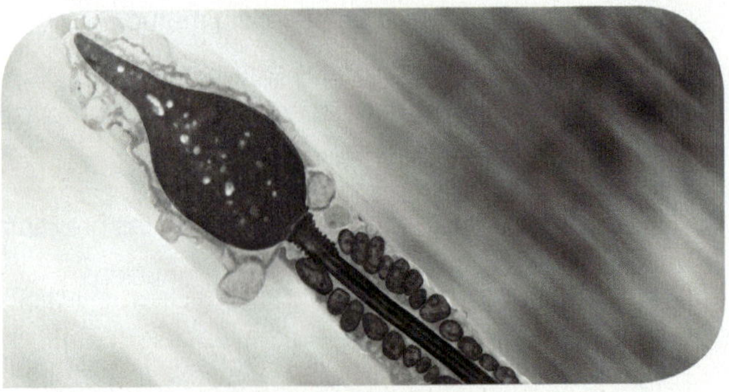

Espermatozoides (MET). Se observan las mitocondrias ordenadas de la cola y el núcleo en la cabeza.

37 COMPRENSIÓN LECTORA. Contesta:

a) ¿En qué se diferencian el MEB y el MET?

b) ¿Qué ámbito de la Biología estudia la Citología?

38 Diseña la ficha donde incluirás la información de cada una de las microfotografías. Recuerda que tienes que especificar qué estructura celular, orgánulo o tejido se observa y con qué tipo de microscopio se ha obtenido la imagen.

39 A partir de la fotografía C realiza un esquema sencillo en tu cuaderno en el que señales sus partes. Después anota junto al dibujo:

- Tipo de células en las que se puede encontrar.
- Función principal que se lleva a cabo en la célula.

40 En estas imágenes se ve el mismo orgánulo. Explica cuál es y por qué parecen estructuras diferentes. ¿Con qué tipo de microscopio se han obtenido?

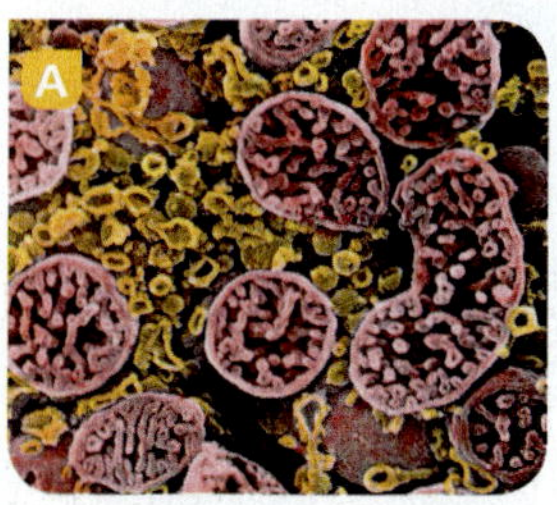

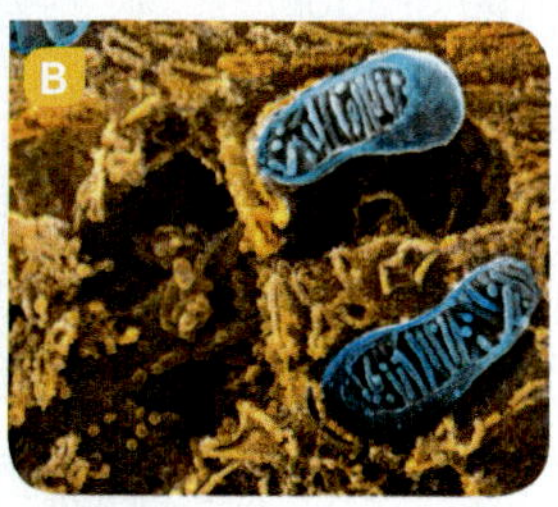

41 EDUCACIÓN CÍVICA. Las células madre embrionarias se están utilizando en la actualidad para la terapia de algunas enfermedades.

Una de las fuentes de obtención de este tipo de células son embriones en los primeros estadios de desarrollo que han sido donados por personas que se han sometido a tratamientos de reproducción asistida y no los han utilizado.

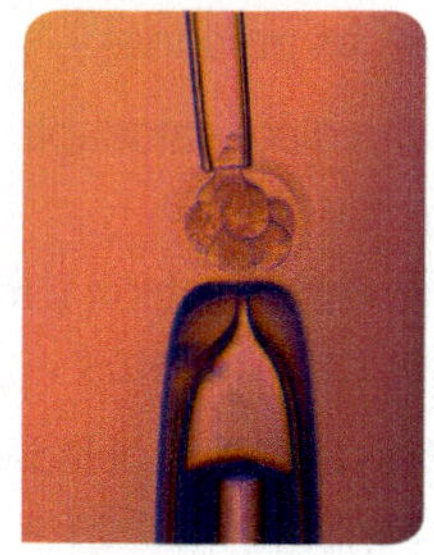

- ¿Crees que es ético usar embriones humanos para curar ciertas enfermedades?
- Si tuvieras que recurrir a técnicas de reproducción asistida en un futuro, ¿donarías los embriones sobrantes a la ciencia?

42 ¿Qué tipo de microscopio utilizarías para observar las estructuras descritas en cada ejemplo? Explica por qué.

- El ala de una mosca.
- El interior de una mitocondria.
- El aspecto externo de la envoltura nuclear.
- La forma de un cromosoma.
- Los cilios del paramecio.

TRABAJO COOPERATIVO

Un cartel sobre estructuras celulares

Los carteles son elementos de comunicación visual cuya función es transmitir alguna información a un gran número de personas. Los carteles deben tener un diseño atractivo y la información que se incluya en ellos tiene que ser clara y breve, con ilustraciones y fotografías de gran tamaño.

- Haced grupos y pensad cómo sería el cartel donde se mostrarían las fotografías del laboratorio para la exposición en el congreso.
- Repartid el trabajo, de manera que cada miembro del grupo realice una función diferente.
- Seleccionad las imágenes, elaborad los textos de las fichas, realizad los dibujos, etc.

- Diseñad los elementos del cartel y confeccionadlo con las aportaciones de cada miembro del grupo.

2 Alimentación y salud

SABER

- Alimentación y nutrición
- Los alimentos
- El valor energético de los alimentos
- Las necesidades energéticas de las personas
- Una dieta saludable y equilibrada
- La conservación y manipulación de los alimentos
- Trastornos asociados a la alimentación

SABER HACER

- Planificar un menú saludable
- Interpretar las etiquetas de los alimentos

2 HAMBRE CERO

Poner fin al hambre asegurando el acceso de todas las personas a una alimentación sana, nutritiva y suficiente durante todo el año.

Después de la recolección del cacao, este se recibe en la fábrica, donde se limpia y se procede a su primer tueste y descascarillado.

Se tuesta de nuevo, a 150 grados, y se muele para crear una pasta de cacao.

El cacao se mezcla con otros componentes para formar el chocolate.

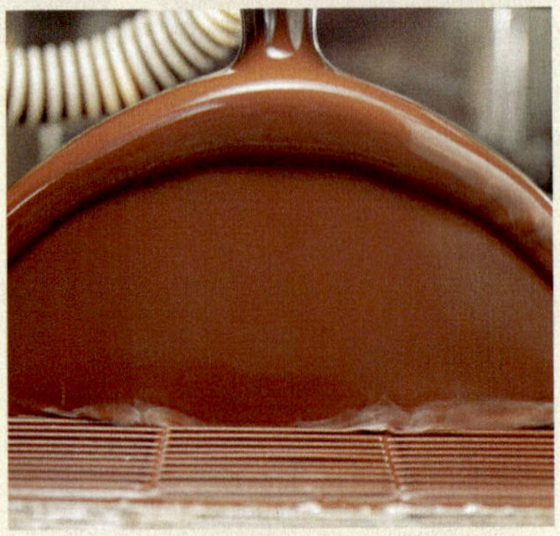

La pasta de chocolate se pone en moldes para que tome forma y se solidifique por enfriamiento.

Por último, se empaqueta y se distribuye a los puntos de venta.

? INTERPRETA LA IMAGEN

- ¿Qué medidas higiénicas observas en la persona que manipula el producto?

NOS HACEMOS PREGUNTAS

¿Cómo funciona una fábrica de chocolate?

Desde la selección de la materia prima hasta su llegada al consumidor, muchos alimentos sufren un procesamiento industrial. Su objetivo principal es mejorar la calidad y preservar los alimentos.

OPINA. ¿Crees que los procesos industriales a los que están sometidos los alimentos mejoran su calidad?

CLAVES PARA EMPEZAR

- Pon dos ejemplos de estos tipos de alimentos: necesarios para crecer y reparar nuestro cuerpo y alimentos que nos proporcionan energía.
- ¿Por qué es importante seguir una dieta variada? ¿Qué otros hábitos saludables conoces?

CLAVES PARA ESTUDIAR

- Diferenciar alimentación y nutrición.
- Conocer la importancia de los nutrientes, sus tipos y sus funciones.

1 Alimentación y nutrición

La **alimentación** es una de las actividades más importantes para las personas. A partir de los **alimentos** que consumimos, obtenemos **nutrientes** que nos aportan la materia necesaria para elaborar nuevas estructuras y mantener las ya existentes, y la energía que requerimos para realizar las diferentes funciones vitales.

La alimentación es un acto consciente y voluntario, y depende de factores económicos, culturales, climáticos, religiosos, etc.

La **nutrición** es el proceso mediante el cual los nutrientes llegan a cada célula con el tamaño adecuado para poder ser absorbidos y utilizados en los diferentes procesos metabólicos.

A diferencia de la alimentación, la nutrición es un proceso involuntario e inconsciente en el que intervienen los aparatos digestivo, respiratorio, circulatorio y excretor.

Los nutrientes se pueden clasificar en dos grandes grupos: nutrientes **inorgánicos** y nutrientes **orgánicos**.

Nutrientes inorgánicos

Los nutrientes inorgánicos son las biomoléculas inorgánicas:

- **El agua.** El cuerpo humano tiene un 75 % de agua al nacer y cerca de un 60 % en la edad adulta:
  - En ella se disuelven todo tipo de sustancias.
  - Actúa de vehículo de transporte.
  - Es el medio donde ocurren todas las reacciones químicas del organismo, incluidas las reacciones metabólicas.
  - Regula la temperatura del cuerpo.

  Podemos incorporar agua bebiéndola y al consumir alimentos ricos en ella. También obtenemos una pequeña cantidad de agua de los procesos metabólicos que tienen lugar en el interior de las células de nuestro organismo, llamada **agua metabólica**.

  Perdemos agua por medio de la orina, el sudor y las heces. El organismo mantiene un equilibrio entre el agua que se ingiere y la que se pierde.

- **Las sales minerales.** Constituyen cerca del 4 % del peso total del cuerpo. Desempeñan diversas funciones en los seres vivos:
  - Reguladoras, como en la contracción muscular o la transmisión del impulso nervioso.
  - Estructurales, formando parte de huesos y dientes, y unidas a otras biomoléculas con funciones diversas; por ejemplo, formando parte de estructuras como la membrana celular o de importantes proteínas como la hemoglobina.

  Las tomamos en cantidades variables: algunas están disueltas en el agua que bebemos, otras están presentes en los alimentos o las añadimos a nuestra comida, como ocurre con la sal de mesa.

  Las sales minerales se pierden en la orina, en el sudor y en las heces.

Algunas frutas, como la sandía, tienen un alto contenido en agua.

El chocolate negro es un alimento rico en magnesio. La leche contiene calcio y fósforo.

Nutrientes orgánicos

Son biomoléculas que solo se encuentran en alimentos de origen orgánico, tanto animal como vegetal. Los nutrientes orgánicos son los **glúcidos** o hidratos de carbono, los **lípidos**, las **proteínas** y las **vitaminas**.

Glúcidos

Aportan energía al organismo. Los monosacáridos, como la glucosa, son el combustible de nuestras células. Otros, como los disacáridos sacarosa y maltosa, se digieren con facilidad. El glucógeno es un glúcido más complejo, tiene función de reserva energética y se almacena en el músculo y en el hígado.

Los obtenemos de alimentos vegetales, como la fruta, los cereales o las patatas, y de productos elaborados con ellos, como el azúcar o la harina.

Lípidos

Con ellos obtenemos energía o producimos nuestras propias grasas, que acumulamos formando depósitos de reserva en los adipocitos. Estas células forman el tejido adiposo, que da forma al cuerpo y protege los órganos.

Los incorporamos cuando consumimos alimentos de origen vegetal, como aceites, frutos secos o margarinas; o bien alimentos de origen animal, como mantequilla o tocino.

Proteínas

Son los nutrientes estructurales más importantes, pues forman parte de muchos tejidos y órganos y ejercen otras funciones de gran importancia, como la defensa de nuestro organismo o el transporte del oxígeno en la sangre.

Se obtienen al consumir alimentos de origen animal, como pescados, carnes, leche y huevos, y alimentos de origen vegetal, como las legumbres o los cereales.

Vitaminas

Son biomoléculas orgánicas que nuestro organismo no puede sintetizar, por ello debemos tomarlas en la dieta. Se necesitan en cantidades muy pequeñas y, según su composición química, pueden ser lípidos o proteínas.

Son importantes para el crecimiento y el funcionamiento de muchos procesos orgánicos. Su carencia o su exceso pueden producir enfermedades. Están presentes en productos frescos, como frutas y verduras, y también en alimentos como la leche, los huevos, los frutos secos, el aceite de pescado o los cereales.

ACTIVIDADES

1. ¿Qué diferencia existe entre un alimento y un nutriente?

2. ¿Por qué es tan importante el agua para nuestro cuerpo? ¿Cómo podemos incorporarla a nuestro organismo?

3. USA LAS TIC. La hemoglobina es capaz de transportar oxígeno por la sangre porque está unida a un ion hierro (Fe^{+2}). La anemia se produce por falta de hierro. Busca los síntomas que padece una persona con anemia y relaciona toda la información.

4. ¿Qué funciones realizan los nutrientes orgánicos en nuestro organismo?

5. La tabla del margen muestra la composición de 100 gramos de leche entera de vaca. ¿Qué nutrientes inorgánicos y orgánicos podemos encontrar en la leche?

Componente	Cantidad en 100 g
Agua	88,4 g
Glúcidos	4,7 g
Grasas	3,8 g
Proteínas	3,06 g
Vitamina D	0,03 µg
Calcio	0,124 g
Fósforo	0,092 g

CLAVES PARA ESTUDIAR

- Clasificar los alimentos según la función que desempeñan en nuestro organismo.
- Interpretar la información representada en la rueda de los alimentos.

2 Los alimentos

Una alimentación equilibrada favorece una vida saludable, ya que previene la aparición de algunas enfermedades y ayuda a desarrollarnos correctamente.

Si queremos alimentarnos de forma equilibrada, debemos conocer las características de los alimentos que comemos, como, por ejemplo, la función que realizan en nuestro organismo, los nutrientes que nos aportan o las cantidades diarias que necesitamos ingerir de cada uno.

Las funciones de los alimentos

Existe una enorme variedad de alimentos. Atendiendo a la función que realizan, se pueden clasificar en tres grupos: **estructurales** o **plásticos**, **energéticos** y **reguladores**.

Estructurales o plásticos	Energéticos	Reguladores
Sirven para formar nuestras células, tejidos y órganos. Son necesarios en cualquier época de nuestra vida para permitir el crecimiento, la reparación o la sustitución de las estructuras dañadas. Son ricos en proteínas.	Se utilizan para producir energía. Esta energía puede ser empleada por el organismo de forma inmediata o almacenada para cuando sea necesaria. Son ricos en glúcidos y lípidos.	Nos aportan sustancias imprescindibles para que nuestro organismo pueda utilizar correctamente los demás alimentos y desarrollar sus funciones adecuadamente. Son ricos en vitaminas, sales minerales, fibra y agua.

? INTERPRETA LA IMAGEN

6 Cita, según su función, el nombre de los alimentos representados en estas imágenes.

ACTIVIDADES

7 Clasifica los siguientes alimentos según la función que desempeñan en nuestro organismo:

- Tomate
- Mantequilla
- Manzana
- Macarrones
- Filete de ternera
- Huevos

8 Explica por qué es importante conocer las funciones que realizan los alimentos.

La rueda de los alimentos

Se trata de una representación gráfica con forma circular en la que los alimentos se clasifican en seis grupos o sectores según su composición o su origen. Los sectores que tienen el mismo color incluyen alimentos que realizan funciones similares:

- **Color amarillo.** Grupos I y II con función energética.
- **Color rojo.** Grupos III y IV con función plástica.
- **Color verde.** Grupos V y VI con función reguladora.

Grupo I. Composición predominante en hidratos de carbono. Son los cereales, las patatas y el azúcar.

Grupo II. Composición predominante en lípidos. Son aceites y mantequillas.

Grupo III. Composición predominante en proteínas. Son las carnes, los pescados y los huevos.

Grupo IV. Composición predominante en proteínas. Son derivados lácteos.

Grupo VI. Composición predominante de vitaminas y sales minerales. Son las frutas.

Grupo V. Composición predominante de vitaminas y sales minerales. Son las hortalizas y las verduras.

? INTERPRETA LA IMAGEN

9 El tamaño de los sectores informa de la importancia relativa que debe tener cada grupo en relación con nuestra dieta. Según esto, ¿qué grupos son los que deberían tener mayor protagonismo?

10 El tamaño al que están dibujados los alimentos representa la frecuencia con que hay que consumirlos. Los que están dibujados a un tamaño muy pequeño son aquellos que deben comerse en reducidas ocasiones. ¿Qué alimentos son estos y en qué grupos están?

11 ¿Qué se representa en el centro de la rueda? ¿Por qué crees que está representado ahí?

ACTIVIDADES

12 Indica a qué grupo de la rueda pertenece cada uno de los alimentos de la actividad 7 de la página anterior.

CLAVES PARA ESTUDIAR

- Comprender el aporte de energía de los alimentos.
- Reconocer los diferentes consumos energéticos.

Proceso de respiración celular

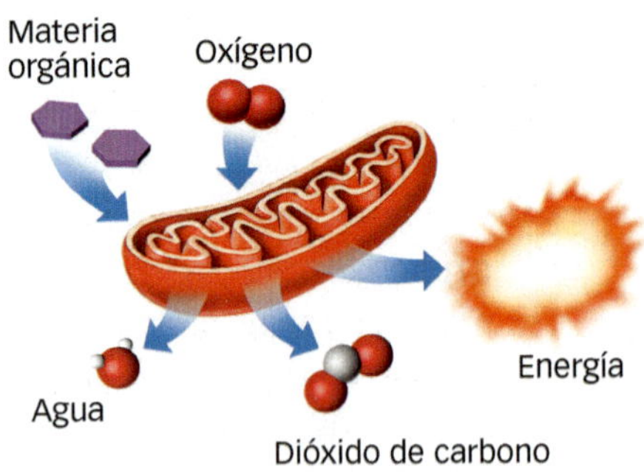

3 El valor energético de los alimentos

Los nutrientes que obtenemos de los alimentos se utilizan como combustible en las células. En presencia de oxígeno, los nutrientes liberan la energía química que contienen y además se forman dióxido de carbono y agua. Este proceso en el que se oxidan los nutrientes se denomina **respiración celular** y tiene lugar en las mitocondrias.

La energía que se obtiene se mide en **calorías (cal)** o **kilocalorías** (1 kcal = 1 000 cal). También se utiliza la unidad internacional de energía, que es el **julio (J)**, o su múltiplo el **kilojulio (kJ)**; su equivalencia es 1 kcal = 4,18 kJ.

Cada tipo de nutriente posee un valor energético diferente. Así, de un gramo de hidratos de carbono o de proteínas se obtienen aproximadamente 4 kcal, y de un gramo de lípidos, 9 kcal. Las vitaminas, las sales minerales, el agua y la fibra no aportan energía.

Energía proporcionada por algunos alimentos (en kcal/100 g)

? INTERPRETA LA IMAGEN

13 Calcula la energía total que aporta la comida si se ingieren estas cantidades:

- 100 g de lentejas.
- 50 g de pan.
- 150 g de pescado.
- 50 g de patatas, guisantes y zanahorias.
- 100 g de melón.

4 Las necesidades energéticas de las personas

Nuestro organismo necesita una gran cantidad de energía para mantenerse vivo y para poder realizar las numerosas actividades que desarrollamos a lo largo del día; incluso cuando estamos en reposo, gastamos energía.

Se denomina **tasa de metabolismo basal (TMB)** a la cantidad de energía medida en kilocalorías que nuestro cuerpo consume durante un día cuando se encuentra en reposo absoluto y a una temperatura constante. La TMB es la energía mínima que necesitamos para respirar, mantener la temperatura de nuestro cuerpo y para que funcionen nuestros órganos vitales, como el corazón, el cerebro, el hígado o los riñones.

La tasa de metabolismo basal varía en cada persona dependiendo de características propias, como la edad, el sexo, el peso o la talla, y de otras características externas a nuestro cuerpo, como la temperatura ambiente. Por tanto, cada individuo tendrá una tasa diferente. En general, puede decirse que la TMB disminuye con la edad y con la masa corporal, y suele ser más alta durante el crecimiento.

Como una persona no pasa el día en reposo, sino realizando múltiples tareas, las necesidades energéticas varían según las actividades que se lleven a cabo. Por ello, a la TMB hay que sumarle el gasto energético correspondiente a la actividad física que se realice.

	Mujeres	Hombres
TMB (kcal/día)	1460	1820
Actividad ligera	2300	2900
Actividad moderada	2600	3300
Actividad intensa	2900	3600

Gasto energético para personas con edades comprendidas entre 15 y 19 años.

Fuente: Organización Mundial de la Salud (OMS).

Consumos energéticos para diferentes actividades (en kcal por kg de peso y por minuto)

Dormir: 0,016

Comer: 0,025

Asistir a clase: 0,031

Nadar: 0,166

Correr: 0,141

Ver la televisión: 0,021

Jugar al baloncesto: 0,142

Subir escaleras: 0,250

ACTIVIDADES

14 USA LAS TIC. Calcula el gasto energético que puedes tener a lo largo de un día sumando a la TMB proporcionada por la OMS los diferentes consumos energéticos de las actividades que realizas habitualmente. Si lo necesitas, busca información sobre el gasto energético de las actividades que no figuran en la imagen.

CLAVES PARA ESTUDIAR

- Explicar qué es una dieta equilibrada y cuáles son los principales alimentos de la dieta mediterránea.
- Planificar un menú saludable.

5 Una dieta saludable y equilibrada

La **dieta** es la cantidad y el tipo de alimentos que una persona ingiere diariamente. Cada individuo debe seguir una dieta específica, puesto que tenemos unas necesidades energéticas diferentes que dependen de nuestras características físicas y del tipo de actividad que realizamos.

Una dieta saludable es aquella que favorece el correcto desarrollo de las personas. Para ello, debe ser **equilibrada**, es decir, debe aportar las cantidades de nutrientes de cada tipo necesarias para asegurar el buen funcionamiento de nuestro organismo.

Según la OMS, en una dieta equilibrada el aporte calórico se reparte de la siguiente manera: las proteínas deben suponer un 15 %, los glúcidos nos aportarán al menos un 55-60 % y los lípidos no deben sobrepasar el 30 % de las kilocalorías totales ingeridas.

La dieta mediterránea

En los países del área mediterránea, tradicionalmente, se realiza una alimentación muy equilibrada y saludable que se conoce como **dieta mediterránea**.

Esta dieta presenta numerosos beneficios para la salud; previene enfermedades cardiovasculares y determinados tipos de cánceres asociados a la alimentación, como el de colon. Además, favorece la nutrición equilibrada que permite evitar la obesidad.

La dieta mediterránea está basada en productos frescos, locales y de temporada en la medida de lo posible, por lo que contribuye al mantenimiento de una agricultura sostenible y a proteger el medioambiente.

ACTIVIDADES

15 Lee el siguiente refrán: «Hay que desayunar como un rey, comer como un príncipe y cenar como un mendigo». ¿Estás de acuerdo con la idea que transmite? Razona tu respuesta.

Los derivados lácteos como el **queso** o el **yogur** suponen un aporte suplementario de calcio.

Las **legumbres** y los **cereales** aportan gran cantidad de fibra a nuestro organismo y proporcionan proteínas vegetales, libres de grasas.

El **aceite de oliva** tiene vitamina E y una gran proporción de ácidos grasos insaturados que no poseen otros aceites vegetales ni las grasas animales.

Las **frutas** y **verduras** aportan vitaminas, minerales y fibra.

El **pescado** proporciona elementos como calcio, fósforo y yodo, vitaminas A y D, grasas y proteínas de alta calidad.

SABER HACER

Planificar un menú saludable

Siempre es necesario mantener una dieta saludable, pero en la adolescencia es fundamental, debido a que durante esta fase del desarrollo se producen importantes cambios fisiológicos que requieren del aporte de todos los nutrientes.

Seguir una dieta equilibrada, junto con algunas recomendaciones, te asegura una alimentación saludable para tu organismo:

- Adapta la dieta a tus características individuales, ingiriendo los nutrientes adecuados según tus necesidades energéticas.
- Toma alimentos variados en las cantidades adecuadas (representadas en la tabla).
- Es recomendable que una de las raciones de verduras y hortalizas sea en crudo, por ejemplo, en ensalada, para aprovechar mejor sus vitaminas y minerales.
- Ingiere a diario alimentos ricos en fibra vegetal procedente de verduras, legumbres, frutas y cereales, ya que tiene un efecto beneficioso en el proceso de la digestión.

- Procura no tomar alimentos preparados, como refrescos azucarados, repostería industrial y aperitivos salados que contienen grasas de origen animal. Es mucho mejor consumir grasas de origen vegetal o procedentes de pescado azul.
- Bebe agua, entre 1 y 2 litros al día.
- Realiza como mínimo cinco comidas al día. El desayuno es muy importante para llevar a cabo tus tareas diarias. Debe contener fundamentalmente lácteos, cereales y fruta.
- Practica ejercicio físico periódicamente.

	Alimentos	Raciones
Diario	Arroz, pasta, pan, patata, etc.	4-6
	Frutas	≥ 3
	Verduras y hortalizas	≥ 2
	Aceite de oliva (cocinar y aliñar)	3-6
	Lácteos	2-4
Semanal	Pescados y mariscos. Carnes magras. Huevos	3-4
	Legumbres	2-4
	Frutos secos	3-7
Ocasional	Carnes grasas, embutidos. Grasas (mantequilla, margarina)	
	Dulces, bebidas refrescantes, helados	

ACTIVIDADES

16 Analiza tu dieta diaria y comprueba si cumple los consejos dados para tener una alimentación saludable. Justifica tu respuesta.

17 Planifica un menú semanal que sea saludable y adecuado a tus necesidades. Para ello, ten en cuenta las recomendaciones dadas por la OMS para una dieta equilibrada y utiliza los alimentos de la dieta mediterránea.

18 EDUCACIÓN CÍVICA. Algunas personas que quieren perder peso se someten a dietas desequilibradas que pueden causar graves daños a la salud, en algunos casos irreversibles.

a) ¿Por qué piensas que una persona puede anteponer su aspecto físico a la salud?

b) ¿Qué influencia crees que tiene la publicidad en las personas que piensan así?

c) ¿Qué consecuencias puede tener esta forma de alimentarse?

d) ¿Qué debe hacer una persona que quiere perder peso de forma controlada y sana?

6 La conservación y manipulación de los alimentos

CLAVES PARA ESTUDIAR

- Conocer las diferentes técnicas utilizadas para la conservación de los alimentos.
- Conocer algunos procesos industriales que sufren los alimentos.

Los alimentos son productos perecederos; por ello, existe un conjunto de técnicas de conservación que tratan en todo momento de preservar el aspecto del alimento, su sabor y sus propiedades nutricionales.

Las principales causas que producen el deterioro de los alimentos son ambientales, como la temperatura, la humedad o la oxidación, y biológicas, como la proliferación de microorganismos.

Existen un conjunto de procesos que tratan de preservar los alimentos desde su recogida hasta su consumo:

- **Conservación en frío.** Los alimentos se mantienen a bajas temperaturas. Esta técnica retrasa su deterioro, al reducir la velocidad de reproducción de los microorganismos por **refrigeración**, si los alimentos se mantienen a temperaturas por encima de los 0 °C, o **congelación**, si se conservan por debajo de los 0 °C.
- **Conservación por calor.** Los alimentos se conservan aplicando temperaturas elevadas durante un tiempo, con el fin de eliminar el contenido de microorganismos.

  Si la temperatura es inferior a 100 °C durante unos segundos, se llama **pasteurización**; si es mayor de 100 °C durante un tiempo determinado, se denomina **esterilización** y permite una conservación más duradera, como en el caso de las conservas en lata y en bote.

  En la **ultrapasteurización (UHT)** se aplica más calor al alimento que en la pasteurización, pero durante menos tiempo. Este proceso se utiliza para conservar alimentos como leche, nata, zumos de frutas, yogures de los que no requieren frío y alimentos cocinados.
- **Conservación por deshidratación.** Se basa en reducir o eliminar el agua de los alimentos consiguiendo, por un lado, impedir el desarrollo de microorganismos y, por otro, reducir el peso y el volumen del alimento para manipularlo, envasarlo y transportarlo mejor.

  La **liofilización** consiste en congelar el alimento y, a continuación, deshidratarlo. Al rehidratarlo recupera todas sus propiedades.
- **Conservación por adición de sustancias.** Los alimentos se conservan añadiéndoles sustancias para impedir la proliferación de microorganismos. Pueden modificar el sabor, color, aroma y consistencia del alimento. Por ejemplo, el **azúcar** se usa en la fabricación de mermeladas, la **sal** para los salazones y salmueras y el **vinagre** para encurtidos y escabeches. En otros casos se emplean los **aditivos químicos** o **conservantes**.

Diversos métodos de conservación de alimentos.

INTERPRETA LA IMAGEN

19 Cita un alimento en el que se haya utilizado:
- Una técnica de ultrapasteurización.
- Un método de conservación por adición de sal.
- Una técnica de deshidratación.

ACTIVIDADES

20 ¿Cuál es el principal fin que buscan todas las técnicas de conservación de los alimentos? ¿Por qué?

21 Pon tres ejemplos de alimentos sometidos a cada una de las cuatro técnicas de conservación explicadas.

La manipulación de los alimentos y la higiene alimentaria

Desde que los alimentos se extraen del lugar donde se producen hasta que se consumen, sufren una gran variedad de procesos en los que se deben tomar medidas para evitar el deterioro o alteración de los mismos. En todos ellos se han de emplear las técnicas adecuadas para conservar los alimentos en perfecto estado.

Además, todas las personas que intervienen en la industria alimentaria, en la manipulación, en el almacenamiento y en los centros de venta, deben obtener el **carné de manipulador** de alimentos para garantizar la seguridad en su manipulación y evitar su contaminación.

? INTERPRETA LA IMAGEN

22 Observa el dibujo y di qué métodos de higiene y de conservación de los alimentos se emplean en los diferentes pasos del proceso de producción y distribución del queso.

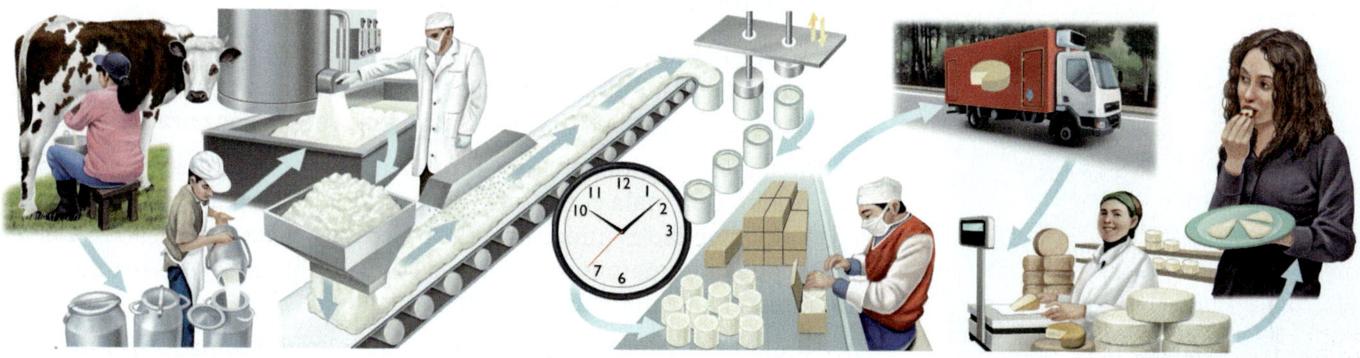

Manipulación genética: los alimentos transgénicos

Un **organismo transgénico** es aquel al que se le introduce material genético de otro con el fin de que reproduzca alguna de sus cualidades.

Cualquier alimento obtenido a partir de animales o plantas transgénicas se denomina **alimento transgénico**.

Las personas que están a favor de este tipo de alimentos defienden que son más productivos, puesto que los genes introducidos en ellos pueden hacerlos resistentes a plagas y a enfermedades o a condiciones ambientales como la sequía, el calor o el frío.

Quienes están en contra denuncian los posibles riesgos asociados a la salud de las personas, como la aparición de nuevas enfermedades o alergias. Además, advierten de los riesgos ambientales provocados por su expansión a espacios naturales donde desplazan a las especies autóctonas poniéndolas en peligro.

Científica estudiando una variedad de tomates transgénicos. A simple vista no es posible distinguir un alimento transgénico de otro igual que no lo sea.

ACTIVIDADES

23 ¿Por qué cuando sube el precio de la gasolina también lo hace el precio de los alimentos?

24 USA LAS TIC. Busca información acerca del carné de manipulador de alimentos y explica qué conocimientos se requieren para su obtención.

25 ¿Cuáles son las ventajas de un alimento transgénico? ¿Y sus inconvenientes?

CLAVES PARA ESTUDIAR

- Diferenciar los trastornos y enfermedades asociados a la alimentación según su causa.

7 Trastornos asociados a la alimentación

Existen diversos trastornos y enfermedades asociados a la alimentación. Algunos están relacionados con la acción de los microorganismos presentes en los alimentos, y otros, con alergias a ciertos alimentos. También existen enfermedades causadas por una nutrición incorrecta, que puede estar producida por problemas socioeconómicos o relacionados con la conducta alimentaria.

Intoxicaciones alimentarias

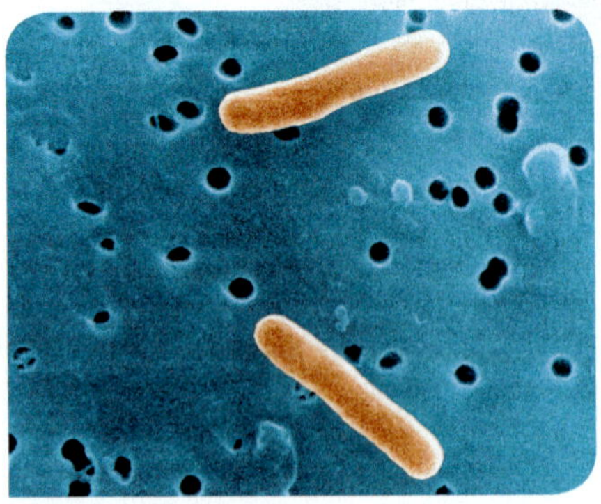

Algunas bacterias, como *Salmonella*, son capaces de contaminar los alimentos y producir graves intoxicaciones alimentarias.

Cuando se toma un alimento contaminado, se sufre una **intoxicación** alimentaria. Los alimentos pueden ser contaminados por los propios microorganismos o por sus **toxinas**, sustancias venenosas para las personas.

Algunos microorganismos están presentes en alimentos que han sido sometidos a una mala conservación, preparación o manipulación y provocan enfermedades infecciosas. Por ejemplo, *Salmonella* es una bacteria que puede contaminar alimentos como el huevo y causar una infección intestinal llamada **salmonelosis**.

Otros microorganismos presentes en los alimentos producen toxinas que pueden causar intoxicaciones graves, como la toxina botulínica, producida por una bacteria llamada *Clostridium botulinum*. También las setas venenosas contienen toxinas que pueden llegar a ser mortales.

Alergias alimentarias

Hay personas que presentan **alergia** a algunos alimentos porque su cuerpo reacciona desfavorablemente a alguno de sus componentes llamado **alérgeno**. Las reacciones alérgicas pueden ser instantáneas o producirse al cabo de varias horas.

SABER MÁS

Intolerancias alimentarias

Algunas personas tardan mucho tiempo en darse cuenta de que su cuerpo reacciona desfavorablemente a un alimento o a alguno de sus componentes, porque esta reacción es menos intensa y más lenta que la producida por una alergia. En este caso se dice que la persona presenta **intolerancia** a un cierto alimento.

Un ejemplo es la intolerancia al **gluten** que provoca la **enfermedad celiaca**. El gluten es una proteína que se encuentra en algunos cereales, como el trigo, la cebada, el centeno o la avena.

El gluten destruye las microvellosidades intestinales de las personas celiacas, reduciendo considerablemente su superficie de absorción.

Como consecuencia, se produce una mala asimilación de nutrientes, además de dolores abdominales y diarreas. El único tratamiento eficaz para curar esta enfermedad es una dieta exenta de gluten.

En la actualidad se elaboran muchos alimentos sin gluten que abarcan desde harinas elaboradas con cereales sin gluten hasta una gran variedad de panes, pizzas, pasta, galletas, bizcochos, etc.

- ¿Tienes o conoces a alguien que tenga intolerancia a algún alimento? Explica qué inconvenientes puede producir ese hecho en la persona que lo presenta.

Trastornos debidos a la malnutrición

La **malnutrición** afecta a las personas cuya dieta es desequilibrada y, como consecuencia, se produce un exceso o un déficit de nutrientes.

- **Obesidad.** Este trastorno consiste en una acumulación excesiva de grasa corporal provocada, por lo general, por un consumo de alimentos ricos en energía, como grasas y dulces, muy superior a las necesidades energéticas de la persona. La obesidad está relacionada con el desarrollo de otras enfermedades, como la diabetes y la hipertensión. Para prevenir la obesidad hay que regular el consumo de alimentos muy energéticos y hacer ejercicio físico.
- **Desnutrición.** Se produce por falta de nutrientes, debido a una dieta inadecuada o a la carencia de alimentos. Este trastorno es la principal causa de muerte entre los niños de los países en vías de desarrollo, ya que durante la infancia se precisan mayores cantidades de energía para poder desarrollarse y realizar las funciones vitales.

? INTERPRETA LA IMAGEN

26 EDUCACIÓN CÍVICA. ¿En qué zonas del mundo se sufren especialmente las consecuencias de la desnutrición? Haz alguna propuesta que pudiera erradicar esta situación.

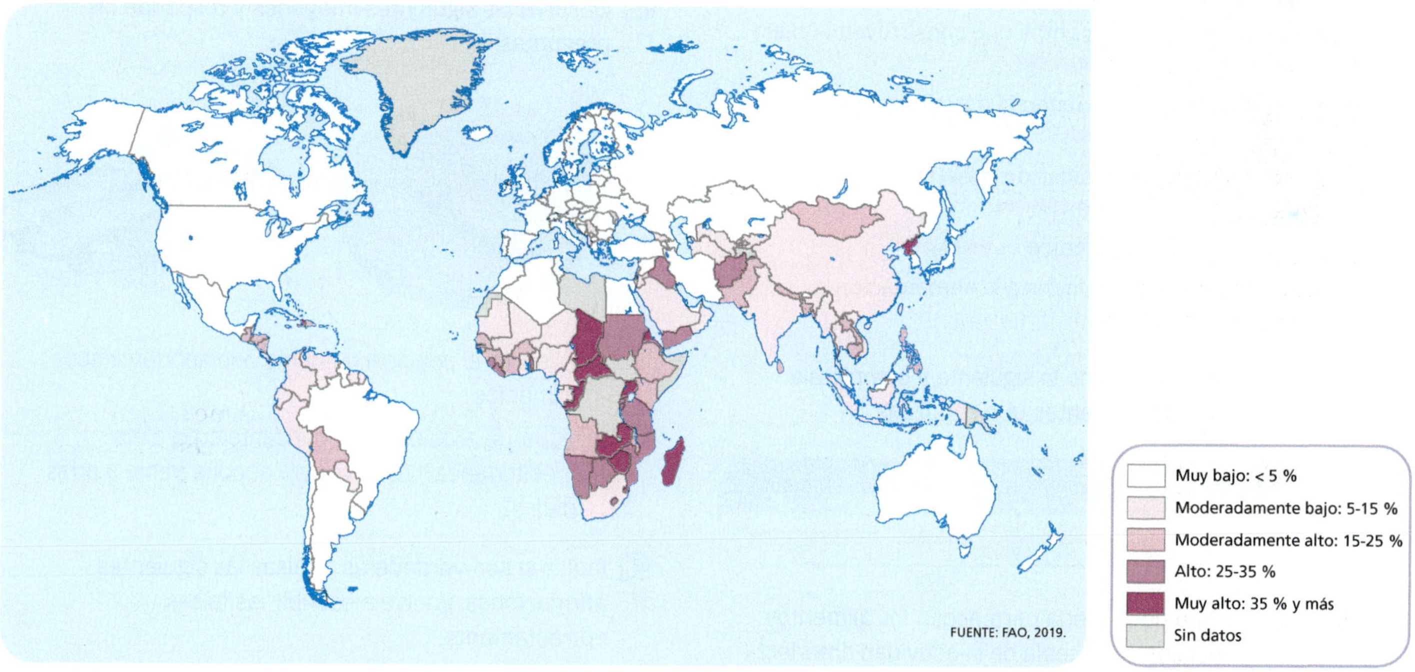

Trastornos de la ingestión de alimentos

Son trastornos en la conducta de los hábitos alimentarios. Los más importantes son los siguientes:

- **Anorexia.** Este trastorno se caracteriza por un rechazo hacia la comida con un miedo intenso a ganar peso y una imagen distorsionada del propio cuerpo. Esta percepción irreal del cuerpo lleva a las personas a verse gordas aunque su peso esté por debajo de lo normal. Las personas con este trastorno intentan reducir su peso dejando de comer, lo que provoca una excesiva pérdida de masa corporal que desemboca en un estado de desnutrición que puede conducir a la muerte.
- **Bulimia.** Las personas que la padecen también muestran una excesiva preocupación por el peso y la figura corporal. En este caso, el trastorno les lleva a comer en exceso, incluso sin apetito y a escondidas, para posteriormente provocarse el vómito, deshaciéndose de las calorías ingeridas.

ACTIVIDADES

27 USA LAS TIC. Busca información sobre la obesidad en la OMS y explica qué se puede hacer para evitar este trastorno.

28 Elabora un tabla con los trastornos asociados a la alimentación e indica las causas que los producen y los efectos que provocan.

REPASA LO ESENCIAL

29 RESUMEN. Copia y completa lo que falta en estas oraciones:

- La nutrición es ______.
- Los nutrientes pueden ser de dos tipos: ______.
- La alimentación se diferencia de la nutrición en ______.
- Los alimentos se clasifican según la función que realizan en ______.
- La respiración celular es ______.
- La energía que se obtiene de los alimentos se puede medir en ______.
- La tasa de metabolismo basal es ______.
- Una dieta saludable es aquella que ______.
- Los principales alimentos que constituyen la dieta mediterránea son ______.
- Las causas que producen el deterioro de los alimentos son ______.
- Las principales técnicas de conservación de los alimentos son ______.
- Un alimento transgénico es ______.
- Los trastornos asociados a la alimentación pueden ser ______.

30 Elabora una tabla como la siguiente y complétala con los tipos de nutrientes que conozcas:

Nutriente	Tipo	Función	Alimento
______	______	______	______

31 ¿A qué grupo de la rueda pertenecen los alimentos que has incluido en la tabla de la actividad anterior? Si tuvieras que dibujarlos en la rueda, ¿cuál de ellos representarías más pequeño que el resto? ¿Por qué?

32 Copia el dibujo en tu cuaderno y nombra las partes que se indican. ¿Qué proceso está teniendo lugar? ¿Cómo se llama el orgánulo celular en el que se realiza?

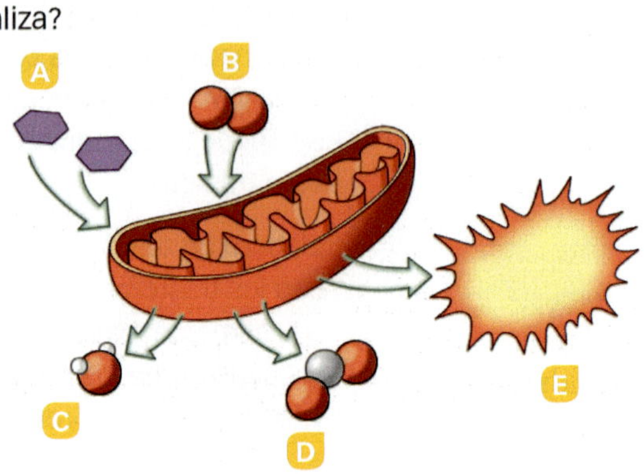

33 CONCEPTOS CLAVE. Define los siguientes términos:

- Dieta.
- Tasa de metabolismo basal.
- Kilocaloría.

34 Enumera las características de una dieta saludable.

35 Explica las diferencias entre estos términos y di a qué técnica de conservación de alimentos pertenecen:

- Refrigeración y congelación.
- Pasteurización, esterilización y ultrapasteurización.
- Deshidratación y liofilización.

36 Observa las siguientes imágenes y responde las preguntas:

a) ¿Cuál es el principal nutriente que aportan ambos alimentos?

b) ¿Cuál de ellos es más abundante en la dieta mediterránea? ¿Qué ventaja supone frente a otras dietas?

37 Indica si son verdaderas o falsas las siguientes afirmaciones. Vuelve a escribir las falsas correctamente.

a) Los macarrones son alimentos muy ricos en grasas.

b) Cuanto mayor es la actividad física que realizamos, menor es la cantidad de calorías que debemos ingerir.

c) La alergia se produce cuando se toma un alimento contaminado por un microorganismo.

38 Realiza un esquema relacionando los siguientes términos y en el que incluyas sus definiciones:

- Desnutrición.
- Anorexia.
- Bulimia.
- Obesidad.

39 ¿Qué alimentos pueden producir intoxicaciones alimentarias? Explica por qué.

40 ¿Qué consecuencias puede tener la ingesta continua de alimentos muy calóricos y la falta de ejercicio?

PRACTICA

41 USA LAS TIC. La pirámide de los alimentos es otra forma de representar gráficamente la distribución equilibrada de los alimentos. Busca información sobre ella e indica qué equivalencias presenta respecto a la rueda de los mismos.

42 ¿Qué técnica de conservación se utiliza en cada uno de estos alimentos?

A

B

C

43 Justifica por qué es importante llevar a cabo cada una de las siguientes acciones al hacer la compra:

- Empieza comprando los alimentos que no necesiten frío, continúa por los refrigerados y termina por los congelados.
- Si el alimento está envasado, asegúrate de que el envase no esté dañado.
- Al colocar los alimentos, sepáralos de los productos de limpieza.

44 Si tomamos un alimento compuesto por 40 gramos de glúcidos, 40 gramos de lípidos y 100 gramos de proteínas, ¿qué cantidad de energía expresada en kilocalorías nos aportaría? ¿Y expresada en kilojulios?

45 COMPRENSIÓN LECTORA. Lee el siguiente texto publicado por el Ministerio de Sanidad y responde las preguntas:

Una alimentación y nutrición adecuadas son importantes en todas las etapas de la vida, pero particularmente durante la infancia. La dieta de los niños y adolescentes españoles se caracteriza por un exceso de carnes, embutidos, lácteos y alimentos con alta densidad energética, como productos de bollería y bebidas carbonatadas y por un déficit en la ingesta de frutas, verduras y cereales.

a) ¿Por qué una buena alimentación es especialmente importante durante la infancia y la adolescencia?

b) Justifica qué relación tiene el incremento de la obesidad en la población infantil española con los hábitos alimentarios descritos en este texto.

c) ¿Qué otros factores pueden favorecer la obesidad infantil además de los alimentarios? Justifica tu respuesta.

FORMAS DE PENSAR. Análisis científico

La alimentación del futuro

Se prevé que para el año 2050 la población humana será casi el doble de la actual. Uno de los grandes problemas a los que se tendrá que enfrentar la humanidad será su alimentación. Las alternativas más aceptadas para responder a este problema son las siguientes:

- Sacar el máximo partido a los recursos naturales para obtener una mayor producción que pueda cubrir las necesidades alimentarias de la humanidad.
- Proponer un cambio de dieta que consista en la sustitución de carne de animales de granja por la de otros como insectos o medusas. Su producción es muy barata y son una fuente de alimento muy nutritiva y saludable, cuya composición es similar a la de la carne.
- Potenciar la investigación y la tecnología para obtener alimentos más seguros y respetuosos con el medioambiente. Por ejemplo, recientemente se ha obtenido carne *in vitro*, también llamada carne culturizada. Esta técnica permite obtener tiras de tejido muscular de vaca en el laboratorio a partir de una sola célula.

46 ¿Por qué crees que la alimentación en un futuro puede convertirse en un problema para la humanidad?

47 ¿Por qué piensas que la obtención de alimentos *in vitro* puede garantizar mayor seguridad y respeto con el medioambiente que su obtención de forma tradicional?

48 USA LAS TIC. Busca información sobre las ventajas y desventajas que presentan estas posibles soluciones al problema de la alimentación en el futuro y redacta un informe explicando cuál de ellas te parece más adecuada y por qué.

Interpretar las etiquetas de los alimentos

Las autoridades velan por la calidad de los alimentos y para que las etiquetas reflejen el contenido exacto de los mismos, evitando así los fraudes.

Las leyes tratan de asegurar que los consumidores y consumidoras tengan información detallada de los alimentos que compran para poder decidir con libertad cuáles de ellos desean consumir. En la directiva europea que regula el etiquetado de los alimentos se define este como: *Las menciones, indicaciones, marcas de fábrica o comerciales, dibujos o signos relacionados con un producto alimenticio y que figuren en cualquier envase, documento, rótulo, etiqueta, faja o collarín, que acompañen o se refieran a dicho producto alimenticio*.

Comprender la información de una etiqueta debe ser la obligación de cualquier persona para poder consumir de forma consciente los alimentos que compra.

Desde el punto de vista alimentario, además de las **fechas de consumo preferente y/o caducidad**, debemos fijarnos especialmente en la **información nutricional**, ya que con esos datos podemos calcular el aporte de nutrientes que tomamos al consumir las raciones indicadas para cada alimento envasado.

Las frutas, verduras, pescados y carnes frescas no llevan estas etiquetas, llevan otras expuestas en las cajas de transporte o en los puestos de venta.

Ingredientes: maíz 60 %, azúcar, cacahuetes 7 %, miel 2 %, aroma de malta de cebada, melazas, sal.

Vitaminas y minerales: niacina, vitaminas B6, B2, B1, B12 y ácido fólico, hierro, calcio.

INFORMACIÓN NUTRICIONAL	Por 100 g	
VALOR ENERGÉTICO	1701 kJ 402 kcal	
PROTEÍNAS	6 g	
HIDRATOS DE CARBONO		
Azúcares	35 g	
Almidón	47 g	
GRASAS/LÍPIDOS		
Saturadas	0,9 g	
FIBRA ALIMENTARIA	2,5 g	
SODIO	0,35 g	
SAL	0,9 g	
VITAMINAS Y MINERALES		* %CDR
Niacina	13,6 mg	85 %
Vitamina B6	1,13 mg	81 %
B2 (riboflavina)	1,21 mg	86 %
Ácido fólico	145 µg	73 %
B1 (tiamina)	0,9 mg	83 %
Hierro	8,0 mg	57 %

***% CDR=** % Cantidad diaria recomendada.

Fecha de elaboración: 15-10-2014

Fecha de consumo preferente: 26-06-2015

Conservar en un lugar fresco y seco.

Lista de ingredientes. Materias primas y aditivos.

Información nutricional. Indica el valor energético y los nutrientes que contiene.

Fecha de elaboración. Indica la fecha de envasado del producto.

Fecha de consumo preferente. Indica el plazo de tiempo en el que el alimento se mantiene en condiciones óptimas de consumo. Después se puede consumir pero va perdiendo propiedades.

Fecha de caducidad. Indica la fecha a partir de la cual el producto no debe consumirse.

Forma de conservación. Condiciones especiales de conservación que requiere el alimento.

49 ¿Cuáles son los ingredientes principales de esta caja de cereales? ¿A qué grupo de nutrientes pertenecen?

50 Observa la tabla con la información nutricional de la caja de cereales y contesta las siguientes preguntas:

a) ¿Qué significa que hay 6 gramos de proteínas por 100 gramos de producto?

b) Si tomas 50 gramos de cereales en tu desayuno, ¿cuántas kcal te han aportado? ¿Y cuántos kJ?

c) ¿Qué significa % CDR?

d) ¿Qué mineral y en cuánta cantidad aportan 100 gramos de este producto?

51 ¿Podrían comer estos cereales las personas celiacas? Razona tu respuesta.

52 USA LAS TIC. Busca información sobre la niacina. ¿Para qué es necesaria?

53 Eva va a desayunar un bol con 200 mililitros de leche y dos raciones de 50 gramos de cereales. Contesta las siguientes preguntas:

a) ¿Cuántas kilocalorías ha ingerido en total?

b) ¿Qué porcentaje del total de glúcidos, lípidos y proteínas que necesita en un día ha incorporado con los cereales en el desayuno?

c) ¿Crees que Eva ha hecho un buen desayuno? Razona tu respuesta.

54 Si se necesita ingerir al día unos 25 a 30 gramos de fibra, ¿qué porcentaje de esa cantidad ha ingerido Eva al tomar su desayuno? ¿Cuántos gramos de fibra deberá incorporar en el resto de las comidas?

55 EDUCACIÓN CÍVICA. Si estos cereales llevasen harina obtenida a partir de arroz transgénico, ¿los comprarías? Explica tu posición respecto a los alimentos transgénicos.

TRABAJO COOPERATIVO

Diseño del envase de un producto nuevo

Vais a diseñar el envase de un producto nuevo para el desayuno. Para ello, formad grupos de tres personas y seguid estos pasos:

- Elegid el tipo de producto: crema para untar el pan, cereales, zumo enriquecido, etc.
- Pensad un nombre para el producto. Buscad un nombre corto e impactante, fácil de recordar.
- Recopilad varias etiquetas de distintos alimentos que contengan los ingredientes de vuestro producto y utilizadlas para elaborar la nueva etiqueta.
- Indicad la fecha de envasado, la de caducidad, la forma de conservación, los ingredientes y la información nutricional.
- Diseñad el envase y dibujadlo escribiendo la información de la etiqueta. Completad con un anuncio y escribid un eslogan o un texto breve que incite a comprarlo y a consumirlo.

- Si vuestro producto es saludable, como unos cereales con frutos secos, necesitaréis una publicidad diferente que si consiste en bollería. Explicad cómo habéis diseñado la publicidad de vuestro producto y a quién va dirigido (público infantil, adolescente, adulto, deportista, etc.).

3 La nutrición: aparatos digestivo y respiratorio

SABER

- El aparato digestivo
- Los procesos digestivos
- Principales enfermedades del aparato digestivo
- Hábitos saludables asociados al aparato digestivo
- El aparato respiratorio
- Funcionamiento del aparato respiratorio
- Enfermedades del aparato respiratorio. Hábitos saludables

SABER HACER

- Construir un modelo anatómico de la ventilación pulmonar
- Demostrar de forma matemática la eficacia de una estructura natural: el tubo digestivo

3 SALUD Y BIENESTAR

Reducir el número de enfermedades y muertes relacionadas con los aparatos digestivo y respiratorio, producidas por la contaminacion del aire, el agua y el suelo.

? INTERPRETA LA IMAGEN

- ¿Por qué crees que los equipos de buceo y también los equipos de alpinismo suelen tener colores llamativos, visibles desde muy lejos?
- ¿Observas en la imagen algo que evidencie que las personas están respirando?

NOS HACEMOS PREGUNTAS

¿Cómo se puede respirar debajo del agua?

El buceo con escafandra autónoma utiliza una botella con gases a presión y un regulador que permite a los buceadores respirar con normalidad esos gases. En la mayoría de los casos, lo que contiene la botella es simplemente aire comprimido, pero pueden utilizarse otras mezclas, como el nitrox.

OPINA. ¿Crees que al realizar una actividad deportiva es importante respirar de una forma determinada? ¿Conoces algún ejemplo?

El nitrox es un aire enriquecido con oxígeno para disminuir la proporción de nitrógeno.

Su uso conlleva ciertos riesgos, por lo que no es muy utilizado.

El ordenador de buceo indica al buceador la profundidad a la que está, cuánto aire le queda disponible y si tiene que realizar paradas de descompresión.

CLAVES PARA EMPEZAR

- ¿Qué parte tienen en común el aparato respiratorio y el aparato digestivo?
- ¿Conoces algunos hábitos saludables que nos ayuden a mantener sanos nuestros aparatos digestivo y respiratorio?

CLAVES PARA ESTUDIAR

- Estudiar la anatomía del aparato digestivo.
- Conocer los diferentes jugos digestivos.

1 El aparato digestivo

El aparato digestivo transforma los alimentos en nutrientes con un tamaño adecuado para que lleguen a las células y los puedan utilizar. Para realizar esta función cuenta con un conjunto de órganos y estructuras que forman el **tubo digestivo** y las **glándulas anejas**.

El tubo digestivo

El tubo digestivo es un conducto musculoso, de diámetro variable, que comienza en la **boca**, continúa por la **faringe**, el **esófago**, el **estómago**, el **intestino delgado** y termina en el **intestino grueso**.

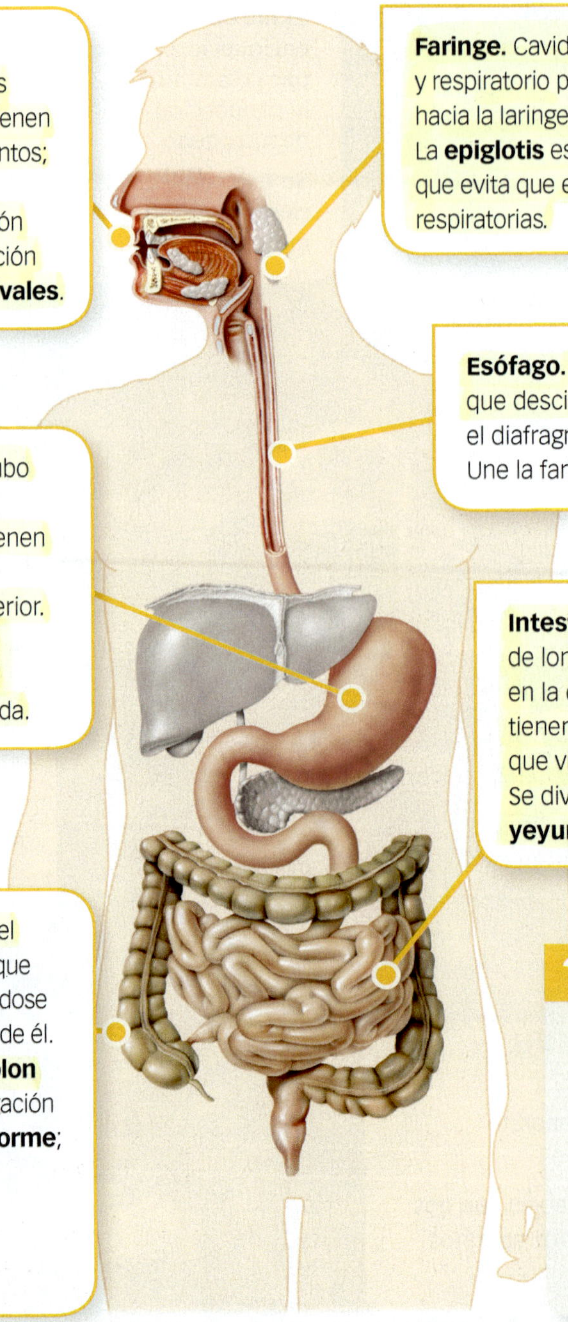

Boca. Cavidad de entrada al tubo digestivo que contiene las siguientes estructuras: los **dientes**, que intervienen en el corte y trituración de los alimentos; la **lengua**, un órgano muscular que participa en la mezcla y deglución del alimento, así como en la percepción de los sabores; y las **glándulas salivales**.

Faringe. Cavidad común a los aparatos digestivo y respiratorio por la que puede pasar tanto el aire hacia la laringe como el alimento hacia el esófago. La **epiglotis** es una lámina pequeña de cartílago que evita que el alimento pase a las vías respiratorias.

Esófago. Tubo de unos 25 cm de longitud que desciende por el tórax, atraviesa el diafragma y entra en el abdomen. Une la faringe con el estómago.

Estómago. Ensanchamiento del tubo digestivo localizado en la cavidad abdominal. Sus paredes internas tienen pliegues en los que hay glándulas que vierten **jugos gástricos** al interior. Presenta dos válvulas que impiden el retorno del alimento: el **cardias**, en la entrada, y el **píloro**, en la salida.

Intestino delgado. Tubo de unos 6 m de longitud que se encuentra plegado en la cavidad abdominal. Sus paredes tienen pliegues en los que hay glándulas que vierten **jugos intestinales**. Se divide en tres regiones: **duodeno**, **yeyuno** e **íleon**.

Intestino grueso. Última porción del tubo digestivo de 1,5 m de longitud que rodea el intestino delgado disponiéndose en forma de «U» invertida alrededor de él. Se divide en tres regiones: **ciego**, **colon** y **recto**. Del ciego parte una prolongación alargada llamada **apéndice vermiforme**; el colon se divide a su vez en colon **ascendente**, **transverso** y **descendente**, y el recto se abre al exterior a través del **ano**.

? INTERPRETA LA IMAGEN

1. Copia el dibujo del intestino grueso y rotula en él todas las palabras del texto escritas en negrita.
2. ¿Cuál es la parte del tubo digestivo más larga? ¿Y la más ancha?

Las glándulas anejas

Las glándulas anejas son aquellas que están situadas fuera del tubo digestivo. Producen jugos digestivos y los vierten en el interior del tubo. Estos jugos contienen unas sustancias llamadas **enzimas digestivas**, que son proteínas implicadas en la degradación del alimento, transformando las macromoléculas orgánicas en sus unidades constituyentes. Las glándulas anejas son las siguientes:

- **Las glándulas salivales.** Producen **saliva** y la vierten en la cavidad bucal. Las principales son la **sublingual**, situada debajo de la lengua; la **submaxilar**, en la mandíbula, y las **parótidas**, que se encuentran delante de las orejas.
- **El páncreas.** Es un órgano alargado situado debajo del estómago. Vierte el **jugo pancreático** al duodeno. También segrega sustancias responsables del metabolismo de los glúcidos, que vierte a la sangre.
- **El hígado.** Es la glándula aneja más grande del tubo digestivo. Sintetiza proteínas, regula el metabolismo de la glucosa, almacena vitaminas y minerales, y procesa productos como el alcohol y los fármacos para eliminarlos. Además, produce la **bilis** que, antes de ser vertida al duodeno, se almacena en la **vesícula biliar**. La bilis es un líquido que contiene sales biliares, cuya función es preparar los lípidos para facilitar su digestión y absorción.

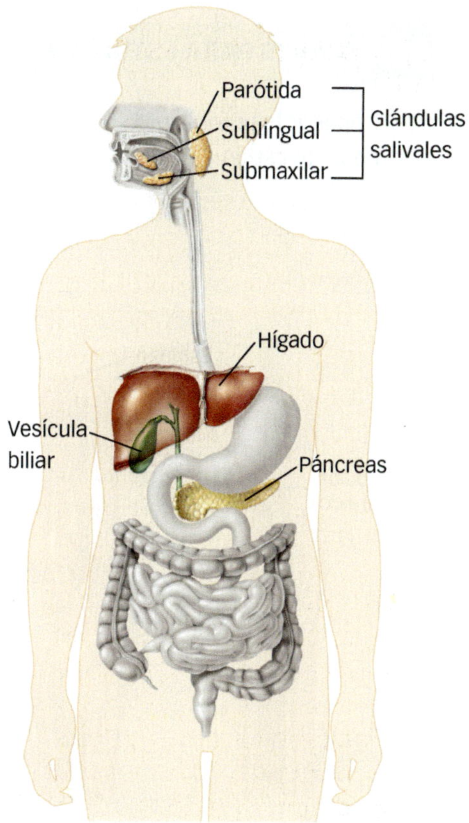

SABER MÁS

La flora intestinal

En el interior de nuestro tubo digestivo vive un conjunto de bacterias al que llamamos flora intestinal. Entre sus diversas funciones podemos destacar las siguientes:

- Actúan como **barrera de entrada** porque nos protegen de otros microorganismos que puedan entrar con el alimento.
- Participan en la **digestión de ciertos glúcidos** contenidos en la fibra alimentaria, que por nosotros mismos no podríamos digerir.
- **Previenen el crecimiento cancerígeno** de ciertas células del colon gracias a algunos de los productos de desecho de su metabolismo.
- **Producen vitamina K** y B_{12}, y favorecen la absorción de calcio (Ca), hierro (Fe) y magnesio (Mg).

▶ Busca el significado de la palabra simbiosis y justifica si la relación que existe entre la flora intestinal y nuestro organismo es una simbiosis.

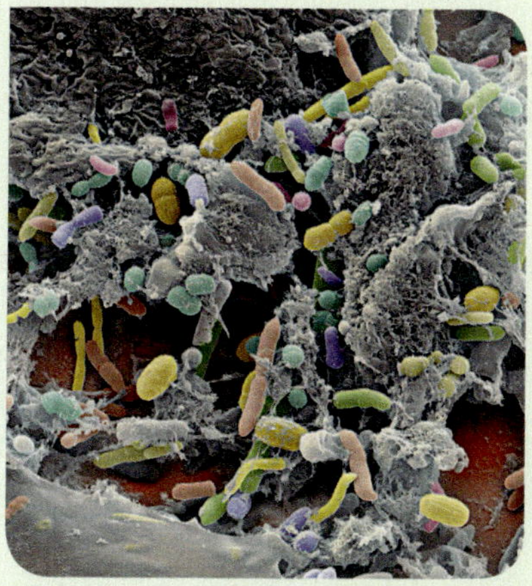

Vista al microscopio electrónico de la flora intestinal.

ACTIVIDADES

3 ¿Qué es el duodeno? ¿Qué jugos se vierten en él?

4 ¿En qué parte del cuerpo está ubicado el colon descendente? ¿Con qué se halla conectado?

5 ¿Qué dos tipos de glándulas existen en el aparato digestivo? Pon dos ejemplos de cada tipo.

6 «El hígado vierte la bilis directamente al duodeno». ¿Es correcta esta frase? Explica tu respuesta.

CLAVES PARA ESTUDIAR

- Conocer los procesos de la digestión.

2 Los procesos digestivos

A medida que el alimento avanza por el aparato digestivo, los órganos que lo forman participan en los diferentes procesos digestivos: **ingestión**, **digestión**, **absorción** y **formación de heces**. En estos procesos, los alimentos se transforman en nutrientes gracias a dos tipos de acciones:

- **Mecánicas.** Consisten en triturar, cortar, aplastar y mezclar el alimento sólido para reducir su tamaño y favorecer las acciones químicas.
- **Químicas.** Producidas por la acción química de los jugos digestivos, que rompen las macromoléculas que forman los alimentos.

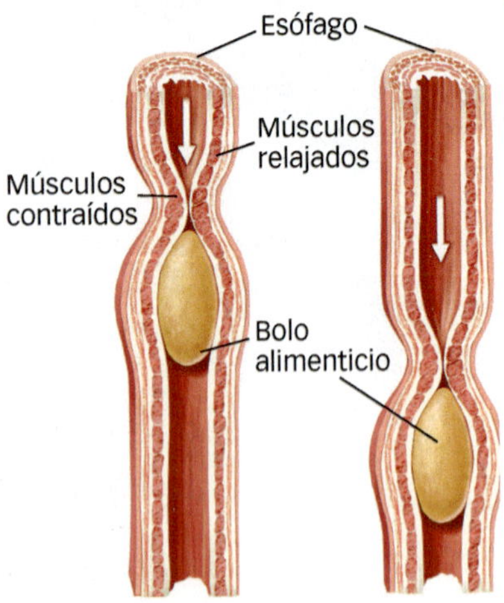

Los movimientos peristálticos son movimientos de propulsión que progresan a lo largo de algunos órganos huecos. En el esófago empujan el bolo alimenticio permitiendo su avance hacia el estómago.

La ingestión

La ingestión es la entrada del alimento al tubo digestivo a través de la boca. Se suceden tres procesos:

- **Masticación.** Troceado del alimento, gracias a la acción mecánica de los dientes.
- **Insalivación.** Mezcla del alimento con la saliva, gracias a la acción de la lengua, que da como resultado la formación del **bolo alimenticio**.
- **Deglución.** Paso del bolo alimenticio de la boca a la faringe gracias al empuje realizado por la lengua. A través de la faringe, el bolo alimenticio llega al esófago, donde las fibras musculares de sus paredes se contraen y relajan produciendo un **movimiento peristáltico** que lo impulsa hacia el estómago.

La digestión

La digestión tiene lugar en varios órganos del tubo digestivo.

Boca	En este órgano se inicia la digestión por medio de acciones mecánicas, gracias a los dientes y la lengua, y químicas, gracias a la **amilasa** (✂), una enzima presente en la saliva que actúa sobre los glúcidos complejos transformándolos en otros más sencillos. Así se forma el bolo alimenticio, que pasa a los siguientes órganos.	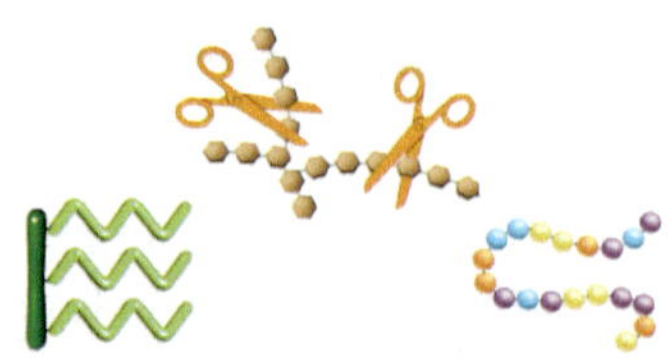
Estómago	El bolo alimenticio se somete a la **digestión gástrica**. Las paredes del estómago segregan jugos gástricos que contienen **ácido clorhídrico** y enzimas como la **pepsina** (✂), una peptidasa que inicia la digestión de las proteínas y las fragmenta en cadenas cortas de aminoácidos. Los procesos mecánicos consisten en movimientos peristálticos de sus paredes musculosas para mezclar los jugos gástricos con el bolo alimenticio, que lo convierte en una papilla semilíquida, espesa y muy ácida, el **quimo**.	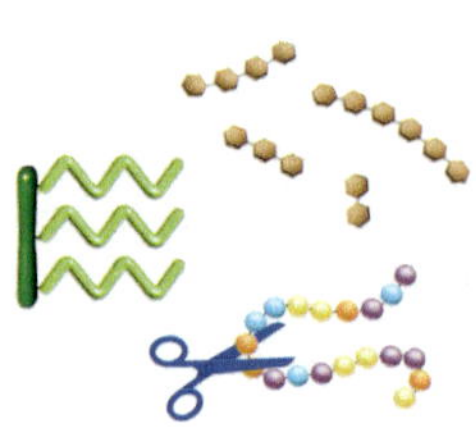
Intestino delgado	En el intestino delgado, el quimo sufre la acción mecánica de los movimientos peristálticos. Además, sobre el quimo actúa la bilis, las enzimas del jugo pancreático y los jugos intestinales. Las enzimas como las **lipasas** (✂) rompen los lípidos en ácidos grasos y glicerol, las **peptidasas** rompen las proteínas en aminoácidos y, las **amilasas**, los glúcidos. Su acción transforma el quimo en una papilla blanquecina que contiene agua, nutrientes y productos no digeridos llamada **quilo**.	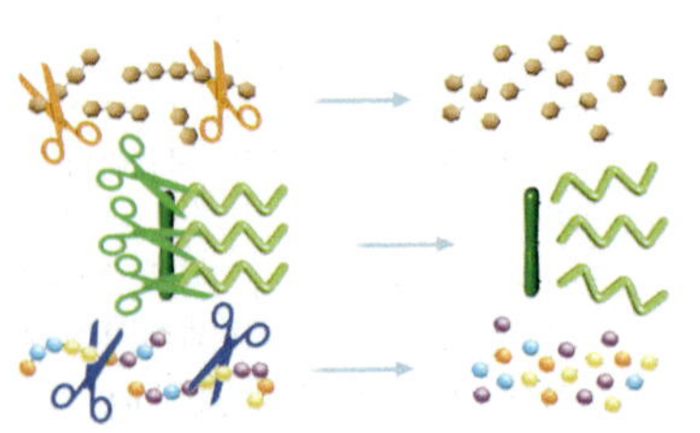

La absorción

La absorción es el paso de los nutrientes, obtenidos en la digestión, a través de las paredes del tubo digestivo hasta la sangre para que esta los transporte a las células. Se produce en el intestino delgado y en el intestino grueso, por ello se denomina **absorción intestinal**.

- El **intestino delgado** es el lugar principal de absorción de los glúcidos simples, los ácidos grasos y los aminoácidos. También, se absorben agua, sales y vitaminas. Dada su gran longitud, la superficie de intercambio es muy amplia; además, se ve incrementada por los repliegues de sus paredes, llamados **pliegues intestinales**, que presentan **vellosidades intestinales**. Estas están tapizadas por células que presentan **microvellosidades** en su cara dirigida hacia la luz del tubo.

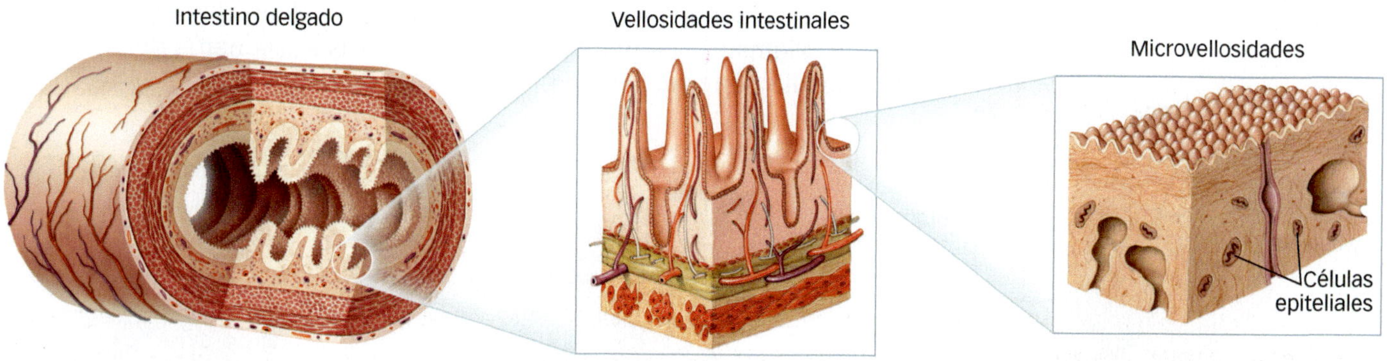

- En el **intestino grueso** se produce la absorción de agua, sales minerales y vitaminas. Además, la flora intestinal produce determinados nutrientes, como la vitamina K, que son absorbidos por las células del colon.

La formación de heces

Algunos alimentos que no podemos digerir se convierten en desechos que debemos eliminar del tubo digestivo. Una vez que los restos de la digestión llegan al intestino grueso se compactan, pierden agua y sales minerales y sufren la acción de la flora bacteriana, que usa parte de esas sustancias para alimentarse.

Como resultado se forman las **heces fecales**, que se acumulan en el tramo final del intestino grueso. Por último, son expulsadas al exterior mediante la **defecación**.

? INTERPRETA LA IMAGEN

7 Observa el detalle de la vellosidad intestinal y describe todos los elementos representados en ese dibujo.

ACTIVIDADES

8 Indica el nombre de los procesos que participan en las funciones digestivas y explica en qué consiste cada una de ellas.

9 Indica el nombre de las estructuras implicadas en el proceso de ingestión.

10 ¿Qué dos tipos de procesos tienen lugar para transformar los alimentos en nutrientes? Explica la diferencia entre ellos.

11 Cuando nos metemos una miga de pan en la boca no es dulce, pero al cabo del tiempo acaba siéndolo. Explica por qué.

12 ¿Por qué la absorción de los nutrientes se denomina absorción intestinal?

13 Explica cuál es la función que cumplen en el intestino delgado las estructuras plegadas que forman su interior. ¿Qué nombre reciben?

CLAVES PARA ESTUDIAR

- Identificar las principales enfermedades del aparato digestivo.
- Analizar y reflexionar sobre algunos hábitos saludables asociados al aparato digestivo.

3 Principales enfermedades del aparato digestivo

Cualquier órgano de nuestro cuerpo puede ver alterado su buen funcionamiento en algún momento y padecer un trastorno o enfermedad. Algunas se producen por falta de higiene y por malos hábitos alimentarios. Conocer algunas enfermedades del aparato digestivo te permitirá prevenir su aparición.

- **Caries.** Es una enfermedad infecciosa causada por bacterias que viven en la boca y que se alimentan de los restos de comida que hay en ella, especialmente de los glúcidos aportados por alimentos dulces. Como resultado se producen ácidos que debilitan el esmalte del diente originando pequeños agujeros que, tras erosionar la dentina, pueden llegar hasta la pulpa.

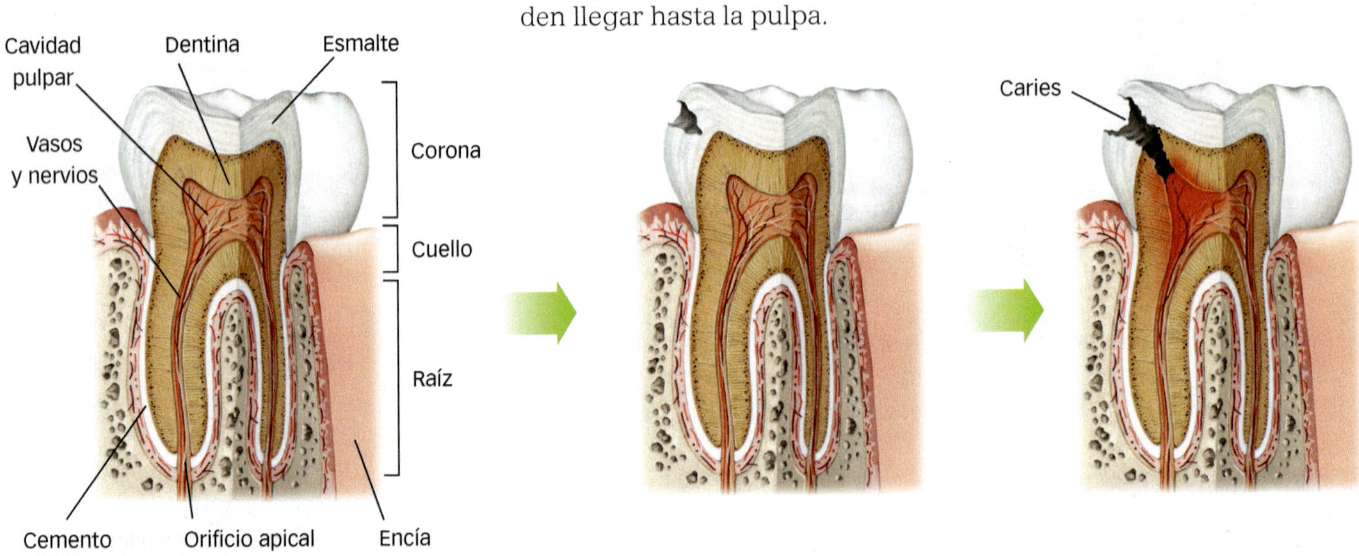

ACTIVIDADES

14 ¿Por qué las bacterias que viven en la boca pueden llegar a producir caries?

15 ¿Por qué crees que cuando padecemos una gastroenteritis nuestro cuerpo reacciona con vómitos y diarreas?

16 ¿Qué alimentos deberías incorporar a la dieta para evitar el estreñimiento?

17 ¿Qué enfermedades del aparato digestivo afectan al intestino delgado? ¿Y al intestino grueso?

- **Úlcera péptica.** Es una lesión de la mucosa del estómago o del duodeno que puede provocar hemorragias e incluso la perforación de la pared. La infección por la bacteria *Helicobacter pylori*, el alcohol, el tabaco, algunos fármacos y el estrés favorecen su aparición.
- **Gastroenteritis.** Es la inflamación del estómago y del intestino delgado producida generalmente por una infección debida a la ingesta de alimentos o aguas contaminadas o por contacto con otras personas enfermas. Causa vómitos y diarreas, a veces con dolor abdominal, fiebre, dolor de cabeza y escalofríos. Su problema principal es la deshidratación, por lo que deben ingerirse abundantes líquidos.
- **Apendicitis.** Es la inflamación del apéndice vermiforme debido a su obstrucción y puede complicarse con una infección y perforación del apéndice. Sus consecuencias pueden ser muy graves si no hay una rápida atención médica.
- **Estreñimiento.** A menudo se debe a que el intestino grueso reabsorbe más agua de lo normal originando heces secas y duras que dificultan su correcta y regular evacuación. Sus causas son variadas, como el estrés, las dietas pobres en fibra vegetal y ciertos fármacos.
- **Hepatitis.** Se produce cuando el hígado sufre una inflamación que puede ser originada por un virus, sustancias tóxicas, algunos medicamentos o el alcohol.

4 Hábitos saludables asociados al aparato digestivo

Para mantener la salud del aparato digestivo, es importante que tengamos en cuenta una serie de pautas. Su incorporación a nuestra rutina cotidiana puede ayudarnos a prevenir enfermedades.

Come despacio y mastica bien los alimentos. Así facilitas la acción de las enzimas presentes en los jugos digestivos.

Establece un horario regular de comidas y realiza cinco comidas diarias poco abundantes para que el aparato digestivo no trabaje en exceso.

Toma alimentos que contengan fibra. La fibra no se digiere, pero sirve para facilitar la motilidad intestinal, evitando el estreñimiento.

No consumas alcohol. Su consumo habitual daña el hígado y el páncreas, y produce algunas enfermedades graves.

Procura beber suficiente agua. El organismo necesita reponer los líquidos corporales para su buen funcionamiento.

Lávate las manos siempre antes de comer y lava también los alimentos, sobre todo si los vas a ingerir crudos. Con ello evitarás que puedan contaminarse con cualquier agente perjudicial para nuestro organismo.

Practica algún deporte de manera continuada. Este hábito ayuda a prevenir el estreñimiento.

Evita las caries. Cuida el tipo de alimentación, puesto que el exceso de azúcar puede favorecer su desarrollo. Para prevenir su aparición, cepíllate los dientes al menos tres veces al día y visita al dentista al menos una vez al año.

Toma precauciones al viajar para prevenir las diarreas. Es aconsejable no consumir verduras frescas, fruta sin pelar, alimentos poco cocinados y repostería, que se pueden contaminar con facilidad. Además, es importante beber agua embotellada y no echar cubitos de hielo en las bebidas.

ACTIVIDADES

18 ¿Qué enfermedades del aparato digestivo podemos evitar con cada uno de los siguientes hábitos?

a) Lavarse las manos antes de comer.

b) No consumir alcohol.

c) Practicar deporte con regularidad, beber suficiente agua y tomar alimentos ricos en fibra.

19 TOMA LA INICIATIVA. ¿Qué hábitos saludables debes realizar para prevenir el desarrollo de las caries?

CLAVES PARA ESTUDIAR

- Describir cómo son las vías respiratorias y los pulmones.

RECUERDA

La **respiración celular** ocurre dentro de la célula, en las mitocondrias. En estos orgánulos, los nutrientes son descompuestos con la ayuda del O_2 y transformados en CO_2 y H_2O con liberación de una gran cantidad de energía.

5 El aparato respiratorio

Además de los nutrientes aportados por los alimentos, el organismo necesita incorporar oxígeno y transportarlo hasta las células para que allí se produzcan las reacciones metabólicas en las que se obtiene la energía necesaria para vivir.

El oxígeno contenido en el aire que respiramos se introduce en el organismo a través del **aparato respiratorio**, desde donde pasa a la sangre; también se encarga de expulsar al exterior el dióxido de carbono, desecho proveniente de la respiración celular.

El aparato respiratorio consta de las **vías respiratorias** y los **pulmones**.

Las vías respiratorias

Las vías respiratorias son los conductos por los que entra el aire cargado de oxígeno hasta los pulmones y por los que el dióxido de carbono es devuelto al exterior.

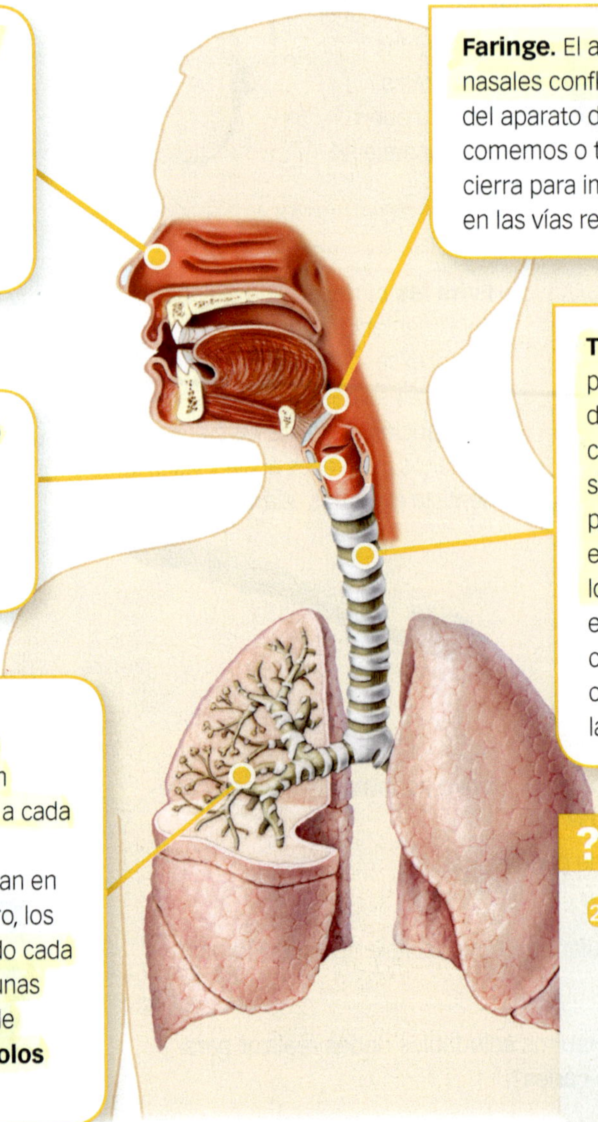

Fosas nasales. El aire entra por la nariz. En las fosas nasales se calienta y, gracias al moco, se humedece y quedan retenidas las partículas de polvo y los microorganismos presentes en el aire.

Faringe. El aire proveniente de las fosas nasales confluye en la faringe, órgano común del aparato digestivo y respiratorio. Cuando comemos o tragamos saliva, la **epiglotis** se cierra para impedir que los alimentos entren en las vías respiratorias.

Laringe. Es un tubo corto formado principalmente por cartílagos; por él pasa el aire y hace vibrar las **cuerdas vocales**, lo que nos permite emitir sonidos.

Tráquea. Tubo flexible formado por anillos de cartílago en forma de «C»; es decir, no están cerrados en su parte posterior, sino que se encuentran unidos por tejido conjuntivo. Conducen el aire desde la laringe hasta los bronquios. El interior del tubo está tapizado por células con cilios, que producen un flujo constante de moco hacia la faringe, con función de limpieza.

Bronquios y bronquiolos. Los bronquios son tubos de anatomía semejante a la tráquea que parten de ella y se bifurcan, dirigiéndose a cada pulmón. Allí se dividen en otros bronquios que a su vez se ramifican en tubos cada vez de menor diámetro, los bronquiolos. Estos se van haciendo cada vez más finos hasta terminar en unas pequeñas bolsitas redondeadas de paredes muy finas llamadas **alveolos pulmonares**.

? INTERPRETA LA IMAGEN

20 Sabiendo que los alimentos pasan por el esófago y observando la posición de este y la tráquea, ¿por qué crees que los anillos de la tráquea no están cerrados?

Los pulmones

Son dos órganos esponjosos que se encuentran alojados en la cavidad torácica y que están protegidos por las costillas. Se disponen a ambos lados del corazón y presentan ciertas diferencias entre ellos:

- **Pulmón izquierdo.** Es más pequeño y está dividido en **dos lóbulos**.
- **Pulmón derecho.** Es algo más grande y se divide en **tres lóbulos**.

Ambos pulmones están recubiertos de una doble membrana llamada **pleura**, en cuyo interior se encuentra el **líquido pleural**, que facilita el movimiento de los pulmones durante la respiración. La pleura los protege del roce directo con las paredes internas de la caja torácica.

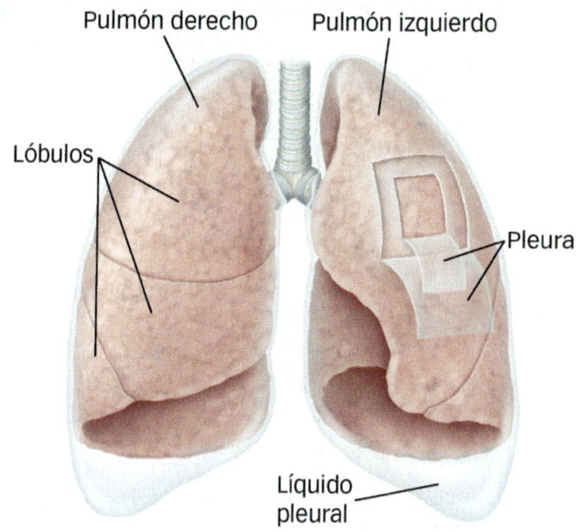

En el interior de cada pulmón, los bronquios y bronquiolos forman una estructura llamada **árbol bronquial** que termina en los alveolos pulmonares. Estos aparecen agrupados en racimos o **sacos alveolares**, que confieren el aspecto esponjoso de los pulmones.

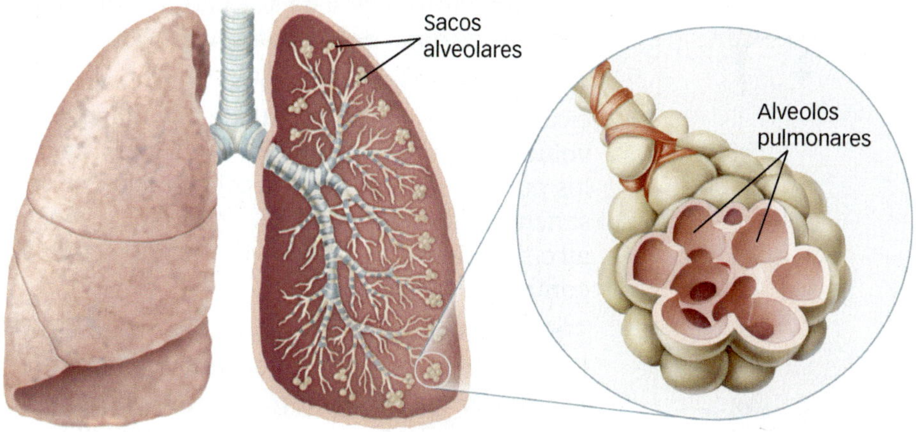

? INTERPRETA LA IMAGEN

21 Copia en tu cuaderno el dibujo de las vías respiratorias y rotula los nombres de cada una de ellas.

A los pulmones llegan las **arterias pulmonares**, que llevan sangre poco oxigenada, y de ellos salen las **venas pulmonares**, que llevan sangre oxigenada, al revés que el resto de arterias y venas. Siguen un trazado paralelo al de los bronquios y bronquiolos.

SABER MÁS

Volúmenes de aire en los pulmones

La **capacidad pulmonar** es el volumen máximo de aire que pueden contener los pulmones al realizar la mayor inspiración posible. Este valor suele ser de 6 L, siendo un 25 % menor en las mujeres que en los hombres. Para medir los volúmenes de aire que entran a los pulmones se utiliza un aparato denominado **espirómetro**.

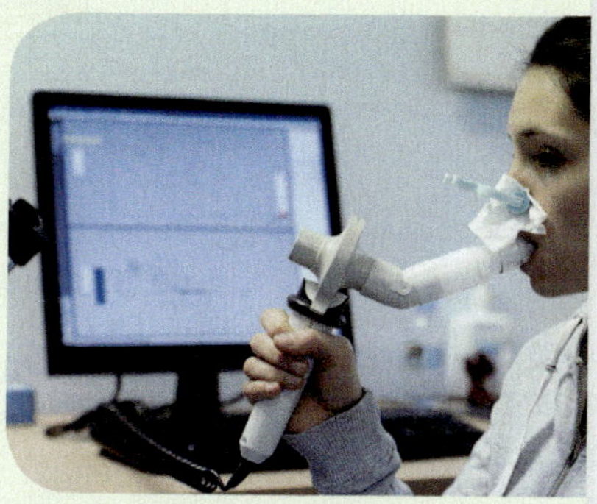

► ¿Crees que la capacidad pulmonar será distinta en una persona de gran talla que en una más pequeña? ¿Por qué?

ACTIVIDADES

22 ¿Por qué es conveniente respirar por la nariz y no por la boca?

23 Indica qué estructuras del aparato respiratorio presentan cartílago y razona por qué.

24 Describe la posición de la epiglotis en el momento de la deglución y en el de la entrada de aire hacia las vías respiratorias.

25 Describe cómo es el pulmón derecho externa e internamente.

CLAVES PARA ESTUDIAR

- Explicar en qué consiste la inspiración, la espiración y el intercambio de gases.

6 Funcionamiento del aparato respiratorio

En la respiración se pueden diferenciar dos etapas: la ventilación pulmonar y el intercambio de gases.

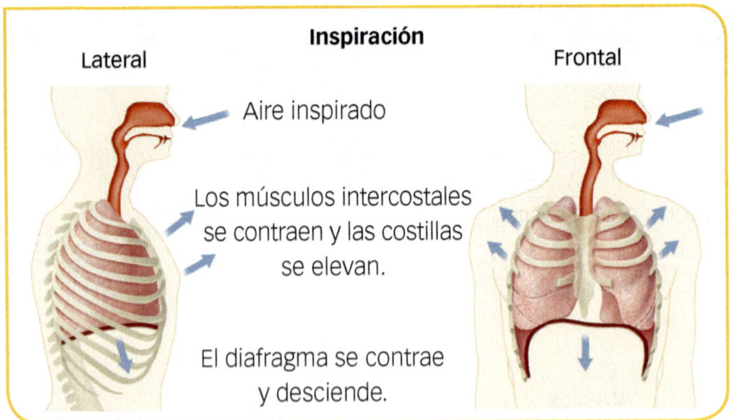

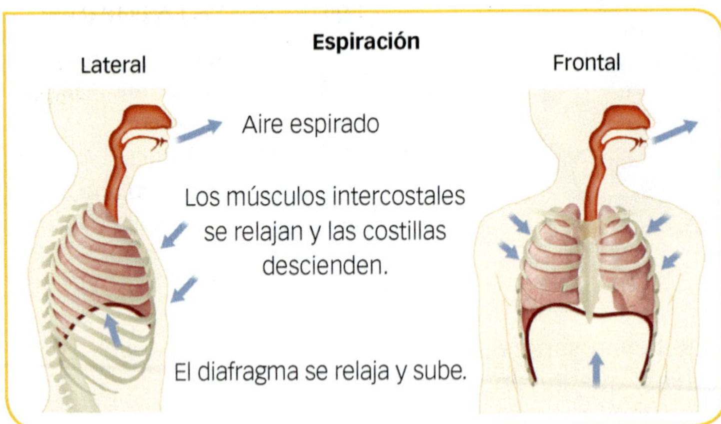

La ventilación pulmonar

Consiste en la entrada y salida de aire de los pulmones y se lleva a cabo mediante dos movimientos involuntarios y consecutivos:

- **Inspiración.** Es el movimiento mediante el cual se produce la entrada de aire rico en oxígeno por las vías respiratorias hasta los pulmones.
- **Espiración.** Salida de aire cargado de dióxido de carbono de los pulmones al exterior.

Al respirar, podemos observar que la caja torácica se mueve rítmicamente de una manera involuntaria pero continuada. En la inspiración, los pulmones, pegados a la caja torácica, se ensanchan y se llenan de aire. En la espiración, el aire sale de los pulmones de forma pasiva al contraerse la caja torácica.

Sin embargo, los pulmones carecen de músculos que los puedan mover autónomamente. Para hacer que los pulmones se llenen y expulsen el aire, utilizamos diferentes músculos: el **diafragma**, con forma de cúpula que separa la cavidad torácica de la abdominal, y los **músculos intercostales**, situados entre las costillas uniéndolas entre sí.

SABER HACER

Construir un modelo anatómico de la ventilación pulmonar

Para comprender mejor cómo se produce el proceso de ventilación pulmonar, construye este modelo que simula los elementos y los procesos que realizan los pulmones en la realidad.

- Corta la base de una botella de plástico de 2 L, dejando unos 25 cm de altura.
- Perfora el tapón para dejar pasar dos pajitas unidas con cinta adhesiva. En la base, sepáralas por el fuelle y sujeta un globo en cada extremo. Introdúcelas en el tapón y fíjalas.
- En la base de la botella coloca un globo grande o un guante de látex y fíjalo bien.

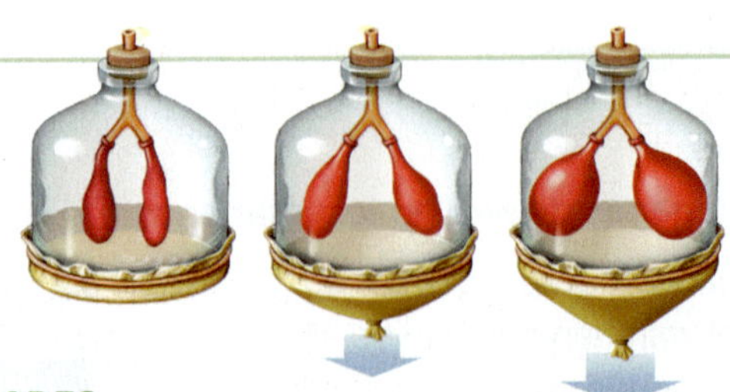

ACTIVIDADES

26 Indica a qué órganos reemplaza cada uno de los materiales empleados.

27 Cuando tiras hacia abajo del globo grande, ¿qué proceso respiratorio reproduces? ¿Y cuando lo sueltas?

28 Explica por qué entra aire en los globos cuando tiras del globo grande hacia abajo y viceversa.

El intercambio de gases

Este proceso tiene lugar en los alveolos pulmonares. Estos están rodeados de gran cantidad de capilares sanguíneos que traen sangre rica en dióxido de carbono y pobre en oxígeno, procedente de todos los órganos del cuerpo.

Se calcula que existen de 300 a 400 millones de alveolos pulmonares, cuya superficie de intercambio es de unos 150 a 200 m^2.

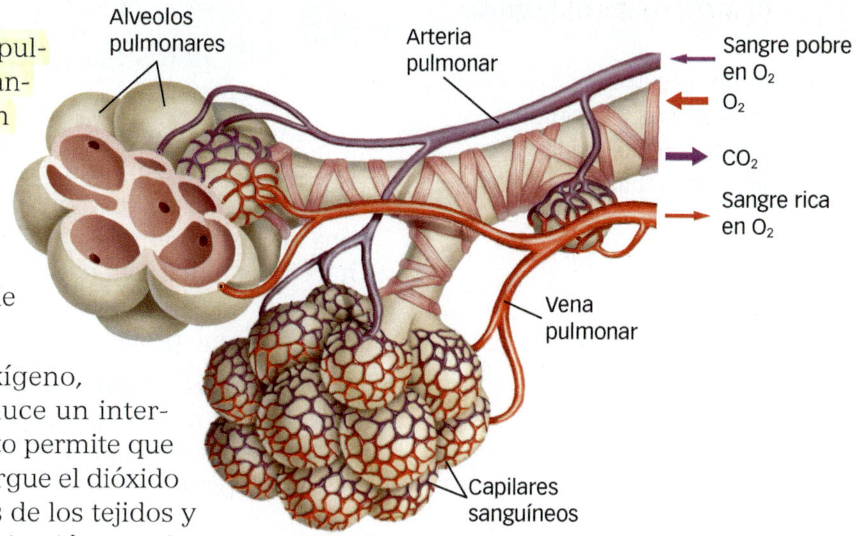

Una vez que el aire inspirado, rico en oxígeno, llega a los alveolos pulmonares, se produce un intercambio gaseoso muy intenso y rápido. Esto permite que la sangre que pasa por los capilares descargue el dióxido de carbono que ha recogido en las células de los tejidos y absorba el oxígeno procedente de la respiración, que luego debe llevar a esas mismas células.

Los gases pasan del alveolo al capilar sanguíneo debido a la **diferencia de concentración** que hay entre ellos, de tal manera que el gas siempre pasa desde donde está más concentrado hacia donde está menos concentrado. El paso en una dirección u otra se realiza atravesando las membranas de las células epiteliales alveolares y las del endotelio capilar por un proceso de **difusión simple**, ya que ambos gases son de pequeño tamaño molecular.

Variación de gases en el intercambio gaseoso

Gases	Aire inspirado	Aire espirado
Nitrógeno	78 %	78 %
Oxígeno	21 %	15-16 %
Dióxido de carbono	0,03 %	4-5 %

Los eritrocitos de la sangre tienen gran cantidad de moléculas de **hemoglobina (Hb)**, una proteína encargada del transporte de gases y que le confiere a la sangre el color rojo debido a los átomos de hierro que contiene.

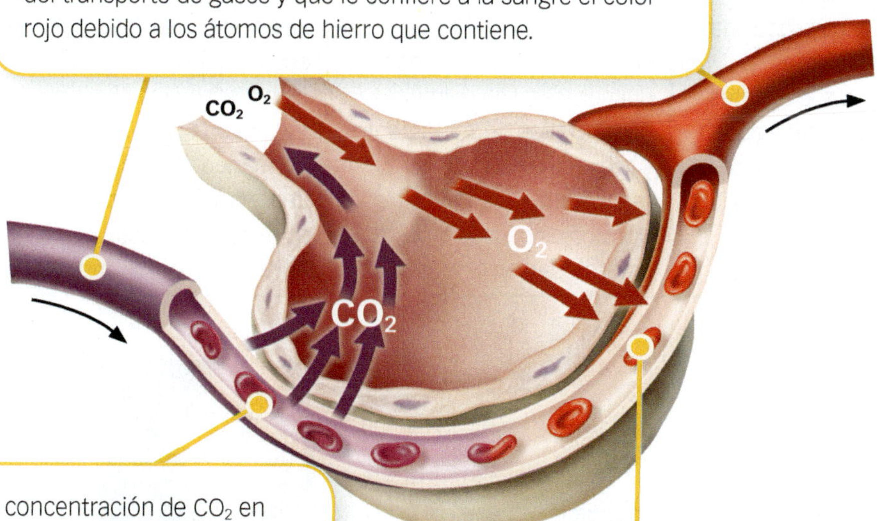

La concentración de CO_2 en la sangre que llega al alveolo es más alta que en el aire del alveolo, que tiene un alto porcentaje de O_2. Por difusión se produce el intercambio gaseoso. El CO_2 pasa al alveolo para ser expulsado al exterior mediante las vías respiratorias.

La Hb se carga de O_2, **oxihemoglobina (HbO_2)**, y adquiere un color rojo más intenso. Este O_2 es transportado por la sangre hacia todas las células del cuerpo.

ACTIVIDADES

29 ¿Podemos expulsar todo el aire que hay en nuestros pulmones en una espiración? Razona tu respuesta.

30 ¿Qué funciones desempeña el diafragma en la respiración pulmonar?

31 Haz un dibujo sencillo de un alveolo en tu cuaderno en el que señales el flujo de los gases y su dirección. ¿Cuántas capas de células atraviesan? ¿Por qué proceso fluyen los gases en una dirección u otra?

CLAVES PARA ESTUDIAR

- Conocer algunas enfermedades y hábitos saludables relacionados con el aparato respiratorio.

7 Enfermedades del aparato respiratorio. Hábitos saludables

Las personas respiramos aire atmosférico, por lo que para una buena salud del aparato respiratorio deberíamos vivir siempre en lugares con una atmósfera limpia y sin contaminantes. Pero la vida en las ciudades hace muy difícil esta premisa; las emisiones de los vehículos, las industrias, las calefacciones, etc., nos hacen respirar partículas y gases contaminantes que provocan ciertas enfermedades y agravan otras.

Otras muchas enfermedades asociadas al aparato respiratorio son producidas por microorganismos patógenos como virus o bacterias. Algunas están relacionadas con hábitos poco saludables que deberíamos erradicar para evitarlas.

Asma	Rinitis alérgica	Faringitis	Neumonías
Se caracteriza por un estrechamiento temporal de los bronquios debido a una contracción de sus paredes, a una inflamación de la mucosa o a un exceso de moco. Genera déficit de oxígeno y dificultad respiratoria.	Es la inflamación de la mucosa nasal debida a una alergia al polen, los ácaros del polvo, caspa de animales, etc. Produce moco muy fluido, estornudos, congestión y picor de nariz, garganta y oídos.	Es la inflamación de la faringe producida por una infección de microorganismos. Se origina dolor en la zona, un aumento de la secreción de moco, tos y, en algunas ocasiones, fiebre.	Es una inflamación aguda del tejido pulmonar, debida a una infección bacteriana o vírica. Dificulta la respiración, genera fiebre alta con tos, escalofríos y dolor en el tórax. Se suele tratar con antibióticos.
Resfriado y gripe	**Bronquitis**	**Cáncer de pulmón**	**Enfisema pulmonar**
Infecciones de las vías respiratorias causadas por virus. La primera produce obstrucción nasal, estornudos, tos, malestar y abundante mucosidad. La gripe, además, produce dolores musculares, escalofríos y fiebre.	Inflamación de la mucosa de los bronquios producida por microorganismos, bacterias o virus, o agentes irritantes. Puede ser aguda o crónica. Genera dificultad al respirar, tos con mucosidad verde-amarillenta, fatiga, silbidos y burbujeos.	Tumor o crecimiento anómalo de las células que se produce en los bronquios y tejidos pulmonares. Los pulmones no funcionan correctamente y provoca dificultad respiratoria. Una de las principales causas de esta enfermedad es el tabaco.	Agrandamiento de los alveolos pulmonares por una destrucción de sus paredes; esto disminuye la función respiratoria de forma casi permanente. El consumo de tabaco y la contaminación son causas de esta enfermedad.

SABER MÁS

La tos y el estornudo

Son espiraciones bruscas del aire contenido en los pulmones, producidas por la presencia de partículas irritantes, como polvo u otras sustancias, en las vías respiratorias. La tos es un mecanismo de defensa del organismo, ya que gracias a ella se expulsan sustancias que podrían ser perjudiciales y se mantienen limpias las vías respiratorias.

▶ EDUCACIÓN CÍVICA. La tos y el estornudo son medios habituales de transmisión de enfermedades respiratorias. ¿Por qué debemos taparnos la boca al toser o estornudar en presencia de otras personas?

Estornudar es un acto reflejo en el que se expulsan al exterior partículas nocivas acumuladas en las fosas nasales.

Hábitos saludables asociados al aparato respiratorio

Los principales hábitos que nos ayudan a mantener sano nuestro aparato respiratorio son los siguientes:

- **Crea en tu casa un ambiente sano.** Utiliza con precaución los productos químicos que pueden producir irritación e inflamación de las vías respiratorias. Ventila siempre tu habitación al menos durante diez minutos y mantén una buena higiene en tu entorno para evitar la aparición de polvo y ácaros que producen muchas alergias.
- **Realiza ejercicio moderado de forma regular.** Mejora tu calidad de vida, fortalece tu organismo y favorece el desarrollo de tus órganos. Por ejemplo, aumenta la capacidad pulmonar, lo cual mejora tu respuesta ante un esfuerzo inesperado o accidental. También previene o retrasa la aparición de otras enfermedades. La realización de ejercicios aeróbicos, como andar, ir en bici, nadar o correr mejoran la capacidad pulmonar y la actividad cardiovascular.
- **Evita lugares contaminados, poco ventilados y con mucha gente.** En estos lugares es conveniente respirar por la nariz para filtrar el aire de agentes contaminantes y microorganismos.
- **No fumes nunca.** Es muy importante que no empieces a fumar y que procures no estar cerca de personas que estén fumando.

El tabaquismo

Fumar es una adicción que provoca muchas enfermedades respiratorias de forma directa y agrava la sintomatología de otras muchas, no solo del aparato respiratorio, sino también del circulatorio, digestivo, nervioso, etc.

El tabaco lleva consumiéndose desde hace más de cinco siglos, pero es en las últimas décadas cuando se ha demostrado que causa un gran daño al organismo de forma directa e indirecta. El tabaquismo mata cada año a casi seis millones de personas, de las que alrededor de un 10 % son no fumadores.

Si analizas el humo de un cigarrillo, puedes encontrar más de 4000 sustancias químicas distintas. Por su incidencia y efectos destacan la nicotina, el monóxido de carbono y el alquitrán:

Nicotina	Monóxido de carbono (CO)
Es la principal sustancia tóxica responsable de la adicción que provoca el tabaco (tabaquismo), que se manifiesta por la necesidad de fumar. Por ello, en la actualidad el tabaco es considerado una **droga**.	Es un gas muy tóxico que llega fácilmente a la sangre, donde se une a la hemoglobina, impidiendo el transporte de oxígeno. Por ello, las personas fumadoras se cansan más rápido y rinden mucho menos.

Alquitrán
Mezcla de sustancias que se deposita sobre las células ciliadas de las vías respiratorias impidiendo su acción limpiadora. Favorece la aparición de bronquitis crónica, enfisema pulmonar y cáncer en la boca, las vías respiratorias y los pulmones. El 90 % de cánceres de pulmón son generados por el tabaco. Cuanto más joven se empiece y más tiempo se fume, mayor probabilidad hay de desarrollarlo.

? INTERPRETA LA IMAGEN

32 Este es el cartel presentado en una de las campañas del Día Mundial Sin Tabaco. ¿Qué crees que quiere transmitir la Organización Mundial de la Salud con él?

ACTIVIDADES

33 Cita una enfermedad que afecte a:

a) Los bronquios.

b) La faringe.

c) Los alveolos pulmonares.

34 TOMA LA INICIATIVA. La contaminación atmosférica influye mucho en la salud del aparato respiratorio. Piensa qué podrías hacer para reducir la contaminación del aire de tu lugar de residencia.

REPASA LO ESENCIAL

35 RESUMEN. Copia y completa lo que falta en estas oraciones:

- El aparato digestivo consta de ______.
- La ingestión consiste en ______.
- La digestión se da en ______.
- La absorción consiste en ______.
- La formación de heces se produce por ______.
- Las enfermedades más comunes del aparato digestivo son ______. Se pueden prevenir ______.
- El aparato respiratorio consta de ______. Las vías respiratorias son ______.
- La ventilación pulmonar se realiza ______.
- El oxígeno y el dióxido de carbono se intercambian ______.
- Las enfermedades del aparato respiratorio pueden ser debidas a ______. Se pueden prevenir ______.

36 Indica en tu cuaderno el nombre de las estructuras señaladas en el siguiente dibujo:

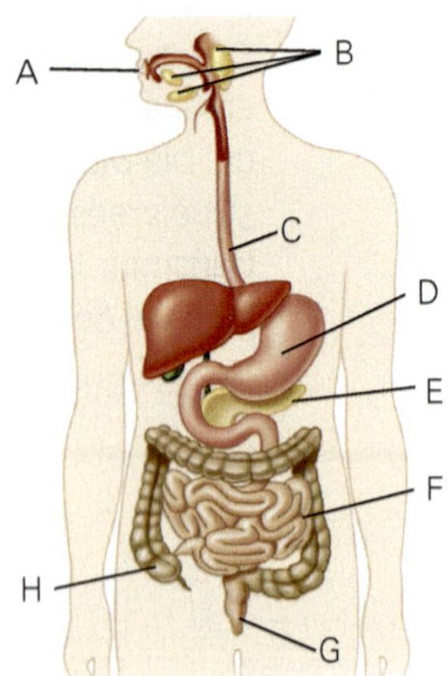

37 Copia y completa en tu cuaderno este esquema. Los cuadros de color verde representan las diferentes fases por las que pasa el alimento en su avance por el tubo digestivo, y los de color blanco, los jugos digestivos que actúan en cada una de estas fases.

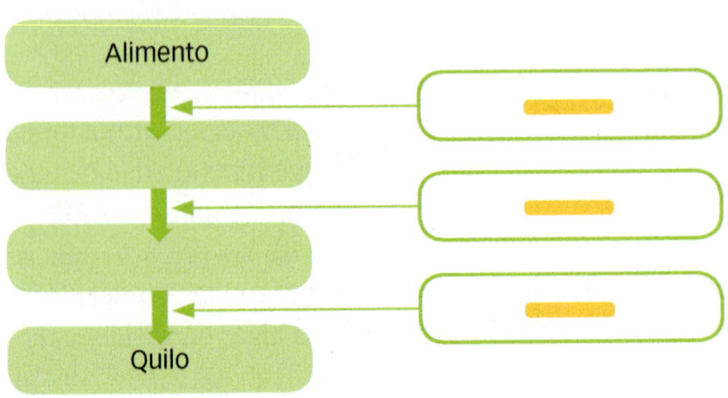

38 Realiza en tu cuaderno una tabla de tres columnas. En la primera coloca las partes del tubo digestivo; en la segunda, los procesos digestivos mecánicos que tienen lugar en cada una de sus partes; y en la tercera, los procesos químicos.

39 Explica qué son y para qué sirven las vellosidades intestinales. Realiza un dibujo para apoyar tu explicación.

40 Copia y completa un esquema como este con el recorrido del O_2 y del CO_2 por los órganos del aparato respiratorio. Explica brevemente cómo es cada uno de ellos.

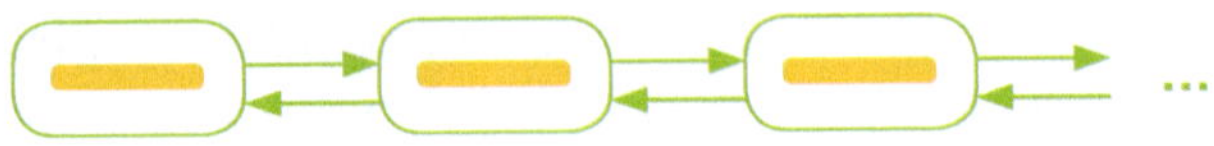

41 Copia y rotula este esquema del aparato respiratorio.

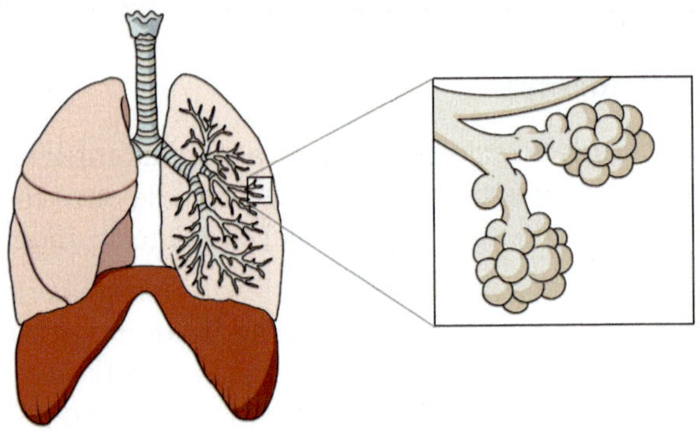

42 Copia y señala el flujo de gases en este esquema y relaciónalo con los movimientos respiratorios.

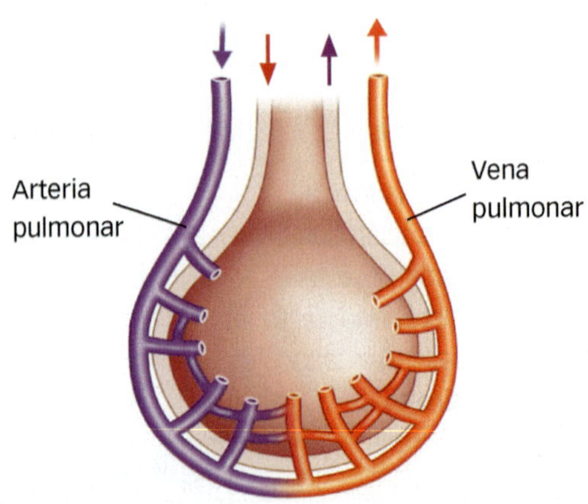

43 Relaciona en tres columnas los órganos de los aparatos digestivo y respiratorio con las diferentes enfermedades que pueden afectar a cada uno de ellos y los hábitos saludables que ayudan a prevenirlas.

Fíjate en los que son comunes a ambos y piensa si practicas alguno de ellos en tu vida cotidiana.

PRACTICA

44 Observa las imágenes y responde las preguntas.

A

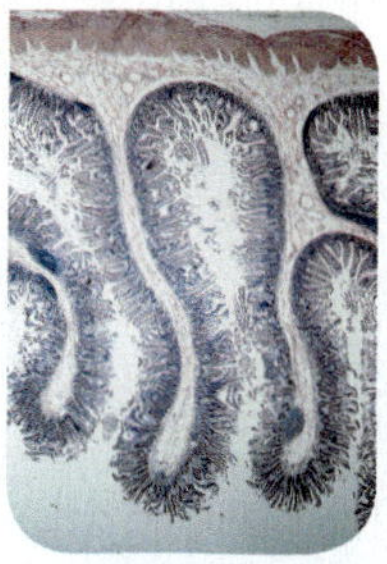

B

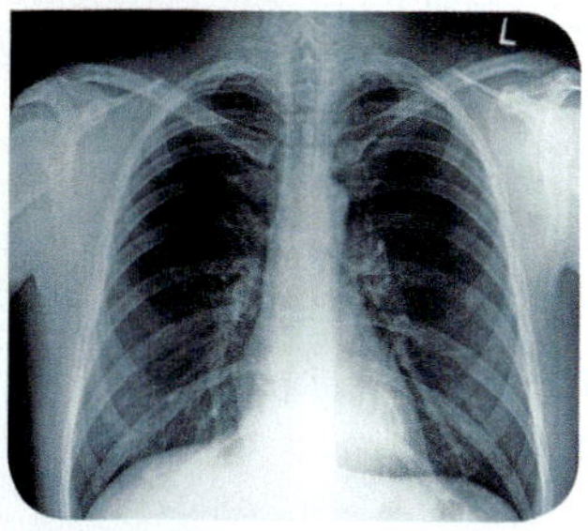

a) ¿A qué aparato corresponde cada una, digestivo o respiratorio?

b) Describe lo que ves en cada una de ellas, nombrando las estructuras que reconozcas.

c) Intenta explicar cómo se ha obtenido cada una de estas imágenes.

45 ¿Por qué es tan importante beber entre uno y dos litros de agua al día?

46 TOMA LA INICIATIVA. Haz un listado con los alimentos ricos en fibra que consumes. Anota durante una semana la cantidad y frecuencia con que lo haces.

47 El ascenso a montañas de más de 4 000 metros de altura produce en las personas problemas para respirar. La principal causa del *mal de altura* es la **hipoxia** o falta de oxígeno en el organismo. Explica por qué ocurre esto sabiendo que:

- La presión atmosférica disminuye según vamos subiendo en altitud.
- La proporción de O_2 es la misma a cualquier altura.
- Los pulmones se hinchan de aire por la diferencia de presión que hay entre el exterior (la presión atmosférica) y el interior de nuestro cuerpo. Es decir, como la presión de aire es menor dentro de nuestro cuerpo que fuera, el aire entra y, por tanto, entra oxígeno en nuestras vías respiratorias.

48 Esta imagen representa la sección transversal de un bronquio. ¿Qué enfermedad crees que se está representando? Explica por qué y cuáles son sus causas y sus síntomas.

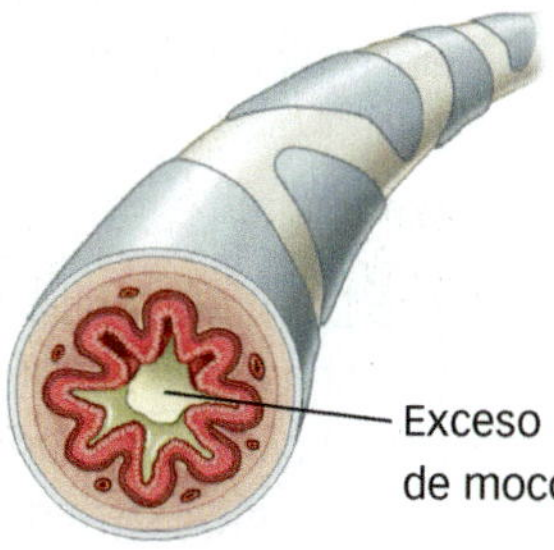

FORMAS DE PENSAR. Análisis científico

Trasplante de órganos artificiales

Muchas personas padecen graves enfermedades que requieren de la sustitución o trasplante del órgano o tejido afectado por otro sano. Aunque en España sigue aumentando el número de donantes, existen largas listas de espera de personas que necesitan un trasplante para resolver su enfermedad.

En biomedicina, la medicina regenerativa está realizando avances encaminados a paliar esta situación. Utiliza conocimientos relacionados con la ingeniería y la biología para crear sustitutos biológicos que reemplacen total o parcialmente los tejidos y órganos enfermos. Su trabajo se basa en la utilización de diferentes técnicas:

- El cultivo de células madre a partir de las cuales obtener tejidos sanos que sean genéticamente idénticos a los que vayan a sustituir.
- El diseño de estructuras tridimensionales que sustituyan la parte o partes dañadas del órgano enfermo.

Un ejemplo de este tipo de avance científico ha servido para trasplantar una tráquea bioartificial a Hannah, una niña de Illinois enferma de agenesia traqueal congénita que no podía ni alimentarse ni hablar ni respirar. Primero se elaboró un molde con un material sintético hecho con nanofibras, a continuación se bañó con células madre de la médula ósea de la propia Hannah y por último se le implantó. Dos años después, la pequeña falleció por complicaciones debidas a una operación sin relación con el trasplante.

49 USA LAS TIC. Busca información sobre las células madre, qué son, de dónde se obtienen y qué aplicaciones médicas pueden tener.

a) ¿Qué efecto sobre el organismo puede tener una enfermedad que afecte a la tráquea de una persona como le ocurrió a Hannah?

b) ¿Qué parte de la tráquea implantada a Hannah es biológica? ¿Qué parte es sintética?

Demostrar de forma matemática la eficacia de una estructura natural: el tubo digestivo

Ante la pregunta ¿por qué el estómago es una bolsa y el intestino es un tubo?, podemos elaborar una respuesta basada en datos matemáticos que nos permitirá entender por qué el aparato digestivo tiene esa anatomía.

El estómago debe permitir el almacenamiento de todos los alimentos que ingerimos en la comida y facilitar su mezcla con los jugos digestivos para proceder a su digestión. Para que ocurra este proceso es más eficaz que los jugos digestivos que se segregan actúen sobre una mezcla homogeneizada de los alimentos.

El intestino, por su parte, debe facilitar el paso de los nutrientes a la sangre a través de sus paredes. Lo que importa, por tanto, es que haya una superficie de contacto, cuanto más grande mejor, de esa mezcla con las paredes del tubo digestivo.

Podemos estudiar matemáticamente este problema de la absorción intestinal, analizando cada uno de los órganos.

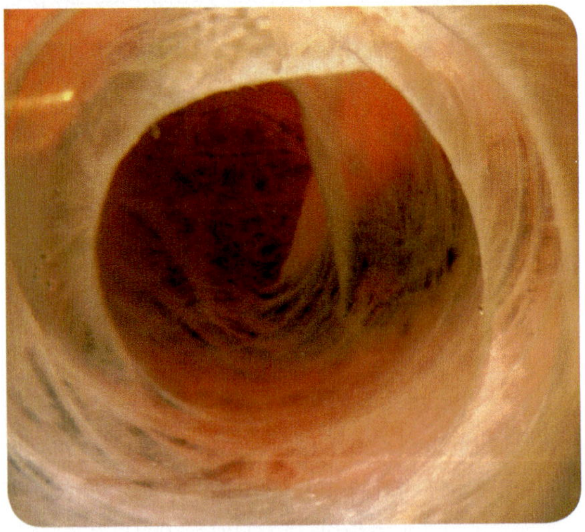
Microfotografía del interior del intestino.

Estómago

Su capacidad es de unos 2,5 L. Como tiene forma de bolsa, su superficie interna será, aproximadamente, la de una esfera de 2,5 L de volumen.

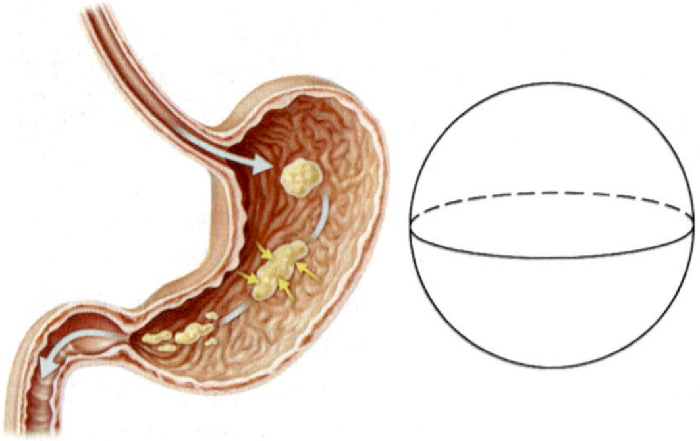

El volumen de una esfera es: $V_{esfera} = 4/3 \cdot \pi \cdot r^3$

Y la superficie de la esfera es: $S_{esfera} = 4 \cdot \pi \cdot r^2$

Podemos obtener el radio en la primera ecuación para un volumen de 2,5 L (2 500 cm^3).

El radio resultante es: $\boldsymbol{r = 8{,}4}$ **cm**

Con este valor del radio podemos calcular la superficie de absorción de esta bolsa:

$$S = 886{,}2 \text{ cm}^2$$

Parece una superficie grande. Pero veamos cuál es la superficie de absorción del intestino.

Intestino delgado

En lugar de ser una bolsa, es un tubo delgado (un cilindro hueco) de unos 2,5 cm de diámetro (1,25 cm de radio) y unos 600 cm de longitud.

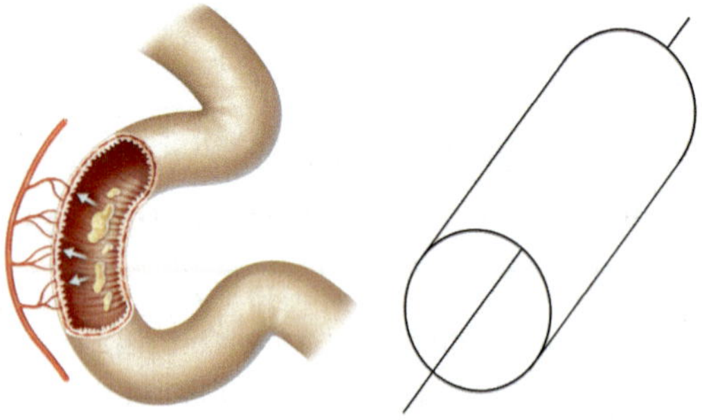

La superficie del interior del tubo cilíndrico es la longitud del perímetro, multiplicada por la longitud del tubo: $S_{tubo} = 2 \cdot \pi \cdot r \cdot \text{longitud}$

Introduciendo los valores del radio y de la longitud, obtenemos que la superficie de absorción del intestino delgado es de: $\boldsymbol{S = 4\,710}$ $\mathbf{cm^2}$

No solo la superficie de absorción es más de cinco veces mayor al ser el intestino un tubo en vez de una bolsa, es que, además, la superficie del intestino se multiplica debido a las vellosidades intestinales, por lo que la eficacia del intestino delgado para la absorción de los nutrientes es muchísimo mayor de lo que sería si fuera una bolsa en vez de un tubo.

50 Diseña un experimento para comprobar si unas canicas pequeñas de colores se mezclan igual de bien en un tubo largo y delgado que en una bolsa.

51 Explica si para el proceso de mezclar bien los alimentos resulta más eficaz que el estómago sea una bolsa o un tubo largo y estrecho.

52 Si el intestino delgado fuera una bolsa, el proceso de absorción de nutrientes, ¿duraría más o menos tiempo del que dura realmente? Explica tu respuesta.

53 Normalmente, en una comida no ingerimos todos los alimentos mezclados, como una papilla pasada por la batidora, sino que tomamos la carne por un lado, la ensalada por otro, el postre al final, etc. Si el estómago fuera un tubo y no se produjera la mezcla de los alimentos, ¿qué diferencias habría en la absorción intestinal con respecto a como ocurre realmente?

54 ¿Por qué las vellosidades intestinales pueden ampliar tanto la superficie de absorción del intestino delgado? Dibuja una sección del interior del intestino delgado sin vellosidades y con ellas, y explica en qué caso la absorción intestinal es más eficaz.

TRABAJO COOPERATIVO

Una cuña radiofónica sobre hábitos saludables para el aparato digestivo

La Concejalía de Salud Pública ha convocado un concurso entre los centros docentes para elegir un anuncio radiofónico que promueva los hábitos saludables relacionados con el cuidado del aparato digestivo.

- Formad grupos de tres personas para diseñar un anuncio a tres voces. El anuncio, una vez grabado, debe durar entre 15 y 25 segundos.

  Podéis pactar en clase una duración diferente, con tal de que todos los grupos estén de acuerdo, pero la duración no conviene que sobrepase los 40 segundos.
- Elegid primero sobre qué aspecto de los hábitos saludables vais a elaborar el anuncio: cepillado de los dientes, horarios de comidas, etc.; y elegid también el tipo de anuncio que será. Procurad buscar un enfoque original que capte la atención del auditorio.
- Escribid el guion con las acotaciones oportunas: persona que dice cada frase, tono, ruidos de fondo, etc.

- Ensayad las veces necesarias el anuncio hasta que os salga con soltura y, finalmente, grabadlo.
- El día de la presentación podéis elegir entre escuchar las grabaciones o hacer actuaciones en vivo. Por último, realizad una votación para elegir la cuña ganadora.

4 La nutrición: aparatos circulatorio y excretor

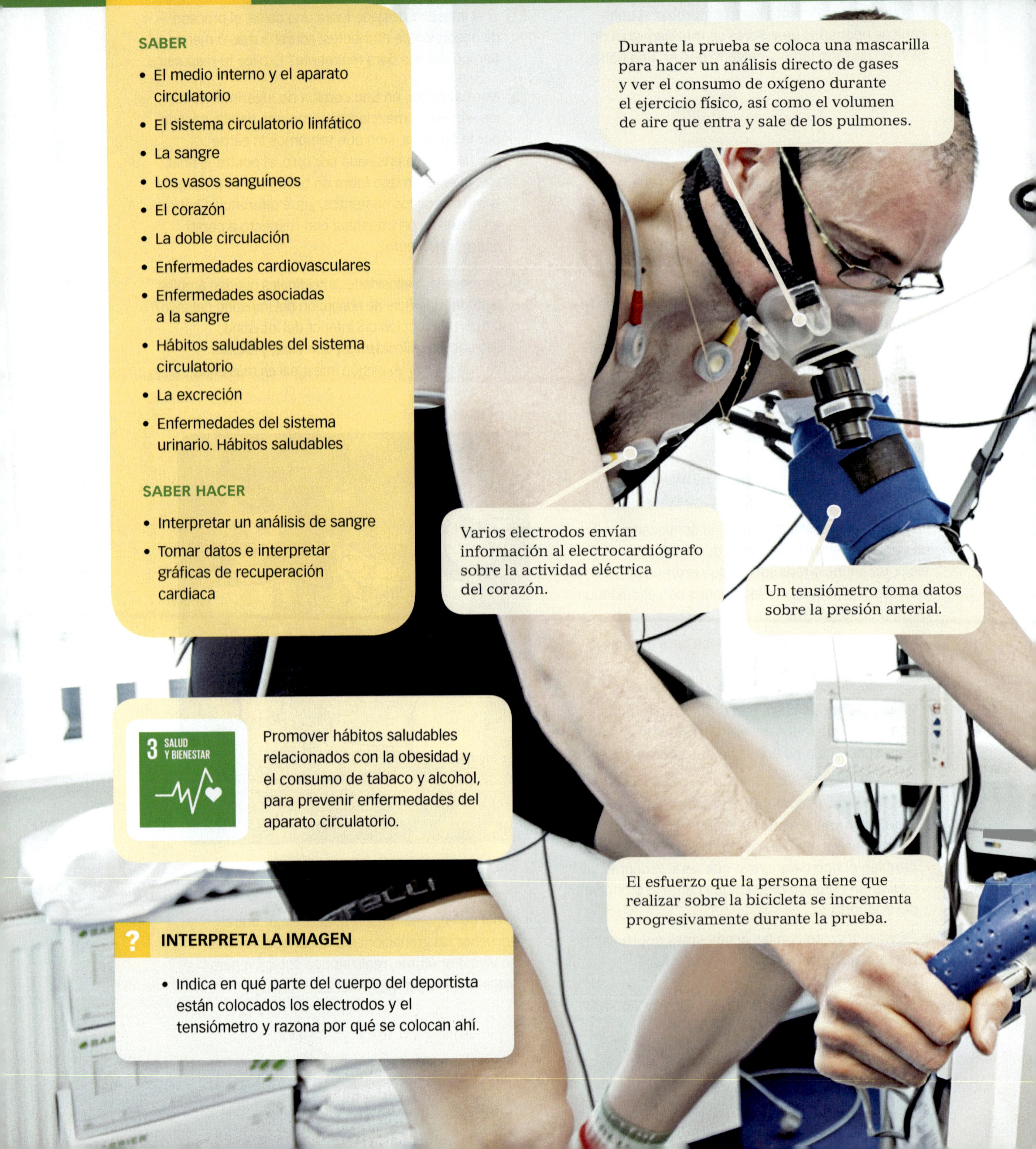

SABER

- El medio interno y el aparato circulatorio
- El sistema circulatorio linfático
- La sangre
- Los vasos sanguíneos
- El corazón
- La doble circulación
- Enfermedades cardiovasculares
- Enfermedades asociadas a la sangre
- Hábitos saludables del sistema circulatorio
- La excreción
- Enfermedades del sistema urinario. Hábitos saludables

SABER HACER

- Interpretar un análisis de sangre
- Tomar datos e interpretar gráficas de recuperación cardiaca

Durante la prueba se coloca una mascarilla para hacer un análisis directo de gases y ver el consumo de oxígeno durante el ejercicio físico, así como el volumen de aire que entra y sale de los pulmones.

Varios electrodos envían información al electrocardiógrafo sobre la actividad eléctrica del corazón.

Un tensiómetro toma datos sobre la presión arterial.

3 SALUD Y BIENESTAR

Promover hábitos saludables relacionados con la obesidad y el consumo de tabaco y alcohol, para prevenir enfermedades del aparato circulatorio.

El esfuerzo que la persona tiene que realizar sobre la bicicleta se incrementa progresivamente durante la prueba.

? INTERPRETA LA IMAGEN

- Indica en qué parte del cuerpo del deportista están colocados los electrodos y el tensiómetro y razona por qué se colocan ahí.

NOS HACEMOS PREGUNTAS

¿Qué es una prueba de esfuerzo?

La prueba de esfuerzo es un procedimiento que sirve para evaluar los efectos del ejercicio físico sobre el organismo. Así se valora la capacidad física y el estado del corazón de una persona.

Durante la prueba, la persona camina sobre una cinta o pedalea en una bicicleta mientras se registran datos sobre la actividad del corazón, se mide la presión sanguínea y, en algunos casos, se analiza también el consumo de oxígeno. Para los deportistas es una prueba fundamental, ya que aporta información para optimizar su rendimiento.

OPINA. ¿Por qué crees que los resultados de esta prueba sirven para optimizar el rendimiento deportivo?

El médico analiza la función cardiaca mediante un electrocardiograma. Lo hace durante la ejecución de la prueba y, al menos, entre tres y cinco minutos después de acabar el ejercicio, en la recuperación.

CLAVES PARA EMPEZAR

- ¿Por qué la sangre tiene color rojo?
- ¿Cuál es la principal función que realiza la sangre en nuestro cuerpo?
- ¿Cuál es el nombre de los tres tipos de vasos sanguíneos que conducen la sangre?
- ¿Qué órganos producen la orina como resultado de filtrar la sangre?

CLAVES PARA ESTUDIAR

- Conocer los componentes del aparato circulatorio.
- Identificar los componentes del sistema linfático.

1 El medio interno y el aparato circulatorio

Tras el proceso digestivo y el intercambio gaseoso obtenemos nutrientes y oxígeno que circulan por nuestro organismo. Las células de nuestro cuerpo están bañadas en un líquido del que extraen las sustancias que necesitan y al que vierten sus productos de desecho. Al conjunto de líquidos que rodean las células del cuerpo lo llamamos **medio interno**.

Las condiciones del medio interno, tales como su composición o su temperatura, se tienen que mantener constantes para garantizar el buen funcionamiento de las células. El mantenimiento de estas condiciones se denomina **homeostasis** y de ello se encargan los diferentes aparatos y sistemas del organismo.

En los seres humanos, el medio interno está formado por el **líquido intersticial**, la **sangre** y la **linfa**. El líquido intersticial baña directamente las células. La sangre y la linfa realizan las tareas de recogida, reparto y eliminación de lo que las células necesitan o desechan a través de los sistemas que forman parte del **aparato circulatorio**:

- **Sistema circulatorio sanguíneo.** Es el encargado de transportar los nutrientes y el oxígeno por todo el organismo, así como de recoger los desechos procedentes del metabolismo celular para llevarlos a los órganos encargados de su excreción o expulsión. La sangre es el líquido que circula por este sistema.
- **Sistema circulatorio linfático.** El sistema linfático es el encargado de recoger el exceso de líquido que rodea las células para devolverlo a la sangre. También se ocupa de transportar las grasas que se absorben en el intestino y es parte del sistema de defensa de nuestro organismo. La linfa es el líquido de color blanquecino que circula por este sistema.

INTERPRETA LA IMAGEN

1. Di qué representan:
   - Los vasos de color rojo y morado.
   - Los vasos de color verde.
   - Las flechas azules oscuras y claras.

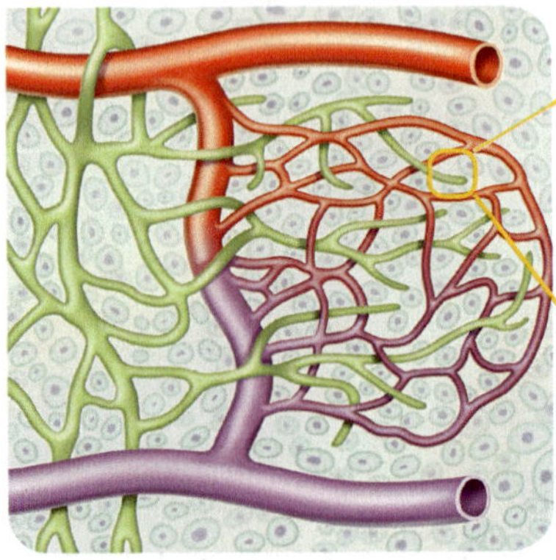

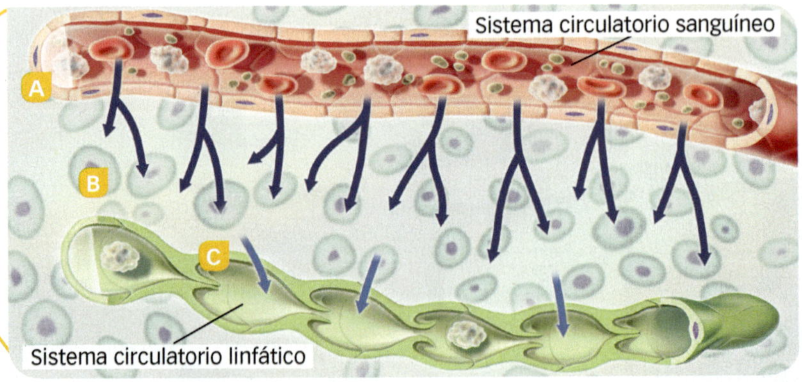

A. Cuando la sangre llega a los capilares sanguíneos, cede al líquido intersticial los nutrientes y el oxígeno. Esto modifica el equilibrio de la homeostasis, ya que cambia la composición del líquido intersticial, lo que favorece la filtración de líquidos desde los capilares al espacio intersticial.

B. A continuación, las células toman del líquido intersticial el oxígeno y los nutrientes que requieren para su metabolismo, pero queda un exceso de líquido que hay que eliminar para recuperar el equilibrio homeostático.

C. Para ello, el sistema linfático se encarga de recoger el exceso de líquido intersticial, que pasa a los vasos linfáticos formando la linfa circulante. De esta manera se restablece la homeostasis garantizándose el buen funcionamiento del organismo.

2 El sistema circulatorio linfático

El sistema linfático consta de una red de vasos y otras estructuras distribuidas por todo el cuerpo.

Capilares linfáticos. Son vasos ciegos (sin salida), muy finos y ramificados, presentes en todos los tejidos. Son los encargados de recoger el líquido sobrante que baña las células de nuestro cuerpo.

Vasos linfáticos. Se originan al confluir los capilares linfáticos y formar vasos más grandes, parecidos a las venas, que presentan en su interior **válvulas** para impedir el retorno de la linfa.

Desembocan en el sistema circulatorio sanguíneo al que devuelven el agua y los líquidos sobrantes.

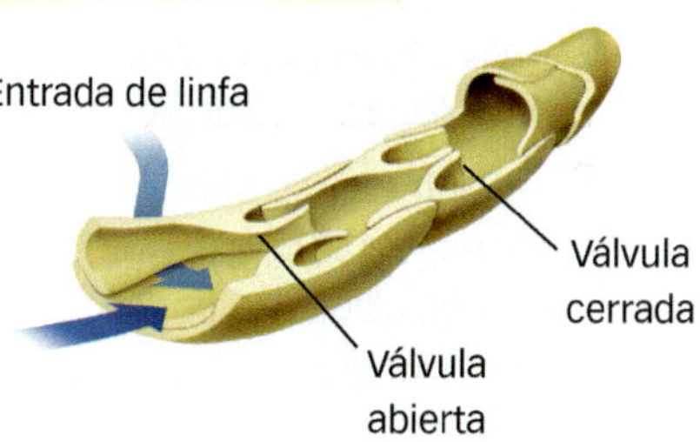

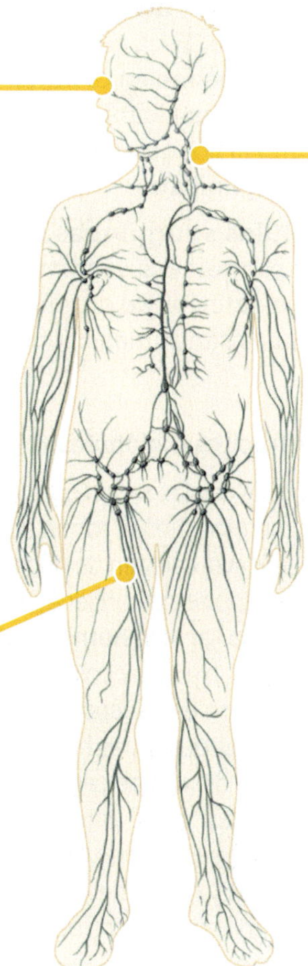

Ganglios linfáticos. Son nódulos o abultamientos localizados en los vasos linfáticos, especialmente abundantes en el cuello, las axilas, las ingles y rodeando las principales arterias y venas.

En su interior hay una gran cantidad de células defensivas que se encargan de localizar, reconocer y combatir los microorganismos, que pueden infectarnos, o cualquier otro tipo de sustancia extraña que puede perjudicarnos. Cuando esto ocurre, los ganglios aumentan su actividad inflamándose y pueden palparse.

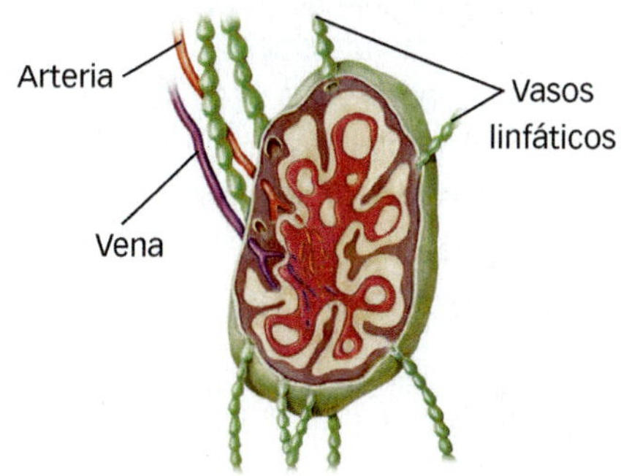

La **linfa** está formada por el líquido intersticial que penetra en los vasos linfáticos. Solo circula en una dirección y avanza impulsada principalmente por las contracciones de los vasos linfáticos, las contracciones de los músculos esqueléticos, los movimientos respiratorios del tórax y, en algunos casos, por la fuerza de la gravedad.

ACTIVIDADES

2 ¿Dónde se localiza el líquido intersticial? ¿Cómo se elimina su exceso?

3 ¿Qué es la homeostasis? ¿Por qué razón se ve alterado el equilibrio homeostático en el medio interno? ¿Cómo se restablece?

4 Realiza un esquema con los sistemas y líquidos del aparato circulatorio.

5 Indica todas las funciones que realiza el sistema linfático.

6 ¿Por qué es importante la existencia de válvulas en los vasos linfáticos? ¿Qué ocurriría si no existieran?

7 ¿Por qué cuando tienes una infección el médico te palpa detrás de las orejas y en el cuello?

CLAVES PARA ESTUDIAR

- Conocer la composición de la sangre y sus funciones.
- Diferenciar los tres tipos de vasos sanguíneos.

3 La sangre

La **sangre** es un líquido viscoso de color rojo que circula por el interior del sistema sanguíneo. Está formada por dos elementos:

- **Plasma.** Es un líquido de color amarillento que representa el 55 % de la sangre. Está compuesto por agua y una gran variedad de sustancias disueltas en distintas cantidades. Entre ellas destacan las proteínas que participan en muchas de las funciones que realiza la sangre, como la coagulación, el transporte de sustancias o la defensa de nuestro organismo.
- **Células sanguíneas.** Forman el restante 45 % de la sangre. Las células sanguíneas se forman en la **médula ósea roja**, un tejido situado en el interior de algunos huesos como el fémur. Existen tres tipos de células sanguíneas: leucocitos, eritrocitos y plaquetas.

Leucocitos o glóbulos blancos

Son las células sanguíneas más grandes. Tienen núcleo y participan en funciones defensivas del organismo contra las infecciones. Pueden ser de varios tipos: neutrófilos, eosinófilos, basófilos, monocitos y linfocitos. Su vida media es variable y hay entre 5 000 y 10 000 leucocitos por cada mm^3 de sangre.

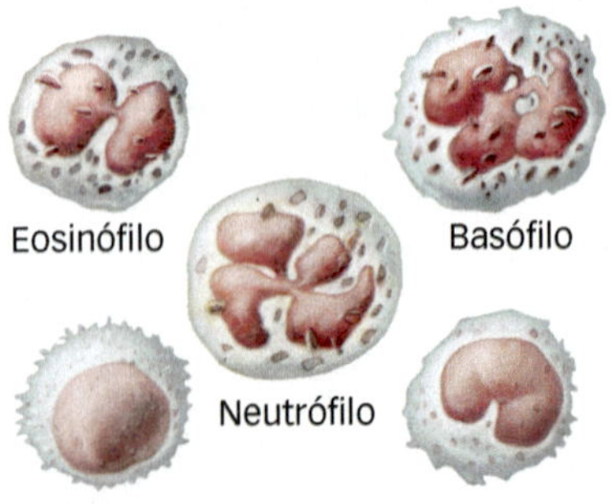

Eritrocitos o glóbulos rojos

Son las células sanguíneas más numerosas. Tienen forma de disco bicóncavo, carecen de núcleo y su citoplasma contiene una proteína llamada **hemoglobina** responsable de su color rojo. Su función es transportar oxígeno desde los pulmones hasta cada célula y dióxido de carbono desde las células hasta los pulmones para ser expulsado. Viven unos 4 meses y hay entre 4,5 y 5,5 millones de eritrocitos por cada mm^3 de sangre.

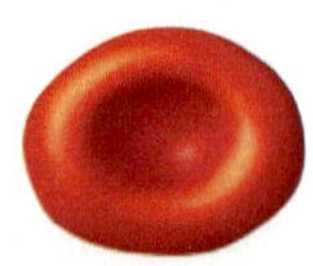

Plaquetas o trombocitos

No son auténticas células, sino fragmentos celulares.

No tienen núcleo e intervienen en el proceso de coagulación de la sangre, formando un tapón que cierra las roturas pequeñas de los vasos sanguíneos.

Viven entre 8 y 12 días y hay entre 150 000 y 450 000 plaquetas por cada mm^3 de sangre.

La sangre cumple múltiples funciones:

- **Transporte de sustancias sólidas y gaseosas.** Lleva los nutrientes desde el aparato digestivo hasta los tejidos, donde recoge los desechos para conducirlos a los órganos de excreción. También transporta el oxígeno desde el aparato respiratorio a los tejidos, donde recoge el dióxido de carbono que lleva hasta el aparato respiratorio para eliminarlo.
- **Defensa del organismo.** En la sangre se encuentran los leucocitos y ciertas proteínas encargadas de la defensa y protección del cuerpo.
- **Control de las hemorragias.** Cuando un vaso sanguíneo se rompe, las plaquetas y algunas proteínas del plasma participan en su taponamiento.
- **Regulación de la temperatura corporal.** La sangre mantiene la temperatura corporal en unos 37 °C, necesaria para el buen funcionamiento del metabolismo.

ACTIVIDADES

8. ¿A qué se debe el color rojo de los eritrocitos?

9. ¿Qué función desempeñan los diferentes tipos de células sanguíneas?

4 Los vasos sanguíneos

Además de la sangre, nuestro sistema circulatorio sanguíneo está formado por los **vasos sanguíneos** y el **corazón**.

Los vasos sanguíneos son los conductos por los que circula la sangre que llega a todos los órganos, tejidos y células de nuestro cuerpo. Pueden ser de tres tipos: arterias, venas y capilares.

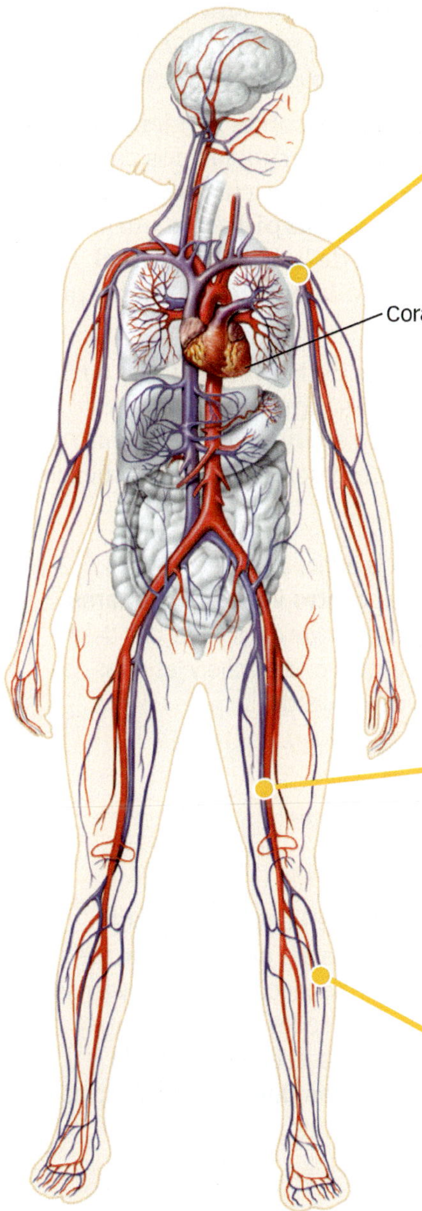

Arterias. Conducen la sangre desde el corazón hasta los diferentes órganos del cuerpo. A medida que se alejan de él se hacen más finas y dentro de los tejidos se ramifican en **arteriolas**. Sus paredes son gruesas, resistentes y elásticas, ya que soportan una gran presión arterial al llevar la sangre impulsada por el corazón.

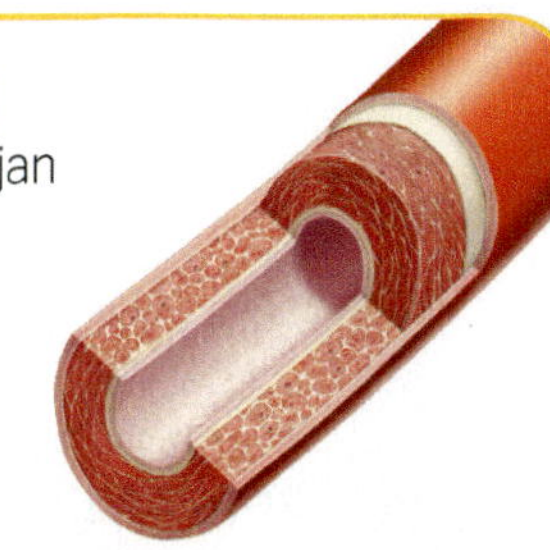

Venas. Conducen la sangre desde los órganos hasta el corazón. A medida que se acercan a él aumentan su diámetro de forma progresiva, desde las finas **vénulas** que irrigan los tejidos hasta las gruesas venas que llegan al corazón.

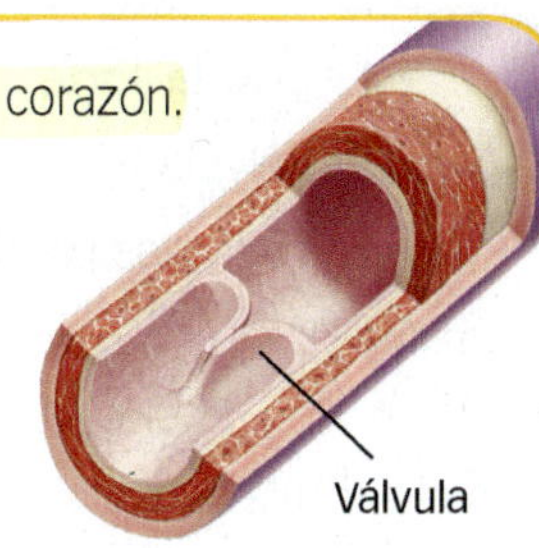

Sus paredes son más finas y menos elásticas que las de las arterias, puesto que soportan menos presión. Para evitar el retorno sanguíneo presentan **válvulas** que facilitan el ascenso de la sangre al aprovechar las contracciones musculares.

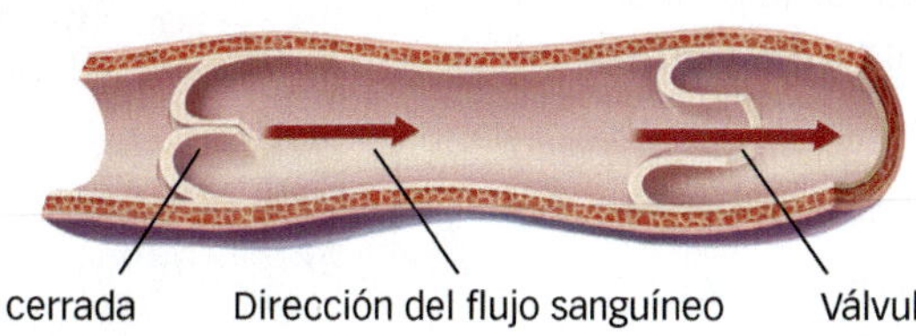

Capilares. Son los vasos más finos y forman una red microscópica que une arteriolas y vénulas en cada tejido. Sus paredes solo poseen una capa de células planas, el **endotelio capilar**, a través del cual se realiza el intercambio de gases, nutrientes y desechos entre la sangre y las células.

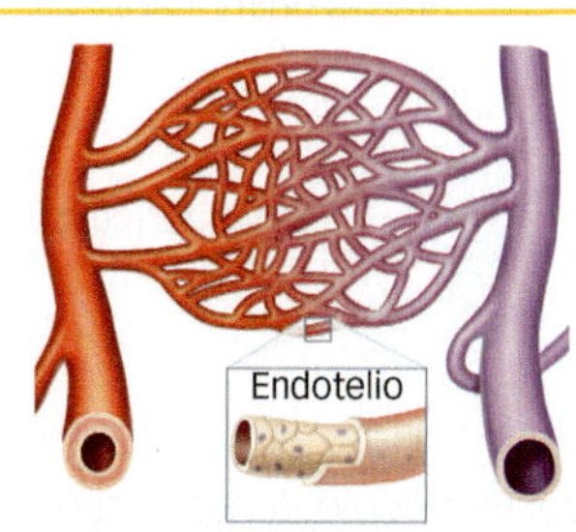

ACTIVIDADES

10 ¿Por qué las arterias tienen las paredes más gruesas que las venas?

11 ¿Por qué los capilares poseen una sola capa de células formando sus paredes?

CLAVES PARA ESTUDIAR

- Identificar las partes más importantes del corazón.
- Describir las fases del ciclo cardiaco.

5 El corazón

El corazón es un órgano muscular, del tamaño de un puño, ligeramente cónico, situado entre los dos pulmones y desplazado hacia el lado izquierdo. Sus paredes están formadas por tejido muscular cardiaco llamado **miocardio**. Es el encargado de bombear la sangre a los pulmones para que se oxigene y al resto del cuerpo para que todas las células reciban el oxígeno y los nutrientes que necesitan.

Su interior está dividido en cuatro cavidades: dos superiores más pequeñas que reciben sangre, las **aurículas**, y dos inferiores, más grandes y musculosas, que bombean la sangre fuera de él, los **ventrículos**.

La parte derecha del corazón no se comunica con la izquierda puesto que existe un **tabique** que las separa. Sin embargo, las dos cavidades del mismo lado sí se comunican entre ellas. La aurícula derecha con el ventrículo derecho mediante la **válvula tricúspide** y la aurícula izquierda con el ventrículo izquierdo a través de la **válvula mitral**. Estas válvulas se abren o se cierran permitiendo la entrada de la sangre al ventrículo e impidiendo su retroceso.

La sangre siempre llega al corazón a través de las venas y sale a través de las arterias. Por el corazón circula tanto sangre rica en oxígeno que proviene de los pulmones como sangre rica en dióxido de carbono procedente del resto del cuerpo y, debido a su estructura, nunca se mezclan.

? INTERPRETA LA IMAGEN

12 Describe la forma que tienen:

- La arteria aorta.
- La válvula tricúspide.
- Las válvulas semilunares.

A la aurícula derecha llegan las **venas cavas**, que traen sangre rica en dióxido de carbono. La vena cava superior de la zona de la cabeza y de los brazos, y la vena cava inferior del resto del cuerpo.

A la aurícula izquierda llegan las **cuatro venas pulmonares** con sangre oxigenada, dos desde el pulmón derecho y las otras dos del izquierdo.

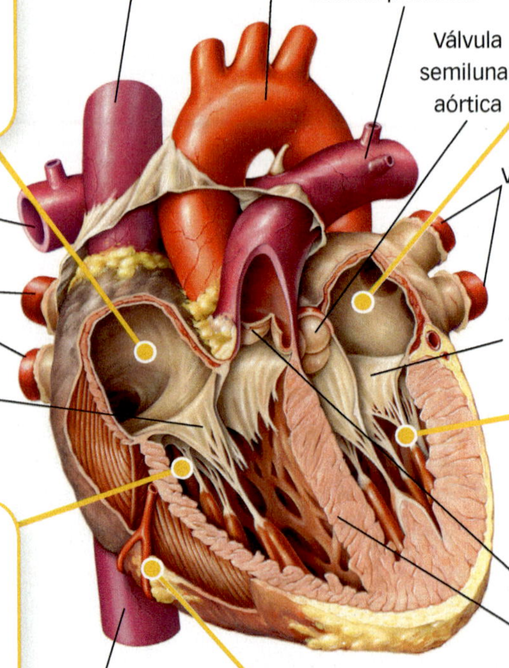

Del ventrículo izquierdo sale la **arteria aorta**, que conduce la sangre oxigenada a todos los órganos del cuerpo. La **válvula semilunar aórtica** impide su retroceso.

Del ventrículo derecho sale sangre rica en dióxido de carbono por la **arteria pulmonar**, que se bifurca en dos ramas al salir del corazón, cada una de las cuales conduce la sangre a un pulmón. La **válvula semilunar pulmonar** impide el retorno de la sangre.

Las **arterias coronarias** nutren e irrigan el tejido cardiaco del corazón.

El ciclo cardiaco

El corazón es una gran bomba impulsora que hace circular la sangre por los vasos sanguíneos del cuerpo. Su funcionamiento consiste en la realización de dos movimientos coordinados y rítmicos, uno de contracción y otro de relajación, que afectan a las aurículas y a los ventrículos. El periodo de contracción se llama **sístole** y el de relajación **diástole**.

El proceso completo de contracción y relajación del corazón se denomina **ciclo cardiaco**, sucede en cada latido y comprende tres fases.

Sístole auricular.
Las aurículas se contraen y empujan la sangre completando el llenado de ambos ventrículos.

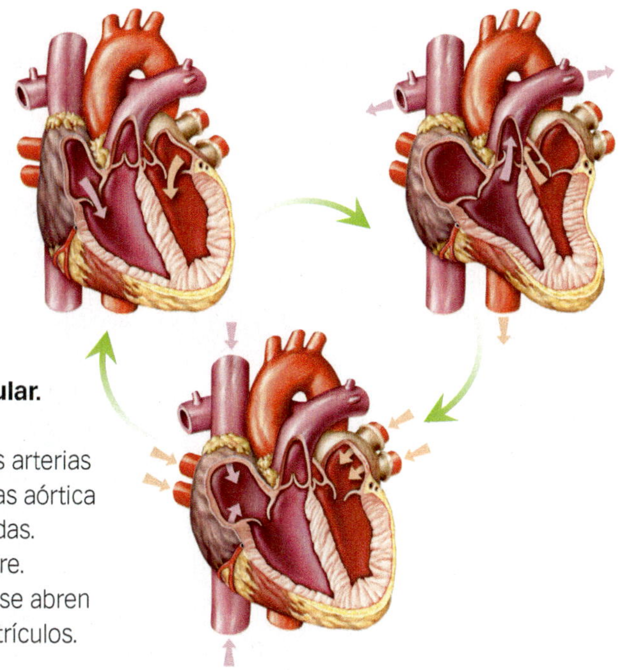

Sístole ventricular.
Los ventrículos se contraen, las válvulas pulmonar y aórtica se abren y la sangre sale propulsada por la arteria pulmonar y la arteria aorta hacia los pulmones y el resto del cuerpo, respectivamente.
Las válvulas mitral y tricúspide se cierran e impiden el retroceso de la sangre a las aurículas.

Diástole auricular y ventricular.
Las aurículas y los ventrículos se relajan, pero la sangre de las arterias no retrocede porque las válvulas aórtica y pulmonar permanecen cerradas.
Las aurículas se llenan de sangre.
Las válvulas tricúspide y mitral se abren y comienzan a llenarse los ventrículos.

Los movimientos del corazón producen unos sonidos característicos, los ruidos cardiacos, que se originan en cada ciclo y que están producidos por el cierre de las válvulas mitral, tricúspide, aórtica y pulmonar. A veces se escuchan en el corazón ruidos anormales, como los **soplos**, ocasionados por el paso del flujo sanguíneo a través de válvulas cardiacas que no funcionan bien porque no se cierran del todo o porque son estrechas o rígidas.

ACTIVIDADES

13 En el corazón, ¿se puede mezclar la sangre venosa con la arterial? Razona tu respuesta.

14 Fíjate en el esquema de este corazón. Describe lo que está mal y qué consecuencias puede tener esa malformación.

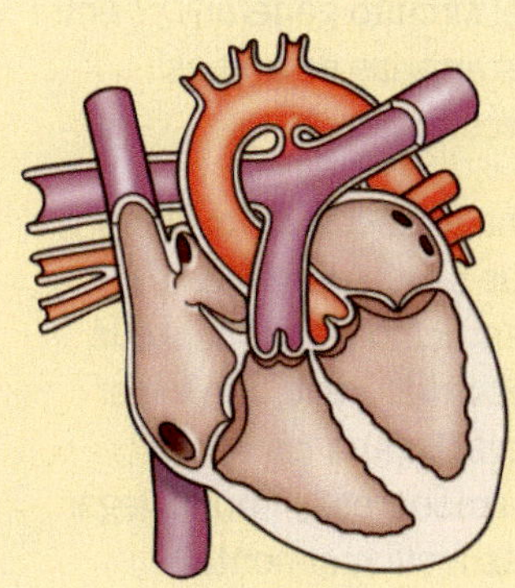

15 De los sonidos producidos durante el latido del corazón, el más grave y prolongado se corresponde con el cierre de las válvulas mitral y tricúspide. El sonido más claro y corto se corresponde con el cierre de las válvulas aórtica y pulmonar. Relaciona estos sonidos con las fases del ciclo cardiaco.

CLAVES PARA ESTUDIAR

- Describir el recorrido de los circuitos pulmonar y general.
- Conocer las principales enfermedades cardiovasculares.

6 La doble circulación

La circulación sanguínea de las personas es **doble** y **completa**:

- Es doble porque describe dos circuitos independientes, el **circuito menor** o **pulmonar** y el **circuito mayor** o **general.**
- Es completa porque nunca se mezclan la sangre rica en oxígeno con la sangre rica en dióxido de carbono.

El **circuito pulmonar** parte del ventrículo derecho que impulsa la sangre a través de la **arteria pulmonar**, única arteria del cuerpo que conduce sangre desoxigenada. Esta arteria se bifurca en dos ramas que se dirigen hacia el pulmón derecho y hacia el izquierdo. Ambas se ramifican formando un gran árbol de capilares que llegan a todos los alveolos pulmonares, donde se produce el intercambio gaseoso.

La sangre rica en oxígeno es recogida por los capilares venosos que progresivamente se reúnen formando vénulas. Las vénulas de cada pulmón se agrupan hasta formar las cuatro **venas pulmonares**, únicas venas del cuerpo que conducen sangre oxigenada. Dos salen del pulmón derecho, y las otras dos, del izquierdo. Todas ellas desembocan en la aurícula izquierda del corazón, completando este circuito.

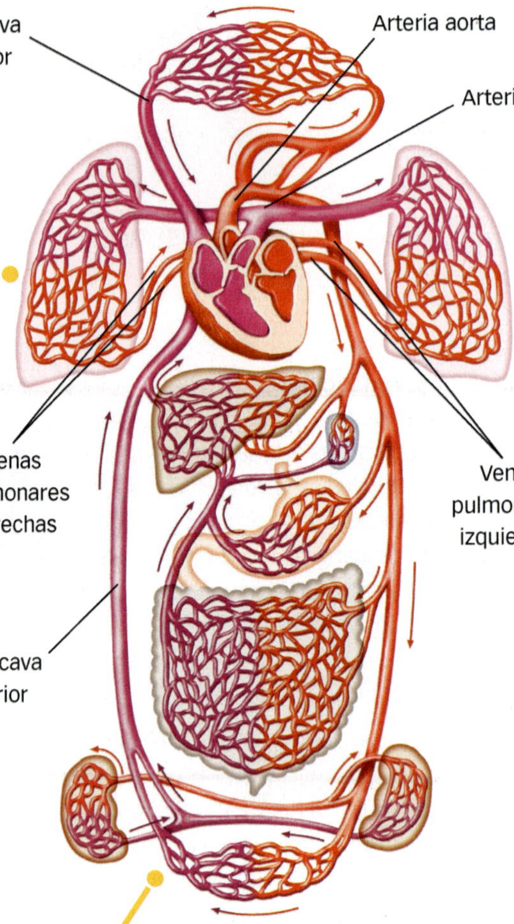

El **circuito general** se inicia en el ventrículo izquierdo con la llegada de la sangre oxigenada procedente de la aurícula izquierda. Se produce la sístole ventricular y la sangre es bombeada hacia todo el cuerpo por la **arteria aorta**. La aorta se divide en dos ramas, una ascendente que conduce la sangre a la cabeza, los hombros y los brazos, y otra descendente que se dirige al resto del cuerpo.

A medida que la aorta se aleja del corazón, se va ramificando en arteriolas y estas en capilares. Estos llevan los nutrientes y el oxígeno a todas las células del organismo y recogen el dióxido de carbono y los desechos procedentes del metabolismo celular. Los capilares se reúnen en vénulas y estas en venas, que salen de los órganos y llevan la sangre rica en dióxido de carbono hacia las **venas cavas** superior e inferior que desembocan en la aurícula derecha.

? INTERPRETA LA IMAGEN

16 ¿Qué diferencias observas entre el tipo de sangre que transportan las venas del circuito pulmonar y las venas del circuito general? ¿Y entre las arterias de ambos circuitos?

17 Una molécula de oxígeno que se encuentra en el ventrículo izquierdo, ¿qué recorrido tiene que hacer para llegar a las venas pulmonares? ¿Podría llegar hasta allí realmente?

7 Enfermedades cardiovasculares

Las enfermedades relacionadas con el sistema circulatorio se denominan enfermedades **cardiovasculares** y afectan al corazón o a los vasos sanguíneos. Son muy frecuentes.

Entre las que afectan a los vasos sanguíneos destacan:

- **Arterioesclerosis.** Es una enfermedad inflamatoria crónica en la que se produce un endurecimiento y rigidez de las arterias. Se caracteriza por una acumulación de **lípidos**, principalmente **colesterol**, en la pared arterial que se denomina **placa de ateroma**.

  Al avanzar la enfermedad, el diámetro interno de la arteria disminuye y se reduce el flujo de sangre que pasa a través de ella. A veces se forma un coágulo o **trombo** sobre esta lesión que puede obstruir la arteria. La arterioesclerosis afecta sobre todo a las arterias del corazón, el cerebro y las extremidades inferiores. Produce complicaciones como el infarto de miocardio, la hipertensión arterial y los accidentes cerebrovasculares.

- **Hipertensión arterial.** Es una enfermedad crónica en la que se produce una elevación anormal de la presión arterial. La **presión arterial** o **tensión arterial** es la fuerza que la sangre ejerce sobre las paredes de las arterias al circular. Depende de la fuerza con que la sangre es expulsada por el corazón al contraerse. La presión es mayor durante la sístole, cuando la sangre es impulsada por el corazón, que durante la diástole. Las cifras de presión arterial normal son de unos 120 mmHg durante la sístole y unos 80 mmHg durante la diástole.

  En muchos casos se desconoce la causa de la **hipertensión arterial**. Esta enfermedad favorece el endurecimiento de las arterias y obliga al corazón a trabajar más para bombear la sangre. Con el tiempo afecta a órganos como el corazón, los ojos, el cerebro y el riñón. Existen muchos factores que favorecen su aparición, como el tabaco, el alcohol, la obesidad y la falta de ejercicio físico.

Entre las enfermedades que afectan al corazón destaca:

- **Infarto de miocardio.** Es la muerte de una zona del miocardio por la falta de riego sanguíneo. Cuando la obstrucción de una arteria coronaria es completa, las células del tejido miocárdico no reciben sangre y, por lo tanto, tampoco oxígeno, y mueren. Si el infarto es muy extenso, puede producir una parada cardiaca e incluso la muerte. En muchas personas hay un dolor o sensación de opresión intensa en el pecho que puede extenderse a los brazos y el cuello.

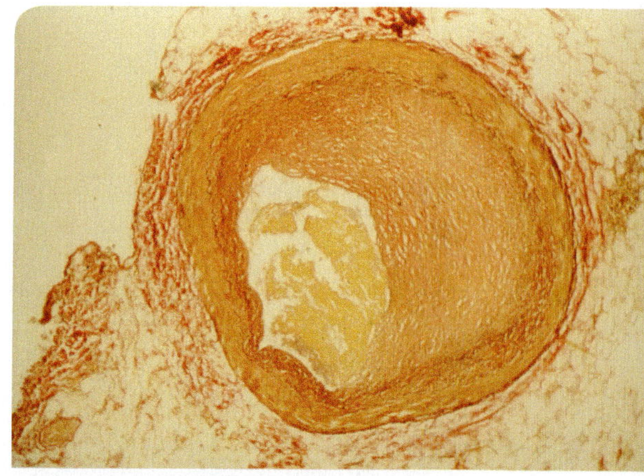

Ateroma de la arteria aorta. Cuando un fragmento de la placa se desprende y circula hasta detenerse y obstruir un vaso sanguíneo, recibe el nombre de **émbolo**.

? INTERPRETA LA IMAGEN

18 ¿Dónde se han depositado los lípidos?

19 ¿Qué pasará si continúan depositándose lípidos en el interior de la arteria?

ACTIVIDADES

20 USA LAS TIC. ¿Qué es la presión arterial? ¿Qué dos instrumentos se pueden emplear para medirla? Busca información y explica cómo se utilizan.

21 Explica qué consecuencias puede tener la arterioesclerosis en nuestro cuerpo. ¿Qué alimentos pueden favorecer su aparición?

CLAVES PARA ESTUDIAR

- Conocer las causas de algunas enfermedades de la sangre.
- Valorar los hábitos de vida saludables para el sistema circulatorio.

8 Enfermedades asociadas a la sangre

Las principales enfermedades asociadas a la sangre son las siguientes:

- **Anemia.** Se debe a una disminución del contenido de hemoglobina en la sangre, lo que produce una reducción del transporte de oxígeno a las células de los tejidos. La anemia puede estar causada por un trastorno en la formación de los eritrocitos, una destrucción de estos o una pérdida excesiva de sangre, como en las hemorragias agudas.

  La anemia por falta de hierro es el tipo más frecuente. Se produce por una alteración en la formación de los eritrocitos por un déficit de hierro, que es un componente esencial de la hemoglobina. La carencia de hierro puede deberse a una alimentación inadecuada, una falta de absorción en el sistema digestivo o a pérdida por hemorragias. En algunas mujeres con menstruaciones abundantes, la pérdida regular de sangre puede producir una anemia.
- **Leucemia.** Es un cáncer que afecta a la médula ósea roja y que produce un aumento incontrolado de leucocitos. También puede afectar a otras células sanguíneas. Existen distintos tipos de leucemias y es el cáncer más frecuente en la infancia. El tratamiento más significativo es el **trasplante de médula**.
- **Hemofilia.** Es una enfermedad hereditaria que se caracteriza por un trastorno en la coagulación de la sangre, que produce hemorragias tras una lesión o accidente.

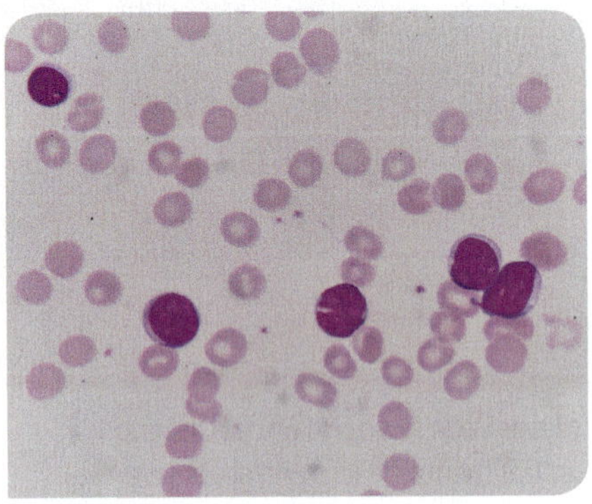

Vista al microscopio óptico de una muestra de sangre de un enfermo de leucemia.

SABER HACER

Interpretar un análisis de sangre

Un análisis de sangre es una prueba médica que sirve de indicador del estado de salud de una persona. Muchas veces permite diagnosticar el tipo de enfermedad. En este cuadro aparecen algunos datos de los análisis de cuatro pacientes.

	Paciente 1	Paciente 2	Paciente 3	Paciente 4	Valores de referencia
Eritrocitos × 10^6/mm^3	5,33	5,4	2,1	7,5	4,5-5,5
Leucocitos × 10^3/mm^3	8,5	18,35	7,45	6,9	5,0-10,0
Plaquetas × 10^3/mm^3	7,01	3,05	2,01	2,17	1,5-3,0
Hemoglobina g/dL	15,9	13,2	6,2	18	12-18

Para interpretarlo, comparamos los valores de cada paciente con los valores de referencia:

a) El paciente 1 presenta un valor por encima de lo normal de plaquetas. En ocasiones, las plaquetas aumentan como reacción a una enfermedad transitoria o crónica.

b) El paciente 2 tiene un valor muy elevado de leucocitos, que son células de defensa. Por tanto, puede tener una infección o, con menos frecuencia, leucemia.

c) El paciente 3 presenta anemia, ya que el número de eritrocitos y la hemoglobina están por debajo de lo normal. Las causas pueden ser tan variadas como la falta de hierro o de vitamina B12, un exceso de sangrado o una enfermedad de la médula ósea.

ACTIVIDADES

22 Aunque los análisis los debe interpretar un médico, ¿puedes indicar qué alteración tiene el paciente 4?

9 Hábitos saludables del sistema circulatorio

Este sistema, por su función de intermediario con todos los órganos del cuerpo, desempeña un importante papel en la salud de las personas. Su correcto mantenimiento previene y evita muchas enfermedades.

Realizar ejercicio de intensidad moderada a diario, adecuado a cada persona. Los ejercicios aeróbicos favorecen la función cardiaca y la circulación sanguínea y mantienen el cuerpo en forma, previniendo la mayoría de las enfermedades cardiovasculares.

Evitar dietas ricas en grasas que al acumularse en el cuerpo provocan sobrepeso y pueden favorecer las enfermedades cardiovasculares como la arterioesclerosis.
El exceso de peso corporal aumenta el riesgo de infartos.

Beber cada día como mínimo dos litros de agua, para ayudar a diluir y favorecer la eliminación de los desechos transportados por la sangre.

Llevar una vida tranquila pero activa y evitar situaciones estresantes continuadas, ya que favorecen la aparición de infartos.

No fumar, ya que este hábito aumenta la presión arterial y el esfuerzo cardiaco, lo que favorece la arterioesclerosis.

Tomar bajos niveles de sal en la dieta, ya que el exceso de la misma contribuye a favorecer o producir la aparición de la hipertensión arterial.

NOS COMPROMETEMOS

La donación de sangre

La vida de una persona puede correr peligro si pierde demasiada sangre por alguna causa, como un accidente o una intervención quirúrgica. Para evitarlo se puede realizar una transfusión sanguínea, que consiste en el traspaso de sangre de un donante a un receptor.

Los hospitales tienen un banco de sangre donde se conserva y almacena. España es uno de los países del mundo donde mayor número de donaciones se producen, porque la concienciación ciudadana es de las más altas. Por desgracia, siempre se necesitan donaciones, puesto que la sangre y sus componentes tienen una vida limitada. De ahí la importancia que tiene hacerse donante de sangre.

- Cuando seas mayor de edad, ¿te gustaría ser donante de sangre? ¿Por qué?

ACTIVIDADES

23 Sabiendo que la hemoglobina está relacionada con el transporte de oxígeno a las células del cuerpo, ¿cómo crees que se sentirá una persona anémica?

24 TOMA LA INICIATIVA. Piensa en tus hábitos de vida y escribe aquellos que te ayudan a cuidar tu sistema circulatorio y aquellos que lo perjudican.

CLAVES PARA ESTUDIAR

- Conocer los órganos implicados en la excreción.
- Identificar las partes del sistema urinario y su funcionamiento.

10 La excreción

Las células del cuerpo producen una serie de desechos como resultado del metabolismo celular, que son perjudiciales si se acumulan en ellas. Estos desechos son vertidos a la sangre para que esta los lleve a los órganos encargados de su eliminación.

Órganos que intervienen en la función de excreción

La **excreción** es el proceso por el que los desechos procedentes del metabolismo celular son eliminados de la sangre por un conjunto de órganos implicados en esta función.

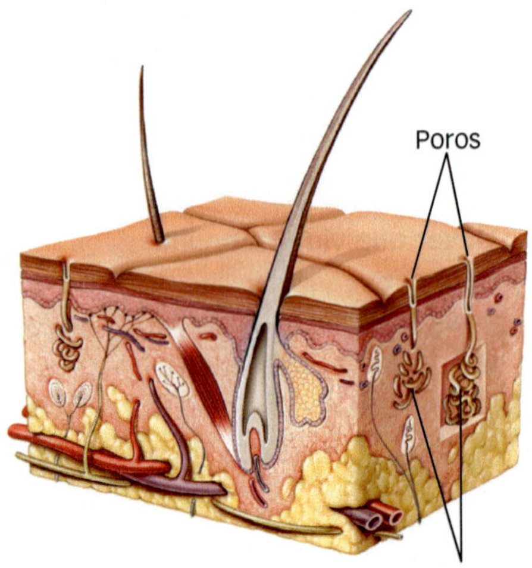

Órganos	Productos de desecho
Riñones	Eliminan sustancias tóxicas resultantes del metabolismo celular a través de la orina.
Pulmones	Expulsan dióxido de carbono procedente de la respiración celular.
Hígado	Depura los residuos procedentes de la digestión y de algunos fármacos que se excretan con la bilis y son expulsados a través de las heces.
Glándulas sudoríparas	Glándulas exocrinas de la piel encargadas de expulsar el **sudor**. Este es un líquido muy semejante a la orina, pero más diluido.

El sistema urinario

Los riñones son los principales órganos que realizan la excreción. Junto con las vías urinarias, forman el **sistema urinario**, llamado también a veces aparato excretor por su importancia en este proceso.

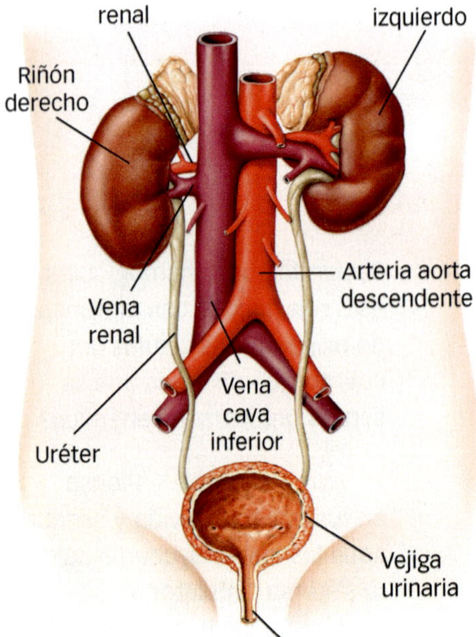

- **Riñones.** Son dos órganos de unos 12 centímetros de longitud, situados en la zona posterior de la cavidad abdominal y a ambos lados de la columna vertebral; aproximadamente entre la última vértebra torácica y la tercera vértebra lumbar. Son los responsables de limpiar la sangre de los productos de desecho del metabolismo celular.

  A cada riñón llega la **arteria renal**, con sangre cargada de desechos, y de él sale la **vena renal**, con sangre limpia de los mismos. Los residuos junto con agua pasan a formar la **orina**.

- **Vías urinarias.** De cada riñón sale un conducto, el **uréter**, que conduce la orina hasta una bolsa muscular y elástica donde se acumula, la **vejiga urinaria**.

  Cuando se acumula suficiente cantidad de orina, la expulsamos por un conducto denominado **uretra**. Este acto se denomina **micción** y se suele producir varias veces al día.

  En los chicos la uretra mide de unos 16 a 20 centímetros y tiene una doble función, ya que expulsa la orina y el semen. En las chicas es un conducto más corto, de unos cuatro centímetros, y es independiente de los conductos genitales.

Los riñones

En los riñones se diferencian las siguientes partes y estructuras:

- **Corteza.** Es la porción más externa.
- **Médula.** Está situada debajo de la corteza y formada por estructuras cónicas llamadas pirámides **renales**.
- **Pelvis renal.** Es una cavidad con forma de embudo que está en contacto con las pirámides renales y se continúa con el uréter.

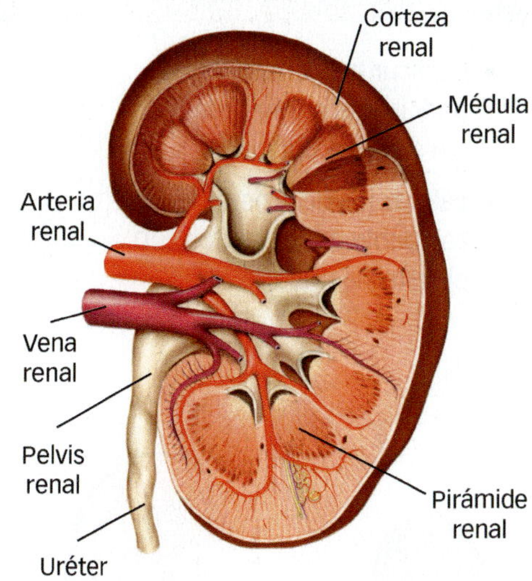

Formación de la orina. Las nefronas

La orina se compone de agua, sales minerales y productos de desecho como la urea y el ácido úrico. Cada día nuestro organismo produce aproximadamente un litro y medio de orina.

Microscópicamente, cada riñón contiene aproximadamente un millón de **nefronas**, que son sus unidades funcionales. En ellas se forma la orina a través de dos procesos: la filtración y la reabsorción.

1. Glomérulo. Está formado por capilares sanguíneos que se disponen formando un ovillo. La sangre con los desechos circula por ellos.

2. Cápsula de Bowman. Es una dilatación en forma de copa que rodea el glomérulo. Entre las paredes del glomérulo y de la cápsula se produce el proceso de la **filtración**. El agua y la mayoría de las moléculas del plasma de la sangre, excepto las células sanguíneas y las proteínas, se filtran desde los capilares y pasan hacia el interior de la cápsula. Los riñones filtran cada día unos 180 L de plasma.

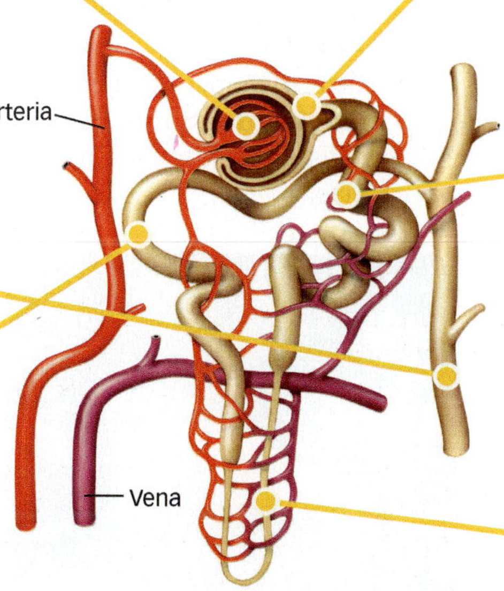

3. Túbulo contorneado proximal. En él comienza la **reabsorción**. En este proceso las sustancias útiles, como la glucosa, los aminoácidos, los iones, las vitaminas y el agua filtrada, se reabsorben y regresan a la sangre. La mayor parte de la reabsorción se produce aquí.

4. Asa de Henle. En este tubo fino en forma de «U», continúa la reabsorción de iones y de un pequeño porcentaje de agua.

5. Túbulo contorneado distal. En este túbulo ya casi no se reabsorbe agua pero sí iones.

6. Túbulo colector. Cuando la orina que se está formando llega a este túbulo, el 95 % del agua y las sustancias útiles se han reabsorbido. Desde aquí, la orina se dirige hacia la pelvis renal y desciende por los uréteres.

ACTIVIDADES

25 ¿Qué aparatos o sistemas intervienen en la excreción?

26 Si filtras al día unos 180 L de sangre y al final expulsas solo 1,5 L, ¿qué porcentaje de líquidos reabsorbes? ¿Qué porcentaje expulsas?

CLAVES PARA ESTUDIAR

- Explicar las causas de las principales enfermedades del sistema urinario.
- Valorar los hábitos de vida saludable relacionados con el sistema urinario.

11 Enfermedades del sistema urinario. Hábitos saludables

Las enfermedades asociadas al sistema urinario afectan a las vías urinarias y a los riñones.

- **Cistitis.** Es una inflamación aguda o crónica de la vejiga urinaria. Su causa más frecuente son las infecciones bacterianas. Se manifiesta como dolor o escozor al orinar, micciones frecuentes o deseo continuo e ineficaz de orinar.
- **Pielonefritis.** Es una inflamación aguda que afecta a la corteza, la médula y la pelvis renal que por lo general se debe a una infección.
- **Cálculos renales.** Son pequeñas piedras o cristales que se forman en la pelvis renal por el depósito de algunas sales que contiene la orina.

  Cuando un cálculo se moviliza y se desplaza por una zona estrecha, como el uréter, produce un dolor muy intenso que recibe el nombre de **cólico renal** o **nefrítico** y que se acompaña de malestar general e incluso orina sanguinolenta. En muchos casos, el cálculo se expulsa con la orina, otras veces, es necesario deshacerlo con ultrasonidos o extraerlo mediante cirugía.
- **Insuficiencia renal.** Es un trastorno caracterizado por una disminución o interrupción de la función del riñón. Sus causas son muy diversas. Se diferencian dos tipos:
  - **Aguda.** Cuando la función se interrumpe de forma brusca y el flujo de orina es muy pequeño. Tras el tratamiento, el riñón recupera su función.
  - **Crónica.** Se produce cuando hay una disminución progresiva de la función del riñón. Esto origina un aumento de las sustancias tóxicas en la sangre. En este caso hay una destrucción de las nefronas.

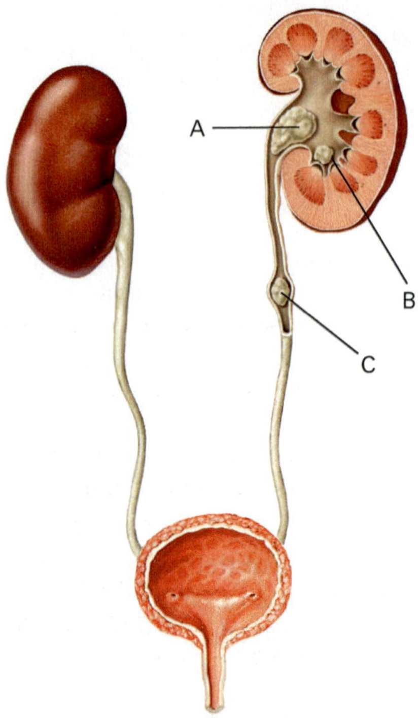

INTERPRETA LA IMAGEN

27 Escribe dónde está situado cada uno de los cálculos renales y el efecto que producirán en el sistema urinario.

Los cálculos más frecuentes son los que contienen calcio y pueden ser pequeños, duros o irregulares.

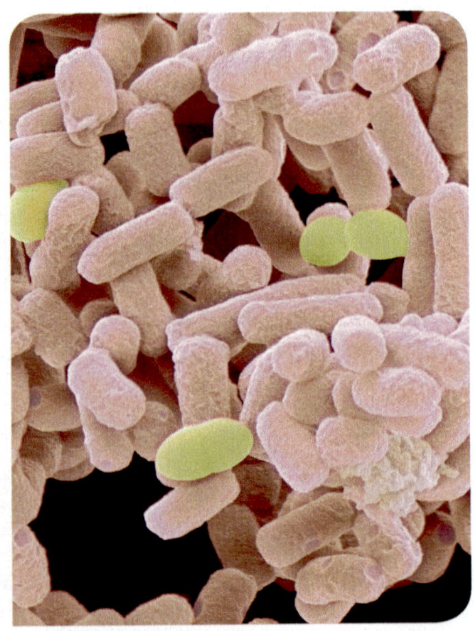

Escherichia coli es una bacteria presente en el intestino que puede producir infecciones de las vías urinarias.

Hábitos saludables

Practicar hábitos de vida saludable es la mejor manera de prevenir las enfermedades que afectan a los órganos del sistema urinario. Por ello, es importante conocer algunos:

- **Beber abundantes líquidos.** Entre uno y dos litros diarios de agua, dependiendo de la época del año, de la edad, del tipo de vida, etc. Con ello se mantiene hidratado nuestro organismo, se favorece la filtración de la sangre en los riñones y se previene la formación de los cálculos renales.
- **Tener una alimentación equilibrada.** Existe cierta relación entre la dieta y la formación de cálculos renales. La mayoría de los cálculos contienen calcio y oxalatos. Un consumo de calcio superior al recomendado o un exceso de proteínas animales puede aumentar su excreción en la orina y favorecer su depósito. Además, es aconsejable moderar el consumo de alimentos ricos en oxalatos, como el té o el chocolate. Por el contrario, la fibra y la ingesta de líquidos reducen la formación de cálculos.
- **Moderar el consumo de sal.** Disminuir la cantidad de sal en la dieta previene la aparición de hipertensión arterial, que puede dañar los riñones y producir insuficiencia renal.
- **Evitar la automedicación.** Muchos fármacos se eliminan por la orina. El empleo de una dosis inapropiada, su uso prolongado o cuando no está indicado pueden dañar la función renal, por eso es muy importante no utilizar medicamentos sin la supervisión adecuada de un profesional.
- **Mantener una higiene adecuada de los genitales externos.** La limpieza de los genitales externos evita la contaminación por proximidad de las vías urinarias y, por lo tanto, las infecciones. En la mujer las cistitis son muy frecuentes porque la uretra es muy corta, lo que facilita el paso de microorganismos a la vejiga. El vaciado completo de la vejiga en cada micción arrastra y elimina los microorganismos.

ACTIVIDADES

28 ¿Qué diferencias existen entre la insuficiencia renal crónica y aguda?

29 De las enfermedades que afectan al aparato excretor, ¿en cuáles la causa más frecuente es una infección?

30 En caso de que los cálculos renales no se expulsen ¿de qué manera se procede?

31 ¿Por qué es tan importante beber al día de uno a dos litros de agua?

SABER MÁS

La hemodiálisis. Una solución a la insuficiencia renal

La sangre debe ser depurada diariamente; por ello, cuando las personas sufren insuficiencia renal crónica avanzada se debe recurrir a soluciones como la **hemodiálisis**. Este proceso consiste en pasar la sangre del paciente por una máquina, el **dializador**, que tiene una membrana semipermeable que se encarga de filtrarla y retirar los desechos; posteriormente la sangre depurada es devuelta al paciente.

Los pacientes dependen de la máquina, ya que deben realizarse una diálisis tres veces por semana y dedicar unas cuatro horas por sesión. Por ello, en determinadas ocasiones, la mejor solución para los enfermos de insuficiencia renal crónica suele ser el **trasplante de riñón**.

▸ ¿Por qué la mejor solución para los enfermos de insuficiencia renal crónica es el trasplante de riñón? Busca información y haz un informe sobre este tipo de trasplante en España.

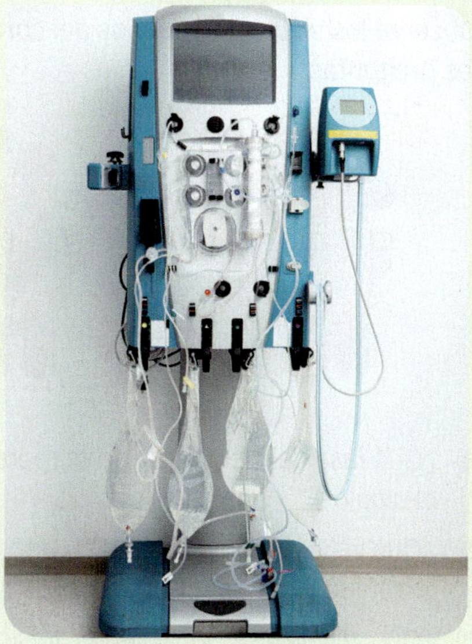

ACTIVIDADES FINALES

REPASA LO ESENCIAL

32 RESUMEN. **Haz el resumen de la unidad contestando estas preguntas:**

- ¿Qué es el medio interno? ¿Cuál es su función?
- ¿Qué sistemas forman el aparato circulatorio?
- ¿Qué estructuras forman el sistema linfático?
- ¿Cuáles son los componentes de la sangre?
- ¿Qué tipos de vasos sanguíneos existen?
- ¿Cuáles son las partes del corazón? ¿Qué movimientos realiza el corazón?
- ¿Por qué se dice que la circulación en los seres humanos es doble y completa?
- ¿Qué enfermedades y hábitos saludables conoces del aparato circulatorio?
- ¿Qué es la excreción? ¿Qué órganos intervienen en ella?
- ¿Qué estructuras forman el sistema urinario?
- ¿Cómo y dónde se forma la orina? ¿Cuáles son sus componentes?
- ¿Qué enfermedades y hábitos saludables conoces del sistema urinario?

33 **Haz una tabla con la descripción y función de cada uno de los elementos de:**

a) El sistema linfático.

b) La sangre.

c) Los vasos sanguíneos.

34 **Realiza en tu cuaderno un dibujo esquemático del corazón. Indica con flechas el sentido de la circulación sanguínea y el nombre de sus cavidades y válvulas.**

35 **Observa los siguientes dibujos del corazón y responde las preguntas:**

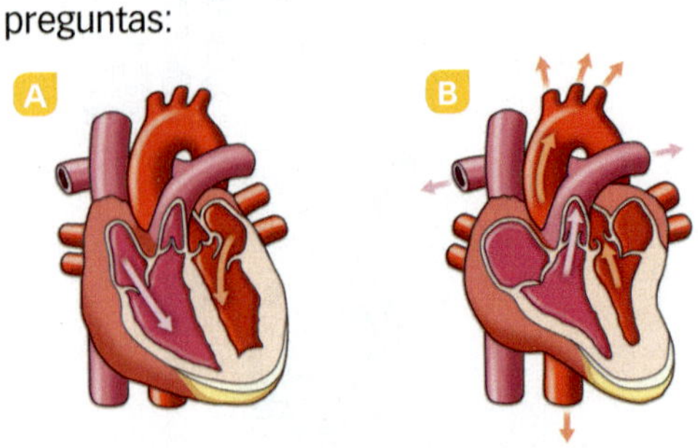

a) ¿Qué fase del ciclo cardiaco se representa en el dibujo A? ¿Y en el B?

b) ¿Qué válvulas se abren en A? ¿Qué consiguen al abrirse?

c) ¿Qué válvulas se cierran en el dibujo B? ¿Qué consiguen al cerrarse?

36 **Copia los siguientes dibujos en tu cuaderno y responde:**

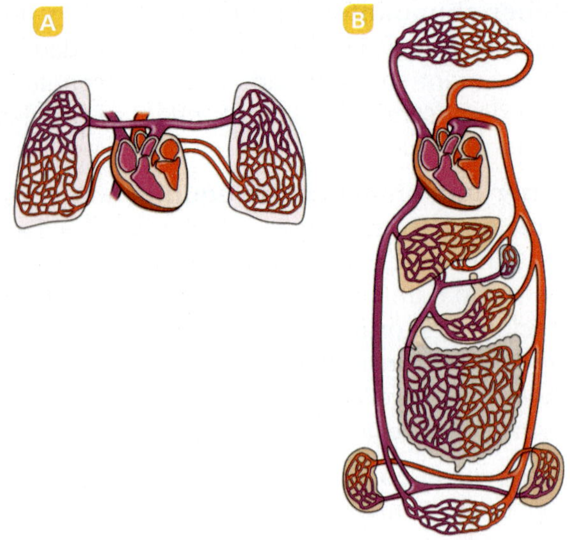

a) ¿Qué se representa en A y B?

b) Indica mediante flechas el sentido de circulación de la sangre.

c) Describe por escrito el recorrido de la sangre desde que entra a la aurícula derecha hasta que da una vuelta completa.

37 **Copia en tu cuaderno estos dibujos y escribe sus partes.**

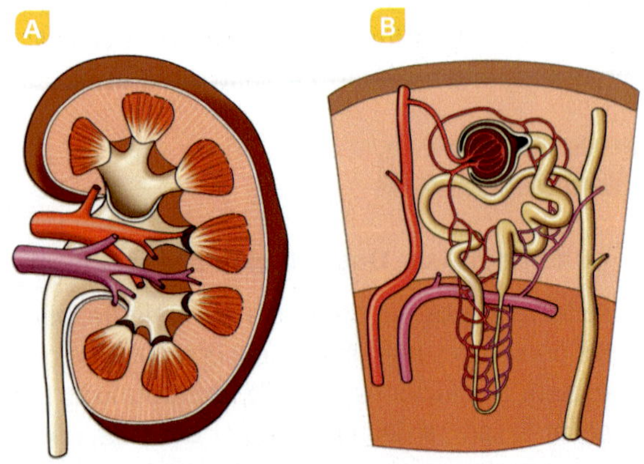

38 **Haz una ficha para cada enfermedad del sistema circulatorio y del urinario en la que reflejes:**

- Nombre.
- Parte del sistema a la que afecta.
- Alteración que produce.
- Hábitos saludables relacionados.

39 **Realiza un mapa conceptual para clasificar los distintos aparatos y sistemas del cuerpo humano en relación a la función de nutrición.**

PRACTICA

40 Identifica qué tipo de vaso sanguíneo se representa en el siguiente dibujo, qué estructuras aparecen en su interior y qué función desempeñan:

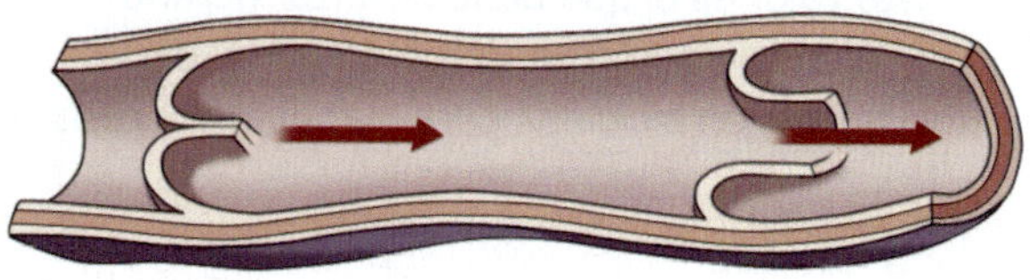

41 ¿Qué se observa en esta fotografía? Indica el nombre de las células que aparecen en ella.

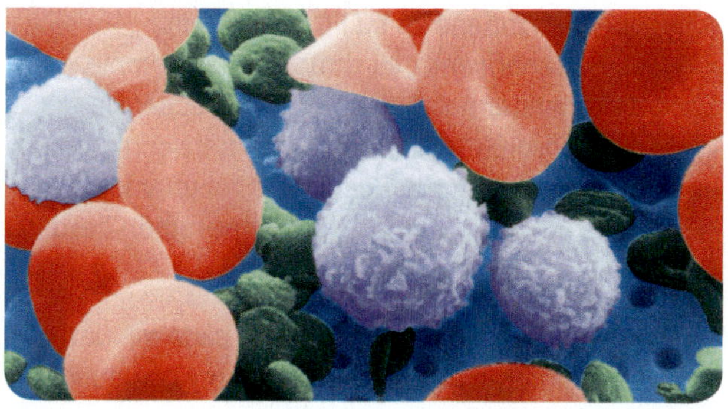

42 USA LAS TIC. Busca y compara entre sí la composición de la sangre, la orina y el sudor. Realiza una tabla con los componentes comunes y sus proporciones.

43 Imagina que meriendas un bocadillo de jamón.

a) Describe brevemente cómo obtienes los nutrientes en el proceso de la digestión hasta que llegan a la sangre.

b) Sigue el recorrido y describe cómo llegan esos nutrientes a tu cerebro y a tus manos.

c) Explica cómo llega el oxígeno a esos dos órganos.

d) Describe cómo se recogen los productos de desecho y cómo se expulsan al exterior, tanto el dióxido de carbono como el resto de sustancias que no sean útiles para el organismo.

44 Lee el siguiente texto y responde las preguntas:

Un desmayo es la pérdida de conocimiento momentánea debido a la falta de riego sanguíneo en el cerebro que suele producirse por una bajada repentina de la presión arterial.

a) ¿Qué relación existe entre la falta de riego en el cerebro y la bajada de tensión arterial?

b) Una técnica de primeros auxilios utilizada en estos casos consiste en colocar a la persona boca arriba y elevarle las piernas. ¿Qué efecto tendrá en la persona que ha sufrido el desmayo esta técnica?

FORMAS DE PENSAR. Análisis científico

El electrocardiograma

El corazón humano presenta una actividad eléctrica que se puede medir. Para ello, se utiliza un aparato llamado **electrocardiógrafo** que, gracias a unos sensores o electrodos que se colocan en diferentes partes del cuerpo, detecta la actividad eléctrica del corazón y la registra en una representación gráfica llamada **electrocardiograma**.

Dicha representación se recoge sobre un papel milimetrado. En el eje vertical se representa el voltaje del impulso eléctrico y en el horizontal se representa el tiempo. El electrocardiograma consta de una línea que sube o baja, dependiendo del valor del voltaje. En él podemos observar tres partes u ondas: la **onda P**, que se corresponde con la sístole auricular; el **complejo QRS** y la **onda T**, con la sístole ventricular, y el final de la onda T, que se corresponde con la diástole auriculoventricular.

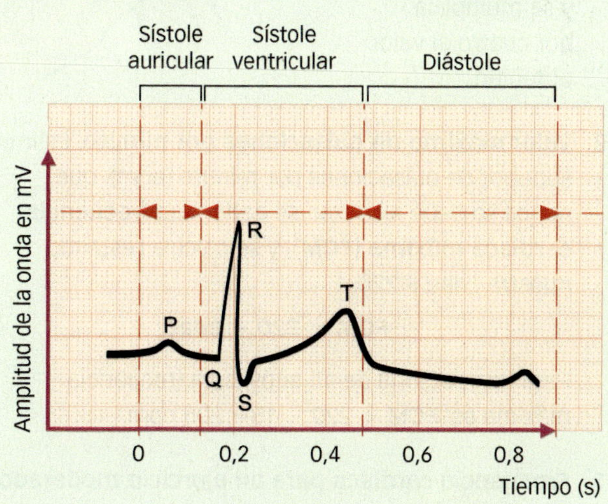

45 Contesta las preguntas.

a) ¿Cuánto dura un ciclo cardiaco completo?

b) ¿Cuánto dura la contracción auricular?

c) ¿Cuánto dura la contracción ventricular?

d) ¿Cuánto dura la diástole?

Tomar datos e interpretar gráficas de recuperación cardiaca

Cuando realizamos un ejercicio intenso, nuestro corazón acelera sus pulsaciones para enviar más sangre a los músculos y nuestro aparato respiratorio incrementa también su ritmo para aportar más oxígeno a la sangre y extraer de ella el dióxido de carbono con más eficacia.

Cuando finalizamos el ejercicio, nuestro corazón va disminuyendo el número de pulsaciones por minuto. La forma en que el corazón recupera su ritmo de reposo tras el esfuerzo proporciona información interesante sobre nuestro estado físico e incluso sobre el estado de salud de nuestro corazón. Para analizar ese intervalo, se tomarán los siguientes datos:

1. **Frecuencia cardiaca en reposo (FCR).** Esta medida se toma estando totalmente en reposo, antes de realizar una actividad física.

   Se busca el pulso sobre la base del dedo pulgar, poniendo los dedos índice y corazón de una mano sobre la muñeca de la otra mano; se cuentan las pulsaciones durante 15 segundos y se multiplica por cuatro el valor obtenido.

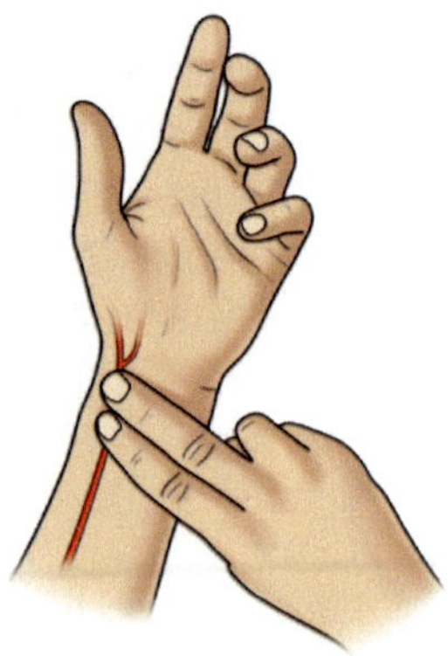

2. **Valor máximo de pulsaciones por minuto.** El límite superior de pulsaciones por minuto (ppm), que nunca se debe alcanzar, se denomina **frecuencia cardiaca máxima (FCM)**, y se calcula restando nuestra edad a 220:

$$\mathbf{FCM = 220 - edad}$$

   Para una persona de 15 años, esta frecuencia máxima es: FCM = 220 − 15= 205 ppm

3. **Frecuencia cardiaca para un ejercicio moderado (FC65).** El ejercicio moderado permite aumentar la resistencia al ejercicio físico prolongado. La frecuencia cardiaca óptima para este tipo de entrenamiento se obtiene multiplicando la frecuencia cardiaca máxima por 0,65:

$$\mathbf{FC65 = FCM \times 0,65}$$

   Para una persona de 15 años:

$$FC65 = 205 \times 0,65 = 133,25 \text{ ppm}$$

   Este valor es el que debe alcanzar durante un ejercicio aeróbico, como correr, nadar o montar en bicicleta, para aumentar su resistencia física.

Interpretación de gráficas de recuperación cardiaca

Cuando una persona está realizando un ejercicio que le mantiene en su FC65 y termina su entrenamiento, su ritmo cardiaco empieza a descender hasta recuperar su frecuencia de reposo (FCR). El tiempo que transcurre desde el cese de la actividad hasta la recuperación de la FCR es el tiempo **de recuperación cardiaca**.

Se considera que:

- Un descenso de 15 a 25 ppm cada minuto, es síntoma de un corazón sano y una buena condición física.
- Una recuperación de menos de 12 ppm cada minuto indica una mala condición física.

Veamos un ejemplo: se miden las pulsaciones por minuto antes, durante y después de realizar un ejercicio moderado de tres personas: **A**, de 20 años; **B**, de 30 años y **C**, de 50 años. Recuerda que la finalidad de este ejercicio es alcanzar la FC65 sin sobrepasarla.

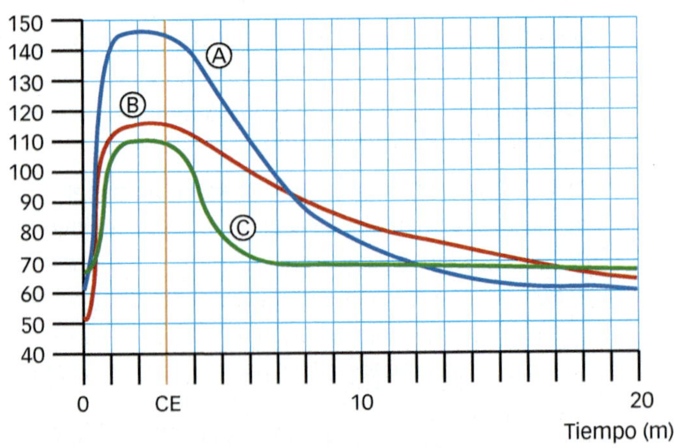

CE: Momento de cese del ejercicio y de comienzo de la recuperación cardiaca.

46 **Observa la gráfica que se obtiene y responde.**

a) Indica la frecuencia cardiaca en reposo (FCR) de cada persona, y calcula su frecuencia cardiaca máxima (FCM) y su frecuencia cardiaca para un ejercicio moderado (FC65), según su edad.

b) ¿Cuál de las tres sobrepasa su FC65? ¿Cuál no llega a alcanzarla?

c) ¿Cuál de las tres tiene una recuperación cardiaca más lenta y cuál la tiene más rápida?

Basándote en ese dato, indica cuál de las tres personas se encuentra en mejor forma física.

d) ¿Las tres personas llegan a recuperar su ritmo cardiaco de reposo (FCR) tras la prueba? ¿Le dirías a alguno de los tres que debe mejorar su capacidad de resistencia?

e) ¿Cuál de estas tres personas se puede decir que tiene tendencia a «sobreentrenar», es decir, a realizar un entrenamiento más intenso de lo adecuado?

f) Escribe un informe con toda la información recopilada en la interpretación de esta gráfica de recuperación cardiaca.

47 **Elabora una gráfica de tu recuperación cardiaca. Para ello, mide tu FCR y calcula tu FCM y FC65.**

Comienza a realizar ejercicio: correr, subir o bajar escaleras, etc. Cuenta tus pulsaciones cada minuto hasta alcanzar el valor de la FC65.

En ese momento, continúa con el ejercicio durante 15 segundos; interrúmpelo y toma inmediatamente las pulsaciones. Ese será el valor del instante CE (cese del ejercicio) que, si has realizado correctamente la prueba, coincidirá con la FC65. Mide de nuevo el pulso pasado un minuto del instante CE, dos minutos, tres minutos, etc., hasta que veas que has recuperado la FCR. Finalmente, representa los valores en una gráfica.

a) Señala sobre la gráfica el momento en que has alcanzado el máximo de pulsaciones.

b) Indica sobre el eje horizontal el momento del CE y en el que has recuperado la FCR.

c) Calcula tu tasa de recuperación cardiaca, es decir, cuántas pulsaciones por minuto bajas por cada minuto después del CE.

d) Escribe un breve informe sobre los resultados de tu gráfica, indicando tu estado de forma física y algún consejo para mejorarla.

TRABAJO COOPERATIVO

Una campaña divulgativa sobre la donación de sangre

Las campañas divulgativas tratan de difundir y explicar un determinado mensaje al público, generalmente con fines sociales.

Imaginad que formáis parte del equipo médico de un hospital que quiere poner en marcha una campaña para aumentar el número de donaciones de sangre. La campaña se realizará entre las personas que se encuentran en el hospital, tanto personal sanitario como pacientes, y entre las que visitan el hospital.

El objetivo es estimular e incentivar a estas personas a donar sangre, explicándoles la necesidad que hay dado el alto número de transfusiones de sangre que se realizan cada día en los hospitales, y las consecuencias tan importantes que tiene este acto para la sociedad.

Dividíos en grupos. Cada uno se encargará de una parte de la campaña:

- Confeccionar los carteles que se pondrán por los pasillos del hospital.
- Pensar y grabar la cuña que se oirá cada determinado tiempo por la megafonía del hospital.
- Escribir el texto con el que se informará a las personas a las que se dirige la campaña. En este documento tendrá que haber una serie de posibles preguntas y sus respuestas.
- Organizar los puntos de información según el plano del hospital, los horarios, número de personas, etc.

5 La relación: los sentidos y el sistema nervioso

SABER

- La función de relación y coordinación
- Los receptores sensoriales
- Los órganos de los sentidos. La vista y el tacto
- Los sentidos del olfato y del gusto
- El sentido del oído
- La salud de los órganos de los sentidos
- Los componentes del sistema nervioso
- El sistema nervioso
- Respuestas del sistema nervioso somático
- La salud del sistema nervioso
- La salud mental
- Hábitos saludables para el sistema nervioso

SABER HACER

- Realizar un dibujo científico
- Detectar el umbral de percepción de un estímulo

3 SALUD Y BIENESTAR

Promover la salud mental y fortalecer la prevención y el tratamiento de las adicciones.

? INTERPRETA LA IMAGEN

- ¿Cómo se refleja el estrés emocional en las caras de las personas subidas a la atracción?
- ¿Qué órganos de los sentidos les informan de que existe una situación de peligro?

NOS HACEMOS PREGUNTAS

¿Cómo actuamos en situaciones de peligro?

El estrés es la tensión y sobreestimulación psíquica o somática que prepara al individuo para la acción, la lucha o la huida. Cuando nuestro cerebro percibe alguna situación de peligro, activa una serie de respuestas destinadas a protegernos.

Sin embargo, el estrés continuo produce diversos perjuicios en el organismo, como trastornos digestivos, insomnio, alteraciones del humor, afecciones cardiacas, etc.

OPINA. Haced una lista sobre las situaciones que pueden provocar estrés en el día a día y debatid acerca de cuál es la mejor manera de controlarlas.

En una situación que nos produce tensión emocional, automáticamente se activan respuestas motoras, como la dilatación de las pupilas o el incremento del ritmo cardiaco y respiratorio, y glandulares, como la secreción de adrenalina o el aumento de la sudoración.

CLAVES PARA EMPEZAR

- ¿Qué es el sistema nervioso y de qué se encarga?
- ¿Podríamos vivir sin órganos de los sentidos? Explica por qué.
- Existen movimientos voluntarios y reflejos. Explica en qué se diferencian. Pon ejemplos relacionados con la imagen.

CLAVES PARA ESTUDIAR

- Diferenciar los dos sistemas de coordinación y conocer la ruta que sigue la información que recibimos.

1 La función de relación y coordinación

Las condiciones internas de nuestro organismo pueden ser alteradas debido a cambios que procedan tanto del interior del cuerpo como del exterior. Estos cambios son señales que reciben el nombre de **estímulos**.

La **función de relación** es la responsable de que los seres vivos podamos interactuar con el medio, a través del procesamiento de los estímulos que se reciben tanto del interior de nuestro cuerpo como del medioambiente y de la elaboración de **respuestas**. La ruta principal que sigue la información recibida es la siguiente:

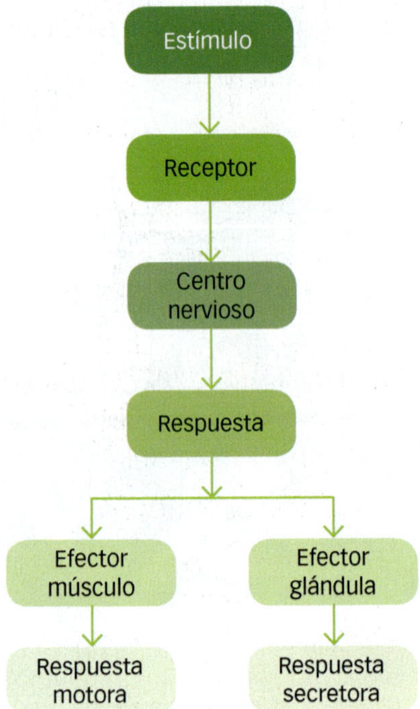

- Los estímulos son percibidos por células nerviosas especializadas llamadas **receptores sensoriales** y son transportados en forma de impulsos eléctricos hasta los **centros nerviosos**.
- En los centros nerviosos la información es analizada y se elabora una respuesta que será transportada hasta los **efectores**, que son los tejidos u órganos que llevan a cabo la respuesta.

Dependiendo del tipo de efector, podemos distinguir entre:

- **Respuesta motora.** Si el efector es un músculo que genera un movimiento.
- **Respuesta secretora.** Si el efector es una glándula que segrega una hormona.

Los sistemas de coordinación

Las acciones destinadas a mantener las condiciones internas del organismo implican la actividad conjunta de dos o más órganos, sistemas o aparatos. El cuerpo humano posee dos sistemas para coordinar todas estas acciones que interactúan continuamente:

- **Sistema nervioso.** Recibe y transporta información de forma rápida y poco duradera, mediante impulsos eléctricos, que se transmiten a través de los nervios y se procesan en los centros nerviosos. Está formado por tejido nervioso.
- **Sistema endocrino.** Está constituido por glándulas que segregan unas sustancias químicas conocidas como **hormonas**, que son transportadas por la sangre hasta las células de los tejidos u órganos sobre los que actúan. Este sistema está especializado en respuestas duraderas y regulares, aunque su velocidad de acción es más lenta.

La realización de algunos movimientos requiere un alto grado de coordinación.

ACTIVIDADES

1. ¿Qué diferencias existen entre los dos tipos de sistemas de coordinación?
2. Cuando una persona recibe una mala noticia y siente ganas de llorar, ¿qué respuesta se está dando? ¿Qué camino ha seguido el estímulo hasta que se ha producido la respuesta?

2 Los receptores sensoriales

Los **receptores sensoriales** son estructuras nerviosas especializadas en captar información procedente tanto del medio externo como del interno.

Cuando los receptores reciben un estímulo, lo transforman en un impulso eléctrico que será transmitido a través de los nervios hasta los centros nerviosos, donde la información será procesada. Al hecho de ser conscientes de la recepción de un estímulo lo llamamos **sensación**.

Tipos de receptores sensoriales

Los receptores sensoriales se distribuyen por todo el cuerpo. Se clasifican según el lugar donde se localicen:

- **Receptores internos o interorreceptores.** Localizados en el interior del organismo, como en los músculos o en las vísceras. Se encargan de informarnos del estado general del organismo, y son los responsables de captar sensaciones como la sed, las ganas de orinar…
- **Receptores externos o exterorreceptores.** Están localizados en la superficie del cuerpo y recogen los estímulos procedentes del exterior. Los órganos de los sentidos son agrupaciones de exterorreceptores en puntos concretos del cuerpo. Estas estructuras sensoriales mejoran la eficacia de la recepción de ciertos estímulos: el tacto, los sonidos, la luz, la temperatura, los olores, etc.

Según el tipo de estímulo que captan, los receptores se clasifican en:

- **Quimiorreceptores.** Son sensibles a las sustancias químicas, disueltas en líquidos o mezcladas en el aire. Se localizan principalmente en la nariz y en la lengua.
- **Mecanorreceptores.** Detectan los estímulos físicos, como la presión, las ondas sonoras o la gravedad. Están en la piel y en el oído.
- **Fotorreceptores.** Son sensibles a la luz y nos permiten distinguir colores. Se localizan en la retina de los ojos.
- **Termorreceptores.** Detectan las variaciones de temperatura y se localizan por toda la piel.
- **Nociceptores.** Son sensibles a grandes presiones u otros estímulos que pueden provocar daños. Son responsables del dolor y están repartidos por todo el cuerpo.

? INTERPRETA LA IMAGEN

A

B

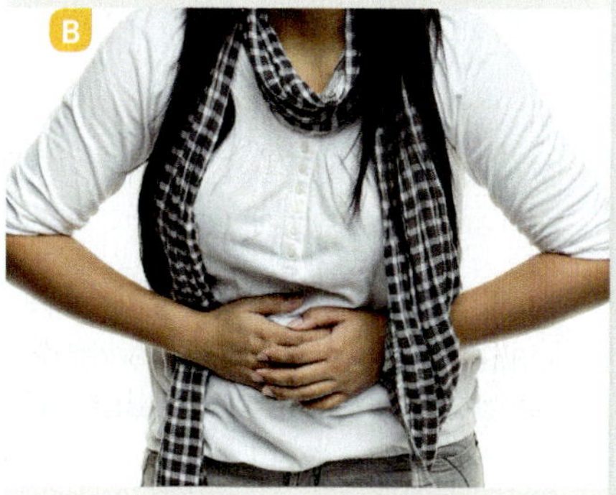

Las sensaciones como el frío o el dolor son posibles gracias a la existencia de receptores.

3 ¿Podrías decir qué tipo de receptores son los responsables de las sensaciones que se observan en cada una de las imágenes?

4 Según su localización, ¿qué nombre reciben esos receptores?

ACTIVIDADES

5 Define receptor y estímulo. Pon ejemplos de estímulos para cada uno de los tipos de receptor.

6 USA LAS TIC. Una persona ciega puede leer gracias a un lenguaje llamado braille. Busca información sobre este sistema de lectura y razona qué tipo de receptores son los responsables de que puedan hacerlo.

CLAVES PARA ESTUDIAR

- Conocer las partes del ojo y su funcionamiento.
- Identificar y localizar los receptores del tacto.

3 Los órganos de los sentidos. La vista y el tacto

Los seres humanos disponemos de cinco sentidos que nos informan del mundo exterior: la vista, el oído, el tacto, el olfato y el gusto.

El sentido de la vista

Los estímulos luminosos son captados por los ojos, órganos que se localizan en las cavidades orbitarias. Cada ojo está formado por el globo ocular y unos elementos anexos.

El globo ocular es una esfera constituida por tres capas: **esclerótica**, **coroides** y **retina**. En el globo ocular se pueden encontrar los siguientes elementos:

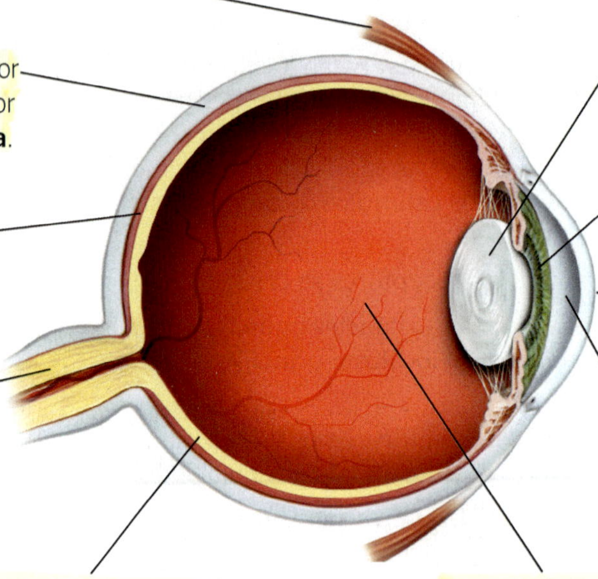

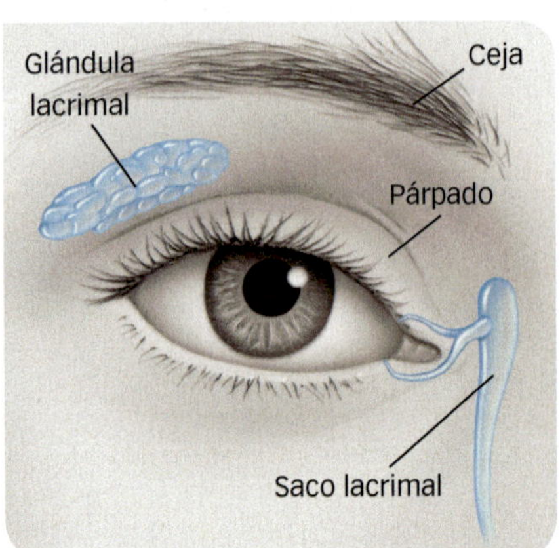

Los elementos anexos no intervienen directamente en la visión pero protegen el ojo y permiten su movimiento.

- **Cejas.** Protegen los ojos desviando el sudor de la frente.
- **Párpados.** Repliegues de piel superior e inferior que permiten tapar el ojo y distribuir las lágrimas. En sus bordes se encuentran las **pestañas** que protegen el ojo del polvo o los insectos.
- **Glándulas lacrimales.** Secretan lágrimas, un líquido con propiedades bactericidas, es decir, capaz de destruir las bacterias, que lubrica y mantiene hidratada la superficie del ojo.
- **Saco lacrimal.** Cavidad donde se recoge el exceso de lágrimas, que se vierten en la cavidad nasal.

Funcionamiento del ojo

La luz penetra en el ojo por la córnea, que desvía los rayos luminosos hacia un único punto.

Los rayos luminosos reflejados por los objetos atraviesan la córnea, el humor acuoso y llegan al cristalino. El cristalino adapta su curvatura, permitiendo el enfoque de las imágenes, mediante un proceso conocido como **acomodación**.

El cristalino se abomba para enfocar las imágenes de objetos cercanos y se aplana para los lejanos. De esta manera se forma en la retina una imagen invertida y más pequeña que el objeto real.

La imagen formada en la retina es captada por los fotorreceptores. Estos la convierten en impulsos nerviosos, que son conducidos por el nervio óptico hasta la corteza cerebral. Allí se interpretan y se percibe la imagen.

? INTERPRETA LA IMAGEN

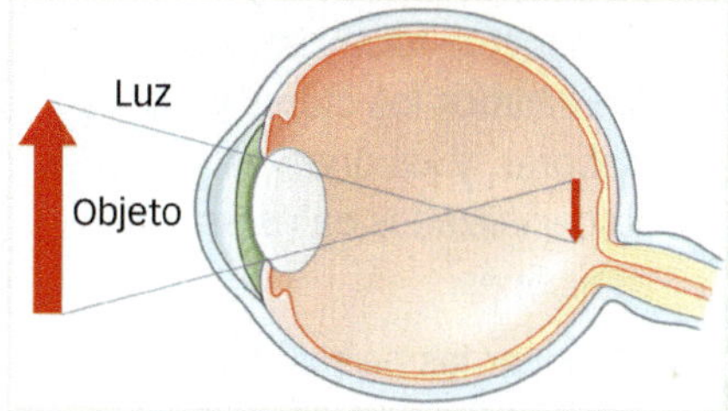

7 ¿Dónde se forma la imagen del objeto que está situado delante del ojo?

8 ¿Por qué no vemos invertidos los objetos?

El sentido del tacto

La piel está formada por dos capas. La **epidermis** es la capa más superficial y está formada por tejido epitelial con varios estratos de células. Las células más externas están muertas y se desprenden continuamente. La **dermis** es la capa más interna, donde se localizan los receptores responsables del tacto.

Tipos de receptores del tacto

Corpúsculos táctiles. Son terminaciones nerviosas encapsuladas y protegidas por tejido conjuntivo que nos permiten percibir diversas sensaciones:

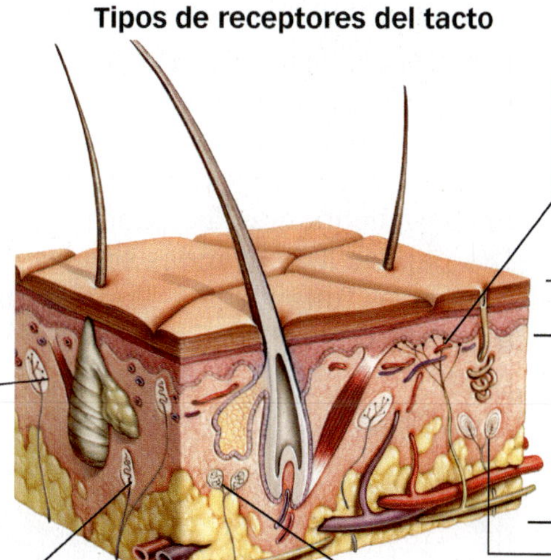

1. **Corpúsculos de Ruffini.** Sensibles al calor.

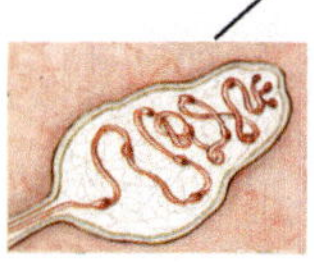

2. **Corpúsculos de Meissner.** Sensibles al contacto con otros objetos.

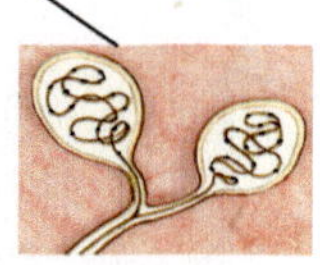

3. **Corpúsculos de Krause.** Sensibles al frío.

4. **Corpúsculos de Vater-Pacini.** Sensibles a las variaciones de presión.

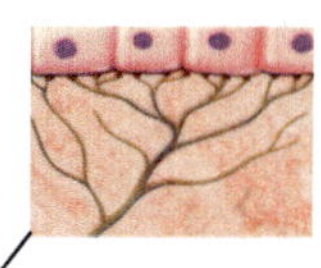

Terminaciones nerviosas libres. Perciben el dolor y son sensibles a una amplia variedad de estímulos intensos, como el frío, el calor, la presión, etc.

ACTIVIDADES

9 Describe cómo se protege el ojo de la entrada de polvo.

10 Describe las tres capas del globo ocular y sus funciones.

11 ¿Dónde se encuentran los receptores implicados en el sentido del tacto?

12 ¿Cómo se transforma una imagen en un impulso nervioso?

CLAVES PARA ESTUDIAR

- Conocer la forma en la que percibimos los olores y los sabores, y los órganos especializados en estas funciones.
- Conocer las partes del oído y cómo funciona.

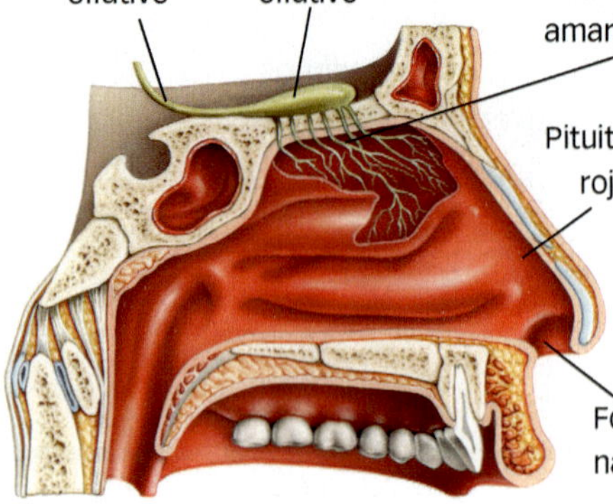

4 Los sentidos del olfato y del gusto

El sentido del olfato

El sentido del **olfato** nos permite detectar las sustancias químicas transportadas por el aire gracias a unos quimiorreceptores que se encuentran en las fosas nasales. Las sensaciones que recibimos a través de estos receptores son los **olores**.

En el interior de las fosas nasales se pueden distinguir dos tipos de mucosa nasal:

- **Pituitaria roja.** Mucosa muy vascularizada que calienta el aire que entra en su interior y atrapa las partículas de polvo en suspensión.
- **Pituitaria amarilla.** Ocupa la parte superior de las fosas nasales y en ella se encuentran los **receptores olfativos**, quimiorreceptores que confluyen en el **bulbo olfativo**, conectado con el nervio olfativo.

El sentido del gusto

El sentido del **gusto** es el responsable de que distingamos los sabores de los alimentos que ingerimos. Tradicionalmente, se habla de cuatro sabores básicos: dulce, salado, ácido y amargo; el resto procede de diferentes combinaciones de estos.

Esto es posible gracias a unos quimiorreceptores, localizados principalmente en la lengua, pero también en el paladar, la faringe y la laringe. Estos quimiorreceptores reaccionan ante las sustancias químicas disueltas en la saliva y se agrupan en **botones gustativos** localizados en unos repliegues de la epidermis conocidos como **papilas gustativas**. Las papilas más grandes son las calciformes. Otras tienen forma de hongo, las fungiformes. También hay papilas en la lengua que no son gustativas.

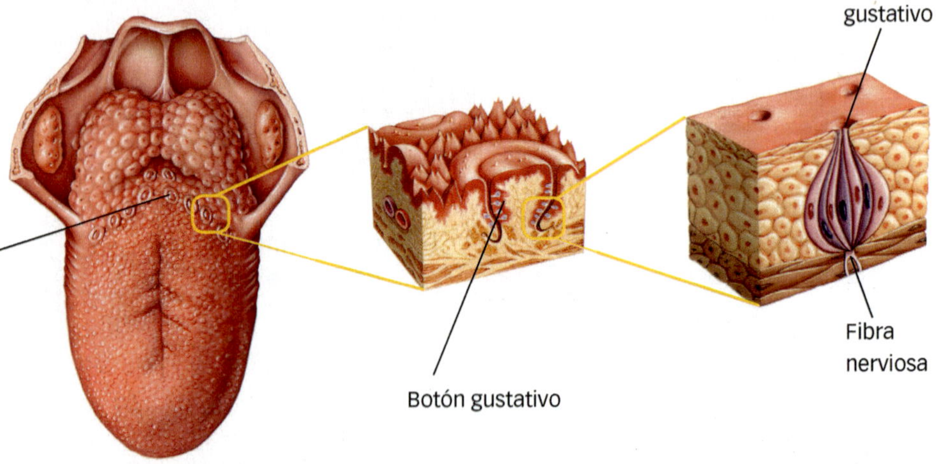

Los quimiorreceptores del bulbo olfativo y de los botones gustativos generan impulsos nerviosos que se transmiten al cerebro, donde se procesarán y se traducirán en una sensación de olor o sabor.

Los sentidos del gusto y el olfato están relacionados; de hecho, la gran mayoría de los sabores dependen de los estímulos olfativos. Por eso, cuando estamos resfriados, los alimentos resultan insípidos.

ACTIVIDADES

13 ¿Qué importancia tiene la pituitaria amarilla?

14 ¿Dónde se localizan los receptores del sabor?

5 El sentido del oído

La capacidad de captar sonidos es posible gracias al oído, un órgano par localizado en ambas cavidades de los huesos temporales. En el oído se distinguen tres regiones: oído externo, oído medio y oído interno.

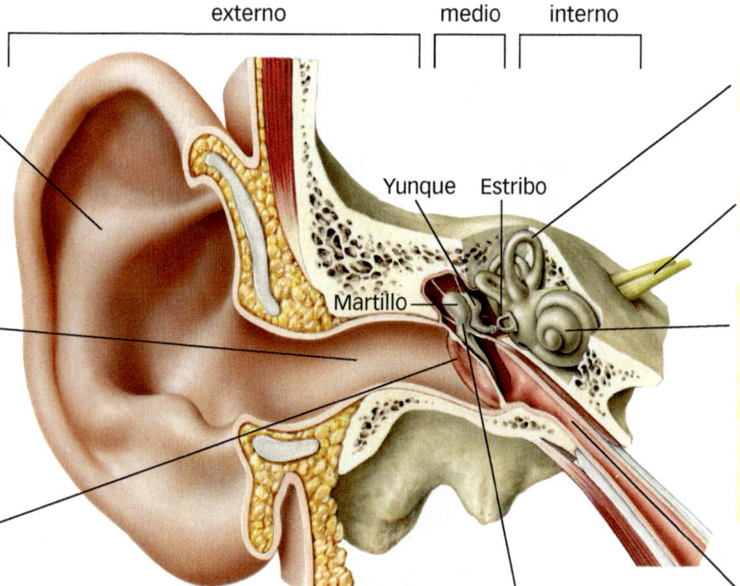

Pabellón auditivo. Tiene forma de embudo y sirve para recoger el sonido. Está formado por cartílago.

Conducto auditivo externo. Posee pelos y glándulas productoras de cerumen que impiden la entrada de polvo e insectos.

Tímpano. Membrana elástica que vibra cuando recibe las ondas sonoras.

Cadena de huesecillos. Reciben la vibración del tímpano y la transmiten al oído interno. Son el **martillo**, el **yunque** y el **estribo**.

Conductos semicirculares. Implicados en el equilibrio.

Nervio auditivo. Transmite los impulsos nerviosos al cerebro.

Caracol. Canal enrollado en espiral en cuyo interior se encuentran las **células ciliadas**, que actúan como mecanorreceptores, transformando la vibración en impulsos nerviosos.

Trompa de Eustaquio. Comunica con la faringe y permite la compensación de presiones a ambos lados del tímpano.

Funcionamiento del oído

En el oído se produce la percepción de los sonidos mediante la **audición** y también se detectan en él los cambios de posición de nuestro cuerpo que nos permiten mantener el **equilibrio**.

- **Audición.** El pabellón auditivo capta los sonidos y los conduce por el canal auditivo hasta el tímpano. Este vibra y transmite estas ondas al martillo, que conecta, a través del yunque y el estribo, con el caracol.

  En el interior del caracol se localizan unos mecanorreceptores conocidos como **células ciliadas**. Las vibraciones llegan hasta ellas gracias a un fluido llamado **endolinfa**, que inunda el interior del caracol. Las células ciliadas transforman las vibraciones en impulsos nerviosos, que son transmitidos hasta el cerebro a través del nervio auditivo.
- **Equilibrio.** Los canales semicirculares son tres conductos, orientados en las tres direcciones del espacio, en cuyo interior también pueden encontrarse células ciliadas y endolinfa. Cuando la cabeza se mueve, la endolinfa roza las células ciliadas, que envían al cerebro información sobre la posición de la cabeza.

ACTIVIDADES

15 ¿De qué manera se transforma el sonido en un impulso nervioso?

16 Una de las lesiones más comunes es la rotura del tímpano. Aunque puede recuperarse, explica por qué una persona con el tímpano perforado puede no oír. Razona tu respuesta.

CLAVES PARA ESTUDIAR

- Identificar alteraciones de la salud de los órganos de los sentidos.
- Conocer hábitos saludables para los órganos de los sentidos.

6 La salud de los órganos de los sentidos

Las enfermedades que afectan a los órganos de los sentidos son muy diversas. Sus causas pueden ser muy variadas, como infecciones, trastornos vasculares, hereditarios, relacionados con el sistema nervioso, la falta de higiene, los malos hábitos…

Los **ojos** pueden presentar trastornos muy diversos:

- **Hipermetropía.** Es un defecto de la visión en el que los objetos cercanos se ven desenfocados. Ocurre cuando el globo ocular es demasiado corto y las imágenes se forman detrás de la retina. Se puede corregir con lentes convexas o cirugía.
- **Miopía.** Es un defecto en el que los objetos lejanos se ven desenfocados. Este trastorno de la visión se produce cuando el globo ocular es demasiado largo y las imágenes se forman antes de la retina. Se puede corregir con lentes cóncavas o cirugía.

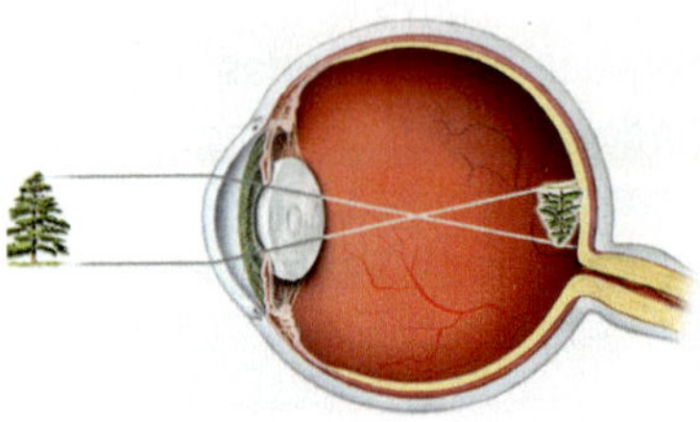

Ojo normal

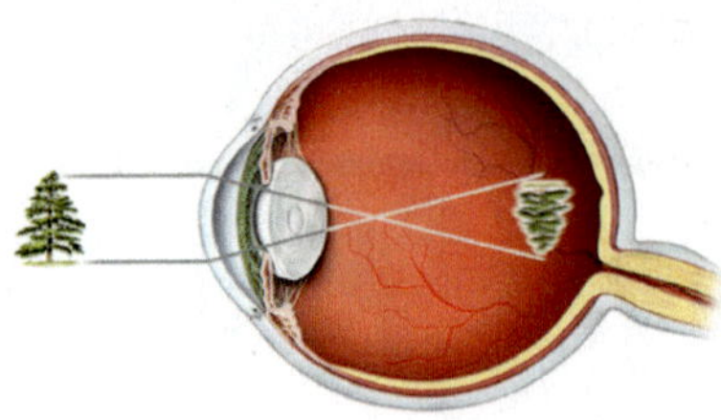

Ojo miope

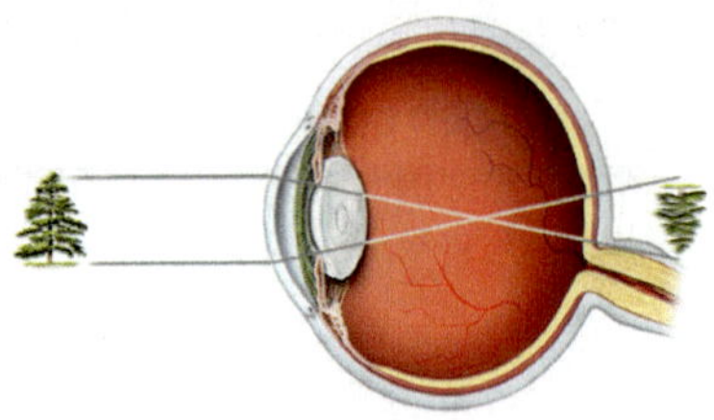

Ojo hipermétrope

- **Astigmatismo.** Se trata de un defecto en el enfoque de los objetos provocado por una curvatura anómala de la córnea. Se puede corregir con lentes o cirugía.
- **Cataratas.** Se deben a que el cristalino pierde poco a poco su transparencia hasta hacerse totalmente opaco. Esto provoca una disminución progresiva de la visión, que puede llegar hasta la ceguera.
- **Conjuntivitis.** Es un trastorno que consiste en la inflamación de la conjuntiva producida normalmente por infecciones o alergias.

La **piel** presenta trastornos como:

- **Urticaria.** Es una alteración alérgica de la piel con aparición de manchas o ronchas. Su síntoma característico es el picor.
- **Psoriasis.** Es una enfermedad crónica, que se caracteriza por la aparición de placas escamosas de piel reseca que se desprende.

En los **oídos** las afecciones más comunes son:

- **Otitis.** Es una inflamación aguda o crónica del oído externo, medio o interno que puede estar provocada por una infección.
- **Sordera.** Pérdida de la capacidad auditiva que puede producirse por causas genéticas o como consecuencia de lesiones provocadas por enfermedades o traumatismos.

En las **fosas nasales**, el trastorno más habitual es:

- **Rinitis.** Es la inflamación de la pituitaria roja que genera congestión y dificultad para respirar por la nariz.

ACTIVIDADES

17 Por regla general, los trastornos del olfato afectan también, en mayor o menor grado, al sentido del gusto. ¿Por qué crees que ocurre esto?

18 Explica las diferencias entre miopía, hipermetropía y astigmatismo.

Cuidado e higiene de los órganos de los sentidos

Dado que los receptores sensoriales de los órganos de los sentidos están muy cerca, o incluso en contacto directo con el exterior, es muy importante mantener unos hábitos de higiene adecuados y adoptar medidas preventivas que reduzcan el riesgo de sufrir lesiones.

Existen unas medidas de cuidado generales:

- **Mantener una alimentación adecuada.** Debe ser rica en frutas y verduras, con el suficiente aporte de vitaminas. Sentidos como el de la vista dependen en gran parte de la presencia de sustancias que el cuerpo no puede fabricar por sí mismo, como las vitaminas A, C y E.
- **Evitar el consumo de sustancias tóxicas.** El alcohol, el tabaco y otras drogas interfieren en el correcto funcionamiento del sistema nervioso y en la transmisión de los estímulos procedentes de los sentidos, especialmente la vista, el equilibrio, el gusto y el olfato.
- **Realizar revisiones médicas periódicas.** Muchos trastornos se producen de forma progresiva y no somos conscientes de ello, por lo que es recomendable acudir con regularidad al oftalmólogo y al otorrinolaringólogo para revisar la vista y el oído, respectivamente.
- **Mantener hábitos higiénicos adecuados.** Los órganos de los sentidos están muy expuestos al exterior, por lo que tienen mayor riesgo de infecciones. Por ello, debemos evitar el contacto con las manos sucias y cuidar de su limpieza regularmente.

Algunas medidas preventivas específicas	
Ojos	• Utilizar gafas con lentes apropiadas para evitar la sobreexposición a la luz solar o a destellos muy intensos, como los que emiten los equipos de soldadura o algunos focos de iluminación. • No leer ni hacer actividades que requieran precisión con poca luz. Usar fuentes de luz adecuadas para cada tarea. • Evitar frotarnos los ojos con las manos cuando nos piquen. Lavarlos con cuidado y con agua abundante. • Descansar periódicamente los ojos mirando hacia lo lejos si se pasa mucho tiempo delante de la pantalla de un ordenador.
Oídos	• La limpieza del exceso de cerumen es necesaria, pero es recomendable limitarse solo al pabellón auditivo, evitando introducir nada por el conducto auditivo, pues se puede prensar la cera, provocando tapones, generar lesiones en el tímpano o favorecer las infecciones. • Evitar los lugares ruidosos. Si usas auriculares, hazlo con un volumen moderado para evitar daños en la capacidad auditiva.
Piel	• Es importante la limpieza y el aseo diarios. • Se debe evitar el exceso de radiación ultravioleta procedente del sol, pues puede provocar quemaduras graves e incluso cáncer de piel. Debemos ponernos prendas o usar cremas protectoras y evitar las horas de mayor radiación.
Boca	Una higiene correcta de la boca no solo implica el cepillado de los dientes, al menos después de cada comida, sino también la higiene de la lengua para mantener limpias las papilas gustativas.

? INTERPRETA LA IMAGEN

19 Haz un listado con los riesgos para la salud de los órganos de los sentidos que observas en las imágenes e indica algunas recomendaciones para prevenirlos.

ACTIVIDADES

20 El uso de bastoncillos para la higiene de los oídos ha sido desde hace mucho tiempo un tema polémico y muchos profesionales no los recomiendan.

a) ¿Por qué crees que no son recomendables? ¿Cuáles son sus efectos negativos?

b) ¿Qué métodos de higiene de los oídos podrían ser mejores y sustituir el uso de bastoncillos?

CLAVES PARA ESTUDIAR

- Conocer los componentes del sistema nervioso y los principios básicos de la conducción del impulso nervioso a través de la neurona.

7 Los componentes del sistema nervioso

El **sistema nervioso** recoge y analiza los estímulos externos e internos, elabora las respuestas necesarias para el funcionamiento del cuerpo y las transmite hasta los órganos efectores.

El tejido nervioso, que forma el sistema nervioso, está constituido por dos tipos de células: las **neuronas** y las **células de la glía**.

Neuronas

Son células muy especializadas cuya función es generar y transmitir impulsos nerviosos. En ellas se distinguen tres partes: cuerpo celular, dendritas y axón.

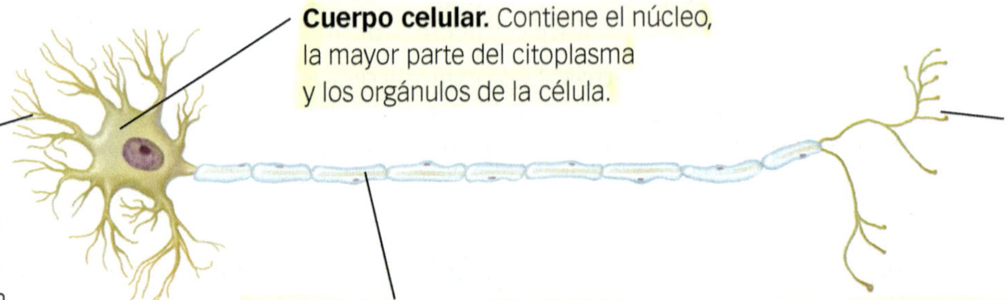

Dendritas. Prolongaciones ramificadas y cortas que reciben los impulsos nerviosos. Generalmente, parten del cuerpo celular.

Cuerpo celular. Contiene el núcleo, la mayor parte del citoplasma y los orgánulos de la célula.

El extremo terminal del axón suele estar ramificado.

Axón. Prolongación alargada del cuerpo celular que conduce el impulso nervioso hasta su extremo terminal. Muchos axones están cubiertos por una vaina de mielina que aumenta la velocidad de conducción.

Según su función, las neuronas se clasifican en tres tipos:

- **Sensitivas.** Llevan la información desde los receptores hasta los centros nerviosos, donde se analizan y se elaboran las respuestas.
- **Motoras.** Transmiten la respuesta hasta los efectores, provocando la contracción de los músculos o la secreción de las glándulas.
- **Interneuronas** o **neuronas de asociación.** Conectan las neuronas sensitivas con las motoras.

INTERPRETA LA IMAGEN

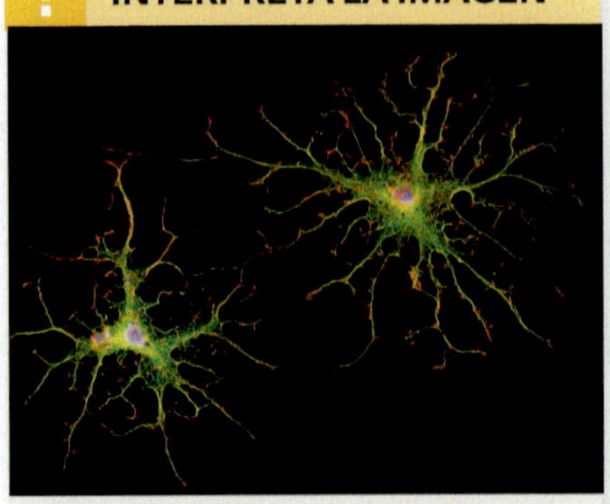

21 Observa la microfotografía de uno de los dos tipos de células que forman el sistema nervioso. ¿A cuál de ellos corresponde? Razona tu respuesta.

Células de la glía

Las células de la glía se localizan entre las neuronas formando la **neuroglia**, un tejido especializado en su protección y sostén. Las principales células gliales son:

- **Astrocitos.** Su aspecto es estrellado. Están en contacto con el sistema circulatorio y proporcionan nutrientes a las neuronas.
- **Microglía.** Se encargan de la limpieza de los desechos y de la defensa contra agentes infecciosos, como las bacterias.
- **Oligodendrocitos** y **células de Schwann.** Ambas son responsables de generar una cubierta en el axón de algunas neuronas con una sustancia denominada **mielina**, que tiene función aislante y facilita la conducción del impulso nervioso.

La transmisión del impulso nervioso

Las neuronas reciben y transmiten señales mediante impulsos nerviosos. Este impulso se transmite en forma de corriente eléctrica que recorre la membrana del axón y viaja siempre en el mismo sentido: se genera en una dendrita, recorre toda la superficie de la neurona y sale por el extremo terminal del axón. El impulso nervioso pasa de una neurona a otra mediante una forma de comunicación neuronal llamada **sinapsis**.

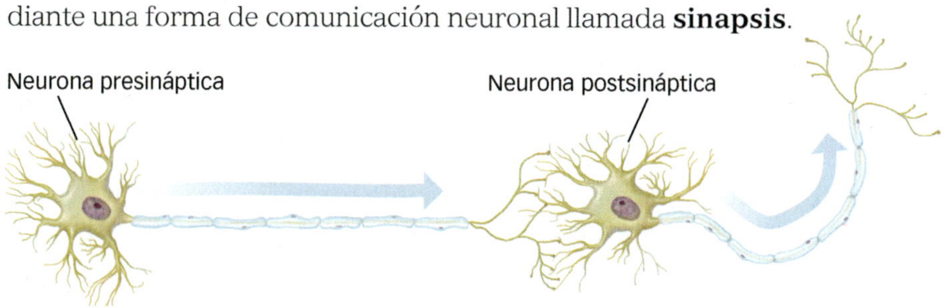

ACTIVIDADES

22 ¿De qué manera se nutren las neuronas?

23 ¿Qué función tiene la vaina de mielina? ¿La tienen todas las neuronas?

24 ¿Puede una neurona transmitir información a dos o más neuronas a la vez? Razona la respuesta.

Sinapsis

En el extremo terminal del axón de la neurona presináptica hay unas vesículas que liberan **neurotransmisores**, unas sustancias químicas que actúan como mensajeros.

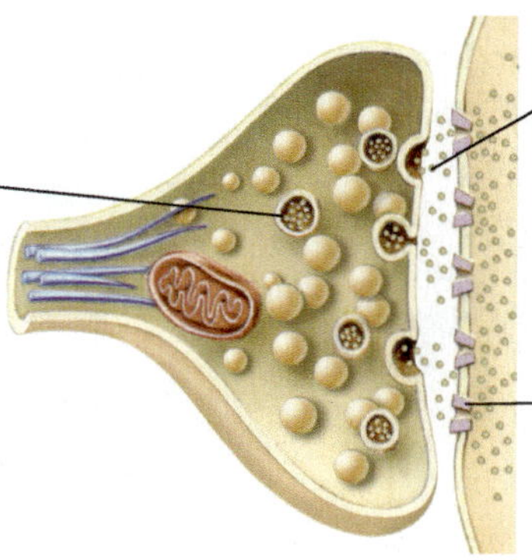

Las neuronas no están en contacto físico entre sí; entre ellas existe una zona de separación denominada **espacio sináptico**.

Los neurotransmisores recorren el espacio sináptico hasta que son detectados por unos **receptores** localizados en la membrana de la dendrita o en el cuerpo celular de la neurona postsináptica.

SABER HACER

Realizar un dibujo científico

Los dibujos científicos tienen una gran importancia, especialmente en biología.

El neurólogo español Santiago Ramón y Cajal lo resumió en una célebre frase: «Por precisa y minuciosa que sea una descripción de los objetos observados, siempre resultará inferior en claridad a un buen grabado».

Para realizar un dibujo científico debemos seguir estos pasos:

1. Elegiremos un modelo que presente las características que queremos ilustrar. Puede ser una fotografía o un modelo natural.
2. Dibujaremos su silueta, conservando las proporciones, y luego lo completaremos con los demás elementos.
3. En ocasiones, podemos necesitar colorearlo para destacar detalles.
4. Añadiremos los nombres de las partes que hemos dibujado y que queremos destacar.

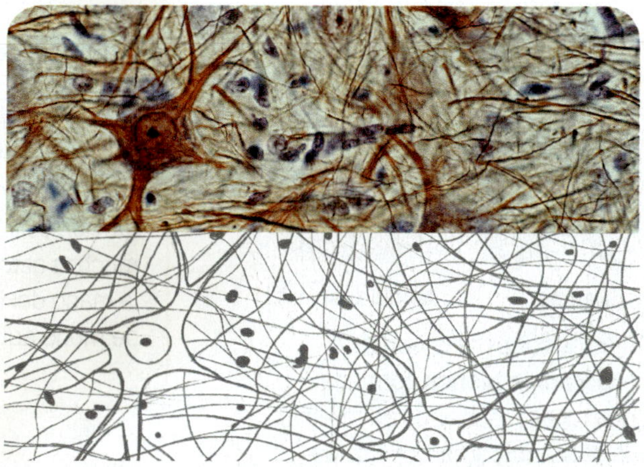

Microfotografía y dibujo científico del tejido nervioso.

ACTIVIDADES

25 Elige una microfotografía en la que aparezcan neuronas y haz un dibujo científico siguiendo los pasos explicados.

CLAVES PARA ESTUDIAR

- Distinguir entre sistema nervioso central y periférico.
- Identificar las estructuras de cada sistema, su localización y las funciones en las que interviene.

8 El sistema nervioso

El sistema nervioso es muy complejo y está conectado con el resto de sistemas y aparatos. Es imprescindible para relacionarnos con el entorno y para el control de la homeostasis. Su función es dar unidad al ser humano. Está formado por el **sistema nervioso central** (SNC) y el **periférico** (SNP).

Sistema nervioso central

Está constituido por el **encéfalo** y la **médula espinal**, que están rodeados por tres membranas que los protegen llamadas **meninges** y por el **líquido cefalorraquídeo**, cuya función principal es amortiguar los golpes.

El **encéfalo** está formado por el cerebro, el cerebelo y el tronco encefálico y está protegido por el cráneo.

Cerebro. Se divide en dos hemisferios, izquierdo y derecho, separados por un gran surco. Su superficie está plegada formando circunvoluciones. Interpreta la información de los órganos de los sentidos y controla las acciones voluntarias y los procesos intelectuales, emocionales, la memoria, el lenguaje, el pensamiento, etc.

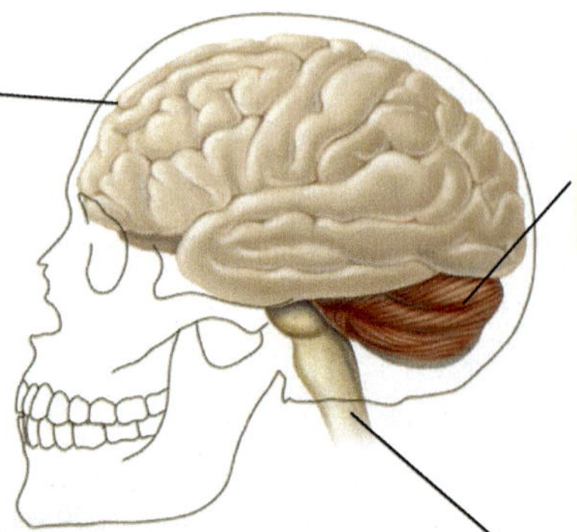

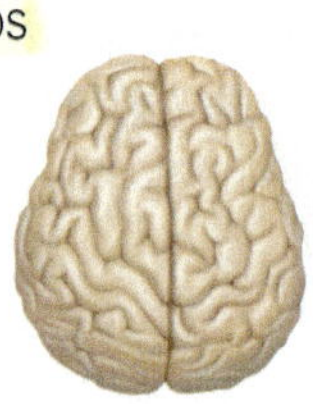

Cerebelo. Tiene dos hemisferios y se localiza debajo del cerebro, en la zona posterior. Regula la postura y el equilibrio y coordina la acción de los músculos que realizan movimientos voluntarios complejos, como andar.

Tronco encefálico. Conecta el cerebro con la médula espinal. Controla las funciones involuntarias que suceden de forma automática, como la respiración, el ritmo cardiaco, la regulación de la temperatura corporal y el sueño.

? INTERPRETA LA IMAGEN

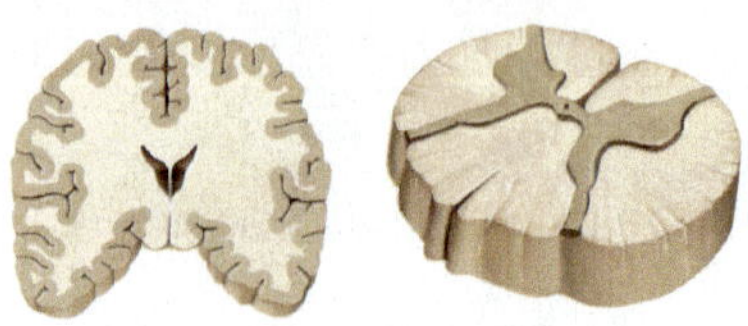

Cerebro | Médula espinal

En estos cortes se observa la **sustancia blanca**, formada por axones recubiertos de mielina, y la **sustancia gris**, constituida por cuerpos celulares, axones sin mielina y dendritas de las neuronas.

26 ¿Qué diferencia observas en la distribución de la sustancia gris en el cerebro y la médula espinal?

La **médula espinal** es un cordón delgado de un centímetro de grosor que está protegido en el interior de la columna vertebral. Conecta el encéfalo con el sistema nervioso periférico. Su función es conducir impulsos y controlar muchos actos reflejos, como retirar la mano del fuego, que se realizan de modo automático e inconsciente.

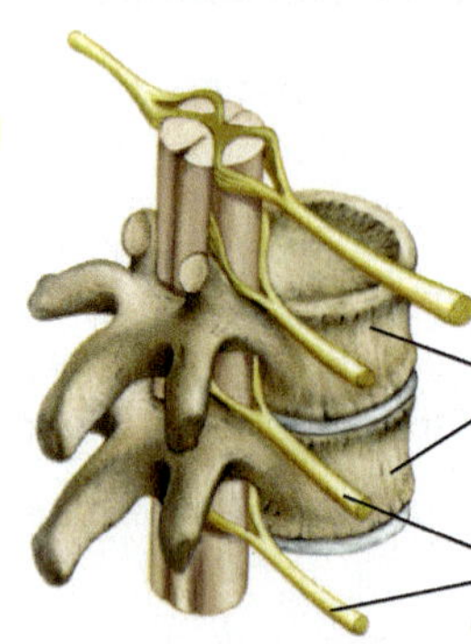

ACTIVIDADES

27 Señala qué diferencias hay entre las funciones del cerebro y el cerebelo.

28 ¿Dónde están los centros que controlan las funciones involuntarias? Explica dónde se localizan.

Sistema nervioso periférico

Comunica el sistema nervioso central y las estructuras periféricas. Transmite los impulsos nerviosos desde los receptores sensoriales hasta el sistema nervioso central, y desde este a los efectores.

Está formado por los **nervios**, constituidos por haces de fibras nerviosas que a su vez se forman por la agrupación de axones de diferentes neuronas.

Los nervios que parten del encéfalo se denominan **craneales**, y los que parten de la médula, **espinales**. En ambos casos se ramifican y distribuyen por las diferentes zonas del cuerpo.

Aunque la mayoría tienen una actividad mixta y realizan ambas funciones, existen dos tipos de nervios:

- **Sensitivos.** Transmiten la información procedente de los receptores hasta el sistema nervioso central.
- **Motores.** Conducen las órdenes desde el sistema nervioso central hasta los efectores.

Desde el punto de vista funcional, el sistema nervioso periférico puede dividirse en dos grupos:

- **Sistema nervioso somático.** Conecta los receptores de los órganos de los sentidos con el sistema nervioso central y este con los músculos esqueléticos, para conseguir movimientos voluntarios. También interviene en los actos reflejos que realizamos de forma inconsciente.
- **Sistema nervioso autónomo.** Regula la actividad inconsciente del músculo liso de los órganos y de algunas glándulas. Está controlado por el sistema nervioso central. Los receptores sensoriales de las vísceras envían información al sistema nervioso central, que, a través de los nervios motores del sistema nervioso autónomo, responde aumentando o reduciendo las actividades viscerales, por ejemplo, el ritmo del corazón.

  El sistema nervioso autónomo se divide en dos: el **sistema nervioso simpático** y el **parasimpático**. Muchos órganos de nuestro cuerpo reciben fibras nerviosas de ambos sistemas que, por lo general, tienen efectos contrarios (antagónicos); es decir, un sistema aumenta la actividad del órgano, mientras que el otro la disminuye. Por ejemplo, el simpático aumenta el ritmo cardiaco, mientras que el parasimpático lo disminuye.

  El sistema simpático predomina en las actividades de «enfrentamiento o huida», como en las situaciones de estrés físico o emocional, mientras que el parasimpático lo hace en las actividades de «reposo y digestión».

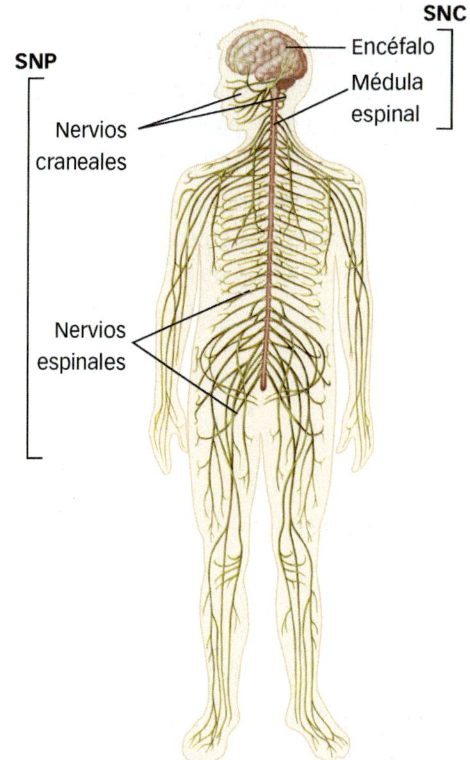

? INTERPRETA LA IMAGEN

29 Explica qué parte del sistema nervioso está actuando en cada una de las situaciones que se observan en las imágenes y cómo.

ACTIVIDADES

30 Razona por qué disponemos de dos sistemas antagonistas: simpático y parasimpático. ¿Qué ventajas tiene?

31 Describe los tipos de nervios.

32 ¿De qué se encargan los nervios del sistema nervioso somático?

CLAVES PARA ESTUDIAR

- Distinguir entre acto voluntario y acto reflejo y conocer las rutas que siguen las respuestas en ambos casos.
- Conocer los principales trastornos que afectan al sistema nervioso.

9 Respuestas del sistema nervioso somático

El sistema nervioso somático elabora dos tipos de respuestas diferentes, las voluntarias, como cuando abrimos una puerta o hablamos, y las involuntarias o inconscientes, también llamadas **actos reflejos somáticos**, como ocurre cuando retiramos rápidamente la mano al tocar un objeto muy caliente.

Las respuestas voluntarias se elaboran bajo el control del **cerebro**, mientras que los actos reflejos carecen de este control y se elaboran en la **médula espinal**.

En los actos reflejos, el recorrido de la información desde que el receptor percibe el estímulo hasta que el efector actúa se llama **arco reflejo**, y en él intervienen tres neuronas: una sensitiva, una asociativa y una motora. En el arco reflejo, el recorrido del impulso nervioso es más corto, por lo que la respuesta es mucho más rápida.

Acto voluntario

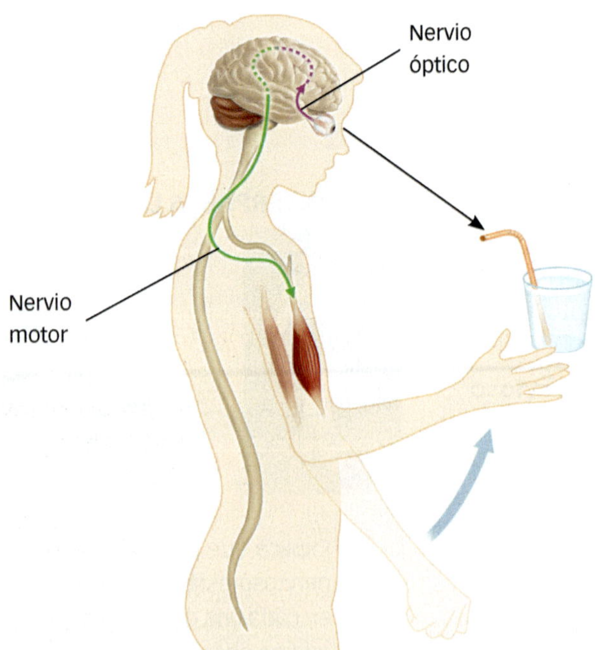

1. El estímulo es recogido por el **receptor**, en este caso los ojos.
2. El estímulo se transmite por el **nervio** óptico hasta llegar al cerebro.
3. En el **cerebro** se analiza y se elabora una respuesta.
4. La respuesta elaborada es enviada, en forma de impulsos nerviosos, desde el cerebro a través de un **nervio motor** hasta los músculos del brazo.
5. Los **músculos del brazo** nos permiten agarrar el vaso.

Acto reflejo

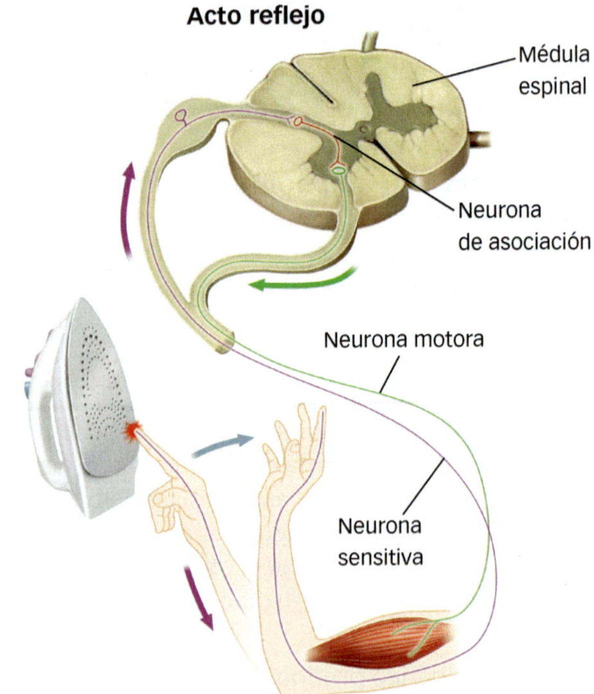

1. El **receptor** capta el estímulo, en este caso la quemadura.
2. La **neurona sensitiva** lleva el impulso nervioso por un nervio hasta la médula espinal.
3. Una **neurona de asociación**, situada en la sustancia gris de la médula, pone en contacto la neurona sensitiva con la motora.
4. La **neurona motora** conduce la respuesta por un nervio hasta el músculo del brazo.
5. El **músculo del brazo** se contrae y retira el brazo rápidamente.

10 La salud del sistema nervioso

Las causas que producen enfermedades y trastornos del sistema nervioso son muy diversas.

Infecciosa

Las infecciones que afectan al sistema nervioso pueden ser causadas por una gran variedad de microorganismos; por ejemplo, la **poliomielitis** es una enfermedad producida por un virus que destruye las neuronas motoras y origina parálisis y atrofia muscular.

Cerebrovascular

El **ictus** o **accidente cerebrovascular** es una enfermedad cerebral aguda de origen vascular. En muchos casos se debe a la obstrucción repentina de un vaso sanguíneo. Esto reduce el flujo de sangre y por consiguiente la cantidad de oxígeno en una zona del cerebro.

Las células del tejido nervioso afectadas pueden morir y se produce un **infarto cerebral**. Dependiendo del área del cerebro afectada, se alteran diferentes funciones, originando problemas de coordinación en el aparato locomotor, en el habla, etc.

Traumática

Pese a que el cerebro y la médula espinal están protegidos por estructuras óseas (cráneo y columna vertebral, respectivamente), tras un accidente se pueden producir lesiones que afecten a estos centros nerviosos.

Una lesión frecuente es la **rotura de la médula espinal**, que provoca parálisis en los miembros inferiores (paraplejia) o en todos los miembros (tetraplejia), según la altura de la lesión medular.

Neurodegenerativa o desmielinizante

Son enfermedades que se caracterizan por una pérdida progresiva de las funciones del sistema nervioso.

- **Esclerosis múltiple.** Enfermedad en la que hay una destrucción lenta y progresiva de la vaina de mielina de los axones que altera la conducción nerviosa. Los síntomas son muy variados.
- **Alzhéimer.** Enfermedad neurodegenerativa provocada por la destrucción de neuronas, que comienza con pérdidas leves de memoria, orientación y razonamiento. En estadios avanzados se producen dificultades en el lenguaje, incapacidad de seguir instrucciones y cambios en el comportamiento y en la personalidad.
- **Párkinson.** Se debe a la muerte de neuronas de las zonas del cerebro encargadas del control y coordinación del movimiento y de la postura. Los síntomas más frecuentes son rigidez muscular, temblores en las manos y alteraciones de la postura y la coordinación de movimientos.

Muchas personas con lesiones medulares consiguen superar sus dificultades y realizan actividades físicas.

ACTIVIDADES

33 Explica las diferencias existentes entre un acto voluntario y un acto reflejo.

a) ¿Cuáles son los centros donde se procesa la respuesta en cada caso?

b) ¿Qué ventajas proporciona la respuesta refleja sobre la voluntaria?

34 ¿Qué función cumple una neurona de asociación?

35 ¿Qué tipo de parálisis crees que puede producir una lesión que seccione la médula a la altura del cuello?

36 ¿Por qué crees que el virus de la poliomielitis produce parálisis?

CLAVES PARA ESTUDIAR

- Identificar los trastornos más frecuentes que afectan a la salud mental.
- Conocer aquellos hábitos de vida que favorecen la salud mental y del sistema nervioso en general.

11 La salud mental

Los trastornos de la salud mental, también llamados psíquicos, se producen por muchas causas, tanto físicas como psicológicas, socioculturales o incluso hereditarias, y producen alteraciones del pensamiento, de las emociones o del comportamiento. Los trastornos psíquicos son muy variados.

- **Fobias.** Producen un trastorno de ansiedad debido a un temor persistente excesivo o irracional ante la presencia de determinadas personas, animales, objetos o una situación, como un espacio cerrado, que en sí no son peligrosos.
- **Trastornos obsesivo-compulsivos.** Las personas con este tipo de trastornos tienen pensamientos obsesivos que interrumpen constantemente su actividad mental o conductas compulsivas repetitivas.
- **Depresión.** Es un trastorno que afecta al estado de ánimo e interfiere en las actividades cotidianas. Se caracteriza por un descenso del estado de ánimo, pensamientos negativos, pérdida del interés, de la capacidad de atención, de la confianza en uno mismo, ideas de culpa y trastornos del sueño y del apetito.
- **Demencia.** Provoca una pérdida progresiva de las funciones cognitivas, con afectación de la memoria y el pensamiento, desorientación e incluso pérdida de la propia identidad. Se debe a una lesión cerebral producida en enfermedades como el alzhéimer, el párkinson o los ictus con infartos cerebrales.
- **Esquizofrenia.** Es una enfermedad que aparece en la adolescencia y la edad adulta y que provoca un trastorno del pensamiento, las emociones y la percepción de la realidad. Son frecuentes las alucinaciones auditivas y puede comenzar de forma aguda con trastornos graves del comportamiento.
- **Trastornos mentales y del comportamiento debidos al consumo de drogas.** Comprenden desde la intoxicación aguda, con alteraciones del nivel de conciencia, la cognición, la percepción, el estado afectivo y el comportamiento, hasta el síndrome de abstinencia, el síndrome amnésico con deterioro de la memoria, el *delirium*, la demencia o la aparición de trastornos psicóticos con síntomas similares a la esquizofrenia o con predominio de alucinaciones, ideas delirantes o trastornos emocionales que pueden persistir más allá de la acción de la sustancia.

La dificultad para realizar actividades cotidianas puede ser un reflejo de problemas serios que afectan al estado de ánimo.

ACTIVIDADES

37 USA LAS TIC. Busca información sobre la agorafobia y la claustrofobia y explica qué tipo de trastornos son y qué provocan en las personas que los sufren.

38 USA LAS TIC. Consulta en internet la guía de Drogas del Plan Nacional sobre Drogas. ¿Qué efectos produce a largo y a corto plazo el consumo de éxtasis? ¿Y el consumo de metanfetamina? ¿Cuáles están relacionados con el sistema nervioso?

12 Hábitos saludables para el sistema nervioso

Para que el sistema nervioso pueda llevar a cabo sus funciones correctamente, es importante seguir unas recomendaciones básicas, como, por ejemplo:

- **Mantener una vida ordenada.** Tener unos horarios regulares que nos permitan disponer de tiempo para el ocio y para un correcto descanso, durmiendo, al menos, ocho horas durante la noche.
- **Hacer ejercicio físico.** Ayuda a liberar tensiones y ofrece muchos beneficios mentales y físicos.
- **Desarrollar las relaciones sociales.** Relacionarse con otras personas, tanto dentro como fuera del entorno familiar, especialmente durante el tiempo de ocio.
- **Realizar habitualmente actividades intelectuales.** Actividades como leer o escuchar música ayudan al desarrollo personal y mejoran la autoestima.
- **Tomar medidas de protección para prevenir lesiones.** Ponerse el cinturón de seguridad en el coche o el casco al ir en moto o en bicicleta reducen los riesgos en caso de accidente.
- **Evitar el consumo de tabaco, alcohol u otras drogas.** Su abuso altera el funcionamiento normal del sistema nervioso y puede ocasionar graves trastornos de la conducta.

Las drogas y la salud

La Organización Mundial de la Salud (OMS) considera que una **droga** es cualquier sustancia, sintética o natural, que actúa sobre el sistema nervioso central, alterando su funcionamiento habitual.

Las drogas se pueden clasificar atendiendo a sus efectos sobre el sistema nervioso central:

- **Estimulantes.** Aceleran el funcionamiento habitual del cerebro, produciendo hiperactividad, trastornos de la sensibilidad, alucinaciones, delirios e insomnio. En este grupo están las anfetaminas, la cocaína, el tabaco o las bebidas con cafeína.
- **Depresoras.** Disminuyen la actividad del sistema nervioso, ralentizando su funcionamiento. Por ejemplo, el alcohol, los opiáceos como la heroína, los sedantes, los ansiolíticos y los narcóticos.
- **Perturbadoras.** Alteran el funcionamiento del cerebro provocando cambios en la percepción de la realidad. Entre ellas destacan el LSD, los derivados del cannabis, como el hachís o la marihuana, y las drogas de síntesis, como el éxtasis.

El uso regular de las drogas genera procesos de tolerancia y dependencia.

- **Tolerancia.** Cada vez se necesita una mayor cantidad de droga para conseguir los mismos efectos porque el organismo se va adaptando a la presencia de la sustancia.
- **Dependencia.** Después de un tiempo de uso habitual, la persona necesita consumir la sustancia para no experimentar síntomas de abstinencia. Esta dependencia puede ser física o psicológica.

NOS COMPROMETEMOS

El consumo de drogas tiene efectos muy graves para la salud, provocando trastornos físicos y psíquicos que alteran la conducta del individuo y repercuten de forma negativa en las personas de su entorno y en la sociedad en general.

ACTIVIDADES

39 Existe mucha polémica sobre drogas legales e ilegales. Busca información y elabora una lista con productos que pueden ser considerados como drogas legales.

40 USA LAS TIC. Consulta en internet la guía de Drogas del Plan Nacional sobre Drogas. ¿Qué efectos produce a largo plazo el consumo de alcohol? ¿Y el de cannabis y cocaína?

ACTIVIDADES FINALES

REPASA LO ESENCIAL

41 RESUMEN. Haz el resumen de la unidad contestando estas preguntas:

- ¿De qué manera interactúan los seres vivos con el medio?
- ¿Cuáles son los sistemas de coordinación y qué diferencias existen entre ellos?
- ¿Qué es un receptor sensorial y dónde se localizan?
- ¿Cómo se clasifican los receptores sensoriales?
- ¿Cómo llegan las imágenes al cerebro?
- El frío, el calor o el contacto con objetos son estímulos. ¿En qué órganos se encuentran los receptores y de qué tipo son estos?
- ¿Por qué están relacionados los sentidos del gusto y el olfato?
- ¿Cómo se transmiten las vibraciones del sonido hasta el cerebro?
- ¿Qué órgano es responsable del equilibrio y cómo actúa?
- ¿Cuáles son los trastornos más comunes de los órganos de los sentidos?
- ¿Qué células forman el sistema nervioso?
- ¿Cómo se transmite el impulso nervioso entre dos neuronas?
- ¿Qué diferencia existe entre la sustancia blanca y la sustancia gris? ¿Dónde se encuentran?
- ¿Por qué se dice que las acciones que controlan el simpático y el parasimpático son antagónicas?
- ¿En qué se diferencian los mecanismos de los actos voluntarios y los actos reflejos?
- ¿Qué trastornos del sistema nervioso puede desencadenar el consumo de drogas?

42 Tomando como modelo la siguiente ruta realiza en tu cuaderno esquemas similares relacionando las palabras del cuadro:

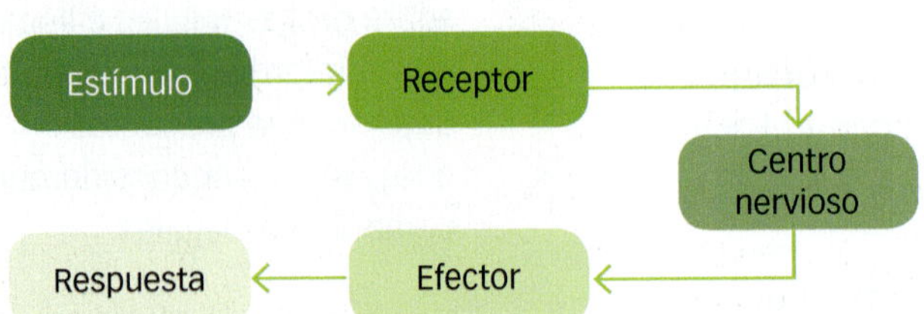

cerebro – termorreceptor – retirar la mano – producción de saliva – sartén muy caliente – quimiorreceptor – efector muscular – olor a comida – efector glandular – médula espinal

43 Copia el siguiente esquema en tu cuaderno y rotula las partes numeradas:

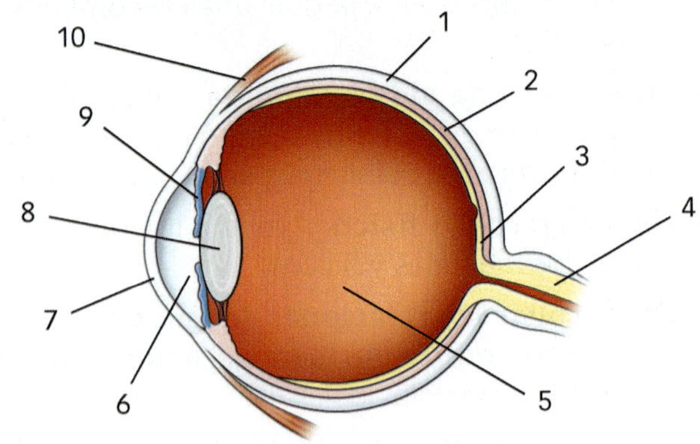

44 Copia y completa este esquema sobre el sistema nervioso.

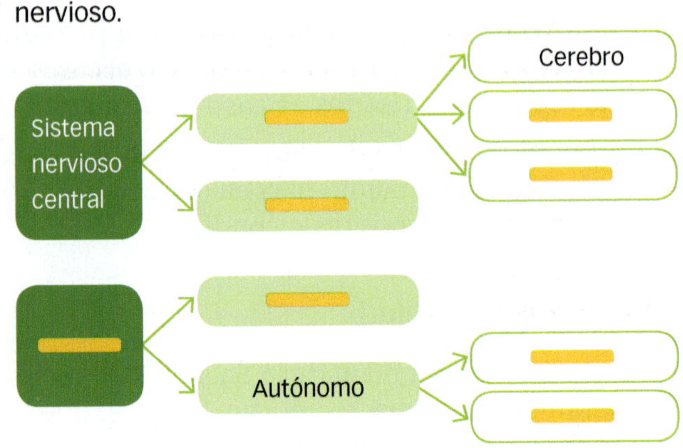

45 Copia y completa la tabla siguiente sobre receptores sensoriales, órganos de los sentidos y estímulos que detectan:

	Tipo de receptor	Órgano de los sentidos
Dolor de cabeza		
Escuchar música		
Frío o calor		
Ver la televisión		
Detectar una fuga de gas		

46 Realiza una tabla en la que se relacionen los diferentes elementos de los que se compone el órgano del oído según se localicen en el oído externo, medio o interno.

PRACTICA

47 **Indica a qué estructuras hacen referencia las siguientes definiciones:**

a) Capa del globo ocular en la que se encuentran los fotorreceptores.

b) Conducto que comunica la faringe con el oído medio y que permite que la presión sea la misma a ambos lados del tímpano.

c) Membrana fina elástica del oído medio que vibra con las ondas sonoras.

d) Mucosa responsable del sentido del olfato que se halla en la parte superior de las fosas nasales.

e) Elemento transparente que funciona como una lente para enfocar la luz hacia la retina.

f) Estructuras responsables de detectar los siguientes estímulos: presión por un objeto, frío y calor.

48 USA LAS TIC. **La mielina proporciona unas características especiales a las células nerviosas.**

a) ¿De qué características se trata?

b) Investiga qué tipo de sustancia es la mielina.

c) ¿Qué células forman la vaina de mielina?

49 **Cuando entramos en una habitación oscura, al principio no vemos absolutamente nada, pero progresivamente empezamos a distinguir los muebles. ¿Qué es lo que ha pasado? ¿Por qué al principio no vemos nada y luego sí? Describe el proceso y los elementos que intervienen.**

50 **Teniendo en cuenta que en el acto reflejo participan los tres tipos de neuronas, explica el proceso que se muestra en la imagen.**

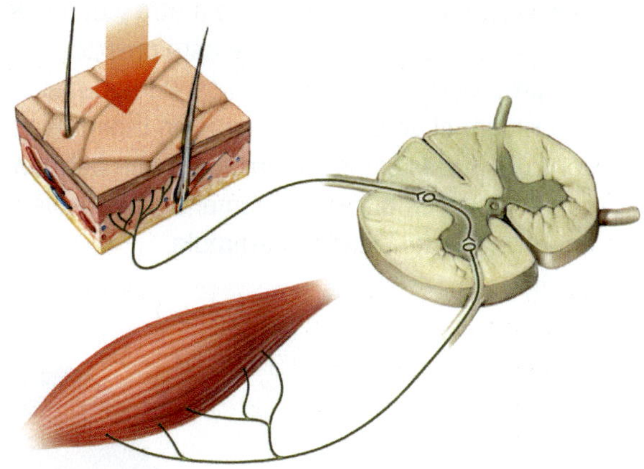

51 **Describe qué recorrido haría la corriente nerviosa que se produce en las neuronas sensitivas de la piel de los dedos de una mano al tocar una superficie, hasta que llega a la zona del cerebro correspondiente.**

52 **Indica qué división del sistema nervioso autónomo realiza cada una de las siguientes acciones:**

a) Aumenta el ritmo del latido cardiaco.

b) Disminuye el peristaltismo en el tubo digestivo.

c) Aumenta la secreción de jugos intestinales.

d) Aumenta la secreción de las glándulas sudoríparas.

FORMAS DE PENSAR. Análisis científico

La sinestesia: una facultad poco común

El término sinestesia tiene su origen en la combinación de dos palabras griegas, *sin*: unión, y *estesia*: sentidos. Se define como la percepción conjunta de un estímulo por varios sentidos al mismo tiempo, o que un mismo estímulo pueda producir simultáneamente dos sensaciones distintas.

Una persona sinestésica mezcla sensaciones de tal forma que los sonidos pueden evocar sabores o los números escritos, al leerlos, pueden sugerir colores. Las personas sinestésicas perciben con frecuencia correspondencias entre tonos de color, tonos de sonidos e intensidades de los sabores de forma involuntaria. Por ejemplo, tocar una superficie suave les puede hacer sentir un sabor dulce.

La sinestesia es más frecuente en mujeres que en hombres y parece posible que sea heredable, ya que es fácil encontrar varios casos en una misma familia. Además, se ha comprobado que es muy frecuente en artistas, como personas que se dedican a la música, pintura, escritura, etc.

53 COMPRENSIÓN LECTORA. **Una persona sinestésica puede descubrir una forma oculta en una matriz de números como la de la figura antes que otras personas. ¿Qué fenómeno crees que tendría lugar?**

222222222222222222
222225555555222222
222225222222222222
222225222222222222
222225555555222222
222225222222222222
222225222222222222
222225555555222222
222222222222222222

SABER HACER | Competencia científica

Detectar el umbral de percepción de un estímulo

El umbral de percepción de un estímulo es la intensidad a la que este comienza a percibirse.

Este valor varía de una persona a otra y depende de factores como la atención que esté prestando el sujeto o la presencia de otros estímulos. Por esta razón, para determinar el umbral de percepción tenemos que controlar todos estos factores para que permanezcan constantes, cambiando únicamente la variable que nos interesa: la intensidad del estímulo.

Como ejemplo, vamos a elegir un estímulo cuya intensidad es sencilla de valorar: el **sabor salado**.

Material necesario

- 11 vasos.
- Agua.
- Sal.
- Cuchara.
- Báscula de precisión.
- Probeta.
- Pañuelo.

El experimento se hará en dos partes. En ambas se tendrán en cuenta las siguientes condiciones:

- La persona que realiza el experimento no debe estar informada de nada, evitando cualquier estímulo que pueda interferir en el experimento.
- Iremos suministrando cucharadas de los vasos y anotaremos, en cada caso, si percibe el sabor salado o no.
- Cada dos cucharadas se debe ofrecer un pequeño sorbo del vaso que tiene solo agua para aclararse bien la boca con ella.
- Podemos intercalar de vez en cuando una cucharada del vaso de agua sola; de esta forma, la persona que está realizando el experimento no distinguirá el orden y no estará influido por sus expectativas.

En la **primera parte** del experimento, el orden que se debe seguir para la administración de las cucharadas será de menor a mayor concentración de sal, es decir, empezaremos por el vaso 1, luego el 2, etc.

Por el contrario, la **segunda parte** del experimento se realizará sin ningún orden establecido.

La información aportada por la persona que realiza el experimento será anotada en una tabla de forma ordenada para facilitar su interpretación.

	1.ª parte	2.ª parte
Vaso 1		
Vaso 2		
…		

54 Observa atentamente la siguiente tabla, en la que se han anotado los resultados de las dos partes del experimento, y contesta las siguientes preguntas:

¿Se percibe salado?		
Vaso	**1.ª parte**	**2.ª parte**
1	No	No
2	No	No
3	No	No
4	No	Sí
5	Sí	Sí
6	Sí	Sí
7	Sí	Sí
8	Sí	Sí
9	—	Sí
10	—	Sí

a) ¿Por qué crees que en la primera parte del experimento no se le ha dado a probar al sujeto el agua de los vasos 9 y 10?

b) ¿Observas alguna discrepancia entre los resultados de la primera y la segunda parte del experimento?

c) ¿Qué habría que hacer para determinar dónde está realmente el umbral de percepción del sabor salado en el sujeto?

d) Si repitieras el experimento y volvieras a obtener valores diferentes entre la parte 1 y la 2, ¿qué explicación le darías?

e) ¿Qué modificación de las condiciones del experimento se podrían introducir para eliminar esas discrepancias entre la parte 1 y la 2, si continuaran repitiéndose?

55 ¿Crees que los resultados serían los mismos si el experimento se hubiera llevado a cabo sin tapar los ojos? ¿Y con 50 mL de agua en cada vaso en vez de 100? Razona las respuestas.

TRABAJO COOPERATIVO

Una tira cómica sobre la salud de los sentidos

Los medios de comunicación gráficos, como los periódicos y las revistas, así como las campañas publicitarias, recurren con frecuencia al uso de tiras gráficas para transmitir una información.

Las tiras son un tipo de cómic corto formado por entre una y cuatro viñetas. Cada viñeta está separada de otra por unos espacios en blanco denominados calles.

En el interior de las viñetas se puede recurrir tanto al dibujo como al texto, a semejanza de los cómics, en forma de diálogos entre personajes o mensajes que acompañan a las ilustraciones.

- Haced grupos de tres o cuatro personas y repartíos el trabajo.
- Imaginad que os encargan una tira cómica para una campaña sobre salud e higiene que va a salir en la prensa. Pensad en un tema que queráis transmitir relacionado con la salud de algún órgano de los sentidos en concreto.

6 La relación: el sistema endocrino y el aparato locomotor

SABER

- El sistema endocrino
- Principales glándulas endocrinas y sus hormonas
- Las enfermedades del sistema endocrino. Hábitos saludables
- El aparato locomotor
- El esqueleto
- Los huesos
- Las articulaciones
- Los músculos esqueléticos
- El funcionamiento del aparato locomotor
- Trastornos del aparato locomotor y su prevención

SABER HACER

- Elaborar e interpretar un bucle de retroalimentación negativa
- Interpretar imágenes diagnósticas. Las radiografías

3 SALUD Y BIENESTAR

Aumentar el bienestar físico y social a través del deporte, como vehículo facilitador de salud, educación e inclusión social.

? INTERPRETA LA IMAGEN

- Observa el corredor con dorsal 454 y di qué articulaciones está flexionando. ¿Qué músculos intervienen en estas flexiones?

NOS HACEMOS PREGUNTAS

¿Qué ocurre cuando corremos?

Durante el ejercicio físico intenso, como una carrera, nuestro organismo se pone a prueba: los músculos necesitan ejercer mucha fuerza; los huesos y las articulaciones deben soportar fuertes tensiones; y el sistema endocrino debe coordinar la respuesta de los órganos a esta situación de estrés. Nuestro cuerpo consigue esta hazaña con naturalidad y se recupera rápidamente de ella.

OPINA. ¿Qué ejercicio físico te gusta practicar? Describe cuál es su principal atractivo para ti y explica algún detalle interesante de su técnica.

Los músculos se contraen y se relajan de forma coordinada para producir el movimiento. Las articulaciones permiten la amplitud de movimiento de los huesos largos, como el fémur en el muslo y el húmero del brazo.

Antes de hacer cualquier ejercicio físico, para evitar lesiones es muy importante realizar ejercicios de estiramiento muscular y movilizar las articulaciones con suavidad.

CLAVES PARA EMPEZAR

- ¿Has oído hablar de la insulina? ¿Conoces cuál es su relación con la glucosa?
- ¿Sabes por qué los huesos son tan duros? ¿Recuerdas algún ejemplo de un hueso largo? ¿Y de un hueso plano?
- ¿Conoces qué órganos trabajan juntos para producir los movimientos?

CLAVES PARA ESTUDIAR

- Conocer los elementos del sistema endocrino.
- Comprender la relación entre el sistema endocrino y el sistema nervioso.
- Identificar los mecanismos del control hormonal.

1 El sistema endocrino

El **sistema endocrino** está formado por **glándulas endocrinas** que producen sustancias químicas llamadas **hormonas**.

Las hormonas son «mensajeros químicos» que activan o detienen, aceleran o retrasan muchos procesos de los órganos y tejidos. Regulan funciones como el metabolismo, el crecimiento, el equilibrio de iones y agua, el desarrollo, la reproducción y el comportamiento.

El proceso que se lleva a cabo es el siguiente:

- Las glándulas endocrinas reciben estímulos y responden produciendo hormonas.
- Las hormonas pasan a la sangre y son transportadas a todas las células del organismo. Pero solo actúan en las células que tienen **receptores** específicos para esa hormona, las **células diana**.
- Su acción comienza cuando se unen a un receptor, con el que encaja como una llave en su cerradura, y al que transmite información que en el interior de la célula se traduce en reacciones químicas que desencadenan una **respuesta**.

INTERPRETA LA IMAGEN

1 ¿Cómo se representa en la imagen la especificidad entre los receptores de las células diana y las hormonas?

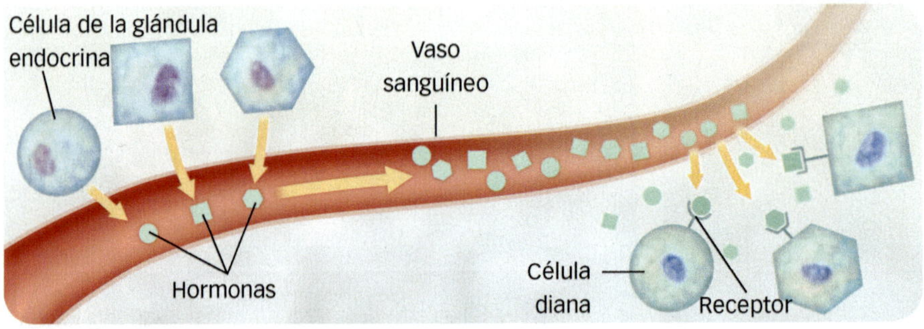

Cada hormona tiene una función determinada y actúa en cantidades muy pequeñas. Una vez ejercida su función, se elimina con rapidez. El sistema nervioso y el endocrino colaboran en el control y la coordinación de las funciones hormonales.

Relación entre los sistemas nervioso y endocrino

El **hipotálamo** es el principal centro de integración entre los dos sistemas. Tiene una función endocrina y, además, una función nerviosa. Está localizado en la parte superior del tronco encefálico y recibe señales procedentes de numerosas zonas del sistema nervioso.

Estas señales ordenan al hipotálamo que produzca otras señales nerviosas y ciertas hormonas, los **factores liberadores** y **factores inhibidores**, que actúan sobre la **hipófisis** y controlan la liberación de hormonas. Esta glándula se localiza debajo del hipotálamo unida a él.

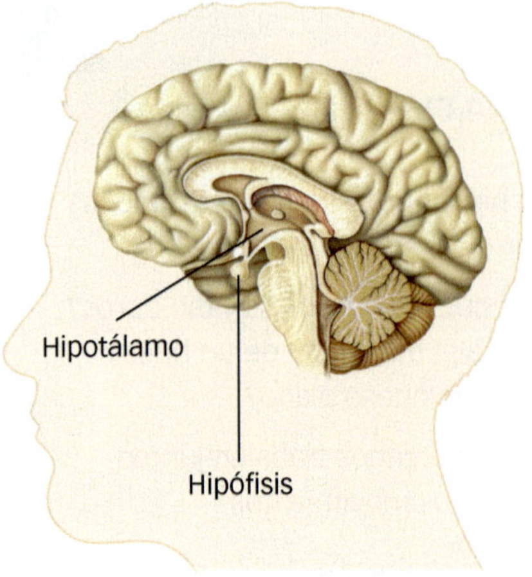

Las hormonas de la hipófisis se liberan a la sangre y actúan sobre otras glándulas endocrinas. Estas producen a su vez hormonas que actúan sobre órganos y tejidos. A diferencia del sistema nervioso, que responde con rapidez a los estímulos, algunas hormonas tardan meses en ejercer su efecto, mientras que otras tardan minutos.

El control de la secreción de hormonas

Muchos sistemas de control de la secreción de hormonas funcionan por mecanismos de **retroalimentación negativa**. Estos mecanismos se parecen al funcionamiento de un termostato en el que, cuando se alcanza una temperatura establecida, el termostato envía una señal y la calefacción se apaga.

Los mecanismos de retroalimentación en el sistema endocrino actúan de manera que, cuando una hormona o producto alcanza en sangre una cantidad determinada, esta señal detiene la liberación de esa hormona.

SABER HACER

Elaborar e interpretar un bucle de retroalimentación negativa

Para interpretar un esquema de este tipo, hay que identificar cada uno de los elementos representados y las relaciones que los unen:

- Un estímulo envía una señal nerviosa al hipotálamo. Este libera la hormona 1 como respuesta, por ejemplo, un factor liberador.
- La hormona 1 llega a la hipófisis y activa la liberación de la hormona 2 a la sangre.
- La hormona 2 estimula el primer órgano diana, por ejemplo, otra glándula endocrina.
- Esta glándula libera la hormona 3, que llega a las células diana de los tejidos.
- Cuando los niveles de la hormona 3 en sangre son altos, se inhibe la producción de hormonas de la hipófisis y del hipotálamo y se deja, por tanto, de segregar la hormona 3.

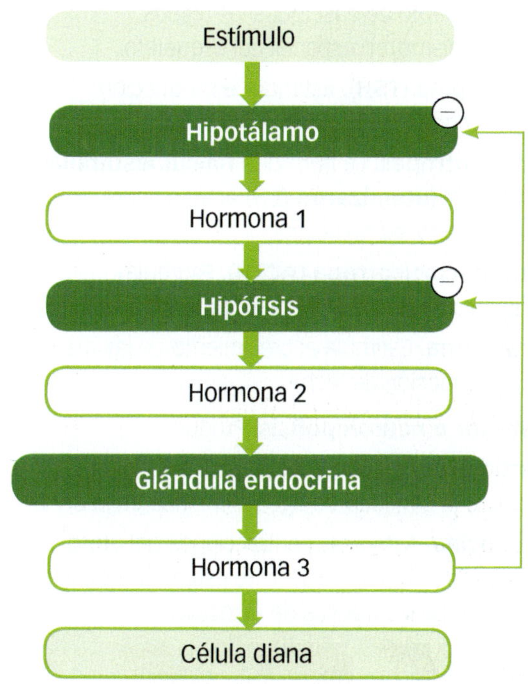

ACTIVIDADES

2 Identifica cada elemento que participa en el siguiente proceso y dibuja el bucle de retroalimentación negativa:

- El estrés estimula el hipotálamo, que produce CRF, un factor liberador de una hormona de la hipófisis llamada ACTH.
- La ACTH actúa sobre la corteza suprarrenal, una glándula endocrina, produciendo cortisol. Esta hormona desencadena un conjunto de efectos metabólicos para afrontar el estrés.
- Cuando la cantidad de cortisol en sangre es elevada, se inhibe la producción de hormonas de la hipófisis y el hipotálamo.

ACTIVIDADES

3 Indica cuáles son las características principales de las hormonas.

4 ¿Por qué las hormonas solo actúan sobre las células diana y no sobre otras células del cuerpo?

5 ¿Qué relación existe entre el hipotálamo y la hipófisis?

CLAVES PARA ESTUDIAR

- Conocer las glándulas endocrinas, sus hormonas y su función.

2 Principales glándulas endocrinas y sus hormonas

Las glándulas que forman el sistema endocrino se distribuyen por todo el organismo y no están conectadas entre sí.

Hipófisis. Está formada por dos lóbulos.

- **Anterior o adenohipófisis.** Segrega:
  - **Hormona del crecimiento.** Estimula el crecimiento de casi todos los tejidos del organismo, en especial del esqueleto.
  - **Tirotropina (TSH).** Estimula la producción de hormonas del tiroides.
  - **Gonadotropas.** La hormona **foliculoestimulante (FSH)** y la **luteinizante (LH)** actúan sobre los ovarios y los testículos.
  - **Adrenocorticotropa (ACTH).** Estimula la secreción de las glándulas suprarrenales.
  - **Prolactina.** Estimula el crecimiento de las mamas y la producción de leche.
- **Posterior o neurohipófisis.** Produce:
  - **Antidiurética (ADH).** Actúa sobre los riñones. Reduce la cantidad de agua eliminada en la orina.
  - **Oxitocina.** Activa las contracciones del útero en el parto. Tras el nacimiento estimula la expulsión de leche de las mamas de la madre.

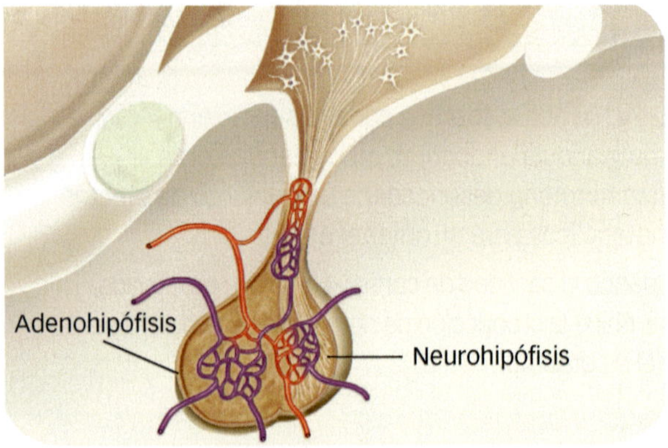

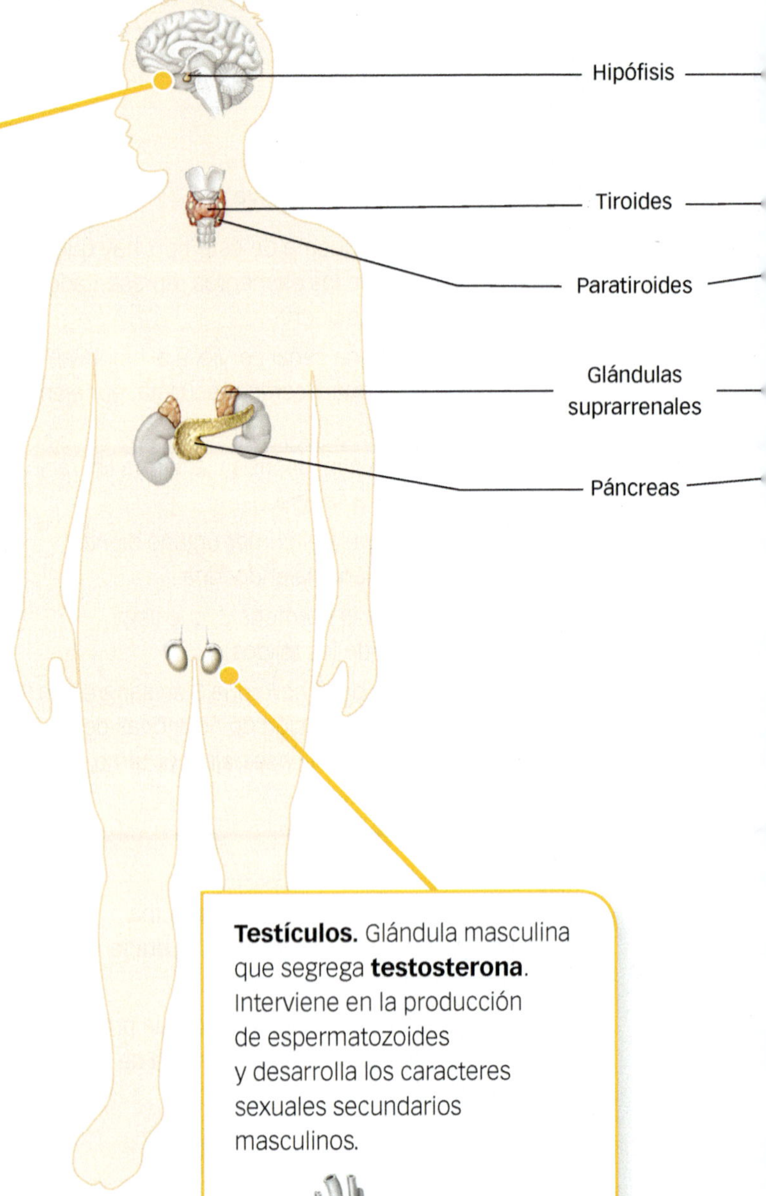

Testículos. Glándula masculina que segrega **testosterona**. Interviene en la producción de espermatozoides y desarrolla los caracteres sexuales secundarios masculinos.

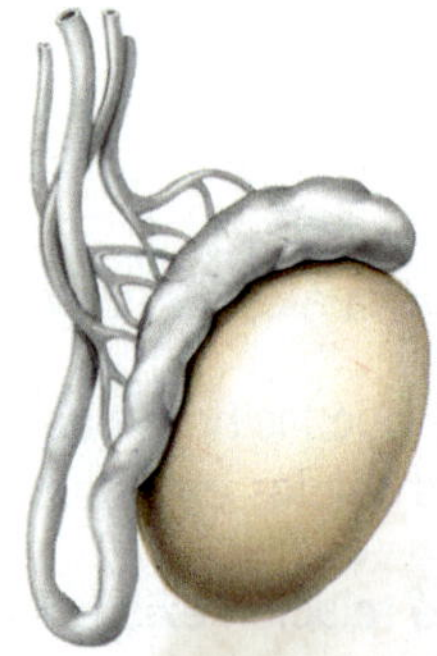

INTERPRETA LA IMAGEN

6 Localiza las glándulas endocrinas que son pares.

7 USA LAS TIC. El síndrome de Cushing es un trastorno producido por el exceso de una hormona suprarrenal. Investiga de qué hormona se trata y localiza en el dibujo la zona donde se produce.

Tiroides. Tiene dos lóbulos y está situada en el cuello delante de la tráquea. Segrega las hormonas:

- **T3 (triyodotironina)** y **T4 (tiroxina).** Aumentan las actividades metabólicas celulares de casi todos los tejidos del organismo, el consumo de oxígeno, la síntesis de proteínas y el uso de glucosa, y regulan el crecimiento.
- **Calcitonina.** Favorece el depósito de calcio en los huesos, disminuyendo su concentración en la sangre.

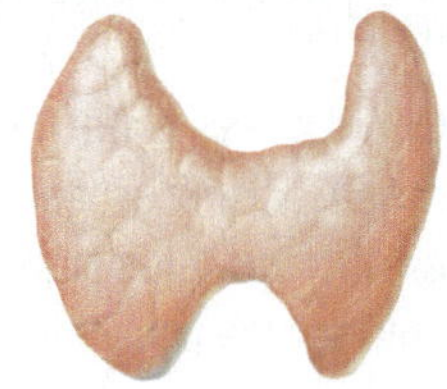

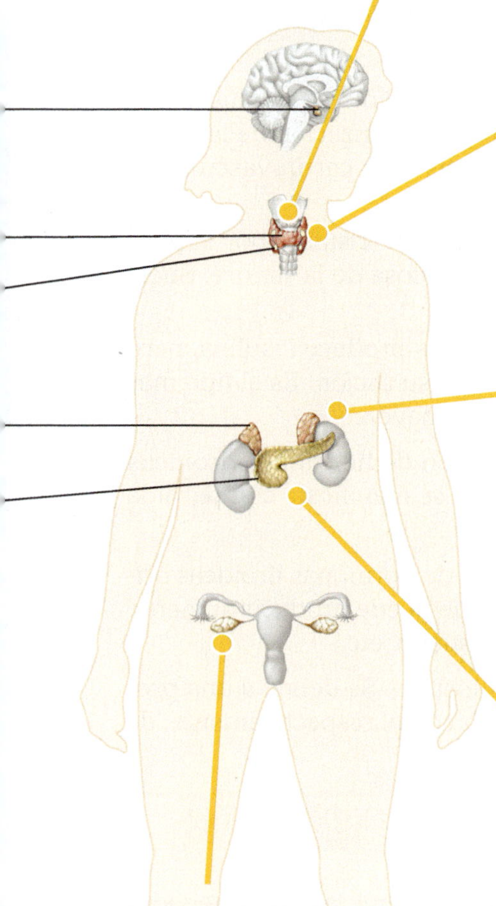

Paratiroides. Son cuatro glándulas pequeñas situadas en la parte posterior de la tiroides. Producen la **hormona paratiroidea**, que eleva la cantidad de calcio en la sangre al estimular su liberación de los huesos.

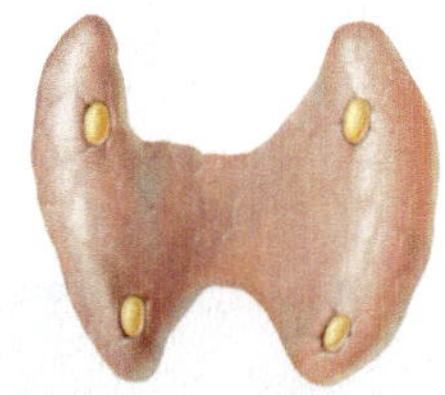

Glándulas suprarrenales. Son dos y están sobre los riñones. En cada una hay dos zonas:

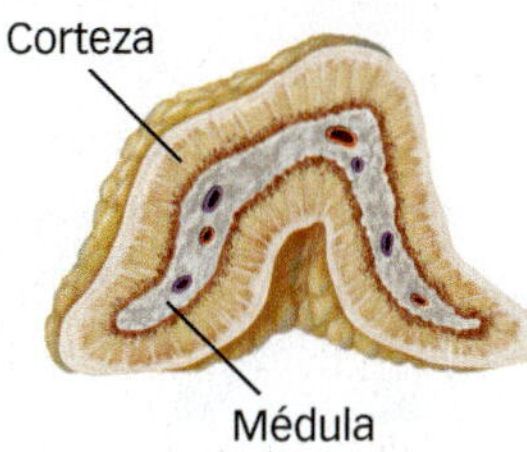

- **Corteza.** Segrega **cortisol**, que promueve la síntesis de glucosa y la degradación de las grasas y proteínas. Aumenta en situaciones de estrés, como una infección o un traumatismo.
- **Médula.** Segrega **adrenalina**, que refuerza la acción del sistema nervioso autónomo para una respuesta inmediata al estrés. Produce un aumento del ritmo cardiaco y respiratorio, y favorece la actividad muscular intensa.

Páncreas. Tiene forma alargada y plana, y está detrás del estómago. Produce dos hormonas que controlan la cantidad de glucosa en la sangre:

- **Insulina.** Reduce la cantidad de glucosa en la sangre al facilitar su entrada en las células para ser almacenada o utilizada como energía por todos los tejidos, sobre todo el hígado y los músculos.
- **Glucagón.** Aumenta la cantidad de glucosa en la sangre al favorecer la transformación del glucógeno de las células en glucosa que pasa a la sangre.

Ovarios. Glándula femenina que segrega **estrógenos** como el **estradiol**, que desarrolla los caracteres sexuales secundarios femeninos, y **progesterona**, que prepara el útero para la gestación.

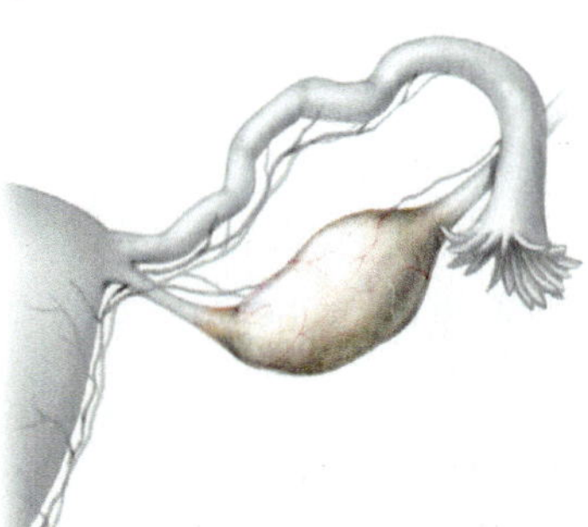

ACTIVIDADES

8. ¿Qué hormona favorece el depósito de calcio en los huesos? ¿Cuál es la glándula endocrina que la produce?

9. Si la cantidad de glucosa que hay en la sangre aumenta, ¿qué hormona se produciría? ¿Cómo actuaría esta hormona?

10. ¿Qué hormona prepara las mamas y estimula la producción de leche y cuál estimula su secreción?

CLAVES PARA ESTUDIAR

- Conocer las enfermedades más frecuentes del sistema endocrino y los hábitos saludables para evitarlas.
- Diferenciar los sistemas que forman el aparato locomotor.

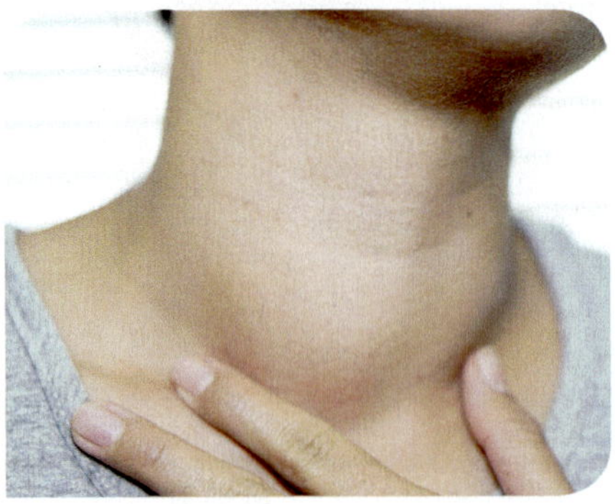

El bocio es un aumento del tamaño de la glándula tiroides. Puede deberse a hipotiroidismo o a hipertiroidismo.

SABER MÁS

Los anabolizantes y el deporte

En la práctica deportiva se utilizan con cierta frecuencia **esteroides anabolizantes** para aumentar en poco tiempo la masa muscular y la capacidad de almacenar energía.

Sin embargo, el cuerpo humano no tiene la capacidad de procesar grandes cantidades de estas sustancias, similares a la testosterona y a la hormona del crecimiento. Así, aparecen efectos secundarios que afectan a diferentes órganos y alteraciones de la función reproductora y del comportamiento.

► Busca la definición de *sustancia anabolizante*.

3 Las enfermedades del sistema endocrino. Hábitos saludables

Muchos trastornos del sistema endocrino se deben a la secreción inadecuada de una hormona. Cuando la producción hormonal de una glándula endocrina es insuficiente, hablamos de **hipofunción**, y si la actividad es excesiva, de **hiperfunción**. Otras veces, los trastornos se deben a alteraciones en los receptores.

- **Diabetes mellitus.** Se caracteriza por un aumento de la glucosa en sangre. Esta enfermedad impide la correcta cicatrización de las heridas, favorece las infecciones y afecta al sistema cardiovascular, al riñón y a la retina. Existen dos tipos:
  - **Diabetes tipo I.** El déficit de producción de insulina por el páncreas impide que las células utilicen la glucosa de la sangre. Suele afectar a personas jóvenes.
  - **Diabetes tipo II.** En este caso, el páncreas produce insulina, pero las células del organismo no responden a su acción. Es el tipo más frecuente y suele afectar a personas más mayores.
- **Hipertiroidismo.** El exceso de producción de hormonas tiroideas provoca un aumento del metabolismo que se manifiesta con pérdida de peso, nerviosismo, insomnio, etc.
- **Hipotiroidismo.** El déficit de producción de hormonas tiroideas origina una disminución del metabolismo, que puede producir aumento de peso, cansancio, frío, alteraciones del sueño, etc.
- **Enanismo** y **gigantismo** de origen endocrino. Se deben a una producción deficiente o a un exceso de producción, respectivamente, de la hormona del crecimiento por la hipófisis.

Hábitos saludables

Algunos hábitos y actitudes son útiles para prevenir las enfermedades endocrinas:

- Seguir una dieta equilibrada. Esto previene enfermedades, como la diabetes tipo II que está relacionada con trastornos como la obesidad, y enfermedades provocadas por el déficit de algunos nutrientes, como los casos de hipotiroidismo debidos a una falta de yodo.
- Practicar deporte de forma regular y moderada evita factores de riesgo como la obesidad.
- Ser responsable ante el consumo de sustancias dopantes.

ACTIVIDADES

11. ¿A qué se debe el hipotiroidismo? ¿Qué déficit de un nutriente puede provocarlo?

12. Si padecemos una enfermedad del páncreas que provoca su hipofunción, ¿qué tipo de enfermedad endocrina podría producir?

4 El aparato locomotor

El **aparato locomotor** o **sistema musculoesquelético** permite el movimiento de nuestro cuerpo. Está formado por el **sistema esquelético** y el **sistema muscular** y ejecuta las respuestas motoras elaboradas por el sistema nervioso:

- El sistema esquelético está constituido por los **huesos**, las **articulaciones** y los **ligamentos**, que son fibras resistentes de tejido conjuntivo que unen los huesos entre sí. Además de participar en el movimiento, el sistema esquelético tiene otras funciones como:
  - Dar forma y soporte al cuerpo.
  - Proteger los órganos internos.
  - Almacenar calcio y fósforo.
  - Producir células sanguíneas en la médula ósea.
- El sistema muscular está formado por los **músculos esqueléticos**. Los músculos se fijan a los huesos a través de los **tendones**, que son cordones fibrosos de tejido conjuntivo.

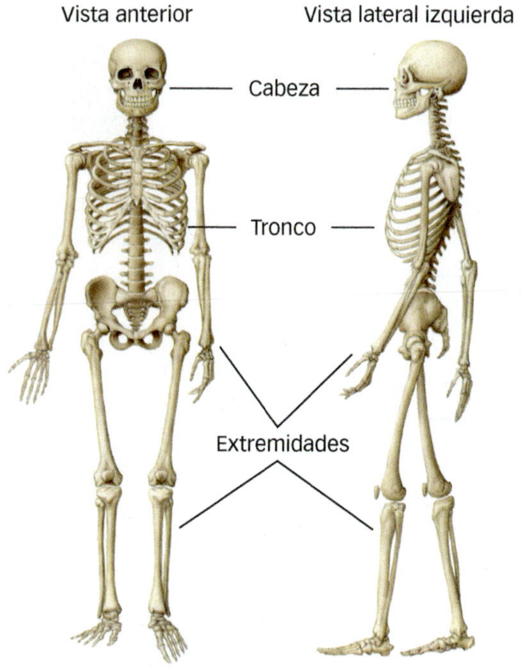

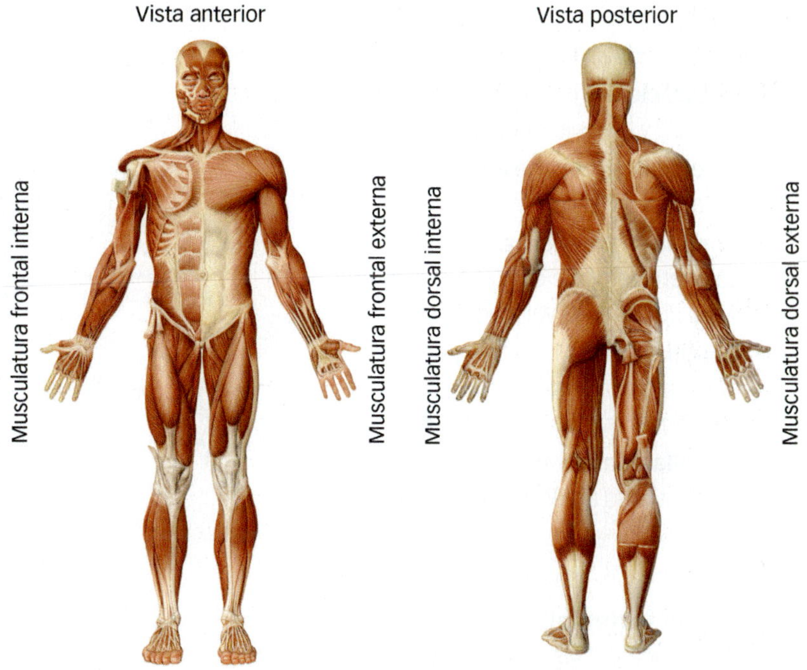

El aparato locomotor actúa como un **sistema de palancas** en el que, para originar los movimientos y desplazamientos del cuerpo, el componente activo, los músculos, ejerce fuerzas sobre el pasivo, los huesos.

Al recibir señales del sistema nervioso, los músculos se contraen y ejercen fuerza en los tendones que tiran de los huesos o de otras estructuras como la piel, originando el movimiento.

También ayuda a mantener la postura del cuerpo mediante una contracción sostenida involuntaria de los músculos, el **tono muscular**, que los mantiene firmes.

ACTIVIDADES

13 ¿Cuál es el componente activo del aparato locomotor? ¿Cuál es el pasivo?

14 Señala las principales funciones del aparato locomotor.

CLAVES PARA ESTUDIAR

- Reconocer los huesos del esqueleto humano.

5 El esqueleto

El esqueleto humano adulto está formado por unos 206 huesos. Para estudiarlo se puede dividir en **esqueleto axial** y **apendicular**.

El esqueleto axial

Es la parte del esqueleto que se encuentra en el eje del cuerpo. Lo forman el cráneo, los huesos de la cara, la caja torácica y la columna vertebral.

Cráneo. Protege el encéfalo y está formado por:

- **Frontal.** Constituye la base ósea de la frente (1).
- **Parietales.** Sirven de sostén a las meninges (2).
- **Temporales.** Conforman los conductos auditivos (3).
- **Occipital.** Tiene un orificio por donde pasa la médula espinal (4).

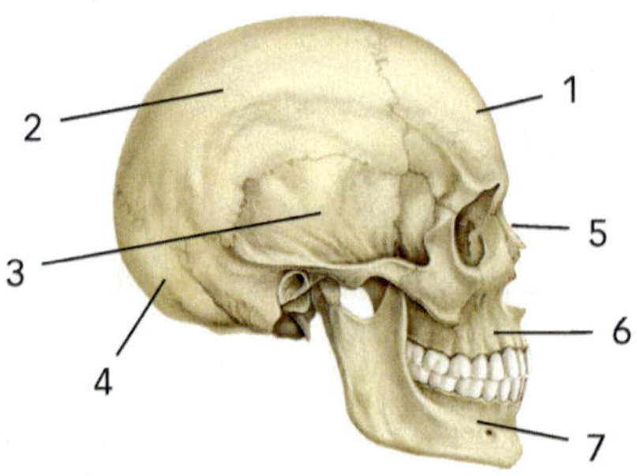

Huesos de la cara. Protegen los órganos de los sentidos. Algunos son:

- **Nasales.** Constituyen la parte superior de la nariz (5).
- **Maxilar superior.** Contiene alveolos dentarios (6).
- **Maxilar inferior o mandíbula.** Contiene alveolos dentarios. Es el más resistente de los huesos faciales (7).

Caja torácica. Protege grandes vasos y órganos como el corazón y los pulmones. Está formada por:

- **Esternón.** Es la parte anterior de la caja torácica (1).
- **Costillas verdaderas.** Son siete. Se unen mediante cartílago al esternón y por detrás a las vértebras dorsales (2).
- **Costillas falsas.** Son tres y se unen mediante cartílago entre sí y con las últimas costillas verdaderas (3).
- **Costillas flotantes.** Son dos y su extremo anterior está libre (4).

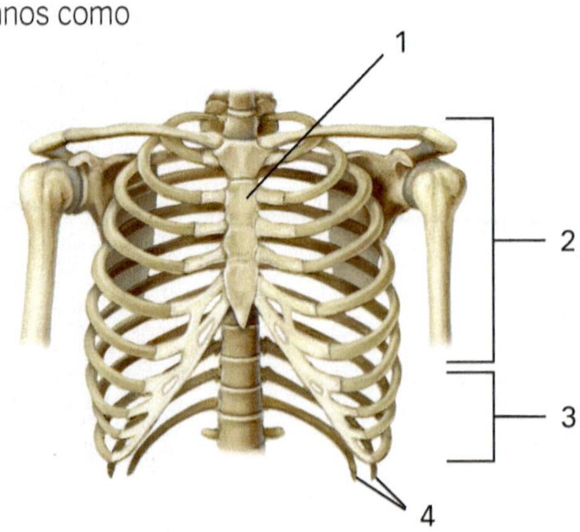

Columna vertebral. Protege la médula espinal. Está formada por las vértebras. Se diferencian cinco regiones:

- **Cervical.** Siete vértebras que forman el cuello (1).
- **Dorsal.** Doce vértebras articuladas con las costillas (2).
- **Lumbar.** Cinco vértebras que corresponden a la zona inferior de la espalda (3).
- **Sacra.** Cinco vértebras soldadas que forman el hueso sacro (4).
- **Coxígea.** Cuatro o cinco vértebras unidas que forman el hueso cóccix (5).

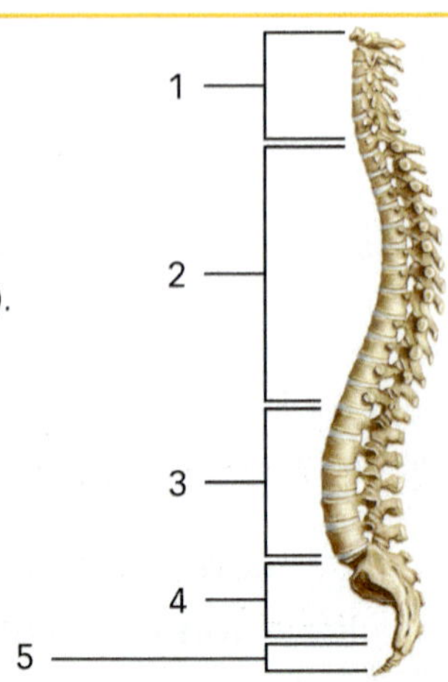

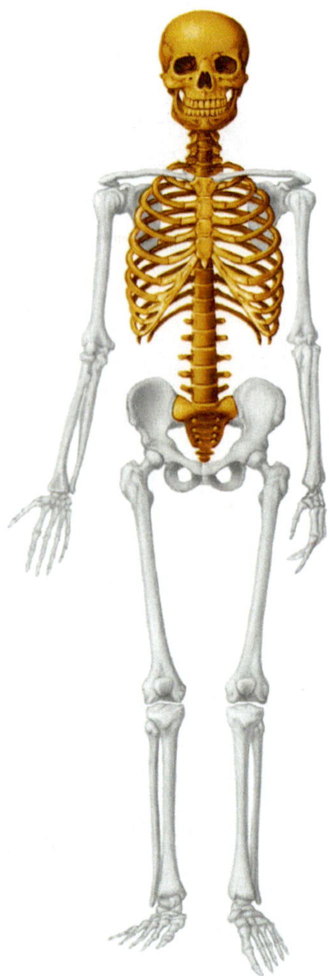

Vista anterior

El esqueleto apendicular

Está formado por los huesos de las extremidades superiores e inferiores y las cinturas escapular y pélvica que los unen al esqueleto axial.

Cintura escapular. Une los huesos de la extremidad superior con el esqueleto axial.

Está formada por:

- **Clavícula.** Es un hueso delgado en forma de S. Tiene posición horizontal y se articula con el esternón y el omoplato (1).
- **Omoplato o escápula.** Es un hueso plano y triangular grande. Se articula con la clavícula y el húmero (2).

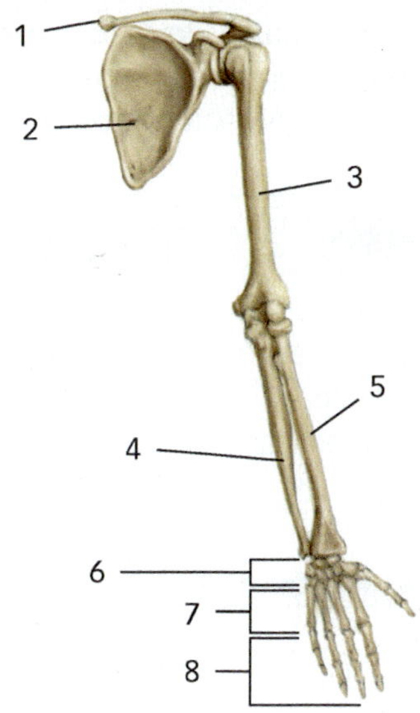

Extremidad superior. Está formada por:

- **Húmero.** Es el hueso del brazo y se articula con la cintura escapular. Es el más ancho y largo de la extremidad superior (3).
- **Cúbito.** Está en la parte interna del antebrazo. Forma la prominencia del codo (4).
- **Radio.** Está en la parte externa (la del pulgar) del antebrazo. Es paralelo al cúbito (5).
- **Carpo.** Constituido por ocho huesos dispuestos en dos filas. Forma la muñeca (6).
- **Metacarpo.** Forma la palma de la mano. Hay un metacarpiano por cada dedo (7).
- **Falanges.** Forman los dedos. Cada dedo tiene tres falanges, excepto el pulgar que tiene dos (8).

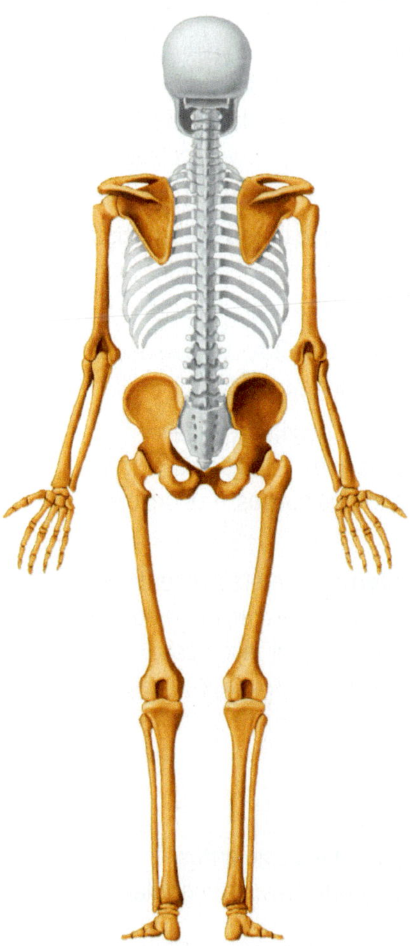

Vista posterior

Cintura pélvica. Tiene forma de anillo y une las extremidades inferiores al esqueleto axial.

La componen dos huesos coxales unidos. Cada coxal está formado por tres huesos soldados:

- **Ilion.** Es el mayor, está soldado al sacro y forma la cadera (1).
- **Pubis.** Está en la parte anterior y cierra la cavidad pélvica por delante (2).
- **Isquion.** Está en la parte inferior y posterior. Sirve de apoyo al sentarse (3).

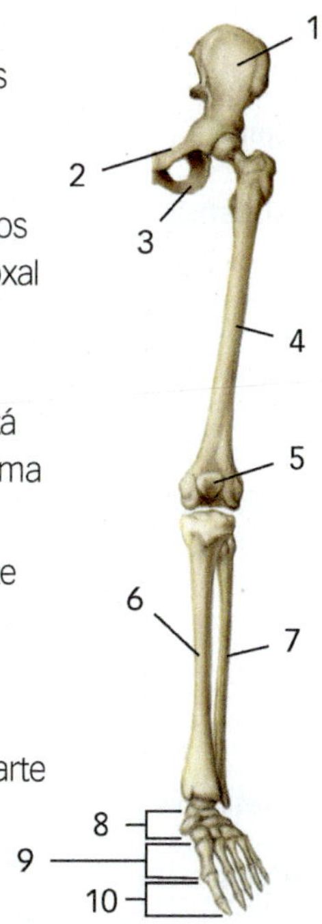

Extremidad inferior. Sus huesos son:

- **Fémur.** Es el hueso del muslo y se articula con la cintura pélvica. Es el más largo, pesado y resistente del cuerpo (4).
- **Rótula.** Es un pequeño hueso triangular en la cara anterior de la rodilla (5).
- **Tibia.** Es el hueso más grande de la pierna y se localiza en la parte interna (6).
- **Peroné.** Está en la pierna y es un hueso delgado paralelo a la tibia (7).
- **Tarso.** Se compone de siete huesos que forman la parte posterior del pie (8).
- **Metatarso.** Forma la zona media del pie. Hay un hueso metatarsiano por cada dedo (9).
- **Falanges.** Son los huesos de los dedos. Hay tres falanges por cada dedo, excepto el primer dedo que tiene dos (10).

ACTIVIDADES

15 ¿En qué se diferencia la cintura escapular de la cintura pélvica?

16 ¿A qué huesos se unen las costillas? ¿De qué estructura forman parte y cuál es su función?

CLAVES PARA ESTUDIAR

- Conocer las partes y los tipos de huesos.
- Identificar los elementos y tipos de articulaciones.

6 Los huesos

Los **huesos** son órganos vivos de consistencia dura. Están formados principalmente por sales de calcio y fósforo, y una sustancia fibrosa llamada **colágeno**. Según su forma, se pueden clasificar en huesos planos, huesos cortos y huesos largos.

Cortos	Largos	Planos
Su forma es cúbica o redondeada, como las vértebras o los huesos del carpo. 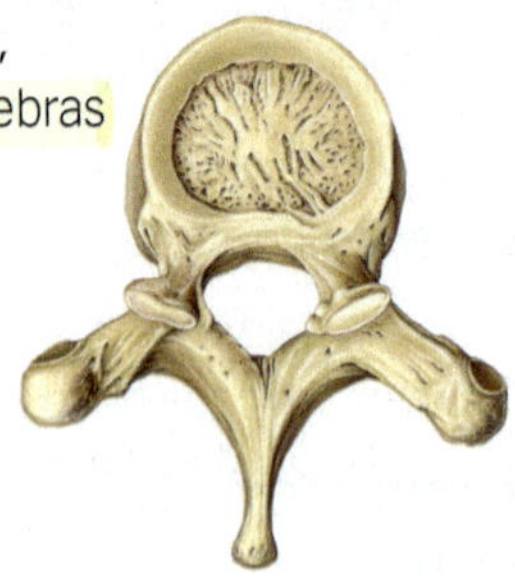	Tienen forma alargada y cilíndrica. Su función es proporcionar sostén y permitir el movimiento. Los huesos de las extremidades son huesos largos. 	Presentan forma de placas, curvas o planas como el omoplato. Suelen tener una función protectora, como en el caso de los huesos del cráneo. 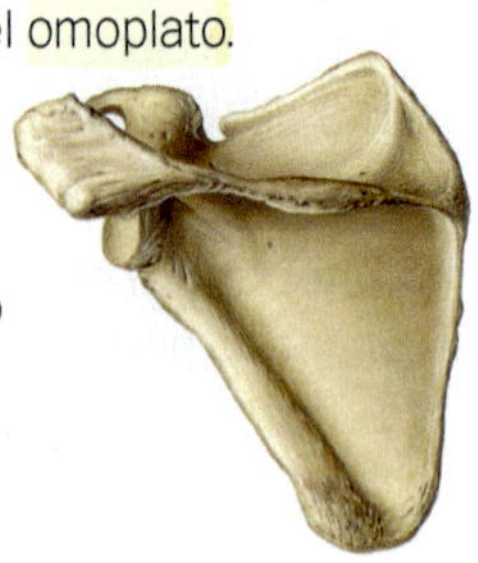

Partes y tejidos de un hueso largo

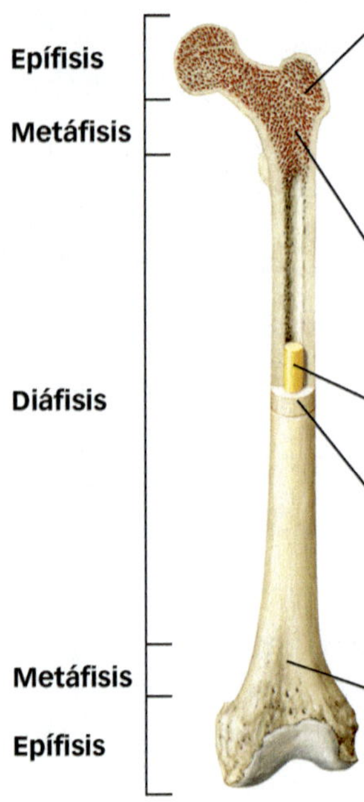

Tejido óseo esponjoso. Constituido por láminas duras que forman tabiques que rodean pequeños espacios. Se localiza en las epífisis de los huesos largos y en el interior de la mayoría de los otros huesos.

Médula ósea roja. Tejido que ocupa los espacios que delimita el tejido óseo esponjoso. Su función es producir células sanguíneas.

Médula ósea amarilla. Tejido adiposo que ocupa la cavidad medular de la diáfisis.

Tejido óseo compacto. Constituye la mayor parte de la diáfisis de los huesos largos, así como la parte externa de todos los huesos. Proporciona rigidez al hueso.

Cartílago de crecimiento. La metáfisis contiene una zona de cartílago por donde crecen los huesos que después es reemplazada por tejido óseo.

? INTERPRETA LA IMAGEN

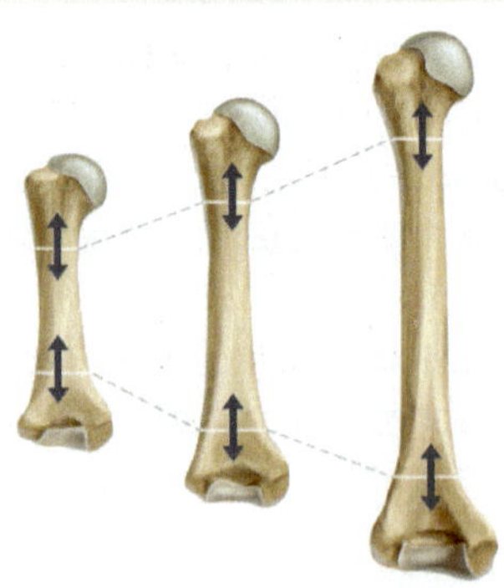

17 Los huesos crecen en longitud hasta la edad adulta controlados por hormonas. ¿En qué parte del hueso se localiza la zona de crecimiento y qué tejido la forma?

ACTIVIDADES

18 Indica a qué tipo corresponden según su forma los siguientes huesos: cúbito, tibia y frontal. ¿En cuáles hay una cavidad medular?

19 Describe los dos tipos de tejido óseo que hay en los huesos largos.

7 Las articulaciones

Las **articulaciones** son las estructuras de unión entre dos huesos. Según su movilidad, se distinguen diferentes tipos de articulaciones: **móviles**, **semimóviles** e **inmóviles**. En cada una de ellas, los elementos que las componen varían según la complejidad de su función.

Las articulaciones **móviles** permiten una gran variedad de movimientos. La mayoría de las articulaciones de las extremidades son articulaciones móviles, como, por ejemplo, la **rodilla**.

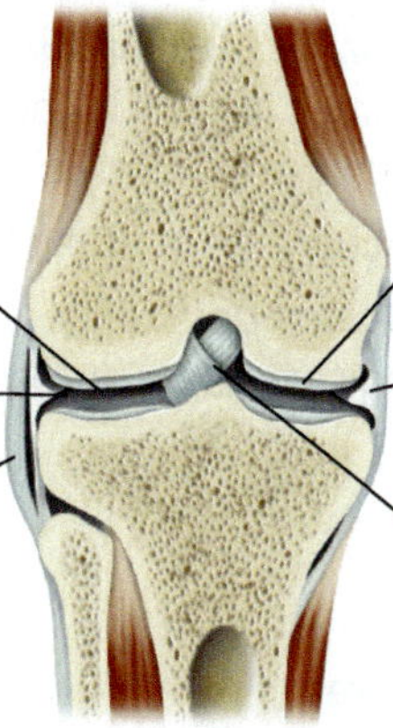

En las articulaciones **semimóviles**, además de los huesos, intervienen cartílagos y ligamentos que limitan su movilidad. Esto es lo que ocurre entre los cuerpos de las **vértebras**.

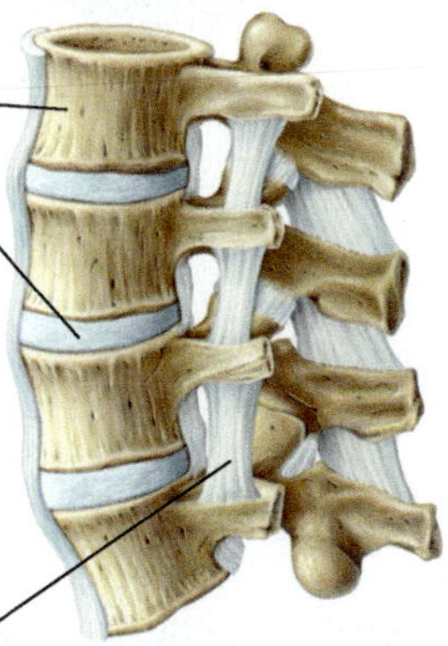

En las articulaciones **inmóviles**, llamadas también **suturas**, los únicos elementos que intervienen son los propios huesos, que no pueden moverse uno respecto al otro.

Su unión es muy sólida porque sus bordes están juntos y encajan como las piezas de un puzle. Es lo que sucede entre los huesos del **cráneo**.

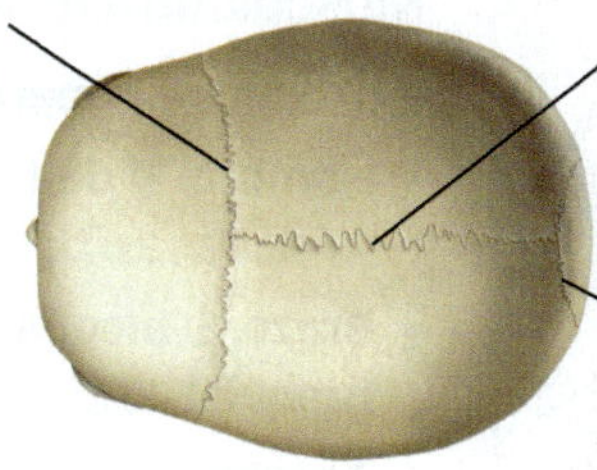

ACTIVIDADES

20 Describe los elementos de una articulación móvil. ¿En qué se diferencia de las articulaciones inmóviles?

21 ¿Qué tipo de articulaciones son el codo y el hombro? Justifica tu respuesta e indica los huesos que las forman.

CLAVES PARA ESTUDIAR

- Conocer algunos músculos del cuerpo.
- Comprender la estructura y los tipos de músculos esqueléticos.

8 Los músculos esqueléticos

El sistema muscular está formado por los músculos esqueléticos que se unen a los huesos mediante tendones y se localizan por todo el cuerpo. Se pueden distinguir diferentes regiones musculares.

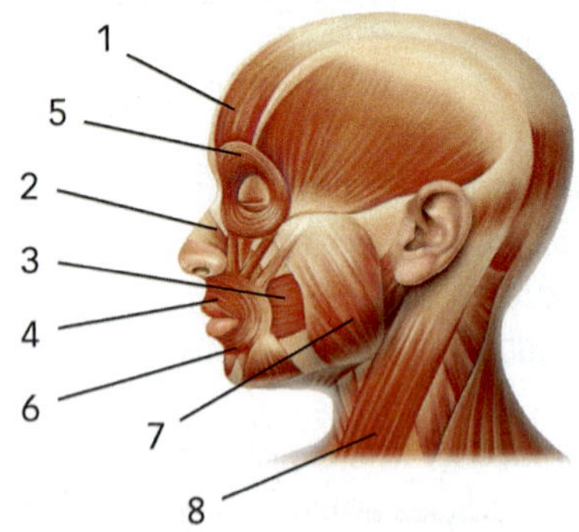

Músculos de la cabeza y el cuello

- **Músculos de la mímica.** Son los músculos de la expresión de la cara. El **frontal** (1) levanta las cejas y arruga la frente, los **nasales** (2) arrugan la nariz, los **buccinadores** (3) hinchan los carrillos, los **risorios** (4) estiran los labios y los **orbiculares de los párpados** (5) y **de los labios** (6) abren y cierran los ojos y la boca.
- **Músculos de la masticación**, como el **masetero** (7).
- **Músculos del cuello.** Los músculos **esternocleidomastoideos** (8) giran la cabeza hacia los lados y hacia delante.

Musculatura del tronco

- **Anteriores.** Entre ellos están los **pectorales mayores** (1), que mueven los brazos, y los **rectos mayores del abdomen** (2), que intervienen en la flexión del tronco.
- **Posteriores.** Algunos de ellos son los **trapecios** (3), que elevan el hombro, y los **dorsales anchos** (4), que participan en el movimiento de los brazos.
- **Diafragma.** Es un músculo situado entre la cavidad torácica y la abdominal que interviene en la respiración.

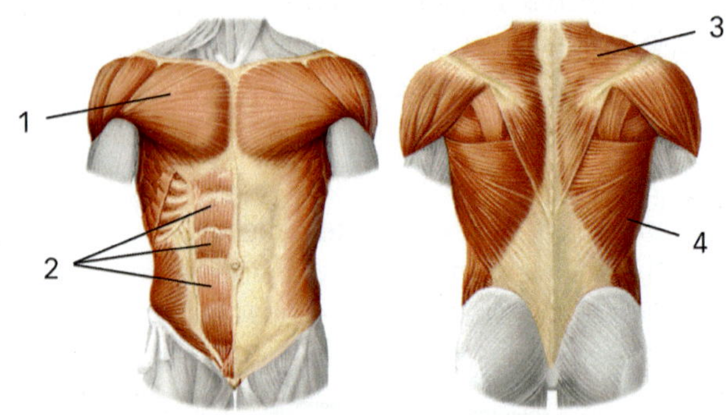

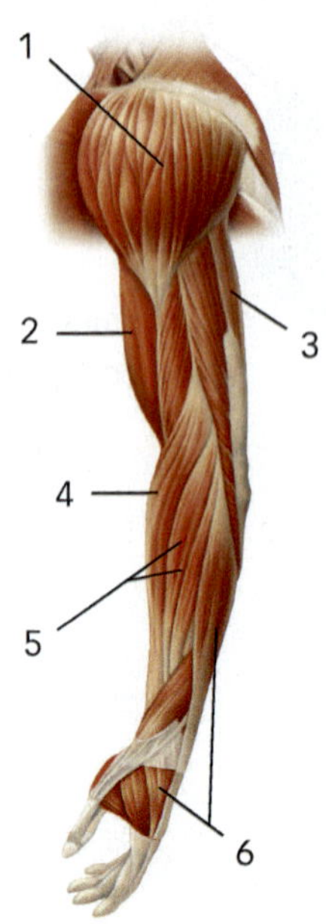

Musculatura de las extremidades

Extremidad superior:

- **Hombro.** El **deltoides** (1) eleva el brazo y lo desplaza hacia delante y hacia atrás.
- **Brazo.** El **bíceps braquial** (2) flexiona el antebrazo y el **tríceps braquial** (3) lo extiende.
- **Antebrazo.** Los músculos del antebrazo realizan movimientos como girar la mano (4), extender (5) o flexionar la mano sobre el antebrazo y extender o flexionar (6) los dedos.

Extremidad inferior:

- **Pelvis.** Los **glúteos** (7) mantienen la posición erecta del cuerpo. Otros músculos de la pelvis elevan el muslo.
- **Muslo.** El **cuádriceps crural** (8) extiende la pierna y el **bíceps crural** (9) la flexiona.
- **Pierna.** Los músculos de la pierna realizan movimientos como extender (10) o flexionar (11) el pie, extender o flexionar (12) los dedos.

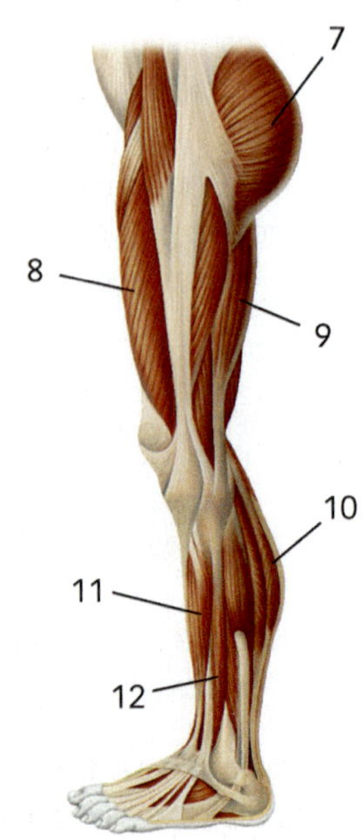

Organización de un músculo esquelético y sus envolturas

Los músculos esqueléticos están formados por **tejido muscular estriado** y responden a los estímulos de forma voluntaria. Cada músculo esquelético es un órgano independiente y está formado por agrupaciones de **haces** o **fascículos** de **fibras musculares**. Las fibras tienen un trayecto paralelo en cada fascículo.

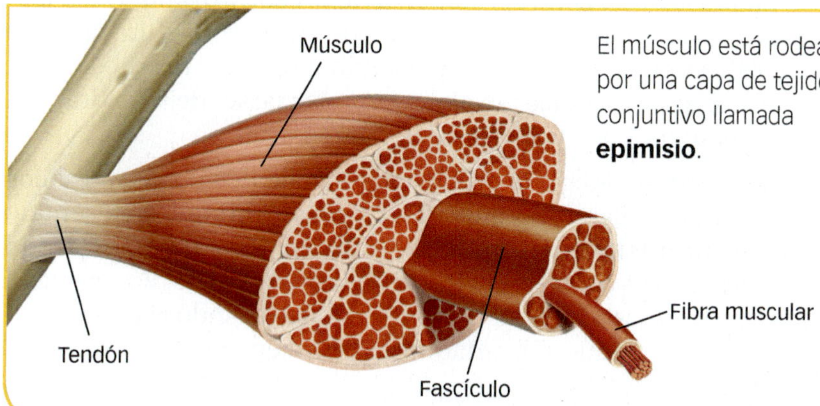

El músculo está rodeado por una capa de tejido conjuntivo llamada **epimisio**.

Cada fascículo muscular está formado por fibras musculares agrupadas por una envoltura de tejido conjuntivo fibroso que se llama **perimisio**.

Las fibras musculares son cada una de las células alargadas que forman el tejido muscular y que están envueltas por tejido conjuntivo fibroso, el **endomisio**.

Las envolturas conjuntivas que forman parte de cada músculo convergen en los extremos y se transforman en los **tendones**, que unen los músculos a los huesos. La fuerza de los músculos depende del número total de fibras que contienen.

? INTERPRETA LA IMAGEN

22 Describe cómo se organiza el tejido muscular en los músculos esqueléticos.

Tipos de músculos

Los músculos se pueden clasificar atendiendo a distintos criterios, como el tamaño, la función, la forma, etc. Por ejemplo, según la disposición de los fascículos en relación con los tendones, los músculos pueden ser, por ejemplo, triangulares, fusiformes u orbiculares.

Triangulares

Tienen aspecto triangular. Cubren una zona amplia y convergen en un tendón central. Un ejemplo es el músculo pectoral mayor.

Fusiformes

Tienen forma de huso, anchos en el centro y estrechos en sus extremos. Cuando en un extremo hay más de un tendón, el músculo se denomina bíceps, tríceps o cuádriceps. El músculo bíceps del brazo es un ejemplo de músculo fusiforme con dos tendones en uno de sus extremos.

Orbiculares

Los fascículos se disponen de forma circular rodeando un orificio o abertura. Por ejemplo, los músculos orbiculares de los párpados.

ACTIVIDADES

23 Indica qué músculos participarían en la expresión de la cara de una persona que está enfadada.

CLAVES PARA ESTUDIAR

- Saber cómo actúan los músculos y diferenciar los tipos de palancas en los que se basan los movimientos.
- Conocer algunos trastornos del aparato locomotor.

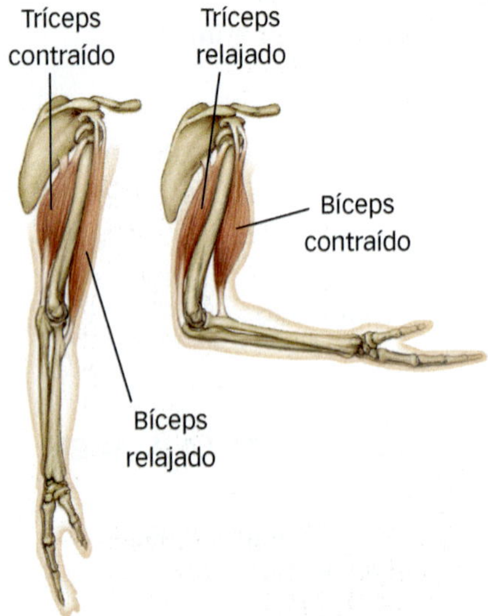

9 El funcionamiento del aparato locomotor

Los movimientos y posiciones de nuestro cuerpo son el resultado de la acción combinada de los músculos esqueléticos sobre los huesos.

Cuando un músculo se contrae, aumenta de grosor y disminuye la distancia entre los tendones de ambos extremos. Al acortarse, tira del hueso al que está anclado y lo mueve, haciéndolo girar en la articulación. Cuando el músculo se relaja, se alarga. Al alargarse, deja de tirar del hueso y permite que este vuelva a su posición inicial.

Todo movimiento se debe a la acción conjunta de dos o más músculos esqueléticos que actúan en el mismo sentido, **agonistas**, o en sentido opuesto, **antagonistas**. Estos últimos trabajan por parejas, de modo que si uno de ellos se contrae, el otro se relaja, y viceversa. Por ejemplo, la flexión del antebrazo sobre el brazo se produce cuando el bíceps braquial se contrae y su músculo antagónico, el tríceps braquial, se relaja.

Los huesos, músculos y articulaciones que intervienen para que se produzca un movimiento funcionan como una **palanca**. Hay tres tipos de palancas según la posición de tres elementos: **potencia**, donde se aplica la fuerza; **resistencia**, donde se encuentra la parte que es movida, y **punto de apoyo**, donde se sustenta la palanca.

Las acciones del aparato locomotor que mantienen la posición y el equilibrio son palancas de primer género y las acciones que desencadenan movimiento y locomoción son palancas de segundo y tercer género.

Primer género	Segundo género	Tercer género
Un ejemplo es la palanca que forma la cabeza con la columna vertebral y el músculo esplenio. La resistencia es el peso de la cabeza, la potencia la ejerce el músculo y el punto de apoyo es la columna vertebral.	Un ejemplo es la palanca que forma la articulación de la pierna con el pie y los músculos gemelos. Al caminar apoyamos la parte delantera del pie, levantamos el talón y con ello el cuerpo, que descansa sobre los huesos de la pierna.	Un ejemplo es la palanca responsable de la flexión del antebrazo sobre el brazo. La resistencia es el peso de la mano, el punto de apoyo el codo y la potencia la contracción del bíceps.
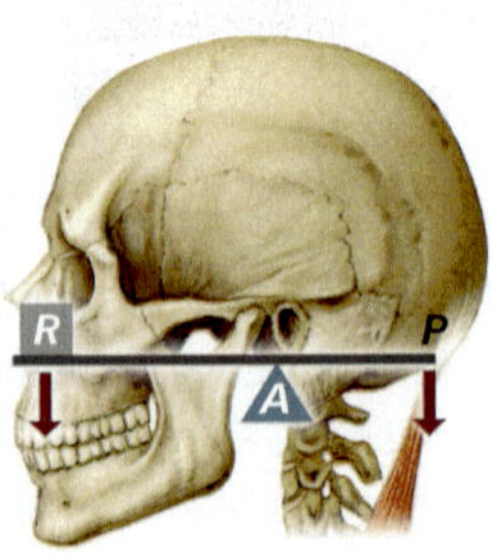	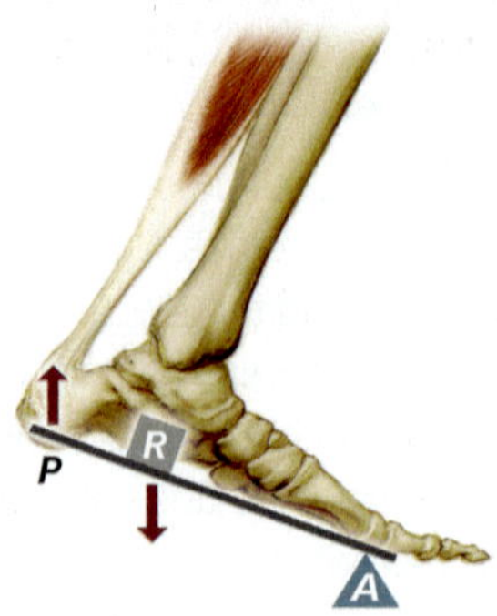	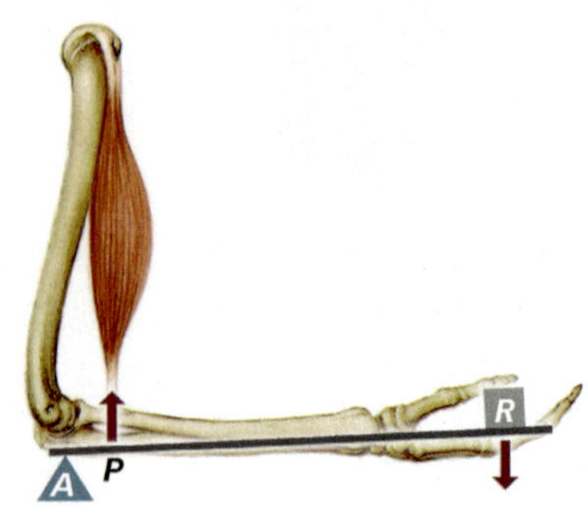

ACTIVIDADES

24 Explica el movimiento de flexión del antebrazo sobre el brazo, qué músculos participan y a qué tipo de palanca corresponde.

10 Trastornos del aparato locomotor y su prevención

Los trastornos del aparato locomotor son muy diversos y pueden afectar a los diferentes elementos que intervienen en el movimiento. Algunas enfermedades frecuentes son las siguientes:

- **Osteoporosis.** Es la pérdida de masa ósea que debilita los huesos.
- **Artritis.** Es la inflamación de una articulación.
- **Artrosis.** Es la degeneración de los cartílagos articulares.

Las lesiones del aparato locomotor son frecuentes y dolorosas, y por lo general se curan con relativa facilidad. Entre ellas destacan:

- **Contractura muscular.** Es la contracción involuntaria y mantenida de un músculo que puede estar relacionada con un sobreesfuerzo o posturas inadecuadas.
- **Esguince.** Es la torcedura de una articulación, consecuencia de un movimiento forzado, que puede producir la distensión o rotura de un número variable de fibras de sus ligamentos.
- **Luxación.** Es el desplazamiento de un hueso respecto a su posición habitual en una articulación.
- **Fractura.** Es la rotura de un hueso.
- **Hernias discales.** Es el desplazamiento de un disco intervertebral de su posición correcta y puede comprimir los nervios.
- **Roturas meniscales.** Es la rotura de los meniscos de la rodilla.

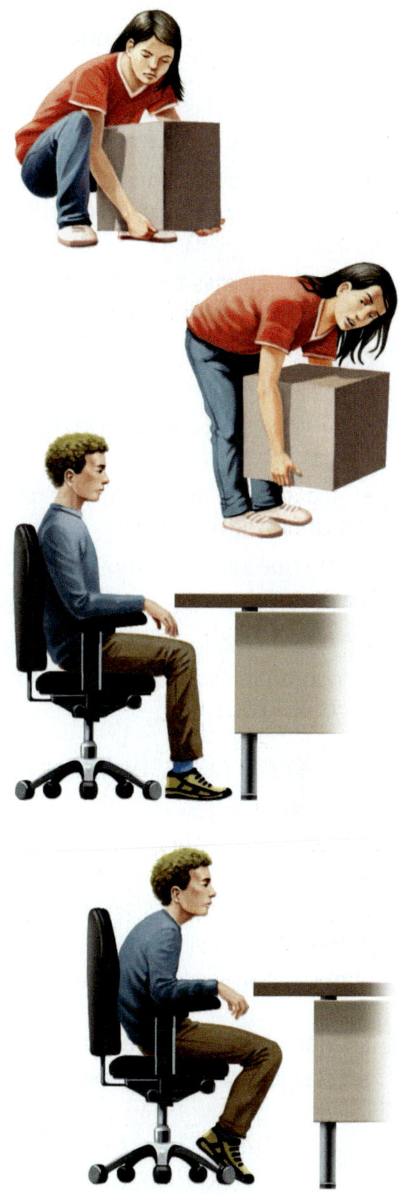

Hábitos saludables

La prevención de algunas enfermedades y lesiones del aparato locomotor comprende los siguientes hábitos:

- **Tener una dieta sana y equilibrada.** Alimentos como los lácteos aportan las cantidades adecuadas de calcio, fósforo y vitamina D imprescindibles para nuestros huesos. Existen trastornos como la obesidad que influyen en la aparición de artrosis y que con frecuencia pueden prevenirse con una alimentación sana y ejercicio físico.
- **Mantener posturas adecuadas,** especialmente en trabajos sedentarios y durante el sueño, previene deformaciones de la columna vertebral y otras lesiones.
- **Practicar ejercicio físico con regularidad.** El ejercicio debe realizarse de forma correcta para evitar lesiones. Es necesario conocer bien cómo se practica cada deporte, incluido el uso de protecciones, y calentar adecuadamente antes de la actividad deportiva y hacer estiramientos al terminar.

ACTIVIDADES

25 Cita algunos trastornos y lesiones que afecten a los huesos.

26 ¿Cuál es la diferencia entre una fractura y un esguince?

? INTERPRETA LA IMAGEN

27 Explica cuáles son las posiciones correctas e incorrectas que se muestran en las imágenes para realizar cada uno de los movimientos.

REPASA LO ESENCIAL

28 RESUMEN. **Haz el resumen de la unidad contestando estas preguntas:**

- ¿En qué consiste la función hormonal y cómo se regula?
- ¿Qué relación existe entre el sistema endocrino y el nervioso?
- ¿Cuáles son las principales hormonas, dónde se producen y cuál es su función?
- ¿Qué enfermedades endocrinas son frecuentes en el ser humano y qué hábitos se relacionan con ellas?
- ¿Qué sistemas forman parte del aparato locomotor y qué elementos integran cada sistema?
- ¿Cuáles son los principales huesos del esqueleto y dónde se localizan?
- ¿Cómo están constituidos los huesos y las articulaciones?
- ¿Cuáles son los principales músculos esqueléticos y dónde se localizan?
- ¿De qué está formado un músculo?
- ¿Cómo funciona el aparato locomotor?
- ¿Cuáles son los principales trastornos del aparato locomotor y qué hábitos saludables se relacionan con ellos?

29 CONCEPTOS CLAVE. **Define los siguientes conceptos:**

- Células diana
- Ligamento
- Factor liberador
- Tendón
- Retroalimentación negativa

30 **Escribe el nombre de cada una de las partes señaladas en el siguiente dibujo y explica qué representa:**

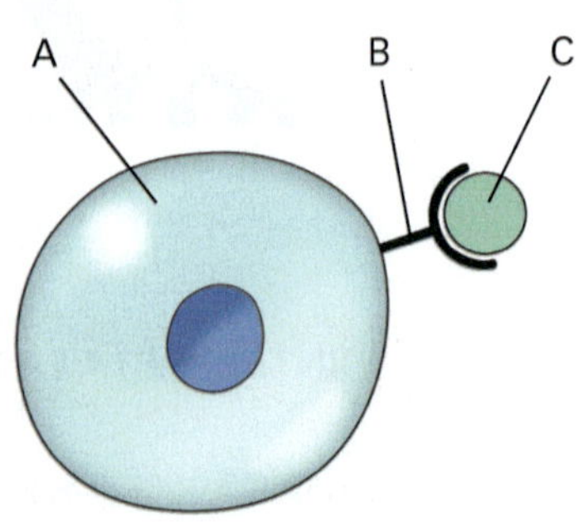

31 **Enumera y describe:**

a) Tipos de huesos.

b) Tipos de articulaciones.

c) Tipos de músculos.

32 **Nombra las glándulas endocrinas señaladas en la imagen.**

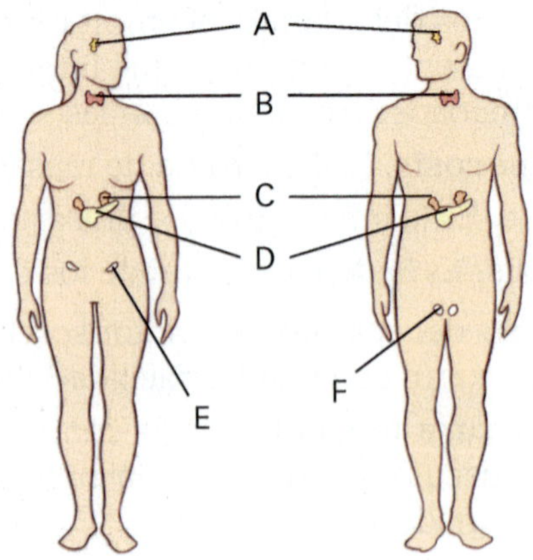

33 **Nombra los principales huesos y músculos del cuerpo humano señalados en las imágenes.**

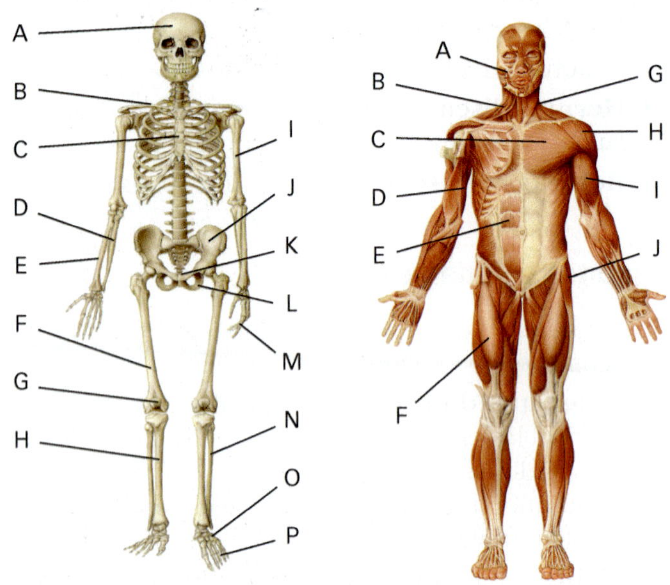

34 **Nombra las partes de la siguiente articulación y di de qué tipo es:**

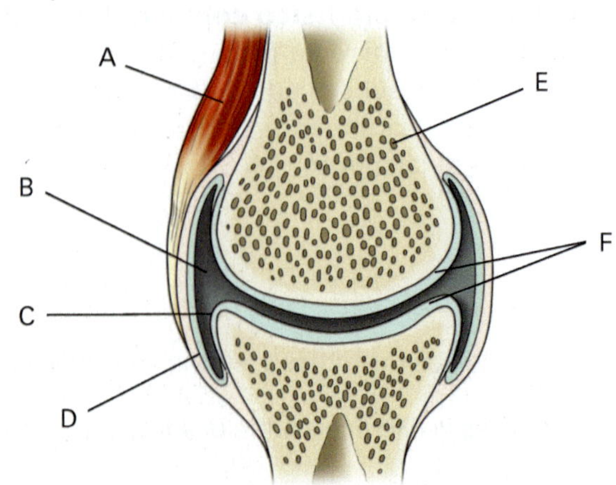

PRACTICA

35 Explica con un esquema cómo se regula la cantidad de calcio en nuestra sangre. Debes incluir las glándulas, hormonas y órganos diana que participan en el proceso.

36 La siguiente gráfica muestra los niveles de insulina y de glucosa en sangre que se registran en una persona tras ingerir dos cucharadas de azúcar:

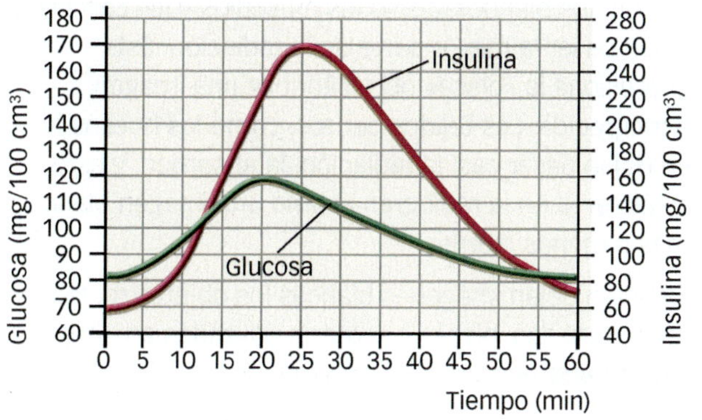

a) ¿Por qué hay un desfase en el tiempo entre los niveles máximos de glucosa y de insulina?

b) Dibuja la posible gráfica que se obtendría si el azúcar fuese consumido por una persona diabética.

37 Cita qué parte del hueso o qué tipo de tejido corresponde a cada letra.

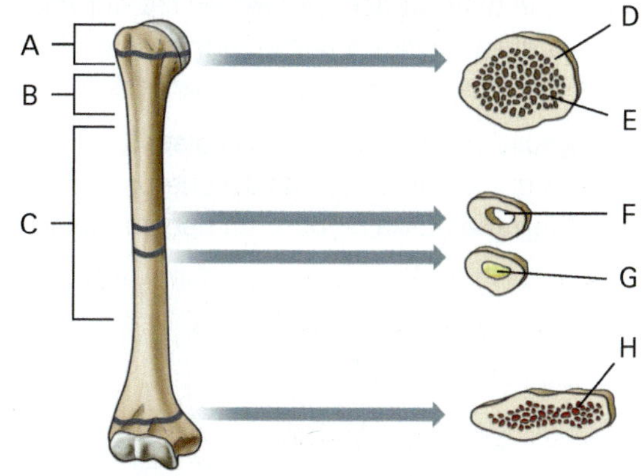

38 USA LAS TIC. Investiga qué músculos se ejercitan en el movimiento del dibujo.

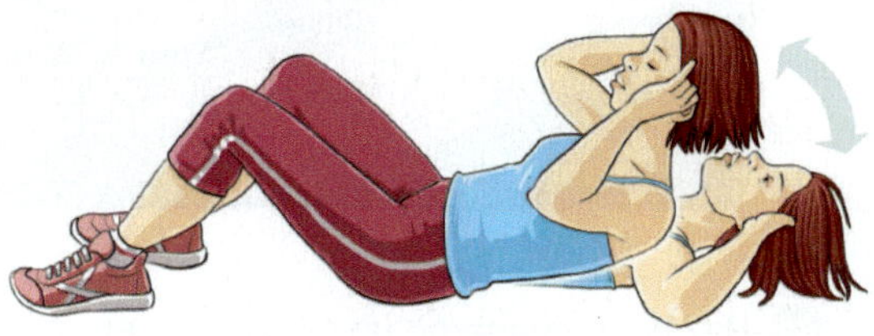

FORMAS DE PENSAR. Análisis científico

Curvaturas de la columna vertebral

La columna vertebral, si se observa de lado, presenta cuatro **curvas normales** que son importantes debido a que aumentan su resistencia, ayudan a mantener el equilibrio cuando estamos de pie y absorben los esfuerzos que se realizan al caminar, correr o saltar.

Sin embargo, la columna vertebral puede presentar diversas **curvaturas anormales**:

- **Cifosis.** Curvatura dorsal aumentada.
- **Escoliosis.** Desviación en forma de S.
- **Lordosis.** Curvatura lumbar aumentada.

39 COMPRENSIÓN LECTORA. Explica las diferencias entre las curvas normales y anormales de la espalda, describiendo cada una de ellas.

40 USA LAS TIC. Busca información sobre las posibles causas, los síntomas que producen y el tratamiento habitual de cada una de las deformaciones de la espalda citadas en el texto.

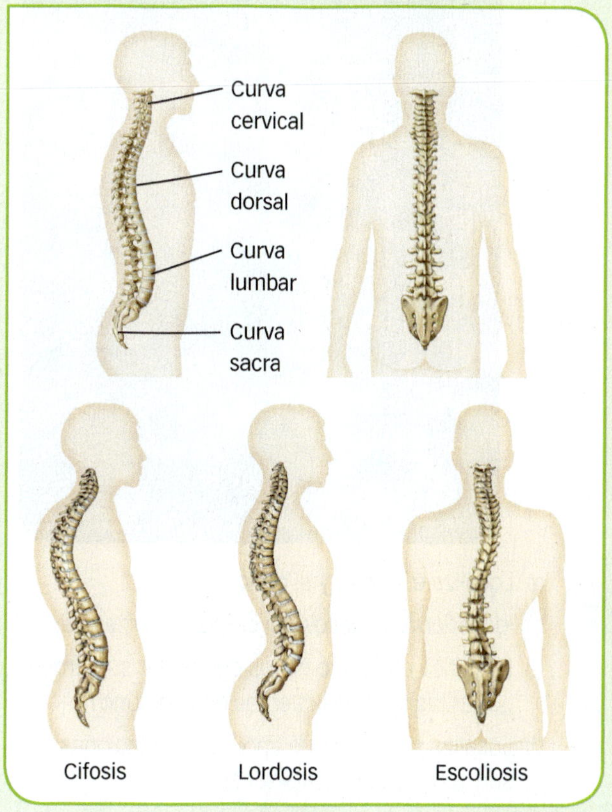

SABER HACER | Competencia científica

Interpretar imágenes diagnósticas. Las radiografías

El proceso por el que una enfermedad se identifica, es decir, el **diagnóstico**, se basa en los síntomas y signos que manifiesta una enfermedad y en las técnicas y pruebas que ayudan a detectarla.

El **diagnóstico por imagen** es el diagnóstico mediante técnicas que crean imágenes del cuerpo humano. La **radiografía** utiliza rayos X, un tipo de radiación.

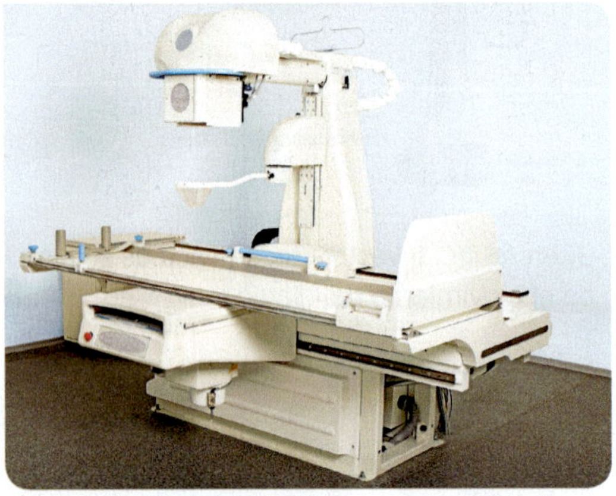

En esta técnica la imagen se obtiene por la impresión en una película fotográfica o «placa» de una pequeña cantidad de radiación que atraviesa una zona del cuerpo. Cada tipo de tejido del organismo deja pasar cantidades distintas de esta radiación, de modo que la placa se impresiona con más o menos intensidad.

Los tejidos blandos, como los músculos y los cartílagos, dejan pasar la mayor parte de la radiación. Esta impresiona la «placa» obteniéndose una imagen ennegrecida. Los tejidos densos, como los huesos, no dejan pasar casi la radiación, la absorben, y esto se observa en la radiografía como una imagen blanca más o menos intensa.

También dejan imágenes blancas los objetos metálicos, como tornillos, placas o prótesis utilizados en cirugía, incluso adornos metálicos y otros objetos.

Las radiografías son muy útiles para estudiar los huesos. Estas imágenes permiten detectar si tienen alguna malformación, fractura, dislocación, etc.

41 Haz en tu cuaderno un dibujo esquemático de la radiografía de la mano y contesta las preguntas.

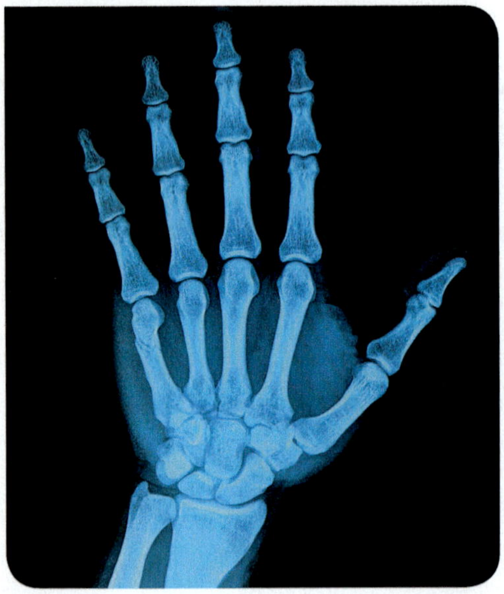

a) Localiza el cúbito y el radio.

b) Identifica los huesos del carpo y del metacarpo.

c) Identifica cada uno de los dedos por su nombre. ¿Cuántas falanges cuentas en cada uno?

d) Localiza y explica qué tipo de articulaciones son las metacarpofalángicas.

42 Esta radiografía muestra una cabeza en vista lateral. Observa y contesta las preguntas.

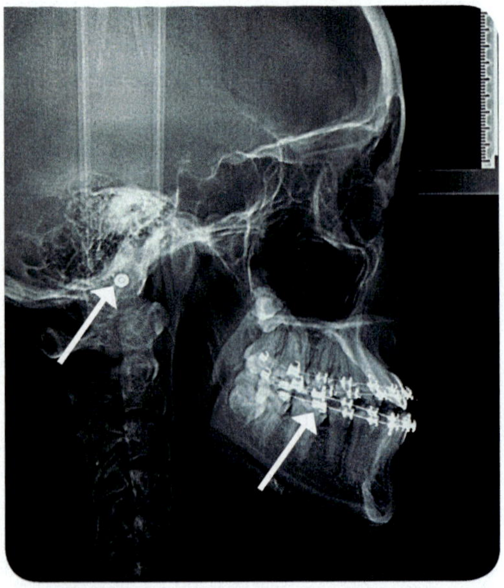

a) Describe qué partes del esqueleto axial se ven en la radiografía.

b) ¿En qué zona tienen los huesos mayor densidad: en el cráneo o en la nariz? Razona tu respuesta.

c) ¿Qué crees que pueden ser las zonas blancas señaladas con flechas?

43 La imagen A corresponde a la fractura de un hueso de la extremidad superior. La imagen B muestra los resultados de la intervención quirúrgica efectuada para aproximar los fragmentos desplazados de la fractura.

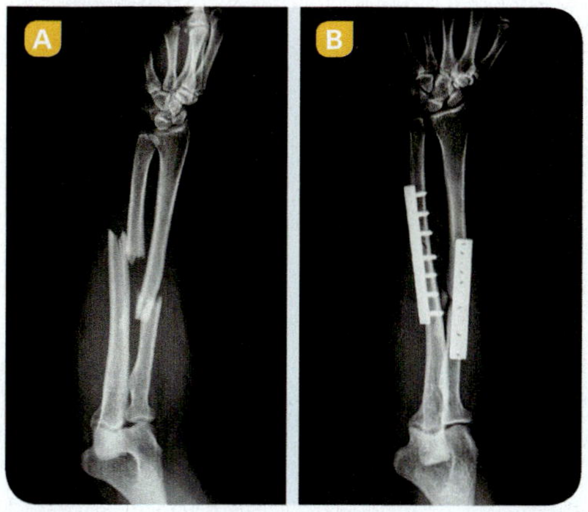

a) ¿Conoces el nombre de los huesos fracturados? ¿Sabes con qué huesos se articulan?

b) Identifica la zona de fractura. En qué parte de los huesos se localiza, ¿en la epífisis o en la diáfisis?

c) ¿Qué solución se ha utilizado para colocar los huesos en su sitio y sujetar los fragmentos?

44 Según la zona por donde entren los rayos X en el cuerpo, se habla de diferentes tipos de imágenes. Muchas veces se realiza una radiografía anteroposterior y otra lateral, como en este caso del pie derecho.

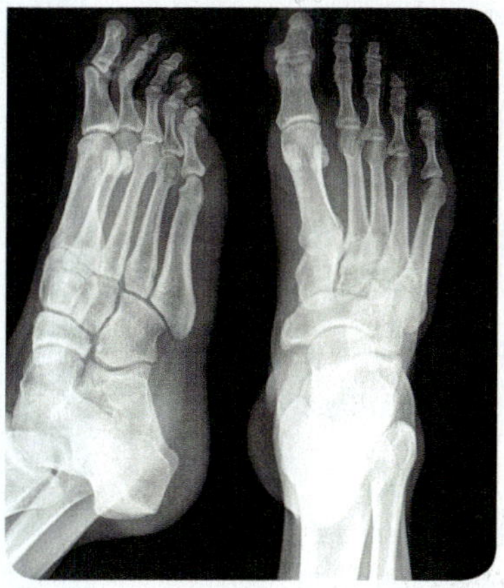

a) ¿Qué huesos pueden identificarse claramente en la imagen anteroposterior? ¿Y en la lateral?

b) Compara la imagen del pie con la de la mano y explica si puede establecerse un paralelismo entre los huesos de las extremidades superiores e inferiores.

TRABAJO COOPERATIVO

Un vídeo sobre higiene postural

Vuestro objetivo con la realización de este vídeo es la prevención de lesiones musculoesqueléticas. Vais a enseñar a la comunidad escolar de vuestro centro los hábitos posturales correctos en actividades cotidianas como sentarse, levantar objetos, realizar tareas domésticas o llevar la mochila sin que la espalda sufra.

Para llevar a cabo la actividad:

- Formad grupos de tres o cuatro personas y recoged información sobre hábitos posturales. Podéis consultar en internet. Para ello, introducid palabras como normas, higiene, postural.
- Para realizar el vídeo podéis usar un teléfono móvil con cámara.
- El vídeo debe ser corto, de uno a cinco minutos.

- Antes de grabar, elaborad un guion.
- Elegid el lugar donde vais a realizar la grabación.
- Podéis aparecer en el vídeo explicando algo o grabar la voz después. También podéis usar música mientras se ven las imágenes.
- Decidid toda la clase qué vídeos utilizaríais para una campaña de prevención y por qué.

7 La reproducción

SABER

- La función de reproducción
- La respuesta sexual humana
- El aparato reproductor y los gametos masculinos
- El aparato reproductor y los gametos femeninos
- Los ciclos del aparato reproductor femenino
- La fecundación
- El desarrollo del embarazo
- El parto
- La infertilidad. Técnicas de reproducción asistida
- Los métodos anticonceptivos
- Las enfermedades de transmisión sexual

SABER HACER

- Interpretar imágenes ecográficas del embarazo

En el Paleolítico se realizaron unas pequeñas esculturas conocidas como venus y caracterizadas por la exageración de los órganos reproductores. Se cree que su finalidad era que los espíritus propiciaran la fertilidad de las mujeres de la tribu.

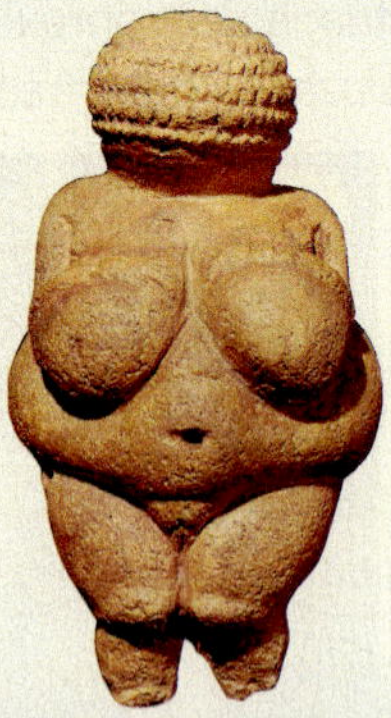

3 SALUD Y BIENESTAR

Promover el acceso universal a los servicios de salud sexual y reproductiva, incluidos los de planificación de la familia.

? INTERPRETA LA IMAGEN

- La imagen de fondo representa una fase del procedimiento de fecundación *in vitro*. ¿Qué crees que está sucediendo?
- Indica las diferentes partes del artículo periodístico y traduce su texto.

NOS HACEMOS PREGUNTAS

¿Qué ha significado la fertilidad a lo largo de la historia de la humanidad?

La fertilidad ha sido sumamente importante para todos los pueblos a lo largo de la historia. Tener descendencia era necesario para contribuir a la supervivencia de los grupos humanos y garantizar la continuidad de la especie. Por ello, diferentes culturas de todo el mundo realizaban ritos y ofrendas a divinidades que, según creían, favorecían y protegían los nacimientos.

La infertilidad ha constituido siempre un problema social y médico muy importante. Los grandes progresos que la ciencia ha experimentado en los siglos XX y XXI han conseguido resolver el problema de muchos casos de infertilidad.

OPINA. ¿Cómo crees que afecta a las personas el hecho de no poder tener descendencia?

El nacimiento en 1978 de Louise Brown, el primer bebé probeta del mundo, gracias a la técnica de fecundación *in vitro*, constituyó un acontecimiento histórico.

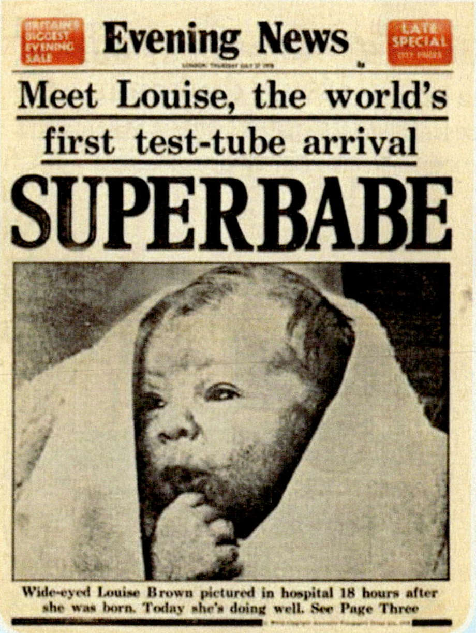
Evening News

Meet Louise, the world's first test-tube arrival

SUPERBABE

Wide-eyed Louise Brown pictured in hospital 18 hours after she was born. Today she's doing well. See Page Three

El doctor Robert Edwards fue galardonado en 2010 con el Premio Nobel de Fisiología y Medicina por el desarrollo de la técnica de la fecundación *in vitro* (FIV).

A lo largo de su investigación, Edwards consiguió desarrollar cultivos que permitieron que los óvulos extraídos del cuerpo de una mujer fueran fecundados por espermatozoides, implantándose después el embrión en el útero.

CLAVES PARA EMPEZAR

- ¿Qué cambios físicos se producen durante la pubertad?
- ¿Qué órganos conoces del aparato reproductor femenino y del masculino?
- ¿Cómo se produce el proceso de la fecundación?
- ¿Qué sucede durante el periodo del embarazo? ¿Y en el parto?

CLAVES PARA ESTUDIAR

- Identificar los procesos que intervienen en la reproducción.
- Conocer el significado de sexualidad.

La reproducción nos permite tener descendencia. La paternidad y la maternidad deben ejercerse de forma responsable.

1 La función de reproducción

La reproducción del ser humano es una **reproducción sexual**. Eso significa que, para poder perpetuar nuestra especie, es necesario que intervengan dos individuos de diferente sexo, masculino y femenino, cada uno de los cuales produce un tipo de célula sexual o **gameto**.

La reproducción comprende los siguientes procesos:

- **Gametogénesis.** Proceso de formación de los gametos, que se lleva a cabo en las **gónadas**, órganos especializados masculinos y femeninos.
- **Fecundación.** Unión de los dos gametos y formación del **cigoto**. La fecundación es **interna**, se realiza en el interior del aparato reproductor femenino.
- **Desarrollo embrionario.** División celular y aumento del número de células del cigoto, que da lugar al **embrión**. Este continúa creciendo y transformándose hasta convertirse en un **feto**. El desarrollo embrionario también se produce en el interior del cuerpo de la mujer.
- **Parto.** Nacimiento del bebé. Los seres humanos somos animales **vivíparos**, el feto crece dentro del vientre de la madre y los bebés nacen vivos y completamente formados.
- **Desarrollo.** Aumento de tamaño de nuestro cuerpo por incremento del número de células y maduración. Este proceso comprende distintas etapas desde el nacimiento hasta la edad adulta.

Los cambios hacia la madurez sexual

Cuando un bebé nace, ya tiene formados sus órganos sexuales. La presencia de estos órganos reproductores corresponde a los **caracteres sexuales primarios**.

Sin embargo, para que las personas puedan reproducirse, es indispensable que sus órganos sexuales maduren y sean capaces de producir células sexuales. Esto ocurre aproximadamente entre los diez y los dieciséis años, etapa que recibe el nombre de **pubertad**.

En esta fase, los órganos reproductores comienzan a producir **hormonas sexuales**. Estas hormonas originan importantes cambios corporales que se denominan **caracteres sexuales secundarios**:

- En las **chicas** se desarrollan las mamas y los genitales externos, se ensanchan las caderas y crece vello en el pubis y en las axilas.
- En los **chicos** aumenta el grosor de los huesos y la masa muscular, crece vello en la cara, el pecho, las axilas y el pubis y la voz se hace más grave.

La **adolescencia** es el periodo de la vida humana que transcurre desde la pubertad hasta la edad adulta. Durante esta etapa, al mismo tiempo que se producen los cambios físicos que nos conducirán a la madurez sexual, comienzan a surgir también una serie de cambios psicológicos y sociales: aparece el deseo sexual, sentimos la necesidad de explorar nuestro cuerpo, necesitamos el apoyo de nuestro grupo de amigos y amigas y comenzamos a cuestionar y criticar las decisiones que toman los adultos de nuestro entorno.

ACTIVIDADES

1 TOMA LA INICIATIVA. Elabora una línea del tiempo en la que representes las etapas de tu vida, señalando los cambios que has experimentado y los efectos que han causado en tu forma de pensar.

2 USA LAS TIC. La especie humana presenta un claro dimorfismo sexual. Busca información y explícalo con ejemplos, tanto en las personas como en otros animales.

2 La respuesta sexual humana

Todas las personas somos seres sexuados. Esto significa que tenemos **sexo**, es decir, características biológicas y fisiológicas que nos dan una identidad sexual. Por lo tanto, el sexo está determinado por la presencia de un aparato reproductor femenino o masculino.

Sin embargo, la **sexualidad** es el modo de sentirse como persona sexuada, e incluye emociones, pensamientos y conductas relacionadas con el sexo que marcan al ser humano durante todo su desarrollo y en su papel en la sociedad.

Cada persona vive su sexualidad de forma distinta y esta va evolucionando en el transcurso de las diferentes etapas de la vida. La sexualidad forma parte de nuestra personalidad.

La sexualidad influye en la forma de expresar la afectividad y en la comunicación entre las personas, y debe enmarcarse en valores como el respeto a la diversidad, la confianza y la igualdad.

La reproducción y la sexualidad son dos conceptos diferentes. La reproducción se realiza, generalmente, a través de la sexualidad y su finalidad es tener hijos. La sexualidad humana es un medio de comunicación afectiva de gran importancia para alcanzar el equilibrio y la madurez adecuados en nuestro desarrollo como personas.

Como personas sexuadas que somos, todas tenemos deseos sexuales. Este impulso sexual se denomina **libido**. El deseo sexual está influido por nuestros pensamientos y sentimientos, por nuestro estado de ánimo e incluso por factores hormonales.

La respuesta de nuestro cuerpo ante una sensación de deseo sexual se caracteriza por un conjunto de reacciones físicas: aumenta el ritmo cardiaco, la frecuencia respiratoria y la presión sanguínea. Además, se producen cambios en los órganos genitales que se manifiestan de forma diferente en las mujeres y en los hombres.

El contacto sexual entre dos personas se conoce como **relación sexual**. Dependiendo del sexo de las personas que forman la pareja, las relaciones sexuales pueden ser:

- **Heterosexuales**, si se producen entre personas de distinto sexo, entre un hombre y una mujer.
- **Homosexuales**, si se producen entre dos personas del mismo sexo, como dos hombres o dos mujeres.

ACTIVIDADES

3 Explica qué diferencia hay entre sexo, sexualidad y reproducción.

4 EDUCACIÓN CÍVICA. La publicidad, sobre todo en televisión, utiliza frecuentemente la sexualidad como estrategia de venta para atraer el interés de las personas sobre el producto anunciado. Busca un anuncio que haga este uso de la sexualidad y redacta un informe sobre él. Exponed vuestros trabajos y debatid sobre ello.

NOS COMPROMETEMOS

Aceptar y respetar nuestra identidad sexual y la de las personas que nos rodean nos ayuda a mantener una relación saludable con nuestro entorno.

Nuestras dudas sobre la sexualidad debe resolverlas un profesional del centro de planificación familiar, un médico o médica o aquella persona adulta en la que depositamos nuestra confianza, como padres, tutores u otros familiares.

CLAVES PARA ESTUDIAR

- Comprender la anatomía y la fisiología del aparato reproductor masculino.

? INTERPRETA LA IMAGEN

5 Dibuja y rotula las glándulas anejas en una vista anterior, así como las vías reproductoras en una vista lateral.

6 ¿Qué aparece en el dibujo que pertenece al sistema urinario?

3 El aparato reproductor y los gametos masculinos

Varios órganos integran el aparato reproductor masculino:

- **Testículos.** Son las gónadas masculinas y producen los espermatozoides. Se localizan fuera de la cavidad abdominal, en un repliegue de piel llamado **escroto**, donde la temperatura es 2 °C inferior a la corporal, lo que es necesario para la formación de los espermatozoides.
- **Pene.** Es el órgano copulador. La parte delantera es más ancha y se denomina **glande** y está recubierto por un repliegue de piel llamado **prepucio**. El interior del pene está formado por estructuras esponjosas. Cuando los vasos sanguíneos se dilatan, estas estructuras se llenan de sangre y se produce la erección del pene.
- **Vías reproductoras.** Son los conductos que recorren los espermatozoides en su salida hacia el exterior del cuerpo. Están formadas por los **epidídimos**, los **conductos deferentes** y la **uretra**.
- **Glándulas anejas.** Segregan diversas sustancias en el interior del aparato reproductor. Estas glándulas son las **vesículas seminales**, la **próstata** y las **glándulas de Cowper**.

Epidídimos. Conductos plegados sobre sí mismos ubicados sobre los testículos, con los que se comunican. En su interior maduran los espermatozoides que proceden de los testículos.

Conductos deferentes. Conductos largos que comunican cada epidídimo con la uretra. En ellos se almacenan los espermatozoides que después son impulsados hacia la uretra.

Vesículas seminales. Desembocan al final de los conductos deferentes. Producen el **líquido seminal** que sirve de alimento y medio de transporte de los espermatozoides.

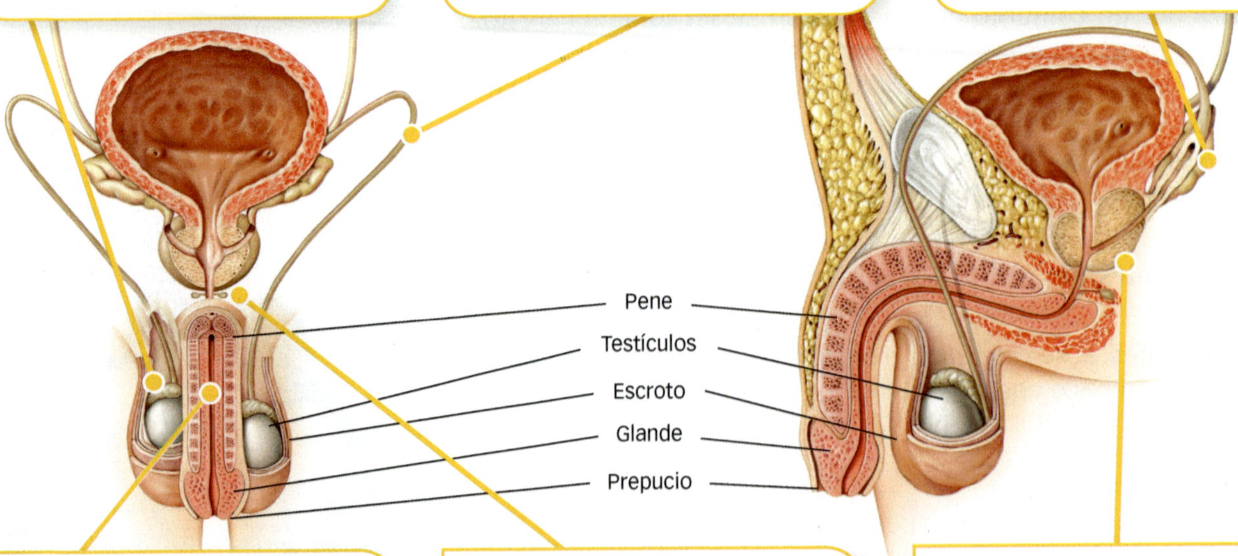

Uretra. Conducto que forma parte del aparato excretor y del reproductor y que comunica con el exterior. El último tramo discurre por el interior del pene.

Glándulas de Cowper. Glándulas situadas debajo de la próstata que vierten a la uretra una secreción mucosa y una sustancia que protege a los espermatozoides.

Próstata. Envuelve a la uretra y vierte su secreción en ella. Produce el **líquido prostático**, que neutraliza la acidez de la vagina y estimula la movilidad de los espermatozoides.

Gametos masculinos: los espermatozoides

Los **espermatozoides** son células muy pequeñas y especializadas que poseen gran movilidad. Miden entre 50 y 60 micrómetros (μm).

Cabeza. Comprende el núcleo y el **acrosoma**, que contiene sustancias enzimáticas que sirven para atravesar la capa protectora que rodea al óvulo.

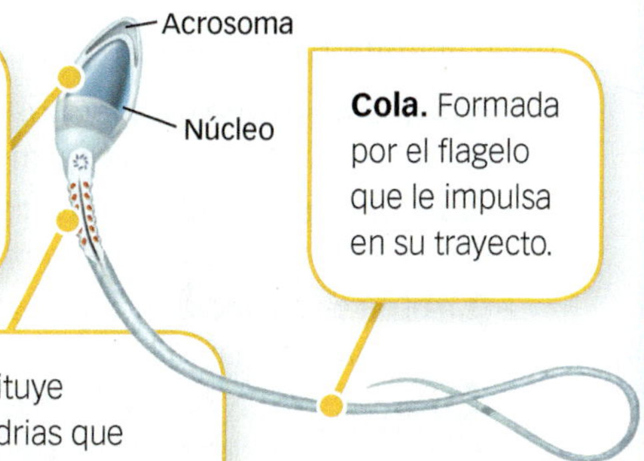

Cola. Formada por el flagelo que le impulsa en su trayecto.

Cuello. Contiene un centríolo que constituye la base del flagelo y numerosas mitocondrias que suministran la energía necesaria para su movimiento.

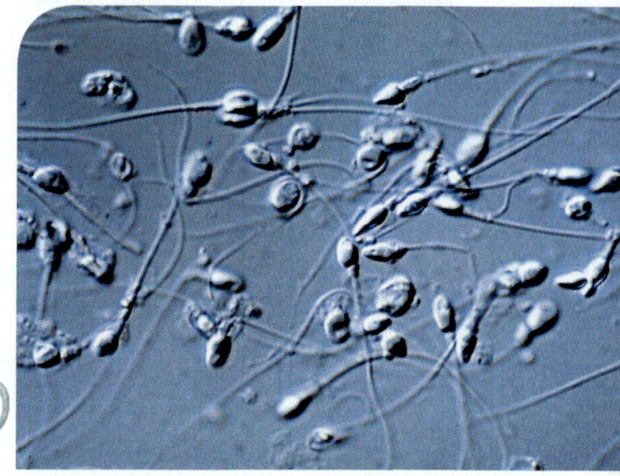

Espermatozoides vistos al microscopio.

La formación de los espermatozoides

La **espermatogénesis** es el proceso por el que se producen los espermatozoides y tiene lugar en los numerosos **túbulos seminíferos** del interior de los testículos. Se desarrolla en varias fases.

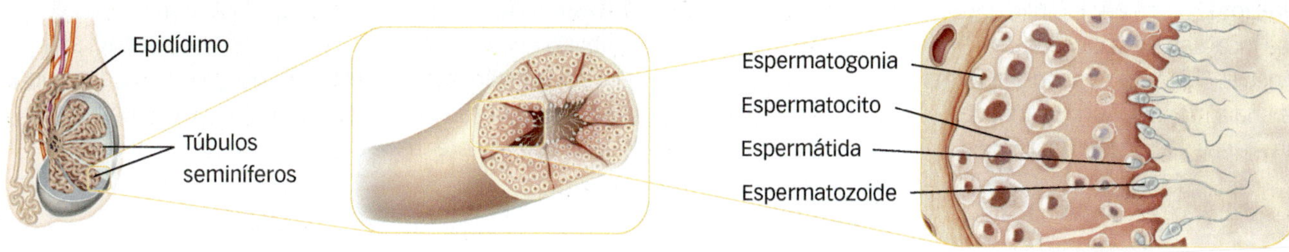

1. **Proliferación.** En las paredes de los túbulos seminíferos hay células germinales que se dividen durante toda la vida del hombre y producen **espermatogonias**.
2. **Crecimiento.** En esta fase las espermatogonias crecen y se transforman en **espermatocitos**.
3. **Maduración.** Los espermatocitos se dividen y dan lugar a otras células que se llaman **espermátidas**.
4. **Diferenciación.** Las espermátidas cambian de forma y adquieren el aspecto característico de **espermatozoides**.

Los espermatozoides formados en los testículos maduran en los epidídimos y se almacenan en los conductos deferentes; desde ahí salen por la uretra hacia el exterior en la **eyaculación**. El **semen** o **esperma** es el líquido blanquecino que se eyacula; está formado por los espermatozoides y las secreciones de las glándulas anejas.

ACTIVIDADES

7 Describe qué función tiene cada una de las partes que forman los espermatozoides. ¿En qué líquido son expulsados al exterior?

8 Describe el recorrido de los espermatozoides desde su formación hasta su salida al exterior en la eyaculación.

CLAVES PARA ESTUDIAR

- Comprender la anatomía y la fisiología del aparato reproductor femenino.

INTERPRETA LA IMAGEN

9 Dibuja y localiza en la vista anterior el útero y las trompas de Falopio.

10 Dibuja y localiza en la vista lateral la vagina, la vejiga y la uretra. ¿Cuáles no pertenecen al aparato reproductor?

4 El aparato reproductor y los gametos femeninos

En el aparato reproductor femenino se pueden distinguir:

- **Órganos genitales externos o vulva.** Está formada por el orificio vaginal, los labios mayores y menores y el clítoris.
  - **Labios mayores.** Son dos repliegues de piel con vello que cubren los demás genitales externos.
  - **Labios menores.** Son dos repliegues de piel situados por dentro de los labios mayores.
  - **Clítoris.** Es un pequeño órgano eréctil muy sensible porque contiene muchas terminaciones nerviosas. Está situado en la unión anterior de los labios menores.
- **Órganos genitales internos.** Son los **ovarios** y las vías reproductoras por las que circulan los gametos. Estas vías son las **trompas de Falopio**, el **útero** y la **vagina**.
- **Glándulas mamarias.** Las mamas forman parte del aparato reproductor femenino. Son dos glándulas capaces de producir leche cuando nace un bebé.

Ovarios. Son un órgano par y se localizan en la cavidad de la pelvis. Tienen el tamaño y la forma de una almendra. Son las gónadas femeninas y producen los óvulos.

Trompas de Falopio. Son dos conductos en forma de embudo que comunican los ovarios con el útero. En sus extremos están las **fimbrias**, que recogen el óvulo cuando sale del ovario. Su interior está tapizado por un epitelio ciliado que al vibrar hace avanzar el óvulo hacia el útero.

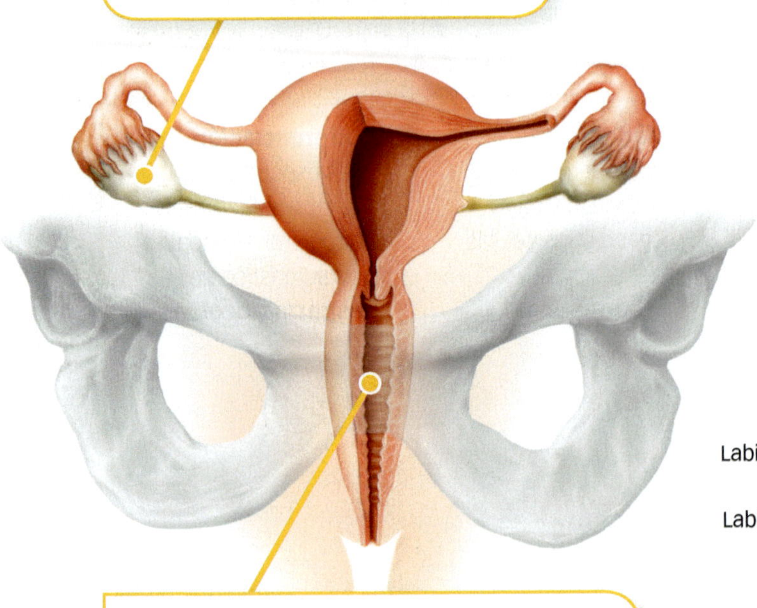

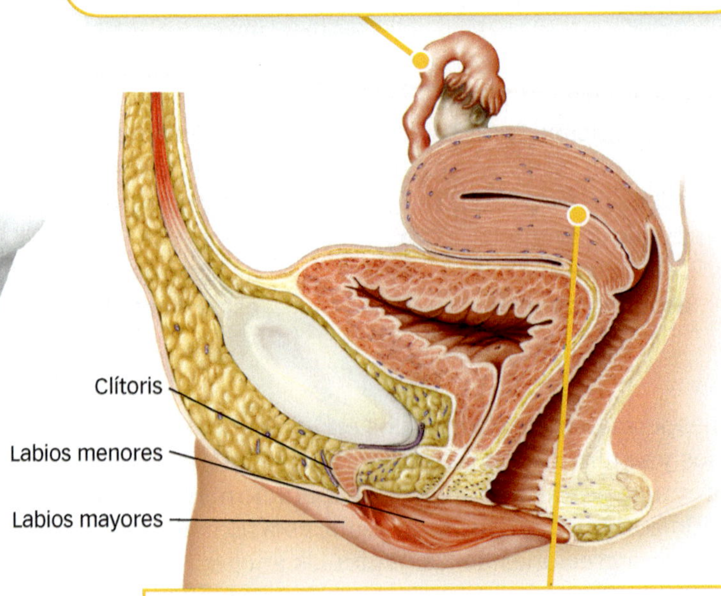

Vagina. Conducto de paredes musculares tapizadas por una mucosa. Se abre al exterior por el **orificio vaginal**, que se localiza detrás de la uretra y delante del ano. La vagina es el órgano copulador y la vía de expulsión del feto durante el parto.

Útero. Tiene el tamaño y la forma de una pera invertida. Es un órgano hueco de paredes musculosas gruesas, el **miometrio**, recubiertas de una mucosa, el **endometrio**. Su parte inferior, el **cérvix** o **cuello uterino**, se comunica con la vagina. Aloja al nuevo ser durante todo el embarazo.

Gametos femeninos: los óvulos

Los **óvulos** son los gametos o células sexuales femeninas. Cuando una niña nace tiene unas 400 000 células preparadas para convertirse en óvulos, pero durante su vida fértil solo madurarán unas 450.

El óvulo es una célula esférica de tamaño muy grande, aproximadamente de 1,5 mm de diámetro y sin movimiento propio. Está formado por los siguientes elementos:

- **Envolturas.** Cuando sale de los ovarios, el óvulo está rodeado de un conjunto de células que lo protegen. Es la **corona radiada**, separada del óvulo por la **membrana pelúcida**.
- **Citoplasma.** Contiene los orgánulos y está rodeado por la **membrana plasmática**.
- **Núcleo.** Es esférico y en su interior tiene un **nucleolo** grande.

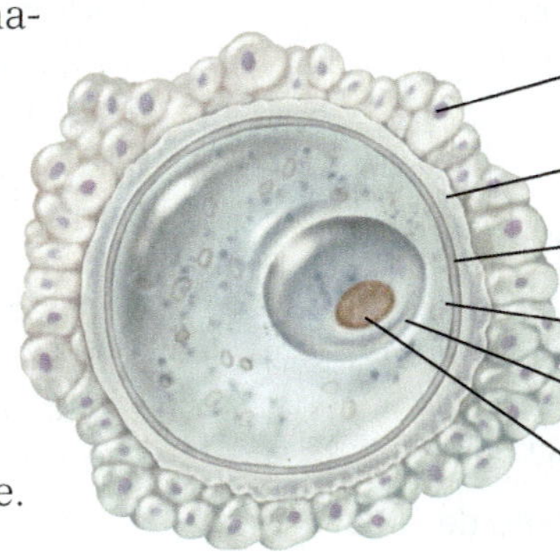

La formación de los óvulos

La **oogénesis** es el proceso por el que se producen óvulos en los ovarios. Estos órganos contienen muchas estructuras en distintos estados de maduración llamadas **folículos ováricos**. Cada mes, a partir de la pubertad y por acción de hormonas de la hipófisis, crece y madura un folículo. Cada folículo contiene un solo **oocito**. Esta célula se desarrolla y, al salir del ovario, recibe el nombre de óvulo.

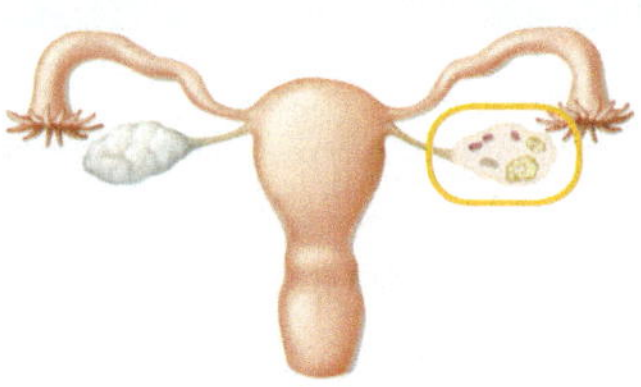

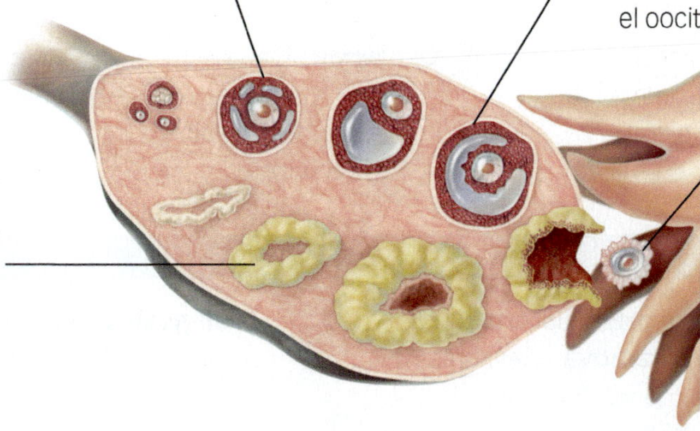

1. El **folículo primario** es muy pequeño e inmaduro y contiene el oocito primario. Los folículos se sitúan cerca de la pared del ovario.
2. El **folículo maduro** o **folículo de De Graaf** es grande y contiene el oocito secundario.
3. Durante la **ovulación**, el folículo maduro se rompe y libera el óvulo que sale del ovario.
4. El **cuerpo amarillo** o **cuerpo lúteo** es el resultado de la transformación que se produce en el folículo después de liberar un óvulo. Si no hay fecundación, el cuerpo lúteo degenera en unos días; pero si el óvulo es fecundado, el cuerpo lúteo crece y produce hormonas que regulan el embarazo.

ACTIVIDADES

11. Describe las características anatómicas y la función del útero. ¿Con qué vías reproductoras está en contacto?
12. Explica qué elementos forman la vulva.
13. ¿Qué es y cómo es el óvulo?
14. ¿Qué sucede en los ovarios a partir de la pubertad?
15. Describe las fases de la oogénesis.
16. ¿Qué ocurre con el folículo ovárico cuando se produce la fecundación del óvulo?

CLAVES PARA ESTUDIAR

- Comprender los ciclos hormonal, ovárico y uterino.
- Conocer el proceso de la fecundación.

? INTERPRETA LA IMAGEN

17 ¿Qué hormonas tienen su máximo nivel en sangre en la ovulación?

18 ¿En qué momento de cada ciclo hay el menor nivel de hormonas en sangre?

5 Los ciclos del aparato reproductor femenino

El **ciclo sexual femenino** dura unos 28 días y comprende cambios periódicos en los órganos sexuales debidos a diferentes hormonas. El aumento y la disminución de las hormonas producidas por la hipófisis, **FSH** y **LH**, y por los ovarios, **estrógenos** y **progesterona**, determinan cambios que se producen al mismo tiempo en los ovarios y el útero.

- **Ciclo ovárico.** Son los cambios que se producen en los ovarios y están determinados por las hormonas hipofisarias.
- **Ciclo uterino.** Son los cambios en las paredes del útero que permitirán alojar al embrión si el óvulo es fecundado. Están relacionados con los estrógenos y la progesterona producidos por los ovarios. Cuando en un ciclo no hay fecundación, se produce la **menstruación**. La primera menstruación se denomina **menarquia** y es la señal de que los órganos reproductores ya están preparados para su función.

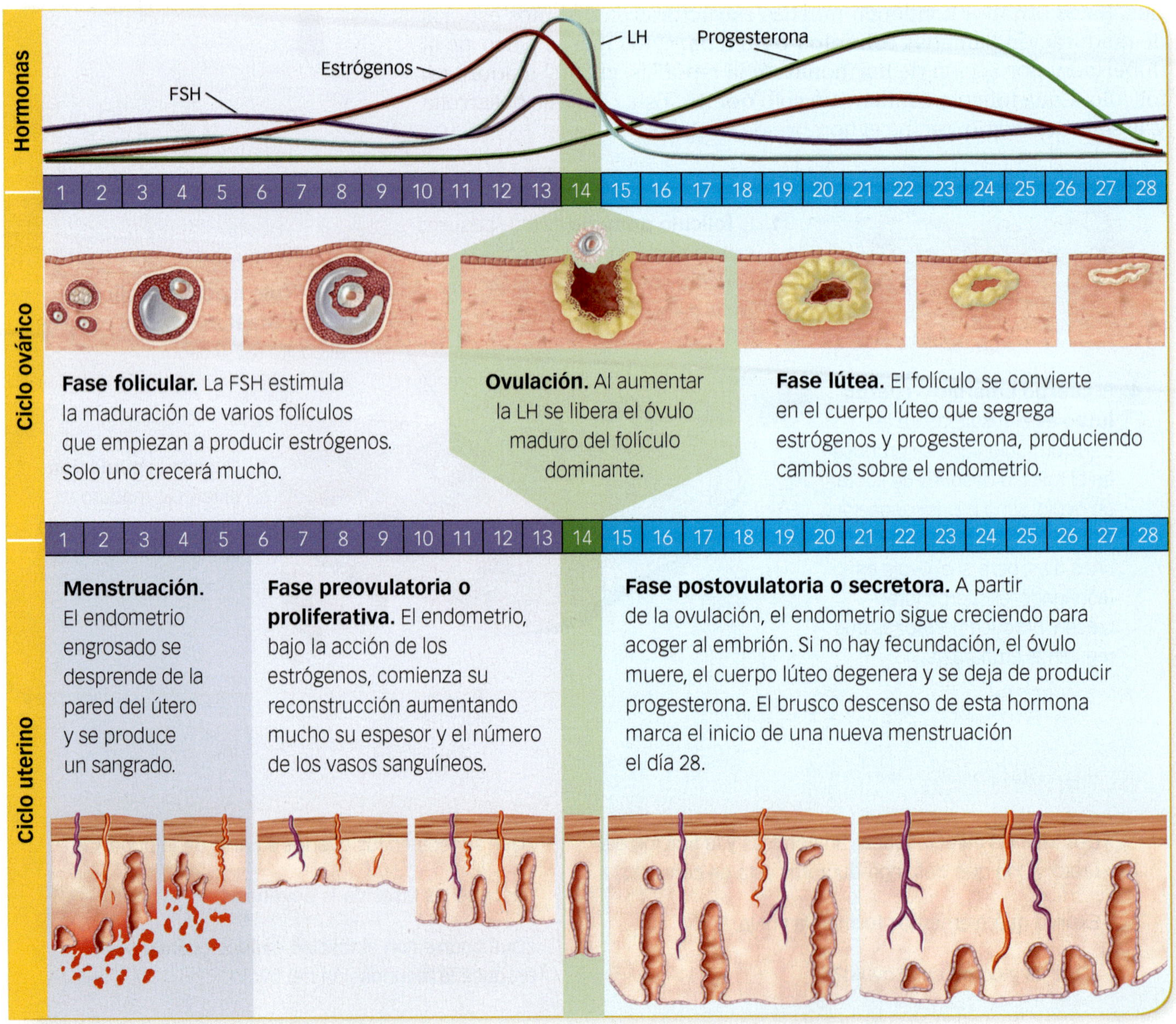

6 La fecundación

La **fecundación** es la unión de un espermatozoide y un óvulo para formar una célula huevo o **cigoto**.

Para que los espermatozoides lleguen hasta el interior del aparato reproductor femenino es necesario el **acto sexual** o **coito**, durante el que el pene erecto se introduce en la vagina. Al producirse la eyaculación, los espermatozoides, desde la vagina, entran en el útero y ascienden, dirigiéndose a las trompas de Falopio. En cada eyaculación se liberan unos 300 millones de espermatozoides.

El óvulo, por lo general, solo puede ser fecundado en las 24 y 48 horas siguientes a la ovulación. Los espermatozoides pueden vivir entre tres y cinco días en el cuerpo de la mujer.

Los espermatozoides que consiguen llegar hasta el óvulo lo rodean. Solo uno atraviesa las envolturas protectoras y consigue introducir la cabeza en el óvulo, gracias a las enzimas que libera el acrosoma.

Cuando los núcleos de los dos gametos se unen, forman el cigoto. El óvulo produce entonces a su alrededor la **membrana de fecundación**, que impide la entrada de otros espermatozoides.

Al producirse la fecundación, el cuerpo lúteo del ovario no degenera y continúa segregando progesterona. Esta hormona mantiene el engrosamiento de las paredes del endometrio y evita que se desprenda, por lo que no se produce la menstruación.

En su trayecto hacia el útero, el cigoto comienza a dividirse, convirtiéndose primero en una masa de células llamada **mórula**, que después se ahueca y forma el **blastocisto**. Este último se implanta en el endometrio hacia el sexto o séptimo día después de la fecundación.

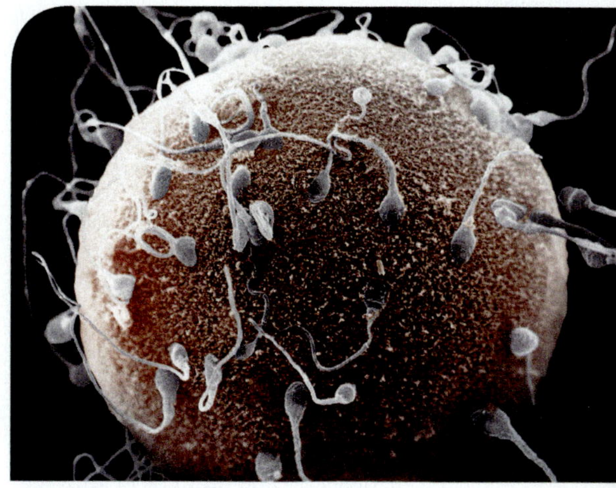

Espermatozoides rodeando al óvulo.

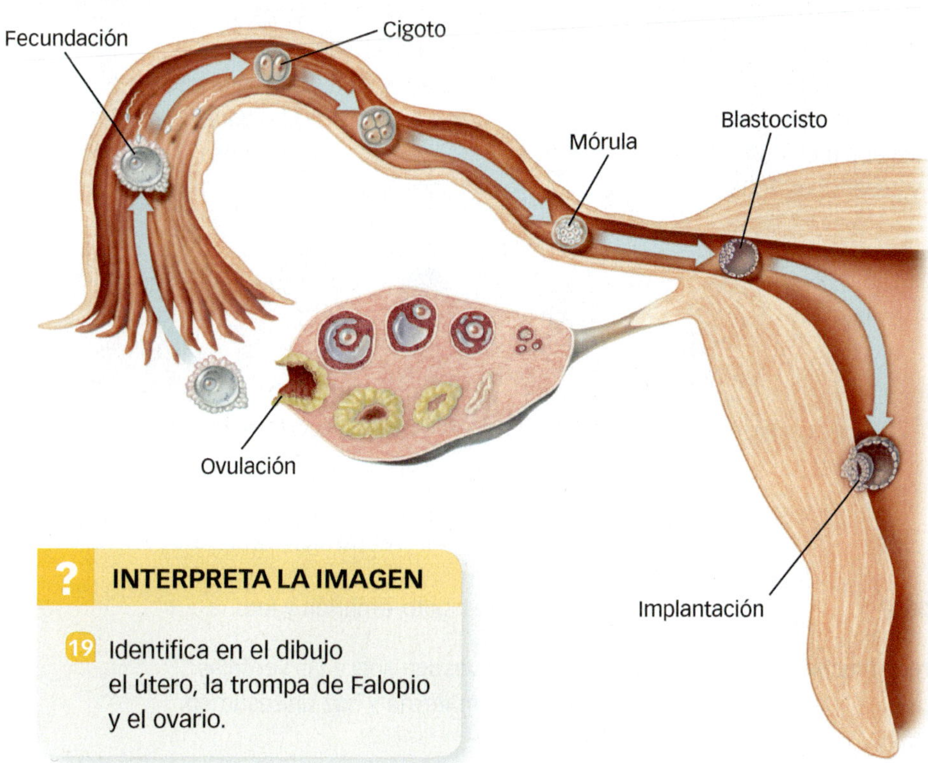

? INTERPRETA LA IMAGEN

19 Identifica en el dibujo el útero, la trompa de Falopio y el ovario.

ACTIVIDADES

20 ¿Qué es la mórula? ¿Y el blastocisto?

21 Describe el camino que recorre el óvulo desde que se forma hasta que es fecundado y se implanta en el endometrio.

CLAVES PARA ESTUDIAR

- Comprender las diferentes etapas del desarrollo y el nacimiento de un nuevo ser.

7 El desarrollo del embarazo

El embarazo comienza con la **implantación** o **anidación** del blastocisto en el endometrio. Una parte de las células del blastocisto dan lugar al **embrión**. También se forman con rapidez estructuras imprescindibles para su desarrollo: la **placenta**, el **amnios** y el **cordón umbilical**.

La **placenta** es un órgano con muchos vasos sanguíneos que permite el intercambio de sustancias entre la madre y el feto. Los nutrientes pasan de la sangre de la madre a la del feto, mientras que las sustancias de desecho que produce el feto siguen el camino inverso.

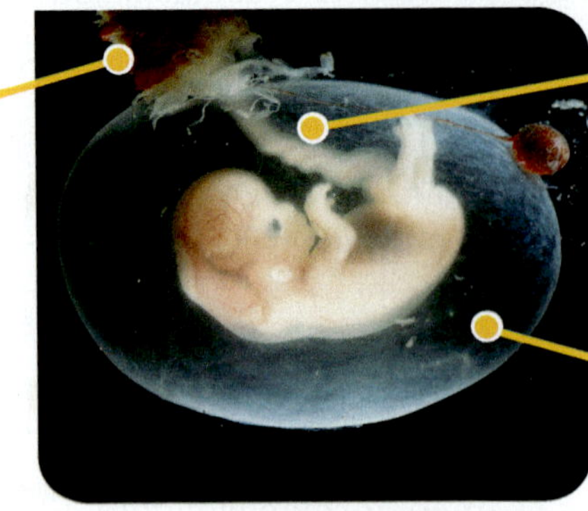

El **cordón umbilical** conecta al embrión con la placenta.

El **amnios** o **bolsa amniótica** contiene el **líquido amniótico**, que protege al embrión durante el embarazo.

El embarazo dura nueve meses divididos en tres trimestres, en los que el embrión experimenta grandes transformaciones. Durante este tiempo ocurren cambios en la madre que permiten acoger al embrión, preparar su cuerpo para el parto y proporcionar alimento al recién nacido.

Primer trimestre

Se van formando las partes del cuerpo y los órganos internos. El corazón empieza a latir. Al finalizar el segundo mes recibe el nombre de **feto** y se distinguen la cara, los brazos, las piernas y los dedos. Puede medir unos 10 cm y pesar unos 15 g.

Segundo trimestre

El feto tiene los órganos muy desarrollados pero aún inmaduros. Aparecen los reflejos nerviosos y se puede identificar el sexo. La madre aprecia sus movimientos. Puede llegar a medir 30 cm y pesar unos 700 g.

Tercer trimestre

El crecimiento es muy rápido, los órganos maduran y el feto gana mucho peso. Casi siempre, antes de nacer, se coloca boca abajo y su cabeza se encaja en la pelvis de la madre. Mide unos 50 cm y pesa unos 3 kg.

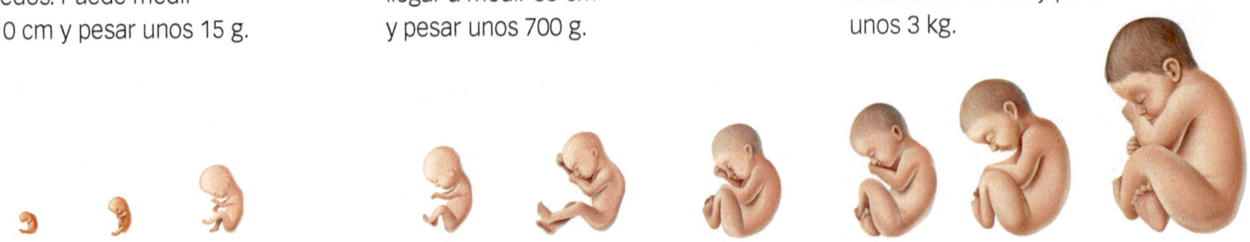

ACTIVIDADES

22 ¿Qué es la placenta? ¿Cuál es su función?

23 ¿En qué etapa del embarazo el feto crece mucho y finaliza la maduración de sus órganos?

24 Diferencia entre cigoto, embrión y feto.

25 USA LAS TIC. Investiga sobre las ventajas de la lactancia materna y haz un resumen.

8 El parto

El **parto** es el proceso por el que el bebé nace. Al final del embarazo el útero comienza a contraerse de forma rítmica y potente expulsando al feto fuera del cuerpo de la madre. El parto consta de tres fases.

ACTIVIDADES

26 Explica la diferencia entre dilatación y alumbramiento.

27 ¿Qué es el ombligo? ¿Cómo se origina?

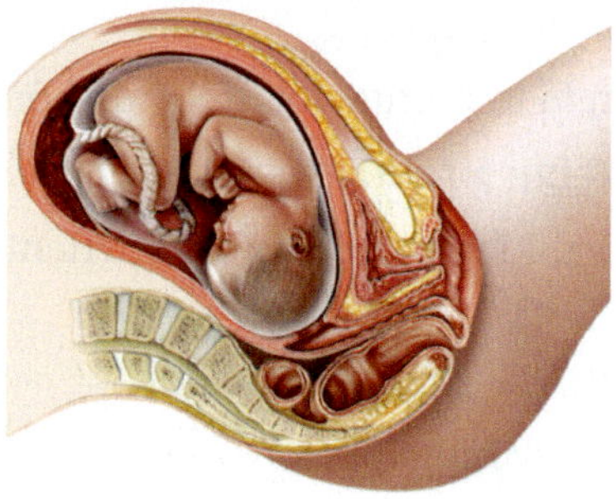

Dilatación. El útero comienza a contraerse para dilatar el cuello uterino. Este se acorta progresivamente, aumentando su diámetro. Los ligamentos de la pelvis se hacen más laxos.

Cuando se ha dilatado por completo, se rompe la bolsa amniótica y se libera el líquido que contiene; es lo que se conoce como «romper aguas». La cabeza del feto se desplaza hacia el canal del parto. Esta fase puede durar entre 8 y 14 horas en una madre primeriza.

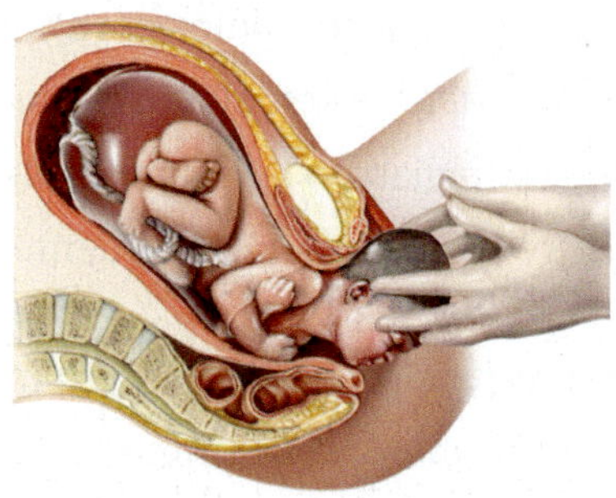

Expulsión. Las contracciones del útero son cada vez más intensas y frecuentes. Estas, junto a la ayuda de la madre al contraer el diafragma, empujan al feto al exterior a través de la vagina.

Primero sale la cabeza. Una vez que el feto está fuera de la madre, se pinza y se corta el cordón umbilical, que se seca y se desprende a los pocos días dejando una cicatriz, el **ombligo**. La fase de expulsión puede durar entre 1 y 30 minutos.

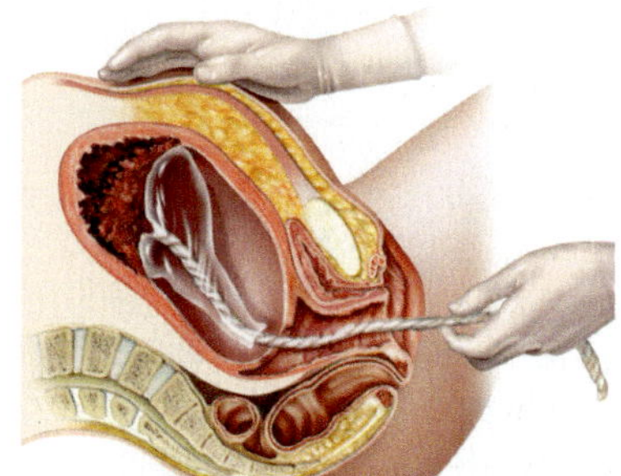

Alumbramiento. Entre 10 y 45 minutos después del nacimiento, el útero se contrae de nuevo para desprender la placenta, que se expulsa al exterior.

En los dos días siguientes al parto las glándulas mamarias de la madre comienzan a producir **calostro**, un líquido que contiene gran cantidad de nutrientes y de anticuerpos. Después comienza la secreción de leche que servirá para nutrir al bebé recién nacido.

SABER MÁS

El test de Apgar

Es una prueba médica que se realiza a los bebés en el primer y quinto minuto después de nacer. Este examen evalúa, la primera vez, la tolerancia del recién nacido al acto del nacimiento y, la segunda, la adaptabilidad y evolución del bebé a su vida fuera del vientre materno.

En el test se miden cinco parámetros clínicos:

- **A**pariencia. Color de la piel.
- **P**ulso. Frecuencia cardiaca.
- **G**estos. Respuesta refleja.
- **A**ctividad. Tono muscular.
- **R**espiración. Esfuerzo respiratorio.

Cada categoría se mide con 0, 1 o 2 puntos, siendo entre 7 y 9 la puntuación normal de un bebé sano. Y una puntuación menor de 7 significa que el bebé necesita asistencia médica, que puede ser de emergencia en el caso de que sea menor de 3. Este test no predice la futura salud del recién nacido, sino su estado nada más nacer.

El objetivo del test fue disminuir la tasa de mortalidad infantil, algo que se ha logrado durante los más de 50 años en los que se viene realizando.

▶ USA LAS TIC. Busca información sobre los criterios de valoración del test de Apgar y construye una tabla con las puntuaciones.

CLAVES PARA ESTUDIAR

- Conocer los factores que producen esterilidad y las técnicas de reproducción asistida.
- Estudiar los principales métodos anticonceptivos.

ACTIVIDADES

28 ¿Por qué una anomalía en las trompas de Falopio puede causar esterilidad en una mujer?

29 Explica cuál de las dos técnicas de reproducción asistida aplicarías si los espermatozoides fueran incompatibles con el mucus vaginal.

30 USA LAS TIC. Actualmente existe la posibilidad de congelar los embriones producidos en una FIV y que no se utilicen. Busca información sobre este procedimiento y escribe un breve informe.

9 La infertilidad. Técnicas de reproducción asistida

La **infertilidad** o **esterilidad** es la imposibilidad de tener hijos de forma natural. Las causas son muy diversas y pueden estar relacionadas con la mujer, con el hombre o con ambos.

La infertilidad femenina puede deberse a diferentes causas:

- Ausencia de ovulación. Es la causa más frecuente. Puede deberse a factores hormonales o a anomalías de los ovarios.
- Alteraciones en el útero que impiden la implantación del embrión.
- Anomalías en las trompas de Falopio que producen su obstrucción.

Entre las causas más frecuentes de infertilidad masculina se encuentran las siguientes:

- Producción de un número insuficiente de espermatozoides.
- Espermatozoides inmaduros o con malformaciones.
- Incompatibilidad de los espermatozoides con el mucus vaginal.
- Obstrucciones en los conductos deferentes que impiden la salida de los espermatozoides.

Técnicas de reproducción asistida

Cuando una pareja tiene problemas de infertilidad, puede utilizar alguna de las técnicas de reproducción asistida.

- **Inseminación artificial.** Si un trastorno impide que los espermatozoides alcancen el óvulo, se introduce artificialmente el semen del hombre en el útero de la mujer en el momento de la ovulación.
- **Fecundación *in vitro* (FIV).** Se somete a la mujer a un tratamiento hormonal para que produzca varios óvulos. Estos se extraen y se realiza la fecundación en el laboratorio con espermatozoides del hombre. Algunos de los embriones conseguidos se implantan en el útero de la mujer. Esta técnica puede producir un embarazo múltiple si todos los embriones implantados se desarrollan.

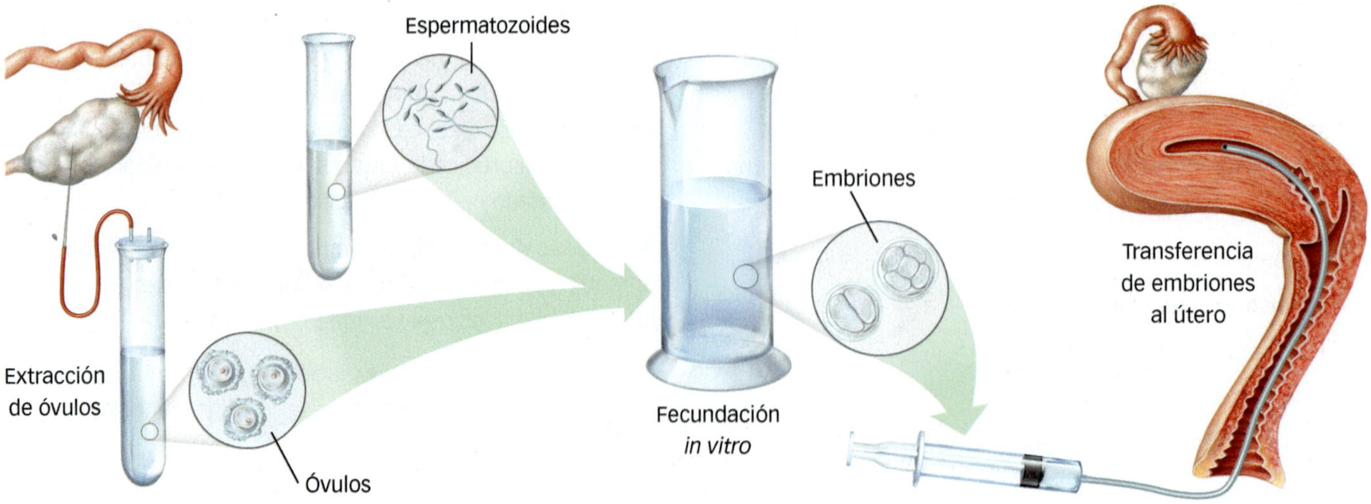

10 Los métodos anticonceptivos

Los **métodos anticonceptivos** son aquellos que se utilizan para evitar un embarazo. Existen numerosos métodos que se pueden clasificar en naturales y artificiales y que poseen diferentes porcentajes de eficacia.

Los métodos **naturales** se basan en los cambios fisiológicos que se producen durante el ciclo sexual femenino y su eficacia es muy baja.

- **Sintomático-térmico.** Mide la temperatura basal diaria, el flujo vaginal y el dolor relacionado con la ovulación con el fin de evitar el coito en los días fértiles.
- **Ogino.** Calcula el día aproximado de la ovulación, observando los ciclos para predecir los días fértiles.
- ***Coitus interruptus*.** Consiste en realizar la eyaculación fuera de la vagina. Hay que tener en cuenta que las secreciones del pene antes del coito ya contienen espermatozoides suficientes para que se produzca un embarazo, por lo que es el método anticonceptivo con mayor porcentaje de fracaso.

Los métodos **artificiales** comprenden dispositivos de barrera, sustancias químicas e intervenciones quirúrgicas con distinta eficacia.

De barrera
Preservativo masculino o condón. Funda de látex o poliuretano que se coloca sobre el pene en erección y recoge el semen expulsado en la eyaculación. Impide que los espermatozoides accedan al útero.
Preservativo femenino. Funda de poliuretano o nitrilo que, colocada en el interior de la vagina, impide que los espermatozoides lleguen al útero.
Diafragma. Disco de látex que se coloca en el interior de la vagina y cubre el cuello del útero, impidiendo el paso de los espermatozoides.
Dispositivo intrauterino (DIU). Dispositivo de plástico y metal que se coloca dentro del útero e impide el ascenso de los espermatozoides y la implantación del cigoto. Debe ser colocado y retirado por un ginecólogo.
Químicos
Píldoras anticonceptivas, parches transdérmicos, anillo vaginal y DIU hormonal. Poseen hormonas sexuales que alteran el ciclo ovárico e impiden la ovulación, excepto el DIU hormonal. Precisan prescripción médica.
Espermicidas. Sustancias en forma de cremas, geles o supositorios que se colocan en la vagina antes del coito y que son desfavorables para la supervivencia de los espermatozoides. Se utilizan asociados a los de barrera.
Quirúrgicos
Ligadura de trompas. Operación en la que se seccionan y cosen las trompas de Falopio. Se impide el paso de los óvulos y los espermatozoides, por lo que no puede producirse la fecundación.
Vasectomía. Intervención en la que se seccionan y cosen los conductos deferentes, impidiendo que los espermatozoides salgan al exterior.

Métodos	Eficacia
Sintomático-térmico Ogino *Coitus interruptus*	Muy baja
Espermicidas	Baja
Preservativos Diafragma	Media
Píldora Parches Anillo vaginal DIU	Alta
Ligadura de trompas Vasectomía	Muy alta

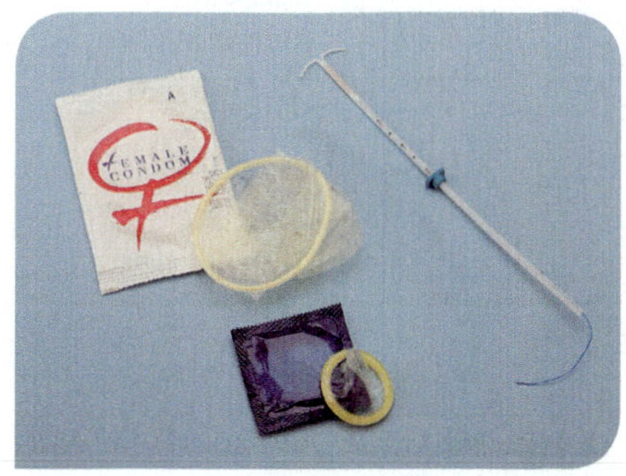

Algunos anticonceptivos de barrera: preservativos y DIU.

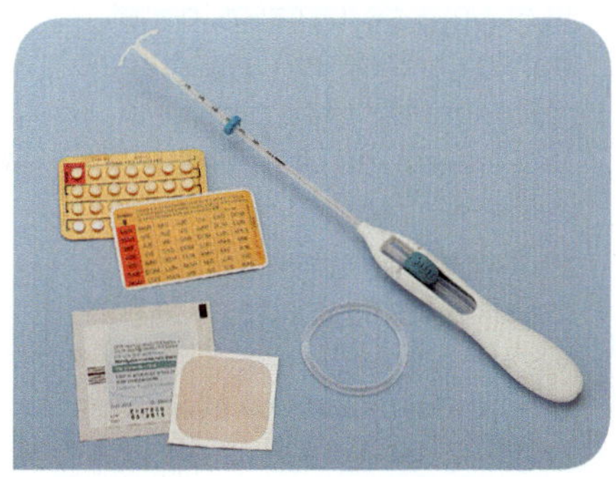

Anticonceptivos químicos.

CLAVES PARA ESTUDIAR

- Reconocer las principales enfermedades de transmisión sexual y cómo prevenir su contagio.

Enfermedad	Agente
Sífilis	*Treponema pallidum*
Gonorrea	*Neisseria gonorrhoeae*
Herpes genital	Herpes simple
Hepatitis	Virus de la hepatitis B y C
Infección por papilomavirus	Virus del papiloma humano (VPH)
Sida	Virus de la inmuno-deficiencia humana (VIH)

SABER MÁS

La candidiasis vulvo-vaginal

Es una infección causada, en la mayoría de los casos, por el hongo *Candida albicans*. Aunque frecuentemente se considera una enfermedad de transmisión sexual, en realidad no lo es, ya que los hongos del género *Candida* forman parte de la flora vaginal normal. La infección suele producirse cuando se alteran las condiciones de dicha flora debido al uso de antibióticos, embarazo, uso de ropas ajustadas, etc.

En los hombres, este hongo puede producir balanitis; en este caso, la transmisión sexual es lo más frecuente.

11 Las enfermedades de transmisión sexual

Las **enfermedades de transmisión sexual (ETS)** son un grupo de infecciones provocadas por microorganismos que se transmiten por contacto sexual.

Se clasifican según el microorganismo causante:

- **Bacterianas**: sífilis y gonorrea.
- **Víricas**: herpes genital, infección por papilomavirus, hepatitis y sida.

El contagio de una persona a otra se produce en las relaciones sexuales a través del contacto con lesiones de la piel y las mucosas de los genitales, la boca o el recto, y con fluidos corporales como semen, saliva, secreciones cervicovaginales, sangre, orina o heces. Reconocer estas enfermedades ayuda a adoptar medidas que eviten su contagio.

La presencia de síntomas locales en la zona de los genitales puede alertarnos de la existencia de una ETS:

- **Secreciones blanquecinas** a través del pene o de la vagina distintas del flujo normal, como sucede en la gonorrea.
- **Lesiones ulcerosas**, como en el herpes genital y la sífilis.
- **Lesiones con aspecto de verruga**, como en la infección por el papilomavirus.
- **Dolor, picor y escozor** en los genitales o al orinar.

A veces, estos síntomas se acompañan de otros más generales, como, por ejemplo, fiebre, falta de apetito o cansancio.

Prevención de las ETS

Algunas ETS pueden tener consecuencias graves y afectar a la reproducción, favorecer el desarrollo de algunos tumores, originar complicaciones en el embarazo o transmitirse al feto y al recién nacido.

Por estas razones, ante la presencia de síntomas o signos, es muy importante acudir al médico para recibir el tratamiento adecuado. Esto permite realizar un examen tanto de la persona afectada como de aquellas con las que haya mantenido contacto sexual, ya que en muchos casos, con más frecuencia en los hombres, algunas de estas infecciones no producen síntomas y la persona que las padece puede transmitirlas sin ser consciente de ello. Son los **portadores**.

La forma más eficaz de prevenir las ETS es mantener relaciones sexuales con protección, utilizando los preservativos de forma correcta.

ACTIVIDADES

31 La gripe se puede transmitir durante un contacto sexual. ¿Se puede clasificar entonces como ETS?

32 USA LAS TIC. Actualmente, se dispone de una vacuna para el VPH con la que se trata de evitar esta infección. Consulta el calendario de vacunación. ¿Qué sector de la población debe vacunarse y cuándo? ¿Qué ETS evita esta vacuna?

NOS COMPROMETEMOS

Violencia de género

La **Ley 13/2007**, de 26 de noviembre, de Medidas de Prevención y Protección Integral contra la Violencia de Género aprobada por el Parlamento de Andalucía, expone en sus primeros artículos:

Artículo 1. Objeto de la Ley

La presente Ley tiene por objeto actuar contra la violencia que, como manifestación de la discriminación, la situación de desigualdad y las relaciones de poder de los hombres sobre las mujeres, se ejerce sobre estas por el solo hecho de serlo. Asimismo será objeto de esta Ley la adopción de medidas para la erradicación de la violencia de género mediante actuaciones de prevención y de protección integral a las mujeres que se encuentren en esa situación, incluidas las acciones de detección, atención y recuperación.

Artículo 3. Concepto de violencia de género

1. A los efectos de la presente Ley se entiende por violencia de género aquella que, como manifestación de la discriminación, la situación de desigualdad y las relaciones de poder de los hombres sobre las mujeres, se ejerce sobre estas por el hecho de serlo.

Ante los casos de violencia nunca hay que tener una actitud pasiva. Las llamadas al 016 no dejan ningún rastro en la factura del teléfono.

Supuestos para reconocer situaciones de maltrato:

- Me han insultado o ridiculizado. Me han hecho sentir miedo.
- Me han hecho creer que no valía nada.
- Han intentado aislarme de amistades. Han intentado controlar hasta el más mínimo detalle.
- Me han pegado o me han amenazado con agredirme para hacer cosas que no quería.
- Me han intimidado con frases, insultos o conductas de carácter sexual.
- Me he sentido obligada a conductas de tipo sexual en las que no quería participar.
- He recibido mensajes de internet y en el móvil que insultaban, amenazaban, ofendían o asustaban.
- Han difundido mensajes, insultos o imágenes mías por internet o por el móvil sin mi permiso.
- Me han culpado de provocar la violencia que he sufrido.

Actuaciones para evitar llegar a estas situaciones:

- Trabajar nuestra **autoestima**, así podremos detectar si alguna persona intenta humillarnos o someternos a un trato degradante.
- Trabajar en la **educación por la igualdad** en el ámbito del hogar compartiendo responsabilidades y tareas.
- **Respetar y valorar** las opiniones y los sentimientos de los demás.
- Saber **expresar nuestros deseos y opiniones** con claridad y de forma amable. Identificar a aquellas personas que tratan de intimidarnos o que muestran sistemáticamente un carácter celoso, agresivo o violento.
- **Denunciar** en la comisaría de policía cualquier maltrato que recibamos. Podemos acudir también a un centro de salud donde nos asesorarán sobre qué debemos hacer. Nunca se deben tolerar actitudes violentas, sean del tipo que sean.

ACTIVIDADES

33 USA LAS TIC. Busca información sobre violencia de género en la web del Instituto Andaluz de la Mujer. Entra en los enlaces que proporcionan y haz un informe con las estadísticas recientes y los lugares donde acudir si sufres o detectas esta situación.

REPASA LO ESENCIAL

34 RESUMEN. Haz el resumen de la unidad explicando estos conceptos clave:

- La reproducción y la sexualidad humanas.
- Los cambios hacia la madurez sexual.
- Los aparatos reproductores masculino y femenino.
- Los gametos masculinos y femeninos.
- El ciclo sexual femenino.
- La fecundación, el embarazo y el parto.
- La esterilidad y las técnicas de reproducción asistida.
- Los métodos anticonceptivos.
- Las enfermedades de transmisión sexual.
- La violencia de género.

35 Realiza un cuadro comparativo con los diferentes caracteres sexuales primarios y secundarios de chicos y chicas.

36 Copia y completa en tu cuaderno la siguiente tabla:

Estructuras	Hombre	Mujer
Gametos		
Gónadas		
Vías reproductoras		
Órganos copuladores		
Glándulas accesorias		

37 Copia en tu cuaderno los esquemas de los gametos. Rotula y explica la función de cada una de sus partes.

A

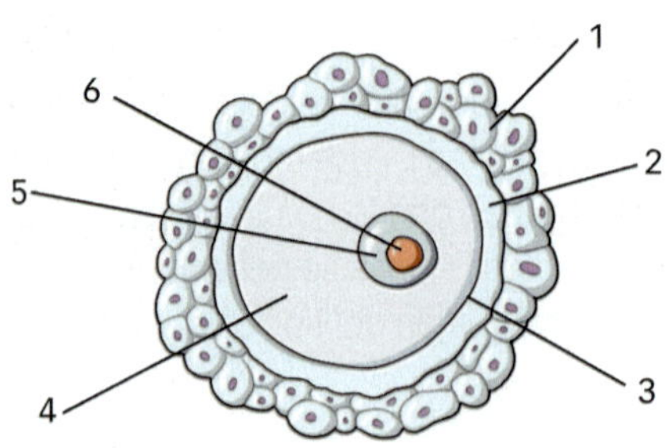

B

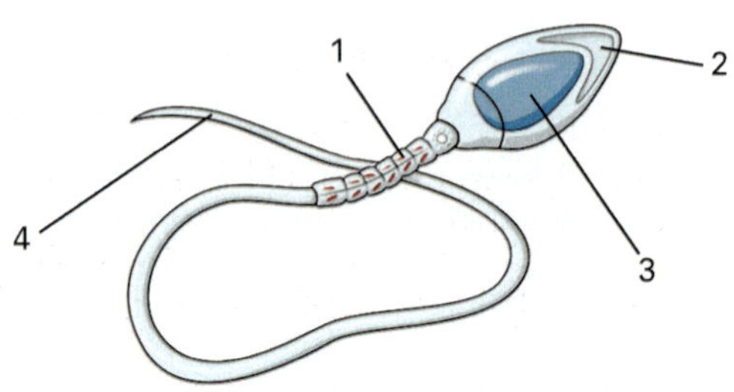

38 Copia en tu cuaderno los dibujos de los aparatos reproductores. Nombra y explica la función de cada una de las estructuras indicadas.

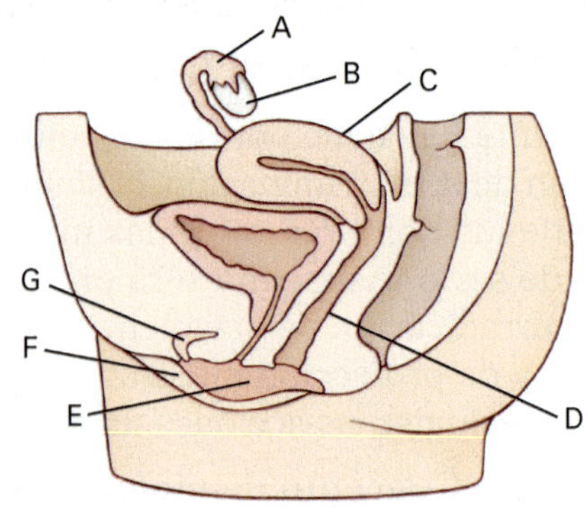

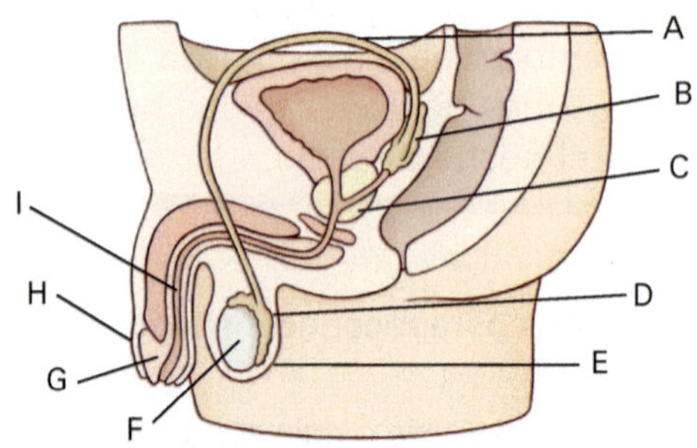

39 Explica las diferentes fases de los procesos de oogénesis y espermatogénesis. ¿Qué diferencia hay entre ellos?

40 Elabora un esquema del ciclo sexual femenino indicando cuándo tiene lugar la ovulación y la menstruación y en qué días del ciclo se puede producir un embarazo.

41 Ordena correctamente las vías que recorre el espermatozoide durante su camino hasta unirse con el óvulo: conducto deferente, trompa de Falopio, túbulo seminífero, uretra, conducto eyaculador, útero y epidídimo.

42 Describe un método anticonceptivo de tipo barrera, uno de tipo químico y otro de tipo quirúrgico.

43 Describe tres enfermedades de transmisión sexual: una producida por una bacteria, otra por un virus y otra causada por un hongo.

44 CONCEPTOS CLAVE. Define las siguientes palabras:

- amnios
- placenta
- alumbramiento
- infertilidad
- parto
- cigoto
- ombligo
- blastocisto

PRACTICA

45 ¿Qué relación existe entre la hipófisis y las gónadas femeninas?

46 Describe lo que representa esta imagen y explica las estructuras que puedes reconocer en ella.

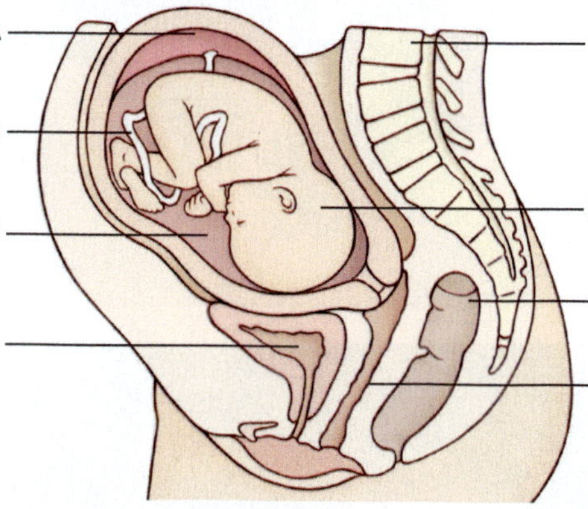

47 Escribe el nombre de los métodos anticonceptivos que cumplen los siguientes criterios e indica de qué tipo son y su eficacia:

a) Predicen los días fértiles.

b) Impiden que los espermatozoides lleguen al útero.

c) Impiden la implantación del cigoto.

d) Impiden la ovulación.

e) Son desfavorables para la supervivencia de los espermatozoides.

f) Impiden el paso de los óvulos y los espermatozoides.

48 USA LAS TIC. La implantación tiene lugar habitualmente en el útero materno, pero en algunas ocasiones sucede fuera originando un embarazo extrauterino. Busca información sobre este tipo de embarazos y redacta un breve informe en el que expliques dónde se produce la implantación en estos casos y qué consecuencias puede tener para la madre y para el embrión.

49 USA LAS TIC. Elabora un breve informe sobre el sida en el que detalles cómo se transmite esta enfermedad y cómo puede evitarse su contagio.

50 EDUCACIÓN CÍVICA. Lee y responde las preguntas.

El 38 % de los asesinatos de mujeres en el mundo no se debe a robos callejeros o situaciones de guerra, no: son perpetrados por sus parejas o exparejas, una cifra «alarmante», según la Organización Mundial de la Salud (OMS). El primer estudio global sobre la violencia física o sexual contra la población femenina elaborado por este organismo revela que un tercio de las mujeres de todo el mundo ha sufrido o sufrirá violencia a manos de su compañero sentimental en algún momento de su vida.

El País, 20/06/2013

a) ¿Cuál crees que es la causa de que ocurran estos sucesos violentos?

b) Busca información acerca de las medidas que se han tomado en nuestro país para acabar con este grave problema. ¿Te parecen suficientes? ¿Qué otras medidas tomarías tú?

FORMAS DE PENSAR. Análisis científico

Gemelos y mellizos

Si varios óvulos son fecundados por distintos espermatozoides, se pueden formar varios cigotos, con distinta información genética y que se desarrollan en diferentes bolsas amnióticas; de esta forma nacen en el mismo parto los mellizos, trillizos, etc., que tienen el mismo parecido que dos hermanos de partos distintos.

Cuando un óvulo es fecundado por un espermatozoide y la masa celular derivada del cigoto se separa en dos, se forman gemelos idénticos, con la misma información genética, que suelen encontrarse dentro de una única bolsa amniótica.

Se producen gemelos idénticos aproximadamente en cuatro nacimientos de cada 1 000.

A

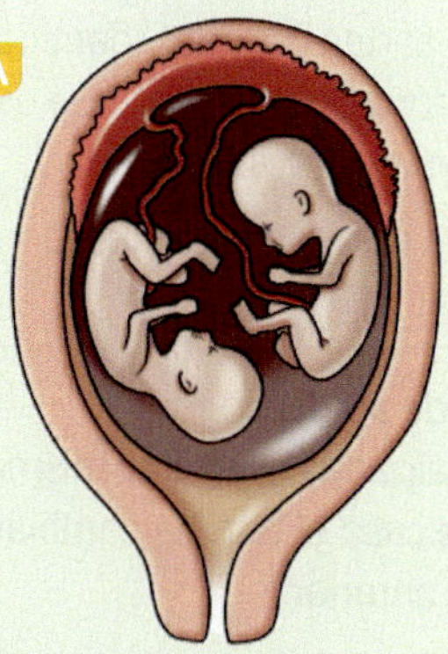

B

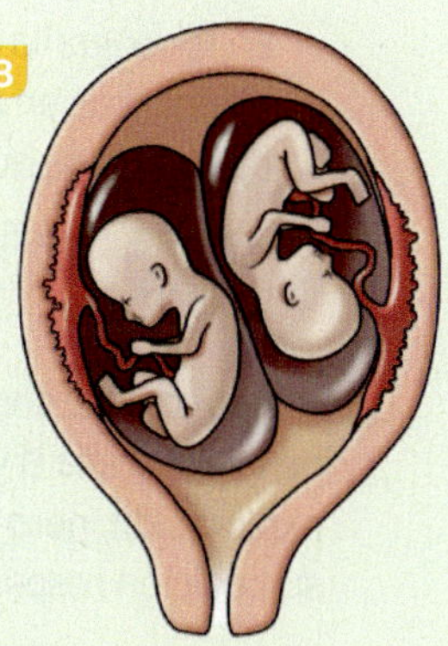

51 Observa las imágenes y contesta las preguntas.

a) ¿Cuántos fetos hay implantados en A? ¿Y en B?

b) ¿Cuántas placentas puedes ver en cada caso?

c) ¿Qué nombre reciben los niños nacidos en cada imagen? ¿Pueden ser del mismo sexo?

SABER HACER Competencia científica

Interpretar imágenes ecográficas del embarazo

Las ecografías son imágenes que se obtienen mediante ultrasonidos. Se utilizan para observar órganos internos y para realizar un seguimiento del desarrollo del feto en el embarazo, ya que al no utilizar radiación no producen daños en los tejidos.

Los ultrasonidos se reflejan muy poco en los tejidos blandos, pero lo hacen eficazmente en las partes duras, como los huesos, que devuelven por ello un eco potente. Ese eco es recogido por un micrófono, y transformado en una imagen, tanto más blanca cuanto más potente es el eco.

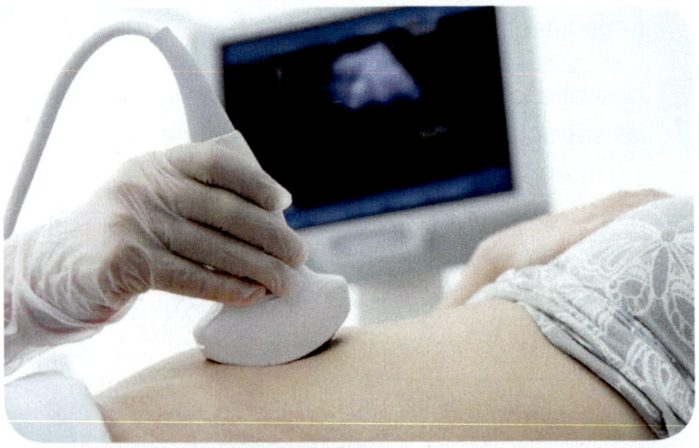

52 Las ecografías A y B corresponden, respectivamente, al primer y segundo trimestre de gestación. La primera se utiliza para confirmar si hay un solo embrión o más y ver su localización. Además, en esta ecografía se verifica que el embrión está vivo porque puede comprobarse el movimiento del esbozo del corazón. En la segunda se valora el volumen de líquido amniótico, la anatomía del feto y se determina su edad utilizando parámetros como la longitud del fémur.

a) ¿Qué diferencias hay entre las ecografías A y B respecto al desarrollo de las extremidades y las proporciones del cuerpo y la cabeza?

b) A partir del quinto mes, los principales huesos se reconocen con facilidad. La calcificación de los huesos indica lo avanzada que está la gestación, y puede reconocerse por el eco potente que producen los huesos ya bien formados y calcificados.

En la ecografía B, ¿qué partes del bebé identificas? ¿Identificas en alguna zona tejido óseo? ¿De qué color son los huesos en la ecografía?

c) Trata de identificar en la ecografía B el hueso frontal y el fémur.

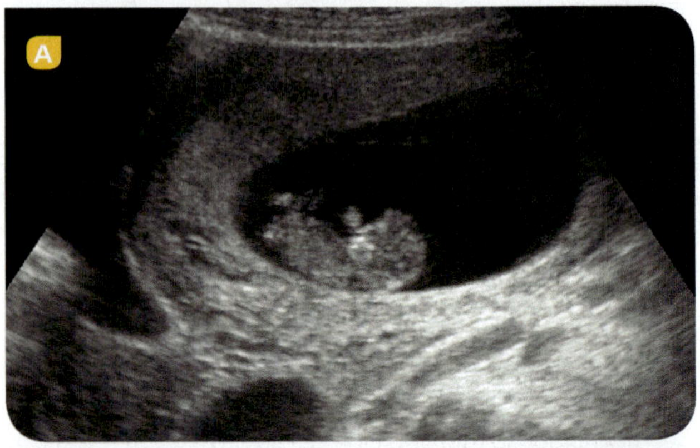

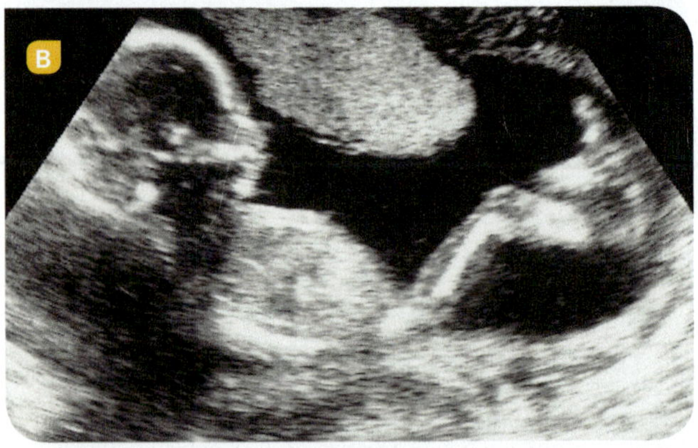

53 La ecografía C corresponde al mismo feto de la ecografía B y fue realizada durante la misma exploración, pero en este caso el feto ha cambiado su posición respecto a la anterior.

a) Trata de localizar el brazo. ¿Sabrías decir el nombre de los huesos señalados con una flecha?

b) ¿Dónde tiene el feto la mano? ¿Qué piensas que puede estar haciendo?

c) ¿Puedes ver alguna estructura más que no se percibiera en la ecografía anterior?

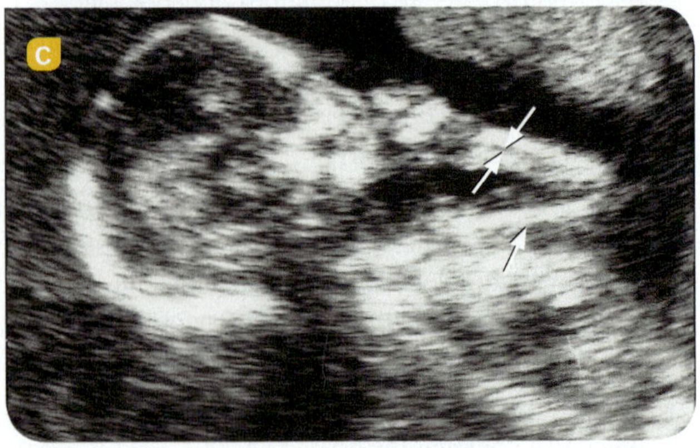

54 La ecografía 3D es una técnica ecográfica que proporciona una imagen tridimensional del bebé: lo más parecido a hacerle una fotografía, pero usando ecos de ultrasonidos, en vez de luz. Las imágenes son muy ilustrativas, sobre todo para estudiar el contorno fetal, y pueden ser muy útiles para detectar malformaciones superficiales, principalmente faciales.

Esta ecografía corresponde al primer trimestre del embarazo, ¿cuál es la diferencia que más te llama la atención si la comparas con la ecografía A de la primera pregunta?

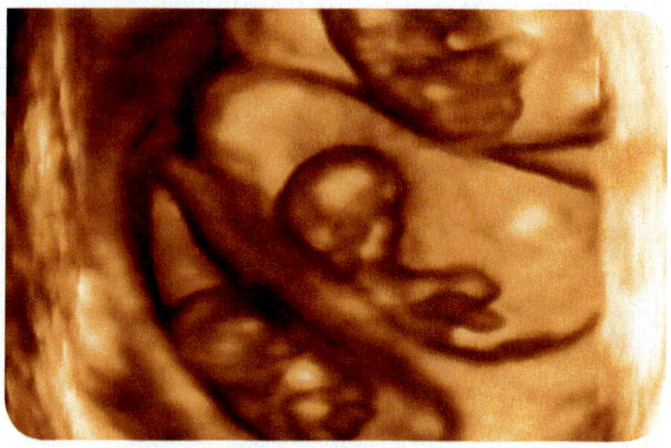

55 Escribe qué diferencias hay entre una ecografía normal y una 3D, qué ventajas y qué utilidad tiene cada una.

¿Crees que esta ecografía corresponde al final o al principio del embarazo? Explica por qué.

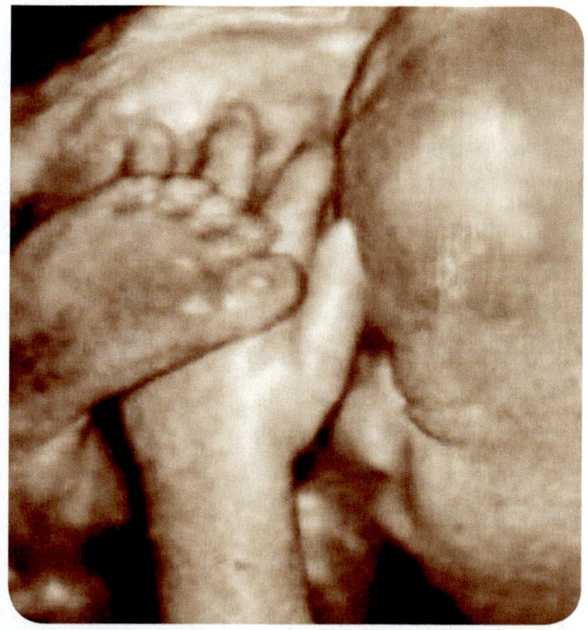

TRABAJO COOPERATIVO

Una presentación digital sobre la gestación

Vais a elaborar una presentación digital de diapositivas explicativas sobre el proceso de la gestación, utilizando imágenes ecográficas, fotografías, dibujos y cualquier otro material visual relacionado con dicho proceso.

- Formad grupos de cuatro personas. Uno de vosotros debe saber utilizar un programa para elaborar presentaciones de diapositivas.
- Buscad en internet imágenes de ecografías, fotografías, incluso dibujos, relacionados con este proceso. No olvidéis buscar en otros idiomas; así obtendréis muchos más resultados.
- Elegid las imágenes necesarias para hacer una presentación de tres o cuatro diapositivas. Podéis poner más de una imagen en cada diapositiva, pero no las recarguéis en exceso.

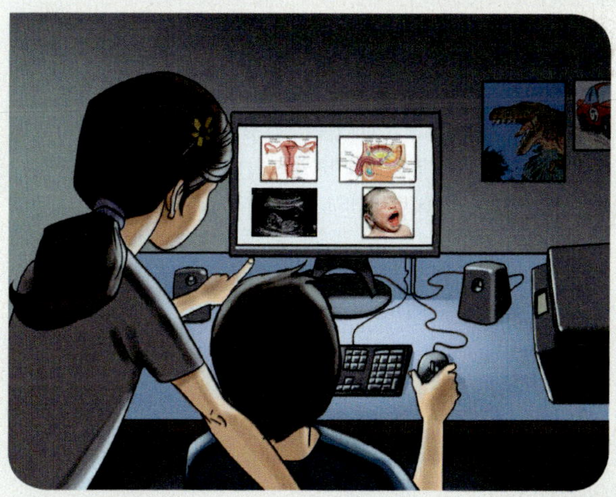

- Añadid la rotulación y los comentarios necesarios para que las imágenes sean didácticas y permitan aprender algo interesante.
- Si lo deseáis, podéis proponer un eslogan con un mensaje sobre los hábitos saludables que favorecen una gestación sin problemas.

8 La salud y el sistema inmunitario

SABER

- La salud y la enfermedad
- La transmisión de las enfermedades infecciosas
- El sistema inmunitario. Las defensas frente a los microorganismos
- La prevención y el tratamiento de las enfermedades infecciosas
- Las enfermedades no infecciosas
- La prevención de las enfermedades no infecciosas
- Los accidentes y los primeros auxilios
- La donación y los trasplantes

SABER HACER

- Analizar gráficas epidemiológicas

3 SALUD Y BIENESTAR

Apoyar la investigación, el desarrollo y el acceso a vacunas para prevenir las enfermedades infecciosas y no infecciosas.

? INTERPRETA LA IMAGEN

- Describe cómo es el robot.
- ¿En qué zona del robot crees que se acoplan las herramientas para operar, como, por ejemplo, los bisturís?

NOS HACEMOS PREGUNTAS

¿Qué es la cirugía robótica?

En la década de 1980 se introdujo la laparoscopia, una técnica menos invasiva que la cirugía abierta tradicional. Esta técnica permite operar a través de sondas que introducen en el cuerpo del paciente una luz, una cámara de vídeo e instrumentos quirúrgicos que son manipulados desde el exterior.

La laparoscopia ha dado paso al desarrollo de la cirugía laparoscópica asistida por robots, la cirugía robótica. Esta técnica presenta claros beneficios para el paciente al disminuir los riesgos y acelerar su recuperación.

OPINA. ¿Crees necesario seguir investigando en nuevas técnicas quirúrgicas? ¿Por qué?

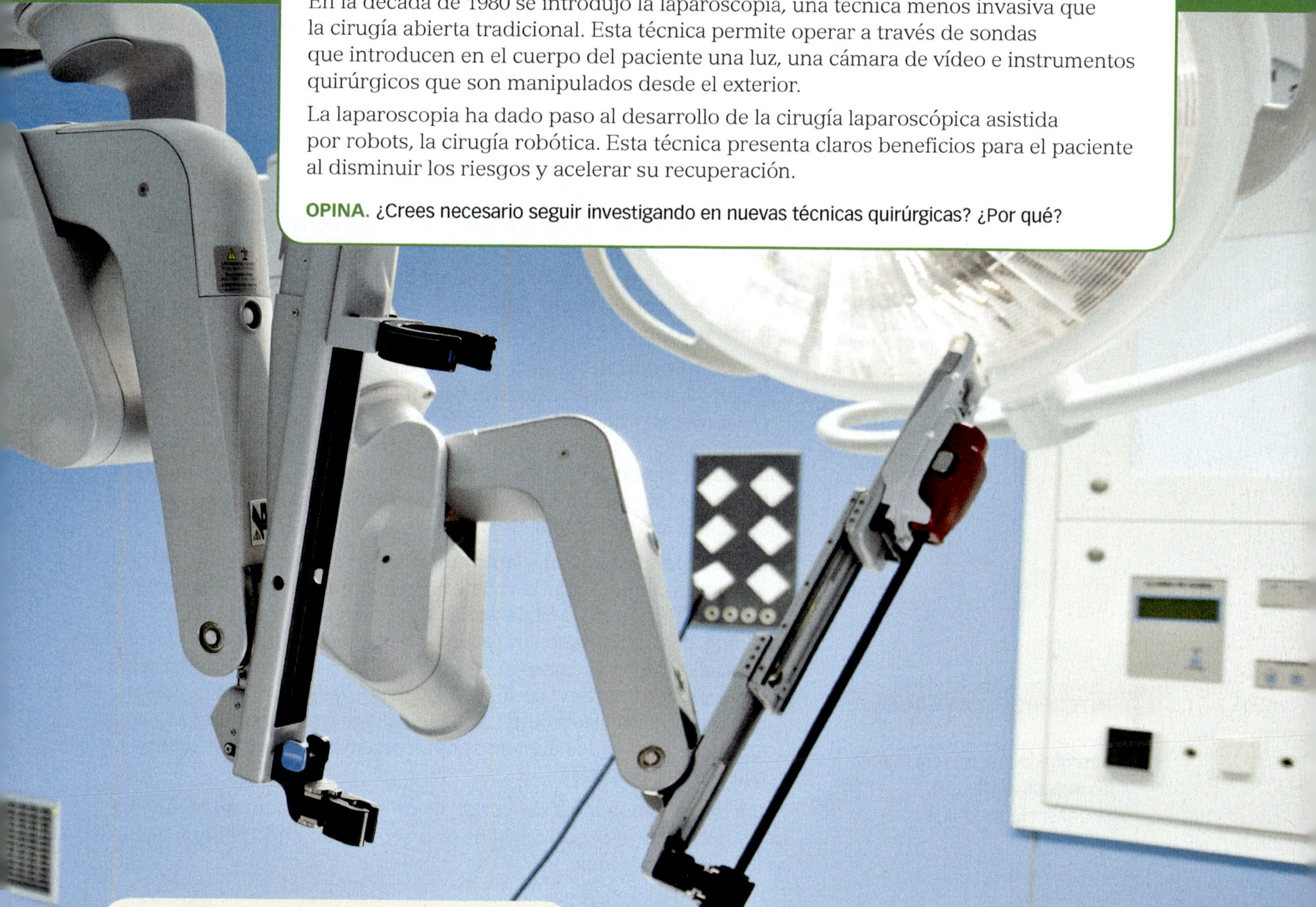

El cirujano opera con ayuda de un robot que controla a distancia, consiguiendo una excelente precisión.

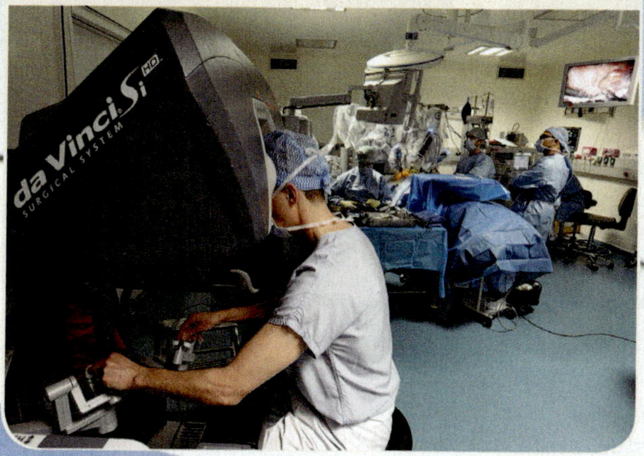

CLAVES PARA EMPEZAR

- ¿Cómo definirías el concepto de salud?
- ¿Qué tratamientos utilizan los profesionales de la medicina para curar las enfermedades?
- ¿Qué quiere decir que una enfermedad es contagiosa? ¿Por qué algunas lo son y otras no?

CLAVES PARA ESTUDIAR

- Comprender el concepto de salud y enfermedad.
- Diferenciar entre enfermedades infecciosas y no infecciosas.

1 La salud y la enfermedad

El concepto de **salud** ha cambiado a lo largo del tiempo. Hasta el siglo pasado se consideraba que una persona sana era aquella que no padecía ninguna enfermedad. Sin embargo, en 1948, la **Organización Mundial de la Salud (OMS)** definió la salud como un estado de completo bienestar físico, mental y social, y no solamente la ausencia de afecciones o enfermedades. Desde entonces se entiende que la salud tiene tres componentes principales:

- **La salud física.** Está relacionada con el funcionamiento correcto de nuestro organismo, es decir, con el funcionamiento fisiológico óptimo de los aparatos y sistemas. La salud física se refiere a aspectos de la biología y de la genética humanas y permite que el cuerpo realice las funciones vitales con normalidad.
- **La salud mental.** Alude a la forma en la que sentimos, pensamos y desarrollamos nuestras actividades en la vida diaria. Una persona con salud mental es aquella que mantiene un equilibrio emocional y psicológico que le permite desarrollar de forma correcta todas las facetas de su vida diaria y afrontar las situaciones cotidianas de estrés. Está relacionada con el control de las emociones, la autoestima y la confianza en uno mismo.
- **La perspectiva social y ambiental.** Las características del entorno y de la comunidad donde vivimos son fundamentales para mantener la salud. Según la OMS, la paz, la alimentación, la educación, la vivienda, el salario digno, los recursos sostenibles, la equidad y la justicia social son condiciones indispensables para tener una buena salud. Además, nuestra salud también depende de las características del medio en el que vivimos, como la calidad del aire que respiramos, del agua que bebemos, de los alimentos que comemos, así como del entorno natural que nos rodea.

Estos tres componentes del concepto de salud están íntimamente unidos y deben estar presentes al mismo tiempo para que podamos mantener una buena salud.

? INTERPRETA LA IMAGEN

1 Describe lo que representan las imágenes y lo que te transmite cada una de ellas.

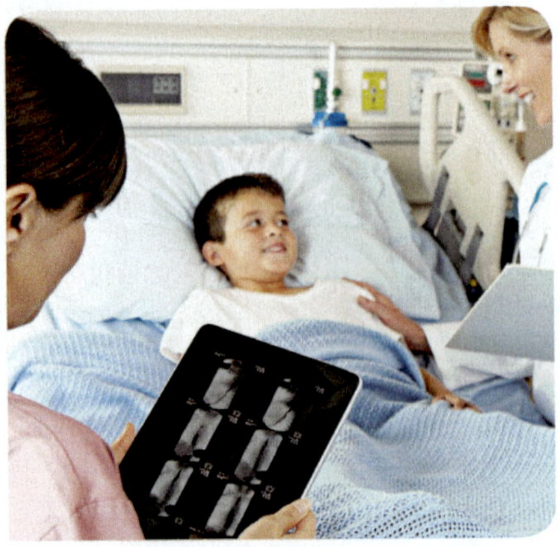

Muchas enfermedades afectan a la salud física y nos impiden seguir nuestra vida con normalidad. Según la gravedad, puede ser necesario la hospitalización del paciente.

La alta autoestima y la capacidad de controlar las emociones pueden ayudar a evitar enfermedades que afecten a nuestra mente, como la depresión.

La falta de recursos determina que las condiciones higiénicas y de alimentación sean tan negativas que puedan favorecer la aparición de enfermedades.

¿Qué es la enfermedad?

La **enfermedad** es una alteración del organismo que produce la pérdida de salud. El concepto de enfermedad está unido a una serie de términos cuyo significado es conveniente conocer:

- La **etiología** de una enfermedad es la causa o conjunto de causas que la producen.
- Los **síntomas** son el conjunto de manifestaciones subjetivas asociadas a una enfermedad, como el dolor, el cansancio, la falta de apetito, la tristeza, etc.
- Los **signos** son el conjunto de manifestaciones objetivas asociadas a la enfermedad, como la fiebre, la diarrea, las manchas cutáneas, los vómitos, etc.

El médico se apoya en los síntomas y los signos de una enfermedad y en diversas pruebas específicas para realizar un **diagnóstico**, es decir, identificar la enfermedad y aplicar un **tratamiento**.

Clasificación de las enfermedades

Las enfermedades pueden clasificarse de varias formas según el criterio que se utilice. Por ejemplo, según el aparato o sistema afectado, se distinguen enfermedades respiratorias, digestivas, cardiovasculares, endocrinas, etc. Otras veces se diferencia entre enfermedades **agudas**, si la duración de la enfermedad es corta, o **crónicas**, si por el contrario se mantiene a lo largo del tiempo.

Una forma frecuente de clasificar las enfermedades es distinguir entre enfermedades infecciosas y enfermedades no infecciosas.

- **Enfermedades infecciosas.** Son causadas por **microorganismos patógenos** que penetran en nuestro organismo, se reproducen en su interior y provocan una infección. Estos microorganismos pueden ser virus, bacterias, hongos y protozoos.
- **Enfermedades no infecciosas.** Son todas las que no están provocadas por microorganismos patógenos.

ACTIVIDADES

2 ¿Es correcto decir que la salud es la ausencia de enfermedad? ¿Por qué?

3 *Pathos* es un término griego que significa enfermedad. ¿Qué crees que significa patógeno? Busca su significado en el diccionario.

4 USA LAS TIC. ¿Qué diferencias existen entre los síntomas y los signos de una enfermedad? Elige una enfermedad y busca información sobre sus síntomas y sus signos.

Virus	Bacterias
No se consideran verdaderos seres vivos porque necesitan la intervención de una célula para reproducirse. Pueden causar enfermedades como la gripe, el sarampión o la varicela. 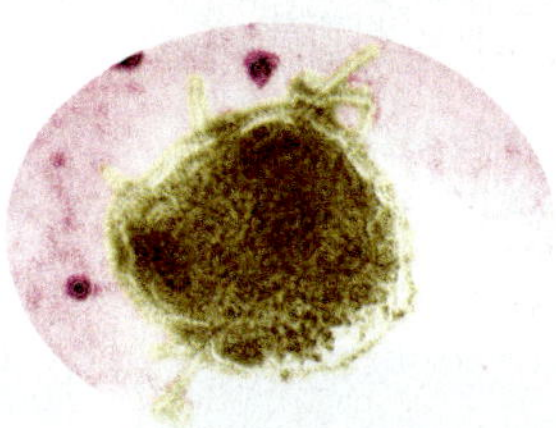	Microorganismos unicelulares procariotas causantes de enfermedades como la salmonelosis, la neumonía, la difteria, el tétanos o la tuberculosis. 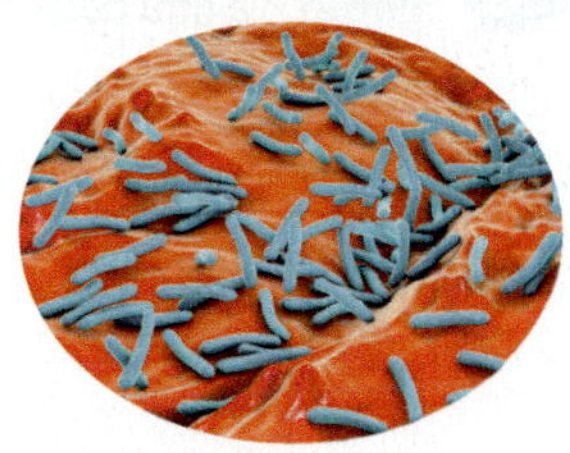
Hongos	**Protozoos**
Microorganismos pluricelulares o unicelulares eucariotas causantes de enfermedades como el pie de atleta, la candidiasis o la tiña. 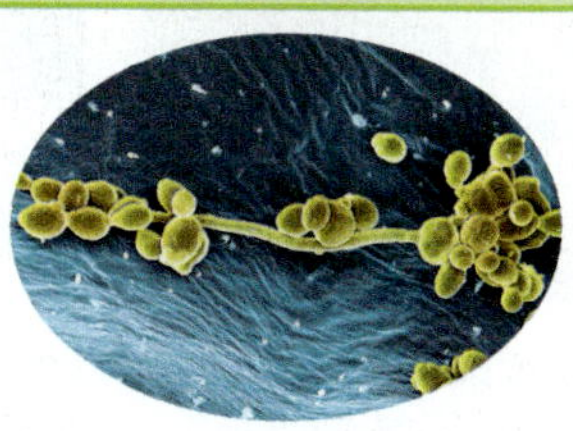	Microorganismos unicelulares eucariotas causantes de enfermedades como la malaria, la toxoplasmosis o la enfermedad del sueño. 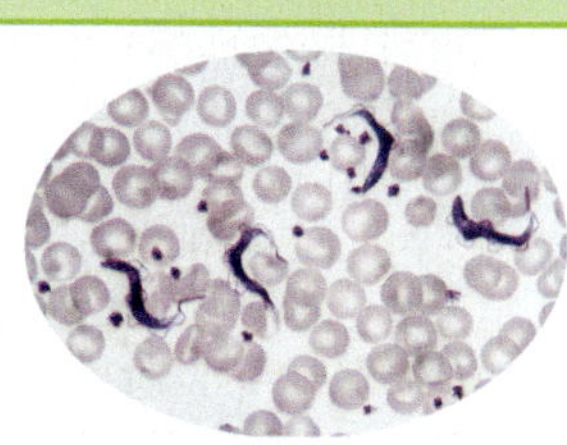

CLAVES PARA ESTUDIAR

- Comprender los mecanismos de transmisión de las enfermedades infecciosas.

2 La transmisión de las enfermedades infecciosas

En la transmisión de las enfermedades infecciosas participan un conjunto de elementos que reciben el nombre de **cadena epidemiológica**:

- **Agente.** Es el microorganismo patógeno (virus, bacteria, hongo o protozoo) que provoca la enfermedad.
- **Fuente.** Es el lugar en el que está el microorganismo patógeno y desde el que se transmite al ser humano. Se suele distinguir entre:
  - **Reservorio.** Lugar donde vive y se reproduce el microorganismo patógeno y del que depende su supervivencia. Puede ser el medioambiente, como el agua o el suelo; un animal; una persona enferma o una **portadora**, es decir, la que tiene el microorganismo patógeno pero no manifiesta síntomas de la enfermedad.
  - **Ambiente.** Es el lugar en el que el microorganismo patógeno vive, pero no se puede reproducir.
- **Vector.** Son los animales que transportan el microorganismo patógeno hasta las personas. Los vectores no padecen la enfermedad, pero la transmiten a través de la picadura o la mordedura. Los más importantes son los artrópodos, como moscas, mosquitos, pulgas, garrapatas o piojos. Otros animales pueden ser a la vez vectores y reservorios, como pasa con algunos vertebrados, como aves, ratas, gatos o perros.
- **Huésped.** Es la persona que contrae la infección y enferma por su causa. El microorganismo patógeno tiene que atravesar las barreras físicas que protegen su cuerpo.

Cadena epidemiológica de la malaria

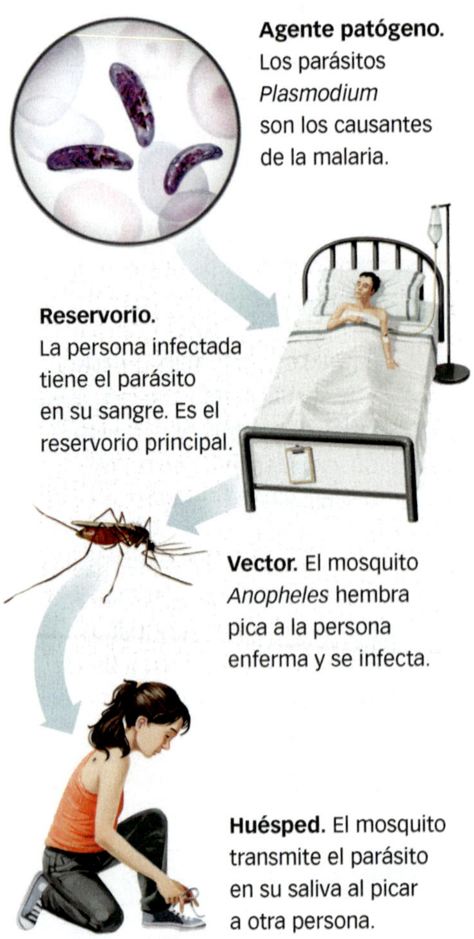

Algunos vectores de enfermedades

La mosca *Tsé-tsé* transmite el protozoo de la enfermedad del sueño.

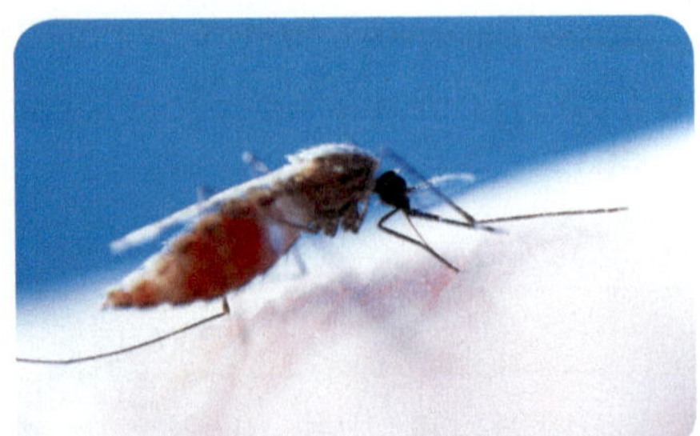
El mosquito *Anopheles* transmite el protozoo de la malaria.

El ganado con brucelosis puede transmitir la bacteria a las personas.

Los mamíferos con rabia pueden transmitir el virus por mordedura.

Tipos de transmisión

Las enfermedades infecciosas pueden transmitirse de diferentes formas:

- **Transmisión directa.** Los microorganismos patógenos se transmiten de una persona enferma a otra sana a través del contacto físico directo, como tocar, besar, tener relaciones sexuales o contacto directo con secreciones producidas al toser o estornudar.
- **Transmisión indirecta.** La enfermedad se contagia de una persona enferma a otra sana sin que exista contacto directo entre ambas. Los microorganismos patógenos se transmiten a través de elementos contaminados, como el suelo, el aire, el agua, los alimentos, objetos o vectores.

El agua no potabilizada puede ser un vehículo de transmisión indirecta de enfermedades.

Puertas de entrada en el huésped

El microorganismo patógeno puede penetrar en el organismo a través de varias vías de entrada:

- **Vía cutánea.** La entrada del microorganismo patógeno es a través de heridas o pequeñas fisuras en la piel, picaduras de insectos o mordeduras de animales. Es el caso de enfermedades como el tétanos, la malaria o la rabia.
- **Vía respiratoria.** La entrada del microorganismo patógeno se produce a través de las vías respiratorias en el aire que respiramos. Así se transmiten enfermedades como la gripe o la tuberculosis.
- **Vía digestiva.** La entrada se produce por la ingestión de agua o alimentos contaminados por el microorganismo. Por esta vía de entrada se pueden contraer enfermedades como la salmonela o el cólera.
- **Vía genital.** El contacto sexual es responsable de la transmisión de una persona a otra de enfermedades como la sífilis o el sida.

Colocar un pañuelo delante de la nariz al estornudar puede evitar el contagio de enfermedades.

Endemias, epidemias y pandemias

Cuando una enfermedad es más frecuente en una zona geográfica que en otras y afecta a un número de personas bastante constante, hablamos de **endemia**. Por ejemplo, la malaria es una enfermedad endémica en zonas tropicales y subtropicales de muchos países. Si el número de personas a las que afecta una enfermedad en un lugar aumenta mucho y con rapidez, entonces se utiliza el término **epidemia**. Es el caso de las epidemias de gripe, que se producen cuando el número de personas que enferman es superior al esperado. Si la epidemia se propaga a muchos países, entonces se denomina **pandemia**, como sucede con el sida.

ACTIVIDADES

5. ¿Qué diferencia existe entre un reservorio y un vector? ¿Puede un reservorio actuar a la vez como vector? ¿Por qué?

6. ¿Qué diferencia hay entre la transmisión directa y la indirecta de una enfermedad?

7. USA LAS TIC. La gripe aviar es una enfermedad vírica de las aves que infectó por primera vez al ser humano en 1997. Entra en la página de la OMS y teclea en su buscador *gripe aviar*. Investiga cuáles son los factores de riesgo de infección del ser humano.

CLAVES PARA ESTUDIAR

- Identificar los mecanismos de defensa que nos protegen ante los microorganismos patógenos y conocer su funcionamiento.

3 El sistema inmunitario. Las defensas frente a los microorganismos

El **sistema inmunitario** es el encargado de proteger nuestro organismo frente a las invasiones de los microorganismos patógenos. Se encuentra distribuido por todo nuestro cuerpo y comprende tres mecanismos de defensa: las **barreras de entrada**, la **respuesta inmunitaria inespecífica** y la **respuesta inmunitaria específica**.

Barreras de entrada

Es el primer mecanismo que se pone en marcha para evitar la entrada de microorganismos patógenos en el interior del organismo. Las barreras pueden ser de tres tipos:

- **Físicas.** Son la piel y las mucosas, estructuras que recubren nuestro organismo y lo protegen del medio externo.
- **Químicas.** Son sustancias que dificultan la proliferación de microorganismos. Se encuentran, por ejemplo, en las lágrimas, la saliva o los jugos gástricos.
- **Biológicas.** Son los microorganismos que viven en nuestro cuerpo aportándonos algún tipo de beneficio, como el de competir con los microorganismos patógenos y evitar así que accedan al organismo.

Respuesta inmunitaria inespecífica

Cuando los microorganismos patógenos atraviesan las barreras de entrada y se introducen en nuestros tejidos, se activa la respuesta inmunitaria inespecífica. Esta respuesta es llevada a cabo por algunos leucocitos, los monocitos y los neutrófilos, que se transforman en **fagocitos**. Se produce siempre del mismo modo, con independencia del tipo de microorganismo patógeno, por eso se denomina **inespecífica**.

? INTERPRETA LA IMAGEN

8 Describe cómo son los dos tipos de células sanguíneas representadas en la imagen.

1. Tras la entrada de los microorganismos patógenos, los capilares de la zona herida se dilatan y aportan más sangre, lo que causa enrojecimiento y aumento de la temperatura.

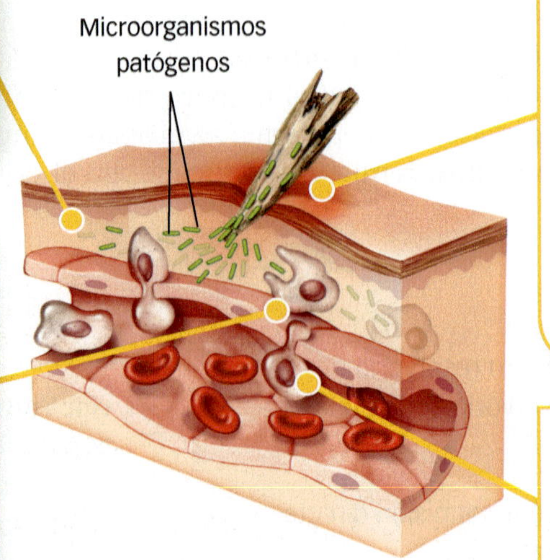

2. Los capilares aumentan su permeabilidad y sale sangre del vaso sanguíneo, lo que provoca la hinchazón de la zona afectada. Este aumento de la permeabilidad permite la salida de sustancias y otros elementos, como los monocitos.

3. Los monocitos que salen del interior de los vasos sanguíneos se transforman en fagocitos.

4. Los fagocitos emiten prolongaciones o pseudópodos para capturar a los microorganismos patógenos u otros materiales extraños y, a continuación, los fagocitan, es decir, los introducen en su interior para eliminarlos.

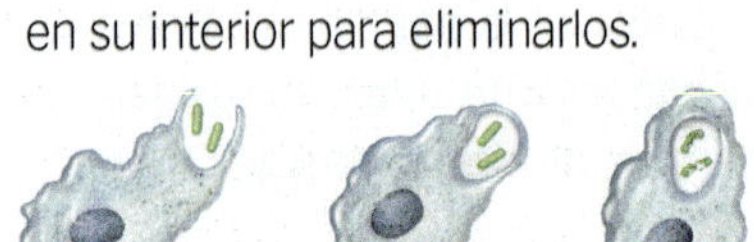

Respuesta inmunitaria específica

Este mecanismo de defensa se activa cuando el microorganismo patógeno supera los dos niveles de defensa anteriores, para evitar que se propague por todo el organismo. Se lleva a cabo gracias a la actuación de un segundo tipo de leucocitos llamados **linfocitos**.

Los linfocitos son capaces de reconocer **antígenos**, que son sustancias o partículas, como fragmentos de microorganismos, que nuestro organismo reconoce como extrañas. El reconocimiento de antígenos por parte de los linfocitos activa la respuesta inmunitaria **específica**. Existen dos tipos principales de linfocitos:

- **Linfocitos T**, que al activarse son capaces de reconocer los antígenos de las células del cuerpo infectadas y destruirlas.
- **Linfocitos B**, que producen proteínas llamadas **anticuerpos** que neutralizan los antígenos que han activado su producción.

? INTERPRETA LA IMAGEN

9 ¿Qué relación entre el antígeno y el anticuerpo puedes observar en el esquema?

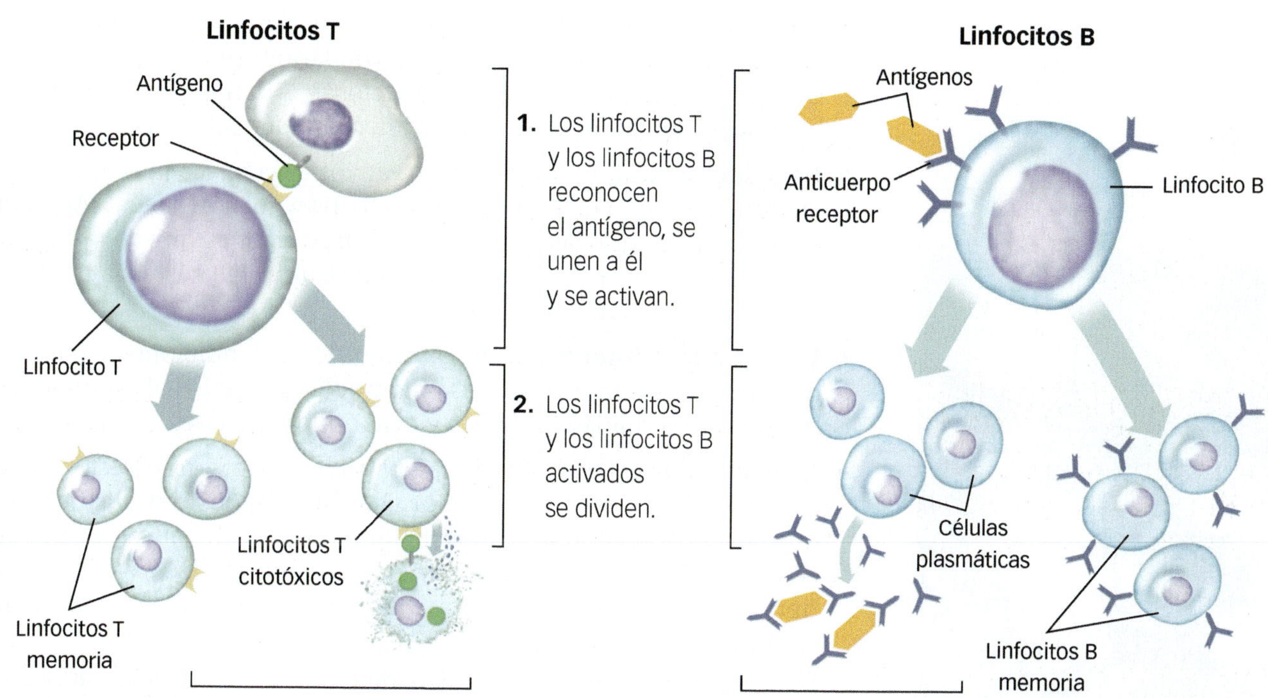

3. Los linfocitos T se convierten en **linfocitos T citotóxicos** que reconocen el antígeno y destruyen la célula infectada.

3. Los linfocitos B se transforman en **células plasmáticas** que producen anticuerpos que neutralizan el antígeno.

Los **linfocitos de memoria** son los linfocitos que se activaron ante un microorganismo patógeno en una respuesta inmunitaria anterior y perduran en nuestro organismo durante toda la vida. Si el mismo microorganismo entra de nuevo en nuestro cuerpo, estos linfocitos lo detectan con rapidez y lo neutralizan sin que la enfermedad llegue a manifestarse. En este caso se dice que nuestro organismo está **inmunizado** contra esa enfermedad.

Si las características del microorganismo patógeno cambian, como sucede en el caso del virus de la gripe, los linfocitos de memoria no son capaces de detectarlos y podemos volver a padecer la enfermedad.

ACTIVIDADES

10 ¿Cuál es el primer nivel de defensa de nuestro organismo?

11 ¿Qué diferencia existe entre las dos respuestas inmunitarias para llamar a una específica y a la otra inespecífica?

CLAVES PARA ESTUDIAR

- Conocer los aspectos más importantes relacionados con la prevención de las enfermedades infecciosas.
- Identificar el tratamiento que requiere cada tipo de infección.

4 La prevención y el tratamiento de las enfermedades infecciosas

Aunque nuestro sistema inmunitario es muy eficaz y nos protege de las enfermedades infecciosas, también es importante mantener unos hábitos de vida saludables y adoptar medidas básicas de **prevención**. Si a pesar de todo enfermamos, entonces será necesario seguir algún tipo de **tratamiento**.

La prevención

Algunas enfermedades infecciosas son muy graves y su tratamiento es complejo. Para prevenirlas hay que tener en cuenta los siguientes aspectos:

- **La higiene personal y ambiental.** El aseo habitual de nuestro cuerpo ayuda a eliminar posibles microorganismos patógenos. Medidas sencillas, como lavarse las manos antes de comer o de manipular alimentos o después de ir al baño, estornudar o toser, reducen el riesgo de contagio de enfermedades infecciosas. Además, las condiciones higiénicas del medio en el que vivimos también son importantes.
- **La salud sexual.** El uso de preservativos es la forma más eficaz para evitar el contagio de enfermedades de transmisión sexual. Además, es aconsejable que las mujeres realicen revisiones ginecológicas, ya que ayudan, entre otros objetivos, a descartar la presencia de infecciones que no manifiestan síntomas.
- **La higiene alimentaria.** Es el conjunto de condiciones y medidas que debemos tomar durante la manipulación de los alimentos para garantizar su calidad higiénica y evitar intoxicaciones.
- **La vacunación.** Las **vacunas** son preparados de virus o bacterias que no provocan la enfermedad por estar atenuados o muertos, pero que desencadenan una respuesta inmunitaria específica que produce anticuerpos y linfocitos de memoria. Si en el futuro la persona tiene contacto con ese microorganismo patógeno, su organismo será capaz de eliminarlo.

  Desde el nacimiento hasta aproximadamente los 14 años debemos recibir las vacunas recogidas en el calendario de vacunación.
- **Las medidas preventivas al viajar.** Si nos desplazamos a otro país, es posible que necesitemos recibir algunas vacunas determinadas, ya que hay zonas del mundo en las que ciertos tipos de enfermedades infecciosas son frecuentes.

  También deben adoptarse otras medidas como consumir solo agua embotellada, utilizar repelentes contra insectos, ropas y pantalones largos, mosquiteras, etc.
- **El cuidado de las mascotas.** Los animales pueden transmitir algunas enfermedades infecciosas; por esta razón es muy importante cuidar y vacunar de forma correcta a nuestras mascotas.

Además, las personas que trabajan en el campo de la salud adoptan otras medidas especiales, como el uso de mascarillas, guantes y ropas protectoras y material sanitario de un solo uso. Existen también normas relacionadas con la manipulación de sangre y otros materiales.

Medidas de prevención utilizadas en la manipulación de muestras para análisis.

? INTERPRETA LA IMAGEN

12 ¿Qué precauciones ha adoptado esta persona para su protección?

El tratamiento

Cada tipo de enfermedad infecciosa requiere uno o varios medicamentos diferentes para destruir o impedir la reproducción del microorganismo patógeno. Algunos se aplican sobre las heridas o las zonas infectadas, mientras que otros se ingieren o inyectan para que lleguen a los órganos o tejidos internos.

Además, junto al uso de otros medicamentos también se adoptan medidas generales, como la ingestión adecuada de líquidos y el descanso, que alivian signos y síntomas como la fiebre o el dolor.

- **Infección por bacterias.** El tratamiento adecuado para este tipo de infecciones son los **antibióticos**. Respetar la dosis, la frecuencia y la duración del tratamiento es muy importante, ya que su mal uso es la causa de que muchas bacterias se conviertan en resistentes y el antibiótico deje de ser eficaz para eliminarlas.
- **Infección por virus.** El tratamiento adecuado es el uso de **antivirales**. Son medicamentos que actúan contra algunos tipos de virus, como el virus del herpes. Sin embargo, hay muchas infecciones por virus para las que no se ha descubierto todavía un antiviral eficaz y su tratamiento solo comprende medidas generales.
- **Infección por hongos.** Se tratan con medicamentos **antimicóticos** o **antifúngicos**, que impiden la proliferación de hongos y los destruyen.
- **Infección por protozoos.** Son difíciles de tratar por la gran diversidad de protozoos que existen. Hay pocos fármacos específicos para cada enfermedad.

En algunas infecciones, como el tétanos, cuando el proceso es grave y el cuerpo no dispone de tiempo suficiente para producir anticuerpos, pueden inyectarse preparados artificiales que contienen anticuerpos contra el microorganismo patógeno causante de la enfermedad.

ACTIVIDADES

13 USA LAS TIC. Entra en la página de la Organización Mundial de la Salud (OMS) y teclea en el buscador *cobertura vacunal*. ¿Por qué las vacunas son importantes en la prevención de enfermedades? Cita cuatro enfermedades víricas para las que existe una vacuna.

14 USA LAS TIC. Busca una noticia sobre avances biomédicos en inmunoterapia contra el cáncer.

SABER MÁS

La penicilina

En 1929, mientras estudiaba el crecimiento de bacterias en placas de cultivo de laboratorio, el médico escocés **Alexander Fleming** (1881-1955) encontró que algunas placas habían sido contaminadas por un hongo del ambiente. Observó que alrededor de la zona contaminada no habían crecido las bacterias.

Decidió estudiar aquel hongo que resultó ser el *Penicillium notatum* y dirigió sus investigaciones para determinar qué sustancia producida por este hongo era capaz de impedir el crecimiento de las bacterias. Una vez aislada, la llamó penicilina y fue el primer antibiótico conocido.

► Realiza en tu cuaderno un dibujo esquemático de la placa de cultivo fotografiada. Si la zona blanca redondeada corresponde a la colonia del hongo, ¿qué significa el halo que lo rodea?

CLAVES PARA ESTUDIAR

- Conocer las principales enfermedades no infecciosas.
- Identificar los factores de riesgo y los hábitos de vida saludables que previenen las enfermedades no infecciosas.

5 Las enfermedades no infecciosas

Este tipo de enfermedades comprenden lesiones y trastornos que producen daños físicos en tejidos u órganos o en su funcionamiento, pero que no se transmiten, ya que no están provocadas por microorganismos patógenos externos:

- **Traumáticas.** Se producen por golpes o torceduras que causan heridas en la piel, lesiones en el aparato locomotor y, con menos frecuencia, en otros órganos y tejidos.
- **Metabólicas.** Están causadas por alteraciones del metabolismo. La diabetes es un ejemplo de enfermedad metabólica en la que aumenta la cantidad de glucosa en la sangre por una producción insuficiente de insulina o porque los tejidos no responden bien a esta hormona.
- **Genéticas.** Se deben a una alteración del material genético que provoca una malformación o a un mal funcionamiento de algún órgano o sistema. La hemofilia es un ejemplo de enfermedad genética hereditaria.
- **Degenerativas.** Están causadas por un deterioro progresivo de los tejidos que, con el paso del tiempo, produce alteraciones en los órganos afectados. Es el caso de la enfermedad de Alzheimer, en la que se produce una destrucción paulatina de las neuronas de la corteza cerebral, o la artrosis que afecta a las articulaciones.
- **Autoinmunitarias.** Se deben a que el sistema inmunitario no funciona de forma correcta y reacciona contra las células del propio organismo, destruyéndolas.
- **Neoplásicas.** Se producen cuando una célula de un tejido sufre alteraciones y se reproduce de forma incontrolada formando un **tumor** o **neoplasia**. Si el tumor está localizado y no causa la muerte de las células colindantes, es benigno; pero si invade y destruye órganos y tejidos, se dice que es maligno. El **cáncer** es una enfermedad neoplásica maligna.

ACTIVIDADES

15 ¿En qué se diferencian las enfermedades degenerativas de las autoinmunes?

16 Explica en qué se diferencian las neoplasias malignas de las benignas.

SABER MÁS

La biotecnología en Andalucía

La biotecnología desarrolla aplicaciones tecnológicas utilizando organismos vivos o partes de ellos. Debido a sus múltiples utilidades, su uso está extendiéndose en campos como la agricultura o la medicina. Dentro de la biotecnología destaca la nanotecnología, que desarrolla técnicas para manipular la materia a escala molecular.

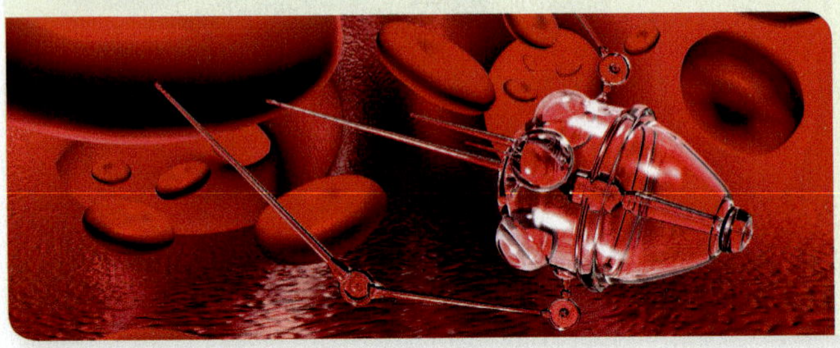

En Andalucía existen varios centros dedicados al estudio de la biotecnología, entre los cuales destaca Bionand, gestionado por la Junta de Andalucía y la Universidad de Málaga. Es el primer centro en España dedicado en exclusiva a la investigación en nanotecnología aplicada a la salud. Algunas de las líneas de investigación del centro son el nanodiagnóstico, que desarrolla dispositivos de diagnóstico y detección temprana de enfermedades como el cáncer, y los nanosistemas terapéuticos, los cuales permiten transportar y liberar fármacos en el interior del cuerpo de manera controlada.

▶ USA LAS TIC. Investiga los avances en medicina que ha permitido la biotecnología.

6 La prevención de las enfermedades no infecciosas

La prevención es la mejor forma de reducir la probabilidad de contraer enfermedades. Hay dos tipos de medidas que podemos adoptar: evitar los factores de riesgo y adoptar hábitos de vida saludables.

Factores de riesgo

Se denomina **factor de riesgo** a cualquier actividad que aumente la probabilidad de sufrir un accidente o una enfermedad. Algunos de estos factores son los siguientes:

- **Las dietas desequilibradas.** Son las que no aportan los nutrientes necesarios ni las cantidades apropiadas para que el organismo se desarrolle con normalidad. La carencia o el exceso de ciertos nutrientes puede favorecer la aparición de enfermedades.
- **Los factores ambientales.** Su capacidad de producir una enfermedad depende de aspectos como la intensidad y el tiempo de exposición. Por ejemplo, la exposición en el trabajo a productos industriales como metales o gases irritantes puede producir enfermedades respiratorias. El deterioro de la calidad del agua y del aire ha elevado los contaminantes y antígenos en la atmósfera, favoreciendo el incremento de enfermedades; por esta razón, son muy importantes las acciones dirigidas a cuidar el medioambiente.
- **Las prácticas de riesgo.** Actos como el consumo de drogas o no respetar las normas de tráfico son factores de riesgo importantes de enfermedad.

Hábitos de vida saludables

Los **hábitos saludables** son los que nos permiten desarrollar nuestras actividades cotidianas de forma satisfactoria y mejorar nuestra salud.

- **Utilizar una fuente de luz adecuada.** Para leer, estudiar o realizar actividades que requieran fijar la vista, es aconsejable respetar una distancia apropiada y tener una cantidad de luz suficiente, aunque no intensa. Para ver la televisión es mejor hacerlo con luz tenue que en la oscuridad. Al utilizar el ordenador hay que evitar los reflejos de luz en la pantalla.
- **Proteger los ojos y la piel de la radiación solar.** Conviene utilizar gafas de sol en días soleados, especialmente en la nieve, y proteger la piel con cremas protectoras o con ropa.
- **Realizar ejercicio físico.** El ejercicio físico moderado aporta beneficios al sistema circulatorio y el corazón, el aparato locomotor, el metabolismo y nuestra salud mental y su perspectiva social. Además, aumenta nuestra vitalidad y favorece el descanso.
- **Descansar el tiempo necesario.** En la adolescencia, nuestro cuerpo necesita entre ocho y diez horas de sueño al día. Para rendir más, es mejor estudiar durante periodos de una hora, con descansos de diez o quince minutos entre horas.

NOS COMPROMETEMOS

El alcohol es una droga muy nociva, especialmente en la adolescencia, porque influye de forma negativa en el desarrollo cerebral y a largo plazo produce enfermedades graves.

ACTIVIDADES

17 ¿Es correcto decir que el alcohol y el tabaco son drogas? ¿Consideras que son un factor de riesgo de enfermedades? ¿Por qué?

18 ¿Por qué realizar ejercicio físico es un hábito de vida saludable? ¿Qué tipo de ejercicio físico realizas?

19 TOMA LA INICIATIVA. ¿Cuántas horas necesita dormir un adolescente? Teniendo en cuenta la hora a la que te levantas para ir al instituto, calcula la hora óptima para acostarte y dormir el tiempo necesario.

CLAVES PARA ESTUDIAR

- Conocer diferentes técnicas de primeros auxilios.
- Valorar la importancia de la donación de órganos.

Teléfono de emergencia.

ACTIVIDADES

20 USA LAS TIC. Escribe en un buscador *cruz roja, prevención, hogar*. Selecciona un tipo de accidente, lee la información y redacta un pequeño resumen sobre cómo actuar. Después, haz una exposición en clase.

7 Los accidentes y los primeros auxilios

La OMS define los **accidentes** como sucesos generalmente prevenibles que provocan o tienen el potencial de provocar una lesión. Los principales tipos, según la causa que los produce, son los siguientes:

- **Accidentes de tráfico.** Son la causa más importante de mortalidad en adolescentes y jóvenes. Para prevenirlos es imprescindible respetar las normas de circulación vial, como llevar casco al circular en bicicleta o en moto; utilizar el cinturón de seguridad en el coche; o extremar la precaución al cruzar calles y carreteras.
- **Caídas.** Son la principal causa de accidente en el ámbito escolar. Correr sin prestar atención al estado del suelo, subir y bajar escaleras con rapidez o hacer un mal uso de las barandillas puede causarlas.
- **Quemaduras.** Las causas más frecuentes son la manipulación de objetos muy calientes o la exposición al sol sin la protección adecuada.
- **Electrocución.** Es el resultado del paso de corriente eléctrica a través de nuestro cuerpo. Para evitar este tipo de accidente es importante desconectar los aparatos eléctricos al manipularlos y nunca hacerlo con las manos mojadas, descalzos o cuando el suelo está húmedo.
- **Atragantamiento.** Se produce al ingerir un objeto o alimento que se detiene en la garganta e impide el paso del aire. Para evitarlo, conviene comer tranquilamente y trocear y masticar bien los alimentos.

Los primeros auxilios

Cuando una persona sufre un accidente y se sospecha que es grave, debe llamarse inmediatamente al 112. Mientras esperamos a que la persona sea atendida por el personal sanitario, pueden aplicarse algunas técnicas de primeros auxilios; pero si se cree que puede haber una lesión de la columna vertebral, nunca se debe mover al accidentado.

Corte o herida	Atragantamiento	Quemaduras	Desmayo
Lavar la herida con agua y jabón o suero fisiológico, siempre del centro hacia fuera para evitar la entrada de microorganismos, y aplicar un apósito con antiséptico.	Abrazar a la víctima por detrás, colocar las manos, una cerrada y la otra encima, debajo del esternón y hacer un movimiento rápido hacia dentro y hacia arriba.	Aplicar en la zona un chorro suave de agua fría durante diez a quince minutos. Si aparecen ampollas con líquido, no romperlas y acudir al médico.	Revisar la respiración y aflojar la ropa alrededor del cuello y la cintura. Tumbar a la persona boca arriba con las piernas elevadas y la cabeza de lado. Llamar a emergencias.
			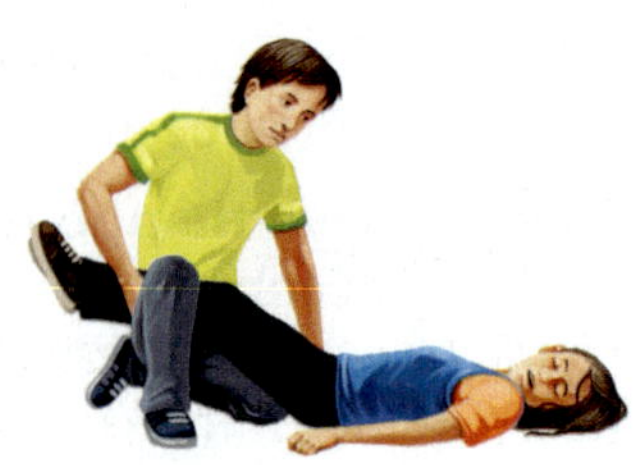

8 La donación y los trasplantes

Un **trasplante** es una técnica médica en la que células, un órgano o un tejido enfermo se sustituyen por otro sano que procede de un **donante**. Cuando el receptor y el donante son la misma persona, se llama **autotrasplante**; si el donante es otra persona, **alotrasplante**, y si el trasplante procede de un animal, **xenotrasplante**.

La **donación** de células, tejidos y órganos para trasplantes es un acto voluntario y altruista para el que hay que cumplir algunos requisitos, como ser mayor de edad, no cobrar por ello, estar sano y en perfectas facultades mentales y, en algunos casos, firmar un consentimiento.

La donación salva muchas vidas. En España, la entidad que coordina las donaciones y trasplantes es el Organismo Nacional de Trasplantes (ONT). Según los datos de la ONT, España sigue siendo la primera potencia mundial en donación y trasplante de órganos.

Los diferentes tipos de células, tejidos y órganos que pueden donarse para ser trasplantados son los siguientes:

- **Células.** Es frecuente la donación de **gametos**, óvulos y espermatozoides, que se destinan a solucionar problemas de esterilidad. También pueden donarse **células madre**, embrionarias o procedentes de la sangre del cordón umbilical. La donación de células madre embrionarias está en experimentación y tiene implicaciones éticas y legales. Sin embargo, las células madre obtenidas a partir de la sangre del cordón umbilical se utilizan para curar enfermedades relacionadas con la médula ósea, como las leucemias.
- **Tejidos.** El tejido más donado es la sangre. Los trasplantes de sangre reciben el nombre de **transfusiones**. También se puede donar la córnea, las válvulas cardiacas, segmentos de venas y arterias o la médula ósea, que se trasplanta a enfermos que sufren leucemia. Otros tejidos, como el epitelial o el cartilaginoso, se utilizan para autotrasplantes en casos de quemaduras o roturas de ligamentos.
- **Órganos.** El corazón, los pulmones, los riñones, el páncreas y el hígado son los órganos que se pueden tomar de una persona fallecida por un daño cerebral irreversible o **muerte encefálica**. En estas condiciones, los órganos presentan suficiente irrigación como para ser extraídos, transportados y trasplantados. También hay personas que deciden donar en vida órganos como el riñón.

Al realizar un trasplante pueden surgir diferentes problemas:

- **Rechazo.** El sistema inmunitario del receptor no reconoce las células del donante como propias y trata de destruirlas. Para evitarlo, se estudia antes del trasplante la compatibilidad del donante con el receptor, es decir, se intenta que las células del donante sean lo más parecidas a las del receptor. Además, el receptor recibe tratamiento **inmunodepresor** que debilita su sistema inmunitario.
- **Contagio de enfermedades.** Antes del trasplante, todos los tejidos y órganos donados se someten a un análisis riguroso para evitar el contagio de enfermedades como la hepatitis.

NOS COMPROMETEMOS

Para ser donante de médula ósea solo hay que hacerse una analítica de sangre para determinar la compatibilidad con posibles receptores.
Esto puede salvar la vida de muchas personas que padecen enfermedades graves como la leucemia.

ACTIVIDADES

21 En relación con el rechazo, ¿qué ventajas puede ofrecer un autotrasplante frente a un alotrasplante?

22 USA LAS TIC. Entra en la página de la ONT, en los apartados *Información al ciudadano* y *Promoción de la donación*. Lee el documento de promoción de la donación de médula ósea. ¿Qué dos formas de donación existen? ¿Cómo se localiza al donante ideal?

ACTIVIDADES FINALES

REPASA LO ESENCIAL

23 RESUMEN. Haz el resumen de la unidad explicando estos conceptos clave:

- Los componentes principales de la salud.
- La clasificación de las enfermedades.
- Los elementos de la cadena epidemiológica.
- Las puertas de entrada y los tipos de transmisión de las enfermedades infecciosas.
- Los tres niveles de defensa de nuestro organismo.
- La prevención y el tratamiento de las enfermedades infecciosas.
- Principales tipos de enfermedades no infecciosas.
- Las medidas de prevención de las enfermedades no infecciosas.
- Los principales tipos de accidentes.
- Los primeros auxilios.
- La donación y los trasplantes.

24 CONCEPTOS CLAVE. Define los siguientes conceptos:

- etiología
- síntomas
- signos
- diagnóstico
- tratamiento
- endemia
- pandemia
- epidemia

25 Observa la siguiente imagen sobre la transmisión de la peste e identifica los elementos de la cadena epidemiológica:

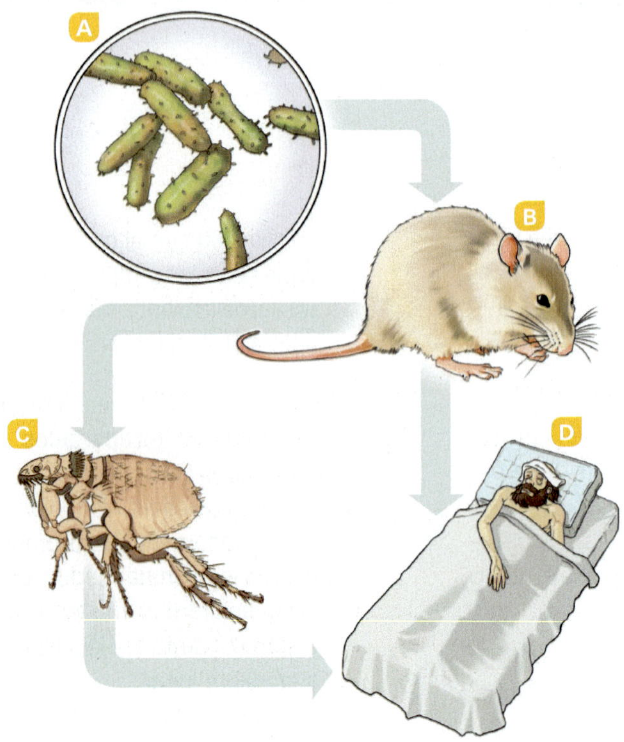

26 Copia y completa en tu cuaderno la siguiente tabla, colocando en la columna correspondiente los siguientes procesos, células, sustancias o estructuras:

Piel – Enrojecimiento – Mucosas – Hinchazón – Fagocitos – Anticuerpo – Linfocitos – Antígeno – Saliva

Barreras de entrada	Respuesta inmunitaria	
	Inespecífica	Específica
▬	▬	▬

27 Relaciona las vías de entrada a nuestro organismo de los microorganismos patógenos con las barreras que el sistema inmunitario tiene como primer mecanismo de defensa.

28 Define qué es la respuesta inmunitaria inespecífica y relaciona las siguientes imágenes con cada una de las fases que tienen lugar en ese proceso:

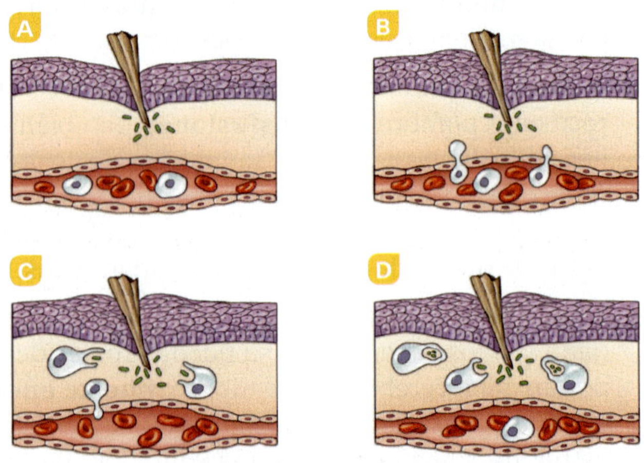

29 Haz un esquema de cómo tiene lugar la respuesta inmunitaria específica en nuestro organismo.

30 Pon un ejemplo de actuación para cada una de las medidas preventivas de las enfermedades infecciosas.

Por ejemplo, para la medida de higiene personal y ambiental, limpiar mi habitación.

31 Dibuja en tu cuaderno un cuerpo humano y señala en él las diferentes células, tejidos y órganos que se pueden donar para ser trasplantados.

PRACTICA

32 Indica el nombre de cada componente y escribe una breve explicación del proceso representado.

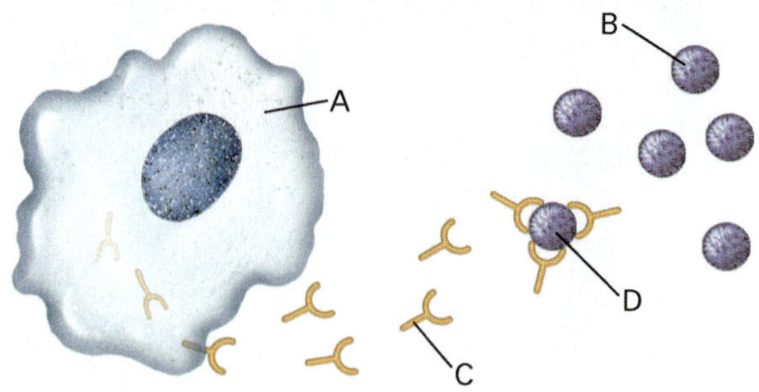

33 Lee el siguiente texto y contesta las preguntas:

A veces, la infección causada por un virus debilita nuestro organismo, provocándose una infección por bacterias que se aprovechan de esta situación. En este caso, el profesional médico suele recetar un antibiótico para curar la infección bacteriana.

a) Si el origen de la infección es vírica, ¿por qué el profesional médico prescribe antibiótico?

b) Explica qué relación tiene el término enfermedad oportunista con la situación reflejada en el texto.

34 ¿Qué sustancias se utilizan para combatir las infecciones producidas por hongos? ¿Y las producidas por virus? ¿Qué son los antibióticos?

35 En esta gráfica se muestra la concentración de anticuerpos para un antígeno A inoculado el día 0 y el día 28. Responde las preguntas.

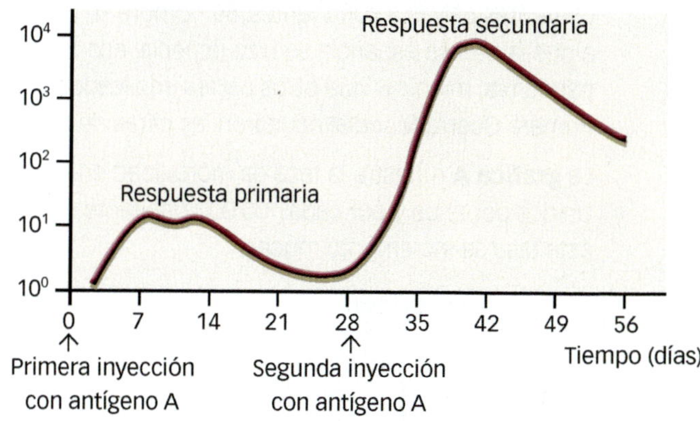

a) ¿Qué significa respuesta primaria y respuesta secundaria?

b) ¿Por qué la respuesta secundaria es mucho mayor que la primaria?

FORMAS DE PENSAR. Análisis científico

La viruela y la vacunación

La viruela es una enfermedad infecciosa de transmisión directa producida por el virus variola. Provoca dolores de cabeza, fiebre alta, cansancio y la aparición de erupciones en la cara y en el cuerpo que al cicatrizar dejan marcas en la piel de por vida.

En el pasado llegó a causar el 30 % de mortalidad, hasta que en 1798, el médico rural inglés Edward Jenner observó que las personas que ordeñaban vacas con viruela y se infectaban con sus secreciones, no solían contraer la enfermedad.

Jenner concluyó que no solo el contacto con la «viruela vacuna» no representaba un peligro para el ser humano, sino que le inmunizaba contra la enfermedad que afectaba a las personas.

A este método se le denominó vacunación, en honor a las vacas de Jenner. A partir de 1800, casi todos los países europeos empezaron a introducir de forma paulatina la práctica de la vacunación, especialmente en la población infantil.

Este tratamiento dio tan buenos resultados que en 1977 se diagnosticó el último caso de viruela en la población humana. Sin embargo, existe el temor de que sea reintroducido al ser utilizada como arma biológica.

36 COMPRENSIÓN LECTORA. ¿A qué conclusiones llegó Jenner tras observar a las personas que ordeñaban las vacas? ¿Por qué crees que llegó a esa conclusión?

37 ¿Cuáles son los síntomas y signos de la viruela?

38 Explica el proceso inmunitario que se puso en marcha en las personas que ordeñaban vacas y que dio como resultado su inmunización.

39 EDUCACIÓN CÍVICA. ¿Qué es un arma biológica? Busca información acerca de la Convención sobre Armas Biológicas. ¿Qué te parecen este tipo de acuerdos internacionales? ¿Por qué?

Analizar gráficas epidemiológicas

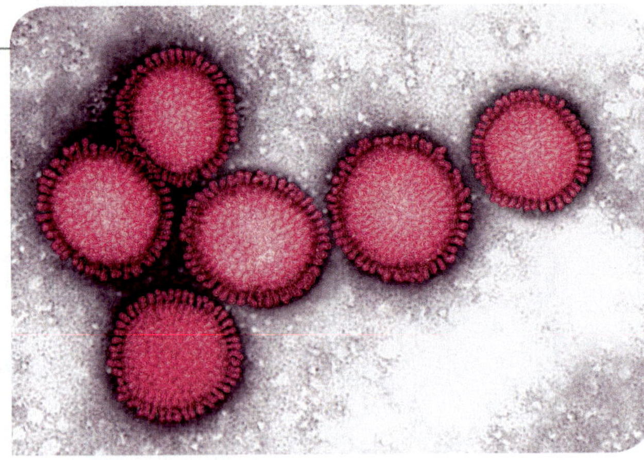

La **epidemiología** es la ciencia que estudia, en una población dada, la relación existente entre una enfermedad y los diversos factores que influyen en su aparición, frecuencia, distribución y evolución.

La gripe española de 1918 fue una pandemia devastadora en la que fallecieron entre 60 y 100 millones de personas en diferentes países y continentes. Su nombre se debe a que la prensa española se hizo especial eco de la pandemia, mientras que otros países implicados en la Primera Guerra Mundial ocultaron las cifras de muertos.

La **gráfica A** muestra la tasa de mortalidad en Estados Unidos por años y por cada 100 000 habitantes. En 1918 esta tasa se incrementó mucho.

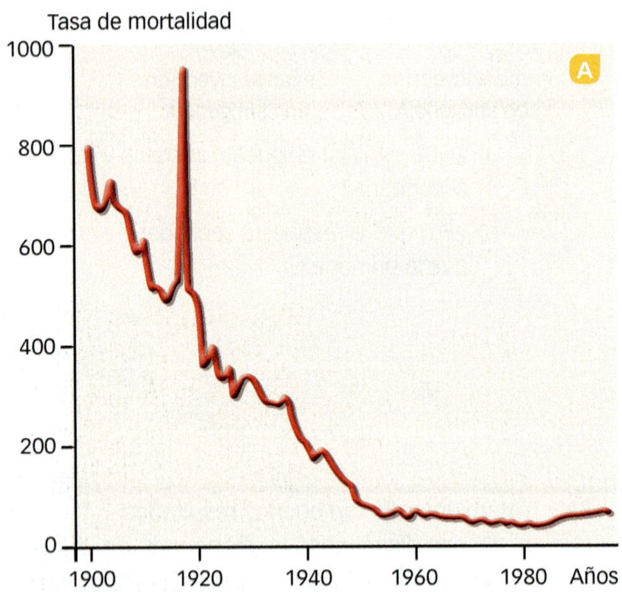

La **gráfica B** recoge la tasa de mortalidad por cada 1 000 habitantes en Nueva York, Londres, París y Berlín. El pico se localiza entre octubre y noviembre de 1918.

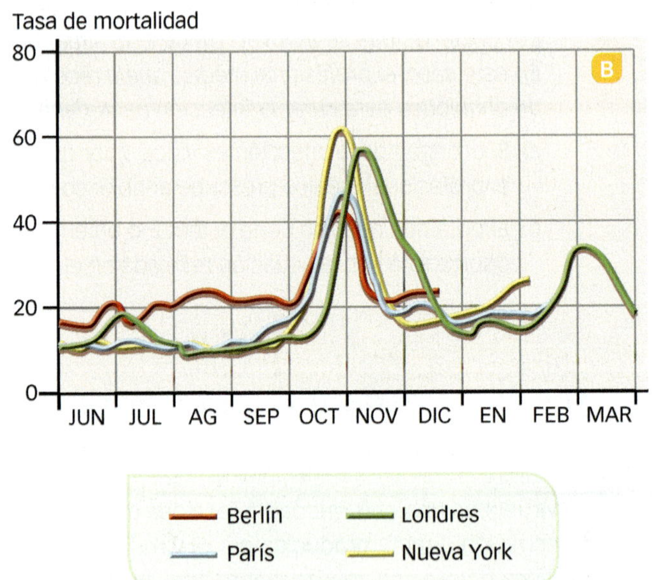

40 Contesta las preguntas.

a) Si el pico de la gráfica se corresponde con un valor de la tasa de mortalidad de 950, ¿cuántas personas fallecieron ese año por cada millón de habitantes en Estados Unidos?

b) Si la población total era 71 millones de personas, ¿cuántas fallecieron?

41 Según los datos de la gráfica A, en circunstancias normales, la tasa de mortalidad en 1918 hubiera sido de unas 450 personas por cada 100 000 habitantes. Calcula cuántos fallecimientos representa esa tasa para la población de 71 millones de habitantes y deduce cuántas muertes aproximadamente podríamos atribuir a la gripe.

42 La pandemia se produjo durante la Primera Guerra Mundial, en la que estadounidenses y británicos luchaban juntos contra los alemanes. Se considera que los desplazamientos de los soldados contribuyeron a la expansión de la enfermedad. ¿Qué datos de la gráfica B podrían indicar si los contactos de las tropas estadounidenses eran más intensos con las islas británicas o con los países del continente?

43 En Nueva York fallecieron unas 35 000 personas entre octubre y noviembre de 1918. Deduce cuál era la población de Nueva York en esa época. Para facilitar el cálculo, considera que en ese intervalo de tiempo la gráfica muestra una mortalidad de 60 personas por 1 000 habitantes.

La **gráfica C** compara el número de personas fallecidas por gripe entre 1911 y 1917 con las fallecidas por gripe en 1918 por grupos de edades.

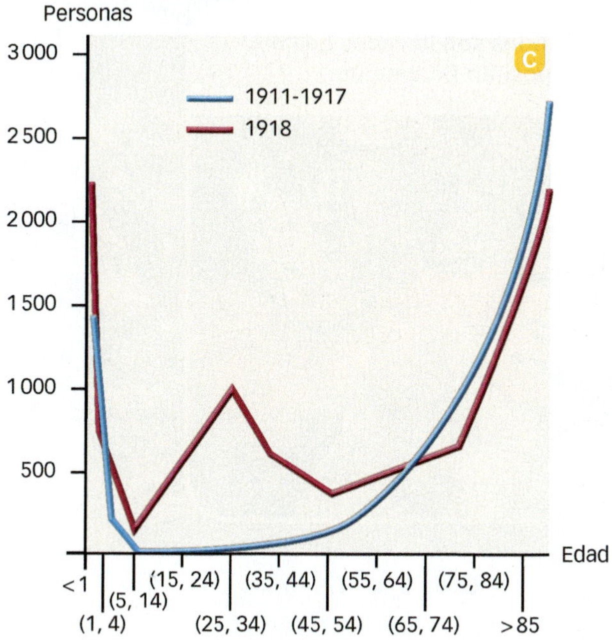

44 Deduce qué peculiaridad caracterizó a la gripe de 1918 respecto a las gripes de 1911 a 1917. ¿Qué grupos de edad se vieron más afectados?

45 ¿Crees que una persona de 14 años y otra de 30 que resultaran contagiadas en 1918 antes de extenderse la enfermedad, cuando aún se podía pensar que era una gripe normal, pensarían que su vida corría peligro? Explica si esa creencia se correspondió con la realidad.

46 La OMS considera la pandemia de 1918 la más grave del siglo XX. Además de la elevada **virulencia**, es decir, de la capacidad de causar enfermedad del virus de la gripe de 1918, ¿qué otras circunstancias consideras que pudieron aumentar también el número de fallecimientos?

47 ¿Recuerdas alguna advertencia que las autoridades sanitarias hacen periódicamente relacionada con la gripe? ¿Sabrías citar algún caso de epidemia de gripe que haya sido noticia en los últimos años?

TRABAJO COOPERATIVO

Una encuesta sobre la epidemia del Ébola

Una encuesta es un conjunto de preguntas sobre un tema dirigidas a un grupo de personas o a toda la población. Su objetivo es averiguar la opinión u otras cuestiones relacionadas con el hecho investigado.

Vais a realizar una encuesta sobre los conocimientos que las personas de vuestro entorno tienen sobre la epidemia del Ébola para saber si la población general recibió suficiente información.

- Formad equipos de cuatro o cinco personas.
- Redactad cinco preguntas para valorar los conocimientos de las personas encuestadas sobre esta epidemia. Por ejemplo, si conocen qué medidas deben adoptarse para evitar la transmisión.
- Realizad la encuesta y anotad los datos de la edad y el medio a través del que han recibido la información. El número de personas encuestadas, es decir, la muestra de población, debe ser grande.

- Analizad los datos de la encuesta, primero de toda la muestra y después por grupos de edades. Valorad qué medios de comunicación fueron los más utilizados.
- Escribid vuestras conclusiones.
- Exponedlas en clase y contrastad los resultados obtenidos por los diferentes equipos.

9 El relieve y los procesos geológicos externos

SABER

- El relieve terrestre y los agentes geológicos
- La energía que la Tierra recibe del Sol
- La dinámica de la atmósfera y la hidrosfera
- La meteorización
- Erosión, transporte y sedimentación
- La formación del suelo. Edafización
- Factores que influyen en el relieve terrestre
- La representación del relieve. Los mapas topográficos

SABER HACER

- Interpretar cómo influye la estructura de las rocas en el paisaje
- Interpretar un mapa topográfico
- Obtener un perfil topográfico

Los materiales más finos son llevados hasta el mar, donde se depositan finalmente.

13 ACCIÓN POR EL CLIMA

Evitar el aumento de la temperatura terrestre que cambia el clima y el relieve, produciendo un impacto negativo en la economía y en vida de las personas más pobres y vulnerables.

? INTERPRETA LA IMAGEN

- ¿Observas en las rocas que han caído a la carretera alguna selección de tamaños o hay fragmentos de diversas medidas mezclados?
- Describe qué formas presentan las rocas que se ven en la imagen.

NOS HACEMOS PREGUNTAS

¿Por qué se derrumban las montañas?

La lluvia, el hielo que se forma en las grietas de las rocas y otros procesos van resquebrajando las rocas. Ocasionalmente, se produce la caída de bloques rocosos. Este es el comienzo de un largo viaje para estos materiales: los arroyos, los ríos e incluso los glaciares acaban llevándolos al mar. De esta forma, el relieve terrestre es esculpido y las montañas llegan a desaparecer.

OPINA. ¿Crees que está justificado prohibir la práctica de alpinismo y escalada en ciertas zonas consideradas de riesgo de desprendimientos?

La ocasional caída de bloques constituye un riesgo que es necesario prevenir.

CLAVES PARA EMPEZAR

- La energía que recibimos del Sol, ¿se reparte de forma homogénea por la superficie terrestre?
- ¿Por qué se forman las corrientes oceánicas?
- ¿Cómo se produce el modelado del relieve?
- ¿Qué son y qué trabajos realizan los agentes geológicos?

CLAVES PARA ESTUDIAR

- Conocer el concepto de relieve y de agente geológico.
- Explicar las causas del desigual reparto de energía solar en la Tierra.

1 El relieve terrestre y los agentes geológicos

La Tierra es, con mucha diferencia, el planeta más escarpado del sistema solar. Posee cumbres que se elevan más de 8 000 metros sobre el nivel del mar y fosas oceánicas que se sumergen casi hasta los 11 000 metros de profundidad.

En los continentes podemos encontrar extensas llanuras, desfiladeros estrechos y profundos, cerros de laderas suaves, acantilados verticales y una interminable variedad de formas de **relieve**. ¿Por qué presenta la Tierra esta fantástica diversidad de relieves?

La respuesta podemos encontrarla cuando comparamos nuestro planeta con Marte. Marte es un desierto helado y seco, posee muy pocos tipos de rocas, está formado casi exclusivamente de basalto y su relieve es muy monótono. La Tierra tiene océanos, ríos, una amplia variedad de climas y muchísimos tipos de rocas diferentes.

La superficie de la Tierra cambia continuamente a lo largo del tiempo. La energía procedente del Sol pone en marcha muchos de los procesos responsables de esos cambios. Hasta la Tierra llega tan solo una pequeñísima parte de esa energía; sin embargo, es suficiente para mantener la vida, poner en movimiento la atmósfera y la hidrosfera, y hacer funcionar el ciclo del agua y los **agentes geológicos** que modelan el relieve.

El lago Gokyo de Nepal está situado a 4 750 metros sobre el nivel del mar y rodeado por los escarpados relieves de la cordillera del Himalaya.

Los agentes geológicos están constituidos por un **fluido**, ya sea el viento, las corrientes de agua o una masa de hielo que se desplaza lentamente, que tiene capacidad para producir sobre la superficie terrestre un modelado característico. Este modelado permite reconocer qué agente geológico lo realizó, aunque ya no esté allí.

Los agentes geológicos arrancan materiales de los relieves y los desplazan a favor de la gravedad, hasta acumularlos en las zonas más bajas. Todos esos procesos producen el modelado del relieve.

ACTIVIDADES

1. En la superficie de la Luna, donde no hay agua ni atmósfera, existen cráteres y formaciones rocosas que se originaron hace más de 3 000 millones de años. ¿Por qué la superficie de la Tierra cambia, en comparación, tan rápidamente que en su superficie no quedan tales rastros?

2. La fotografía de la derecha muestra un acantilado del que han caído fragmentos rocosos que han quedado acumulados en su base. Explica si esos fragmentos han experimentado algún tipo de desplazamiento desde su posición inicial y qué factor determina la dirección de ese transporte.

2 La energía que la Tierra recibe del Sol

La Tierra recibe constantemente una gran cantidad de energía procedente del Sol en forma de **radiación luminosa**. Cuando la radiación llega al suelo, este absorbe una parte y otra parte la refleja y escapa al espacio.

La radiación absorbida como energía luminosa se acumula en el suelo en forma de energía térmica; por eso, el suelo se calienta y calienta el aire que está en contacto con él.

La energía que viene del Sol se reparte desigualmente por la superficie terrestre, de manera que las zonas ecuatoriales y tropicales acumulan más energía térmica que los polos.

El número de horas de luz que recibe el suelo de un lugar a lo largo del año depende de la inclinación del eje de rotación terrestre. El máximo se recibe en verano, y el mínimo, en invierno.

? INTERPRETA LA IMAGEN

3 En el dibujo hay tres zonas en que el suelo está marcado en blanco. Señala en cuál de las tres zonas inciden los rayos solares más perpendiculares al suelo y en cuál inciden más oblicuos.

4 Indica en cuál de esas tres zonas el calentamiento del suelo será más intenso.

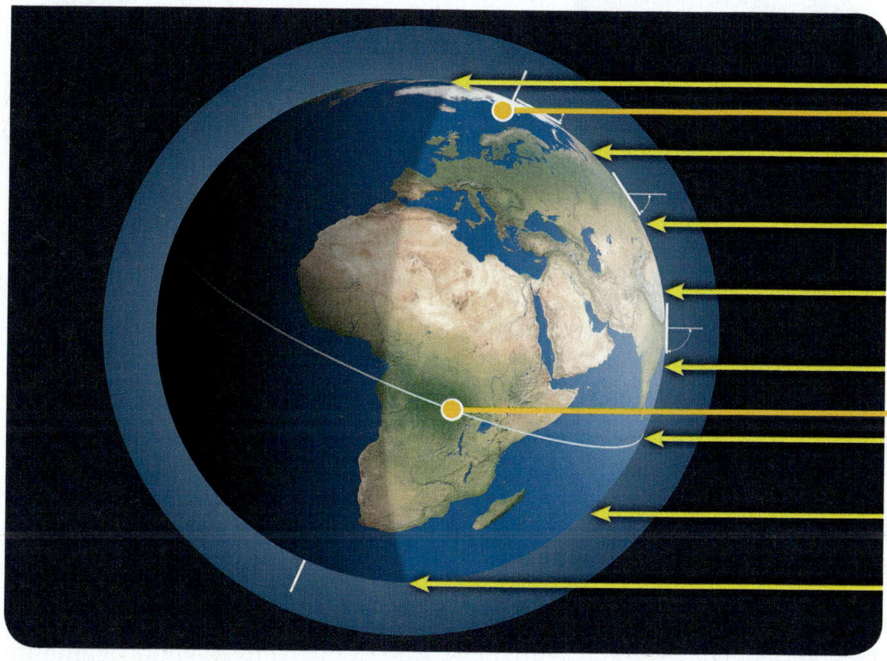

En las **zonas polares**, la radiación incide oblicuamente en la superficie y atraviesa un gran espesor de aire atmosférico, aportando poca energía térmica. Por esa, razón, estas son zonas muy frías.

En las **zonas ecuatoriales y tropicales**, la radiación solar incide de forma perpendicular, atraviesa un espesor de aire pequeño y transmite mucha energía al suelo. Por eso, en estas zonas hace mucho calor.

ACTIVIDADES

5 En días con mucha insolación, puede verse sobre las superficies asfaltadas el aire caliente que hace reverberar la luz. Explica qué ocurre cuando la radiación solar llega al suelo y cuál es la causa de ese calentamiento del aire.

6 ¿En qué zonas del planeta la radiación solar tiene que atravesar más grosor de atmósfera para llegar a la superficie terrestre? ¿Qué consecuencias tiene este hecho?

7 ¿Por qué una superficie negra, como el salpicadero de un coche, se calienta mucho cuando está expuesta al Sol? ¿Qué elemento del dibujo puede identificarse con esa superficie caliente?

CLAVES PARA ESTUDIAR

- Conocer cómo la atmósfera y la hidrosfera redistribuyen la energía solar.

3 La dinámica de la atmósfera y la hidrosfera

Debido a que la atmósfera y el agua del océano están más calientes en la zona ecuatorial que en los polos, se forman corrientes atmosféricas y corrientes oceánicas que distribuyen ese calor por la superficie terrestre, reduciendo las diferencias de temperatura que existen entre las zonas ecuatoriales y las latitudes más altas.

El motor de esas corrientes es siempre la diferencia de temperatura, que provoca cambios en la densidad y hace que el agua y el aire fríos tiendan a descender, mientras que el agua y el aire calientes tienden a ascender.

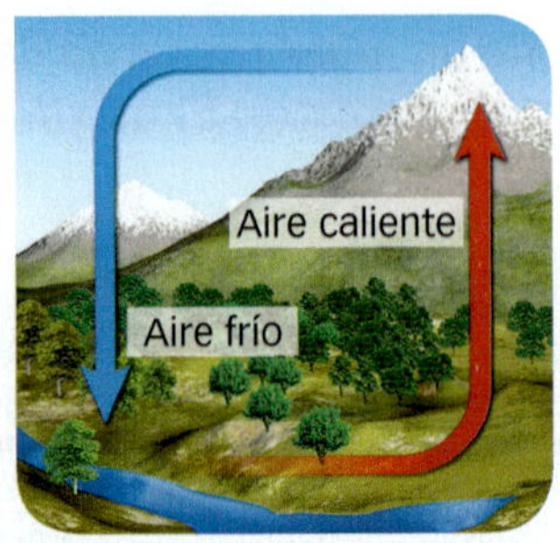

El movimiento del agua y del aire transporta el calor de las zonas cálidas del fluido hacia las frías formando corrientes llamadas de **convección**. Es lo mismo que ocurre cuando hierve agua en un recipiente.

La circulación atmosférica

Igual que sucede en un recipiente en el que el agua está más caliente en el fondo que en la superficie, en la atmósfera también se forman corrientes que conducen el aire caliente desde el ecuador hacia los polos y el aire frío desde los polos hacia el ecuador. Así se origina uno de los agentes geológicos, el **viento**.

Las corrientes de convección que se producen en la atmósfera dan lugar a diferentes masas de aire y, en las zonas donde estas entran en fricción, se forman regiones con climas característicos, denominadas por ello **zonas climáticas**.

Se identifican siete zonas climáticas, que se distribuyen simétricamente a ambos lados del ecuador, formando franjas más o menos paralelas que rodean la Tierra.

En las zonas templadas, el clima es lluvioso y en las intertropicales es muy lluvioso. En las zonas tropicales, y polares, la pluviosidad es muy baja.

? INTERPRETA LA IMAGEN

8 Explica entre qué latitudes se encuentra cada una de las zonas climáticas representadas en la figura y qué tipos de masas de aire circulan sobre ellas.

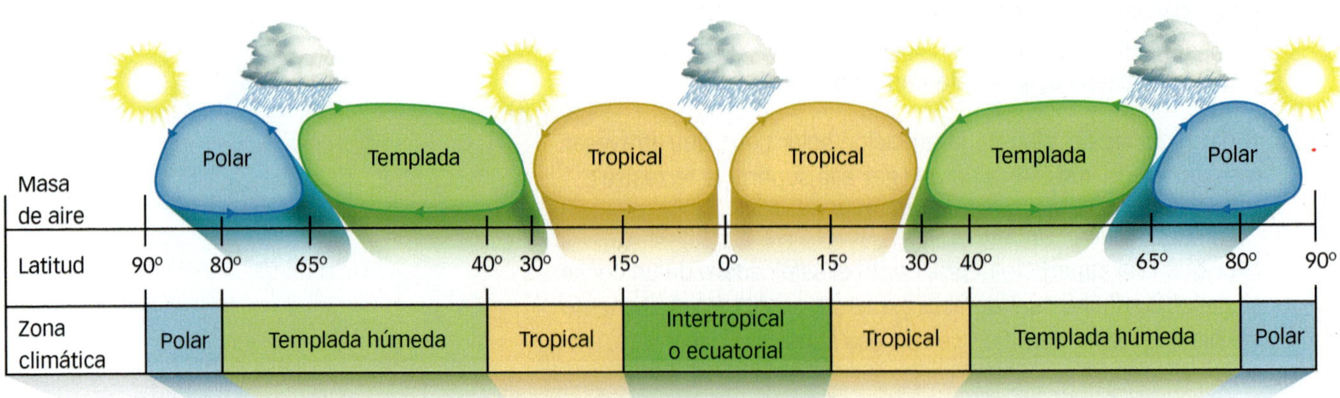

El ciclo del agua

Gran parte del trabajo de modelado de la superficie terrestre es realizado por el **agua**, otro de los agentes geológicos, al hacer su recorrido por el ciclo hidrológico.

El ciclo del agua necesita la energía solar para funcionar. El agua se evapora de la superficie terrestre y de los lagos, ríos y mares, gracias a la energía solar. La energía térmica acumulada en ese proceso de evaporación se emite posteriormente al espacio al producirse la condensación del vapor y formarse las nubes.

Las nubes producen la precipitación y el agua se acumula en los glaciares, en los lagos, en los ríos y en las aguas subterráneas, y discurre hacia el mar formando cursos de agua.

Al producir precipitaciones de agua y nieve en los relieves, el ciclo hidrológico también mantiene en funcionamiento agentes geológicos como los ríos, los glaciares y las aguas subterráneas, dotándolos de la energía necesaria para fluir a favor de la gravedad y realizar el modelado del relieve.

? INTERPRETA LA IMAGEN

9. Copia el dibujo en tu cuaderno y rotula cada proceso del ciclo en el lugar que corresponda.
10. ¿Qué representa el color azul situado debajo del suelo?
11. ¿De qué forma se acumula el agua en los relieves más altos? ¿Por qué? ¿Ocurre lo mismo en las zonas polares? Explica tu respuesta.
12. ¿Qué proceso se corresponde con las flechas blancas verticales? ¿Por qué ocurre en toda la superficie terrestre?

ACTIVIDADES

13. Si la Tierra fuera calentada por el Sol de forma totalmente homogénea y la temperatura fuera exactamente la misma en toda su superficie, ¿se formarían vientos y corrientes oceánicas? Justifica tu respuesta.
14. Explica cómo funciona el ciclo hidrológico. Para ello, utiliza los siguientes términos:
    - energía solar
    - superficie terrestre
    - lagos
    - ríos
    - mares
    - aguas subterráneas
    - glaciares
    - precipitación
    - condensación
    - agentes geológicos
    - gravedad
    - modelado del relieve

CLAVES PARA ESTUDIAR

- Identificar meteorización y formación de un detrito.
- Definir erosión, transporte y sedimentación.

4 La meteorización

Seguramente habrás observado que los materiales que están expuestos a la intemperie se van desgastando con el tiempo: el firme de la carretera se agrieta y es necesario repararlo, las estructuras metálicas se oxidan, las raíces de los árboles levantan las baldosas de las aceras, etc.

Todos estos son ejemplos de **meteorización**, un proceso que tiene lugar antes de que los agentes geológicos actúen. La meteorización es la alteración de las rocas debida a procesos físicos, químicos o biológicos. Como resultado, las rocas se rompen y se disgregan.

Meteorización física o mecánica	Meteorización química	Meteorización biológica
Este proceso se produce cuando las rocas están expuestas a diferentes esfuerzos, como el producido por la congelación del agua en las grietas (gelifracción).	Esta meteorización se debe a reacciones químicas como la oxidación o la carbonatación, que alteran los minerales y producen la disgregación de las rocas.	Este tipo es producido por los seres vivos, como las raíces de los árboles que rompen las rocas o los líquenes que alteran los minerales que forman las rocas.

El regolito o detrito

Como resultado de la meteorización se producen **clastos**, fragmentos de rocas de tamaños muy diversos, ya sean partículas microscópicas de arcilla, granos de arena, cantos o grandes bloques rocosos.

Estos materiales se acumulan desordenados y mezclados al pie de las rocas de las que proceden, formando un **detrito** o **regolito**.

ACTIVIDADES

15 La fotografía muestra un canchal, una ladera cubierta con fragmentos rocosos de tamaños diversos, resultantes de la fracturación de las rocas por la acción del hielo.

a) Explica qué tipo de meteorización es esa y qué nombre recibe este material suelto.

b) ¿Esperarías encontrar fragmentos redondeados o angulosos? ¿Por qué?

5 Erosión, transporte y sedimentación

Los fragmentos rocosos y la arena que se desprenden de una pared y se acumulan en su base son un detrito, pero la arena que puedes ver en la playa, traída por el oleaje o por el viento, es un **sedimento**. La diferencia está en que esta última ha sido transportada por un agente geológico y la primera no.

Los agentes geológicos realizan los procesos de erosión, transporte y sedimentación de los materiales rocosos de la superficie terrestre:

- La **erosión** consiste en la recogida de los detritos o el arranque de fragmentos rocosos y su evacuación desde su lugar de origen. Este proceso transforma los detritos, acumulados por procesos gravitatorios, en sedimentos.
- El **transporte** implica el desplazamiento de los sedimentos desde el lugar en el que se produce la erosión hasta el lugar donde se depositan. Durante el transporte se producen cambios en el aspecto, tamaño y mineralogía de los sedimentos.
- La **sedimentación** ocurre cuando el agente que transporta los sedimentos pierde energía y deposita los materiales transportados. Las zonas de la superficie terrestre donde se produce la sedimentación se denominan **cuencas sedimentarias**.

  Cada agente geológico realiza la sedimentación de una forma característica. Por ello, los sedimentos adquieren **estructuras sedimentarias** concretas que permiten reconocer el agente que las produjo.

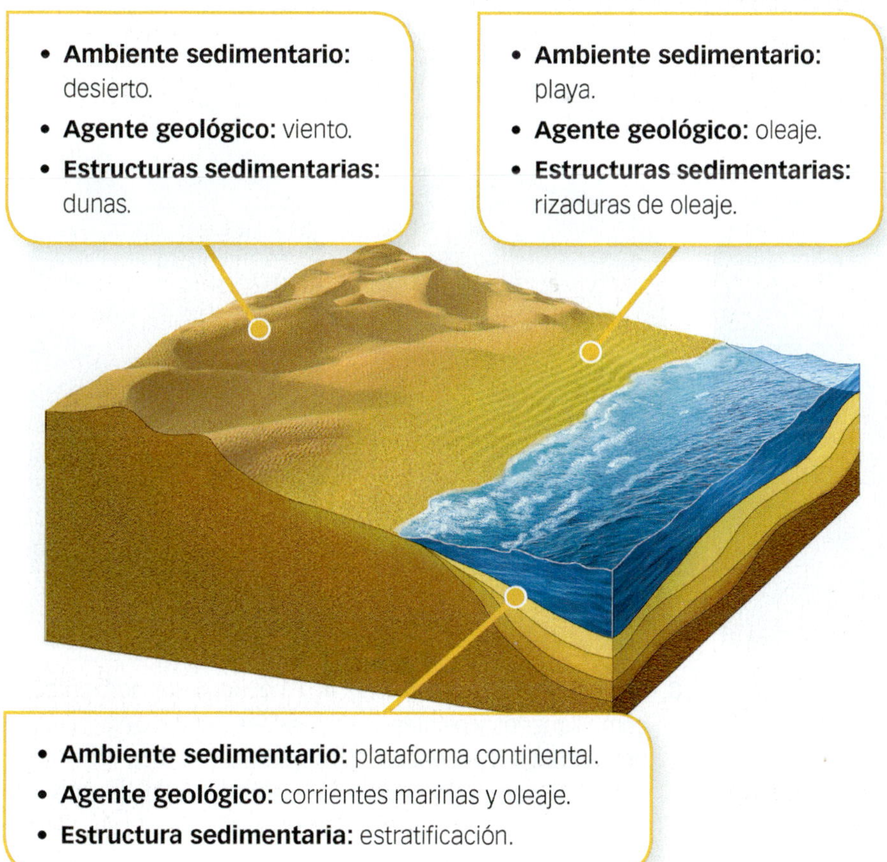

Durante su trabajo de erosión, los agentes geológicos producen un modelado característico del relieve. Los ríos elaboran valles con perfil en V.

ACTIVIDADES

16 La fotografía muestra los cantos y la arena depositados en un cauce fluvial, cuya base cóncava se aprecia claramente.

a) La grava y la arena que rellenan el canal, ¿son sedimentos o detritos?

b) ¿Qué tipo de fluido constituía el agente geológico que los acumuló?

c) Haz en tu cuaderno un dibujo esquemático de esa estructura, indicando lo que fue la base del cauce, generada por erosión, y lo que es su relleno sedimentario.

6 La formación del suelo. Edafización

CLAVES PARA ESTUDIAR

- Explicar la formación del suelo e identificar sus diferentes horizontes.

Cuando quieres plantar en una maceta una planta, sabes que debes llenarla con tierra fértil; no serviría, por ejemplo, arena de playa. ¿Dónde está la diferencia entre ambas?

La tierra fértil es la mezcla de una **fracción mineral**, formada a su vez por arena y arcilla, y de una **fracción orgánica**, constituida por materia orgánica en diferentes estados de descomposición. Esta mezcla se origina de forma natural cuando se desarrolla un **suelo**.

Formación del suelo

La formación de un suelo maduro a partir de un detrito o un sedimento se denomina **edafización** y es un proceso muy lento que tarda decenas o cientos de años en completarse. Por ello, la destrucción del suelo se puede considerar, en la mayoría de los casos, una pérdida irreversible.

Como resultado de la meteorización de las rocas, se forma un detrito que, una vez colonizado por los seres vivos, experimenta diversas modificaciones en su composición y en su estructura que pueden llegar a transformarlo en un suelo.

- En su **composición**, a medida que se va aportando materia orgánica procedente de la actividad biológica.
- En su **estructura**, a medida que la lluvia va arrastrando las sustancias solubles hacia las zonas inferiores, lavando la parte superior y dejándola empobrecida en nutrientes.

? INTERPRETA LA IMAGEN

17 ¿Dónde hay más roca, en las primeras o en las últimas etapas? ¿Y mayor número de seres vivos?

18 ¿Observas algún detalle en las imágenes donde se aprecie cómo los seres vivos participan en el proceso de edafización?

1. Los agentes geológicos, como el agua, producen la meteorización física y química que altera las rocas.
2. La roca queda cubierta de un suelo incipiente en el que empiezan a diferenciarse dos capas u **horizontes**.
3. Se desarrollan seres vivos, como líquenes y plantas herbáceas, que retienen la arcilla y aportan materia orgánica.
4. Finalmente los horizontes se desarrollan claramente, a la vez que más vegetales y animales ocupan este ecosistema.

Factores que influyen en la formación del suelo

En la formación y maduración del suelo intervienen varios factores clave:

- **El clima.** La edafización se ve favorecida en un clima cálido y húmedo.
- **El tiempo.** Es necesario que transcurran muchos años para que se forme un suelo maduro.
- **El tipo de roca.** Las rocas cuya meteorización produce arcillas facilitan la edafización.
- **La pendiente del terreno.** El suelo se desarrolla mejor en zonas llanas que en lugares con pendiente pronunciada.

Los horizontes de un suelo

El suelo se caracteriza por la presencia de dos horizontes, denominados A y B, aunque a veces se consideran también otros, como el horizonte cero y el horizonte C.

El **horizonte cero** está formado por la hojarasca y restos vegetales y animales acumulados.

El **horizonte A** u **horizonte de lavado** se forma por la infiltración del agua de lluvia, que arrastra las sales y la materia soluble hacia abajo.

El **horizonte B** u **horizonte de acumulación** contiene las sales y la materia orgánica soluble lavada desde el horizonte A.

El **horizonte C** es la roca original que aún permanece sin alterar.

ACTIVIDADES

19 Retirar las hojas muertas del suelo de un parque es una tarea de limpieza necesaria para mantener su aspecto limpio y cuidado, pero empobrece el suelo. ¿Qué horizonte se está eliminando con ese trabajo y por qué el horizonte B llega a empobrecerse si se realiza de forma continuada?

20 La fotografía muestra el interior de un invernadero en Sanlúcar de Barrameda. ¿Cómo afecta al suelo este tipo de cultivo? ¿Se podrían cultivar estas plantas si elimináramos la cubierta del invernadero? ¿Por qué?

CLAVES PARA ESTUDIAR

- Explicar cómo el clima, el tipo de roca y las estructuras que forman influyen en el modelado del paisaje.

7 Factores que influyen en el relieve terrestre

El relieve contiene mucha información sobre los agentes geológicos que lo han modelado.

La influencia de las rocas en las formas del relieve

La enorme variedad de rocas que encontramos en la superficie terrestre y la manera en que se disponen determinan en muchos casos las formas de relieve que se originan.

El **granito** es una roca dura y homogénea que origina formas de relieve principalmente redondeadas.

Las **calizas** se disponen en estratos o capas. Cuando están muy inclinadas pueden formar crestones.

La lava enfriada en la chimenea volcánica origina un pitón al erosionarse el volcán.

SABER HACER

Interpretar cómo influye la estructura de las rocas en el paisaje

En los acantilados, las olas erosionan las rocas de forma constante, por lo que es posible observar de qué forma influye la dureza de las rocas y la forma en que están dispuestas en el modelado del paisaje.

En la imagen A, la costa está formada por rocas volcánicas duras que componen una masa prácticamente homogénea, sin estructura. En la imagen B se ve una costa en la que hay rocas, también duras, dispuestas en capas (estratos), inclinadas hacia el mar.

ACTIVIDADES

21 Explica qué diferencias aprecias entre ambos acantilados.

22 En la fotografía B, ¿influye la inclinación de las rocas sobre la forma de la ladera?

23 ¿Qué acantilado ofrecerá mayor resistencia a la acción erosiva del mar? Explica por qué.

La influencia del clima en el relieve

La resistencia de una roca como, por ejemplo, el granito, cambia sensiblemente dependiendo del clima que soporte. En una zona fría, con temperaturas bajo cero, la congelación del agua en sus grietas la rompe con facilidad, dando lugar a bloques angulosos que se acumulan al pie del relieve. En un clima templado y lluvioso, sus minerales se alteran produciendo una mezcla de grava, arena gruesa, arcilla y bloques muy redondeados.

A. Fragmentos angulosos de granito.
B. Grava y arena procedentes de la descomposición del granito.

Por tanto, en las diferentes zonas climáticas, las rocas son alteradas y el paisaje es esculpido de formas diferentes. En las zonas polares actúan los glaciares; en las zonas templadas y lluviosas son los ríos los que desgastan las rocas y se llevan las piedras y la arena; y en las zonas desérticas, el viento se lleva o acumula la arena más fina.

? INTERPRETA LA IMAGEN

24 ¿Qué materiales predominan en esta zona? ¿Qué agente geológico los ha acumulado?

25 ¿Te parece que el clima que ha formado este paisaje es lluvioso o seco? ¿Cómo puedes saberlo?

26 ¿Por qué las formas que predominan en este paisaje son suaves y onduladas?

ACTIVIDADES

27 Las zonas de clima seco tienen un modelado muy característico producido por las precipitaciones que, aunque son muy escasas, ocasionalmente pueden ser torrenciales. Identifica en la imagen cuál es esa forma de modelado y explica por qué la escasez y la violencia de las lluvias hacen que la erosión del terreno sea más intensa que en una zona de lluvias frecuentes y suaves.

Desierto de Tabernas, en Almería.

CLAVES PARA ESTUDIAR

- Conocer los elementos que forman un mapa topográfico.
- Conocer otras formas de representación del relieve.

8 La representación del relieve. Los mapas topográficos

Para representar el relieve terrestre se utilizan los **mapas topográficos**, que son representaciones reducidas del terreno, en las que se indica la situación de los elementos del medio que puedan interesar.

Plasmarlo de una forma precisa y sencilla resulta imprescindible para planificar muchas actuaciones, por ejemplo, proyectos de obras públicas, como carreteras, tendidos eléctricos, tendidos ferroviarios o embalses; explotaciones mineras, canteras y graveras; ordenación del territorio, delimitando zonas urbanizables, de cultivo, de uso industrial, zonas verdes, etc.; previsión de riesgos geológicos; prospección de recursos y evaluación de impactos ambientales.

El relieve se puede representar de diversas formas: mediante mapas de curvas de nivel, mapas de códigos de altitud o modelos digitales del terreno.

Mapas de curvas de nivel

En ellos, el relieve se representa mediante **curvas de nivel**, que son líneas cerradas resultantes de la intersección del terreno con planos horizontales equidistantes.

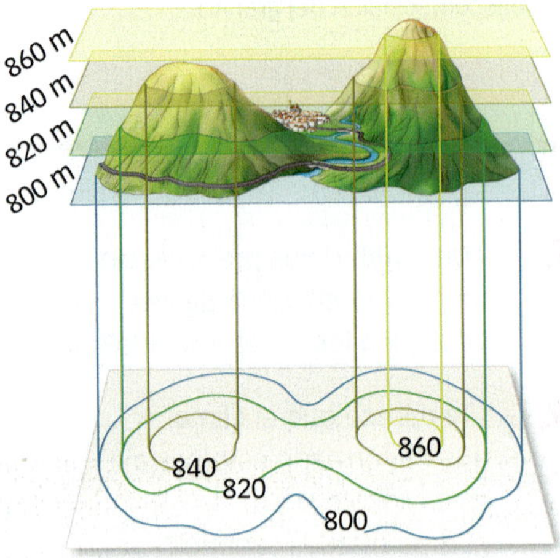

Sobre el mapa se representan diversos elementos como ríos, arroyos, poblaciones, carreteras, etc.

Las curvas de nivel aparecen más próximas cuanto mayor es la pendiente y más separadas en las zonas de menor pendiente.

Todos los puntos de una curva de nivel están a la misma altitud sobre el nivel del mar. Entre cada dos curvas de nivel siempre hay la misma diferencia de altura, es decir, son equidistantes.

En un relieve, como un cerro, las curvas de menor altitud abarcan las de mayor altitud.

En una depresión, las curvas de mayor altitud abarcan o contienen las más bajas.

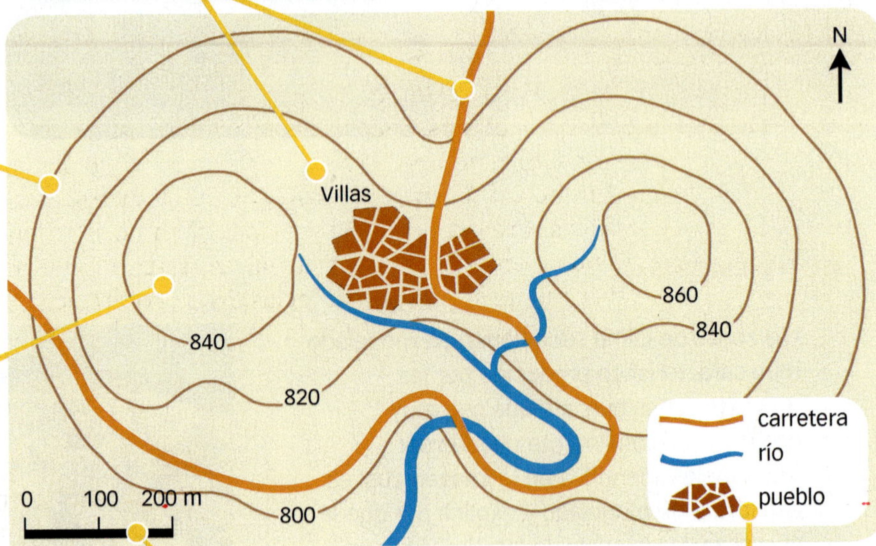

La escala del mapa indica cuántas veces se ha reducido la realidad al representarla en el mapa.

La leyenda del mapa sirve para explicar el significado de los símbolos que se han utilizado en el mapa.

SABER HACER

Interpretar un mapa topográfico

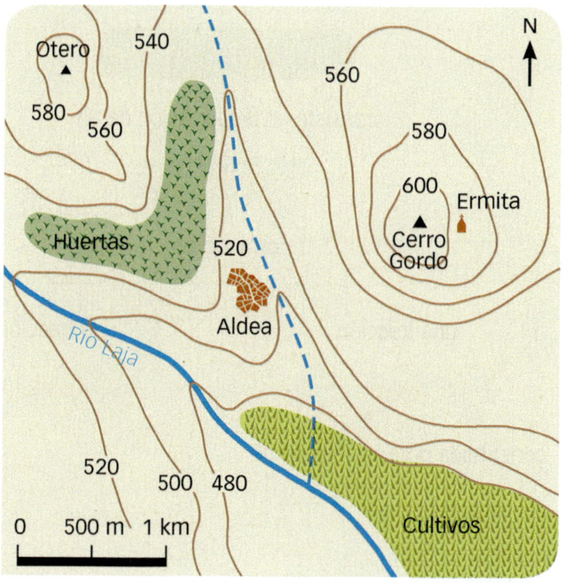

28 Observa el mapa y responde las preguntas:

a) ¿A qué altitud se encuentra la aldea? Elige la opción correcta: entre 500 y 520 m, entre 520 y 540 m o a 500 m.

b) Utilizando la barra de escala, calcula qué distancia en línea recta hay desde la aldea hasta el Otero y hasta el Cerro Gordo. ¿Cuál de ambas trayectorias presenta mayor inclinación?

c) Las huertas, ¿están en una zona llana o de fuerte pendiente?

d) ¿En qué dirección discurre el río Laja, hacia el sureste o hacia el noroeste?

e) ¿Podrían verse afectados los cultivos si el nivel del río subiera cinco metros durante una avenida aluvial? ¿Y la aldea?

f) ¿Se puede ver la ermita desde la cima del Otero?

Mapas de códigos de altitud

Son como los mapas de curvas de nivel, pero en ellos cada intervalo de altura se representa con un código, ya sea un color, una trama u otro. La escala de colores o de otros códigos que se haya adoptado, debe explicarse en la leyenda.

Modelos digitales del terreno

Algunos satélites artificiales pueden medir con gran precisión, mediante radares, la altitud de un punto del terreno. Cuando sobre una zona se realizan miles o millones de medidas, cada una de un punto, se obtiene una imagen tridimensional formada por puntos, a distinta altitud sobre el nivel del mar. Se obtiene así un **modelo digital del terreno** que tiene numerosas ventajas sobre los mapas, como, por ejemplo, pueden verse en tres dimensiones y obtener vistas oblicuas de la superficie, se pueden realizar medidas muy precisas de distancias e incluso se pueden trazar rutas por carreteras, buscar rutas óptimas, etc.

Modelo digital del terreno de Honolulu, en la isla de Oahu, Hawai.

ACTIVIDADES

29 En el mapa de la página anterior, si recorriéramos la carretera que pasa por Villas desde el norte hacia el sur, ¿en qué tramo la carretera iría cuesta arriba y en cuál iría cuesta abajo?

30 Si un aula rectangular mide 10 metros de largo y 6 metros de ancho, ¿cuánto mediría dibujada a escala 1:100?

31 Dibuja un mapa de curvas de nivel de un monte de forma más o menos cónica, que tiene una pendiente más inclinada en su lado norte que en su lado sur, cuya base está situada a una altura de 640 metros sobre el nivel del mar y cuya cima está a 725 metros. Utiliza una equidistancia de 20 metros para las curvas de nivel.

ACTIVIDADES FINALES

REPASA LO ESENCIAL

32 RESUMEN. Haz el resumen de la unidad desarrollando los siguientes conceptos clave:

- La diversidad del relieve terrestre.
- La Tierra recibe energía del Sol.
- La distribución de la energía solar en la Tierra.
- Meteorización. Formación del regolito.
- Erosión, transporte y sedimentación.
- Edafización. Factores que influyen.
- Estructura de un suelo.
- Factores que influyen en el modelado del relieve.
- Representación del relieve.

33 Copia en tu cuaderno este dibujo y añade los nombres de las masas de aire y de las zonas climáticas. Explica qué son las zonas de convergencia.

34 Resume las diferencias que hay entre un regolito o detrito y un sedimento, relacionando estas características con cada uno de ellos.

- No ha experimentado transporte, solo ha sido desplazado por la gravedad.
- Ha sido transportado por un agente geológico.
- Se acumula lejos de su lugar de procedencia.
- Se acumula cerca de la roca de la que procede.
- Experimenta una larga modificación durante su transporte.
- Solo es modificado por la meteorización.

35 Copia y completa esta tabla en tu cuaderno.

Proceso	Consiste en	Su resultado es
Erosión		
Transporte		
Sedimentación		

36 CONCEPTOS CLAVE. Define los siguientes conceptos:

- agente geológico
- clastos
- suelo
- curva de nivel

37 Copia y completa este esquema en tu cuaderno.

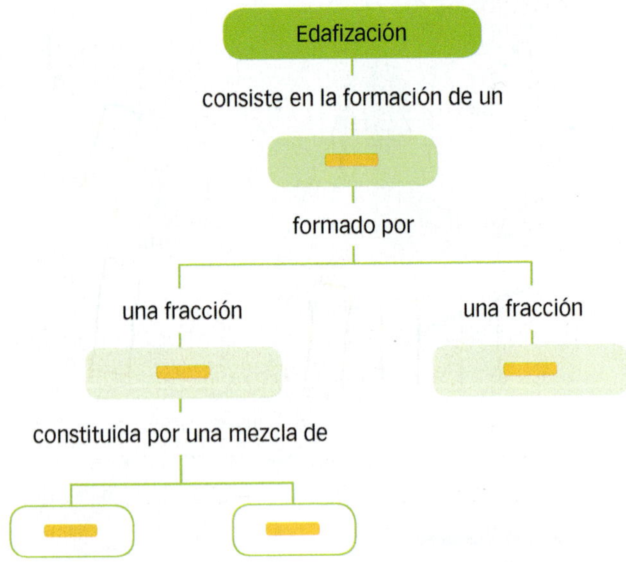

38 Copia en tu cuaderno estos dibujos y explica qué tipo de movimientos experimentarán el aire y el agua en los dos casos representados.

39 Copia en tu cuaderno estas tres columnas, ordenándolas para resumir los procesos de meteorización.

Meteorización
- Mecánica
- Química
- Biológica

Producida por
- Los seres vivos
- Reacciones químicas
- Esfuerzos

Ejemplo
- Oxidación de los minerales
- Rotura de rocas por el hielo
- Raíces de los árboles

40 ¿Cómo se denomina el proceso que transforma un detrito o regolito en un suelo? Explica de qué forma influyen los seres vivos en ese proceso.

41 Haz una lista de para qué puede ser necesario disponer de mapas detallados de un territorio.

PRACTICA

42 Copia en tu cuaderno el dibujo y responde las preguntas.

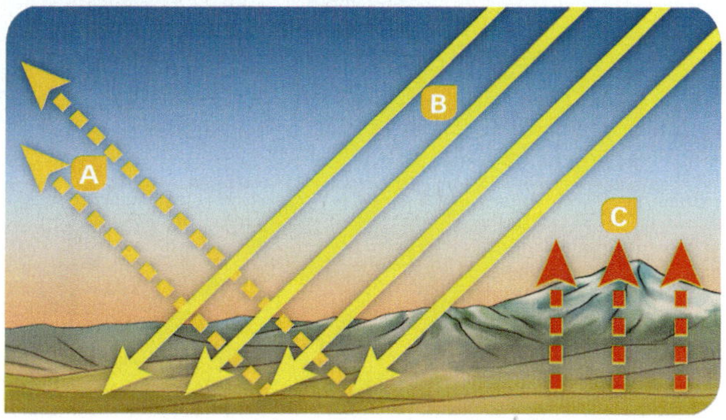

a) Identifica los elementos A, B y C, indicando cuál se corresponde con la energía del Sol, la radiación reflejada por el suelo y la energía calorífica emitida por el suelo caliente.

b) Explica cómo se calienta el suelo.

c) Si el suelo tuviera un color blanco, por ejemplo, al estar cubierto de nieve, ¿qué flechas adquirirían más importancia y cuáles, en cambio, tendrían menos relevancia?

43 La fotografía muestra una ladera cubierta de fragmentos rocosos procedentes de un resalte situado unos metros más arriba. Responde razonadamente las siguientes cuestiones:

a) Estos materiales, ¿forman un detrito o un sedimento?

b) ¿Se puede decir que han sido transportados por un agente geológico?

c) ¿Se puede decir que están sedimentados y que presentan una estructura sedimentaria?

d) ¿Qué relación tiene la gravedad con la posición que ocupan? ¿Puede modificarse esa posición con el tiempo?

44 Si en un fragmento de caliza hacemos una serie de taladros, los llenamos de agua y ponemos la roca en el congelador, se rompe en trozos. Explica por qué se rompe y qué proceso de alteración de las rocas hemos simulado.

FORMAS DE PENSAR. Análisis científico

La erosión del suelo

Resulta paradójico constatar que en las regiones de clima semiárido, donde apenas llueve, la lluvia es la que produce la mayor erosión. En estas zonas, el clima determina que la vegetación sea escasa, por eso, el suelo fértil es muy vulnerable a la erosión, pues está poco aglutinado por las raíces de las plantas. Además, la edafización es lenta y no se producen horizontes muy profundos.

Las escasas lluvias son a menudo torrenciales, con intensas precipitaciones en poco tiempo. El agua, en vez de infiltrarse en el suelo, discurre por la superficie del terreno, produciendo una intensa erosión, que excava profundos surcos. El suelo es así erosionado, con frecuencia de forma irreversible, y la zona va transformándose en un desierto.

45 COMPRENSIÓN LECTORA. Explica qué significa que el suelo está poco aglutinado por las raíces de las plantas. ¿Qué tendría que ocurrir para que esa aglutinación fuera mayor?

46 COMPRENSIÓN LECTORA. ¿Por qué la situación que se describe se califica de paradójica? Explica cuál es la paradoja.

47 COMPRENSIÓN LECTORA. ¿Qué relación hay entre el proceso de erosión que se describe y la transformación de la zona en un desierto?

48 USA LAS TIC. Busca en internet qué zonas de España presentan un clima semiárido y cuáles tienen un mayor riesgo de erosión del suelo y desertización. Dibuja un mapa esquemático de ambos factores y explica si encuentras alguna coincidencia entre ambos.

49 EXPRESIÓN ESCRITA. Escribe un texto de entre diez y treinta líneas, describiendo los efectos de una fuerte tormenta sobre un terreno de cultivo en una zona semiárida. Trata de lograr un relato de cierto dramatismo y con descripciones que resulten plásticas y visuales.

Obtener un perfil topográfico

Un **perfil topográfico** es la proyección sobre un plano vertical de la línea que se obtendría al recorrer el terreno según una trayectoria entre dos puntos.

Cuando queremos hacer una ruta por el campo, el mapa topográfico nos permite reconocer las características del terreno. El perfil topográfico nos dirá, además, si esa ruta es llana o escarpada.

La técnica para realizarlo a partir de un mapa de curvas de nivel es muy sencilla:

1. Elegimos un recorrido sobre el mapa y establecemos la dirección en la que vamos a realizar el perfil topográfico.

   Marcamos sobre él los extremos del recorrido (A y B) y comprobamos la altitud de todas las curvas de nivel que se cortan en el trayecto.

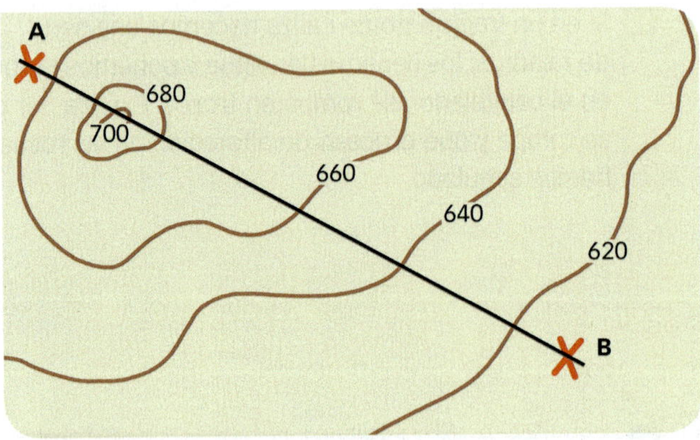

2. En un papel milimetrado dibujamos una escala vertical que debe contener todos los valores de las curvas de nivel cortadas por la trayectoria del perfil. La escala puede ser la misma, o no, que la escala horizontal del mapa.

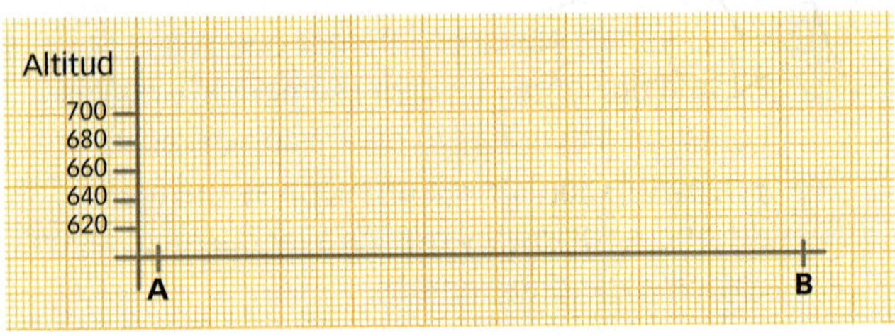

Por ejemplo, a una escala 1:50 000, 20 metros de equidistancia entre las curvas de nivel son 0,4 milímetros. Si queremos realzar los relieves, podemos usar un valor mayor, pero el relieve estará exagerado.

3. Colocamos el papel milimetrado sobre la trayectoria señalada en el mapa.

   Marcamos sobre él los extremos A y B del perfil, y marcamos también todas las curvas de nivel que lo tocan.

   Proyectamos cada curva hasta su altitud correspondiente y obtenemos así una serie de puntos.

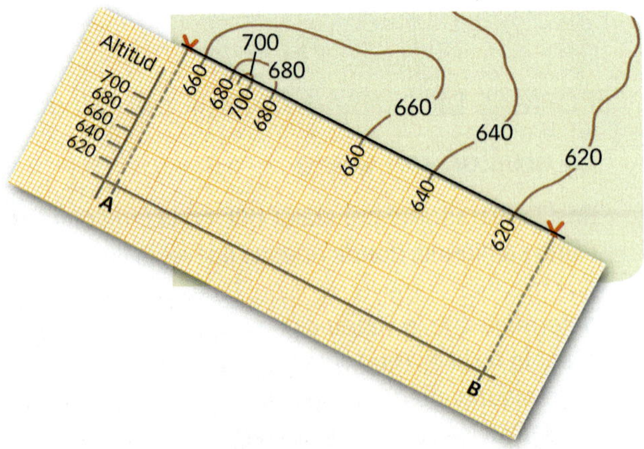

4. Unimos los puntos, evitando realizar segmentos rectos para darle un aspecto más realista al perfil topográfico. Después, podemos señalar sobre el perfil los elementos que nos interesan, como un pueblo, un río o una carretera.

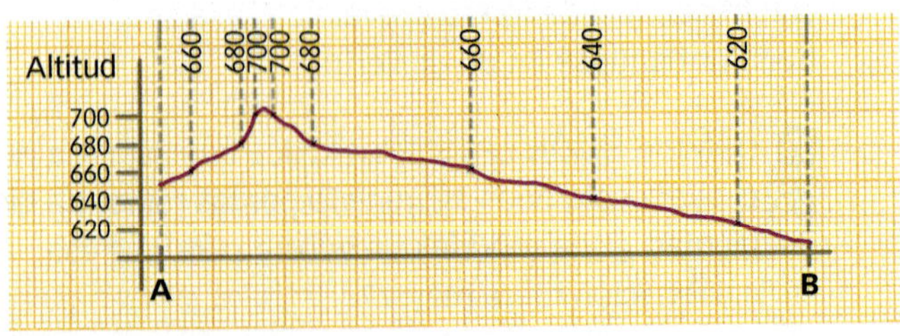

50 Si tenemos un mapa con una escala de 1:10 000 y la equidistancia entre las curvas de nivel es de 5 metros, ¿cuál sería la equidistancia que tendríamos que poner en la escala vertical al obtener un perfil topográfico de ese mapa?

51 Realiza un perfil topográfico entre los puntos A y B del mapa de la página anterior. Aumenta la escala vertical cuatro veces, es decir, multiplica por cuatro el valor de equidistancia de la escala vertical al elaborar el perfil.

a) Señala sobre el perfil topográfico las carreteras, ríos, poblaciones, etc., que aparezcan.

b) ¿Puedes calcular cuál es el desnivel (la diferencia de altura) entre el punto más bajo y el más alto del perfil?

c) Explica si en el perfil que has obtenido los relieves aparecen más altos o más bajos de lo que aparecerían en caso de haber utilizado una escala vertical sin aumentar. ¿Y cómo aparecen las pendientes, con mayor o con menor inclinación?

52 Si al elaborar un perfil en un mapa con escala 1:25 000 y cuya equidistancia entre curvas de nivel es de 20 metros, representamos cada intervalo entre curvas con 3 milímetros:

a) ¿Estarán las pendientes exageradas o suavizadas?

b) ¿Parecerán las montañas más altas o más bajas de lo que son en realidad? Razona la respuesta.

53 Para la construcción de un puente sobre una autovía, se ha elaborado un mapa a escala 1:500 con una equidistancia de 0,5 metros entre las curvas de nivel.

a) ¿Te parece que será un mapa de mucho detalle o de poco detalle?

b) Si la hoja del mapa es un cuadrado de papel de 80 centímetros de lado, ¿qué área del terreno representa en la realidad?

c) Si obtenemos un perfil topográfico de ese mapa, ¿cuál sería la equidistancia que tendríamos que poner en la escala vertical?

TRABAJO COOPERATIVO

Un recorrido sobre un mapa topográfico

Planificar un recorrido sobre un mapa es una tarea divertida y puede ser una buena manera de preparar una excursión.

- Organizaos por grupos de cuatro personas y buscad un mapa de curvas de nivel. Puede ser de una zona conocida o desconocida. Elegid una parte del mapa en la que aparezcan relieves con las curvas de nivel muy juntas (pendientes fuertes) y muy separadas (pendientes suaves).
- Trazad sobre el mapa un recorrido con diversos tramos rectos, marcando los puntos A, B, C, etc., del inicio de cada tramo.
- Teniendo en cuenta la escala del mapa, realizad los perfiles topográficos de cada tramo recto. Hacedlo sin exagerar la escala vertical y luego aumentad diez veces la escala vertical para destacar las diferentes pendientes de los tramos.
- Señalad sobre el perfil los pueblos, carreteras, tendidos eléctricos, etc., que se crucen en el recorrido.

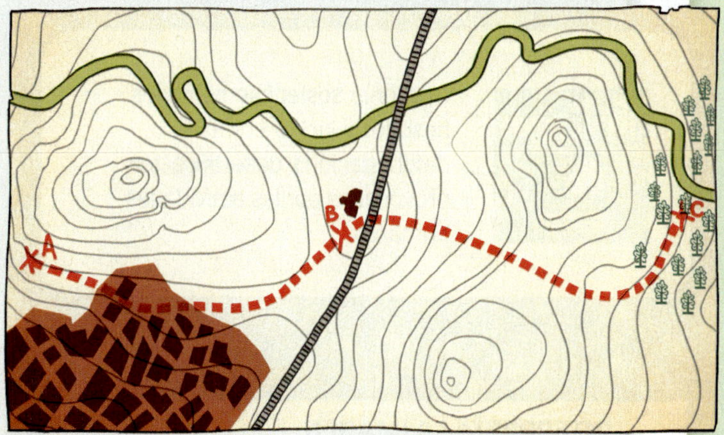

- Pegad sobre una cartulina el mapa con el itinerario marcado, los perfiles topográficos a escala real y los perfiles realzados.
- Añadid un comentario sobre los distintos tramos del recorrido, explicando si se trata de una pendiente fuerte o suave, qué elementos del mapa se recorren o se atraviesan, etc.
- Haced una exposición con los carteles en el aula.

10 El modelado del relieve

SABER

- Los agentes geológicos
- El viento
- Los glaciares
- Las aguas superficiales
- Las aguas subterráneas
- El mar
- La acción geológica de los seres vivos
- La acción geológica del ser humano
- La creación y la destrucción del relieve

SABER HACER

- Identificar formas de modelado

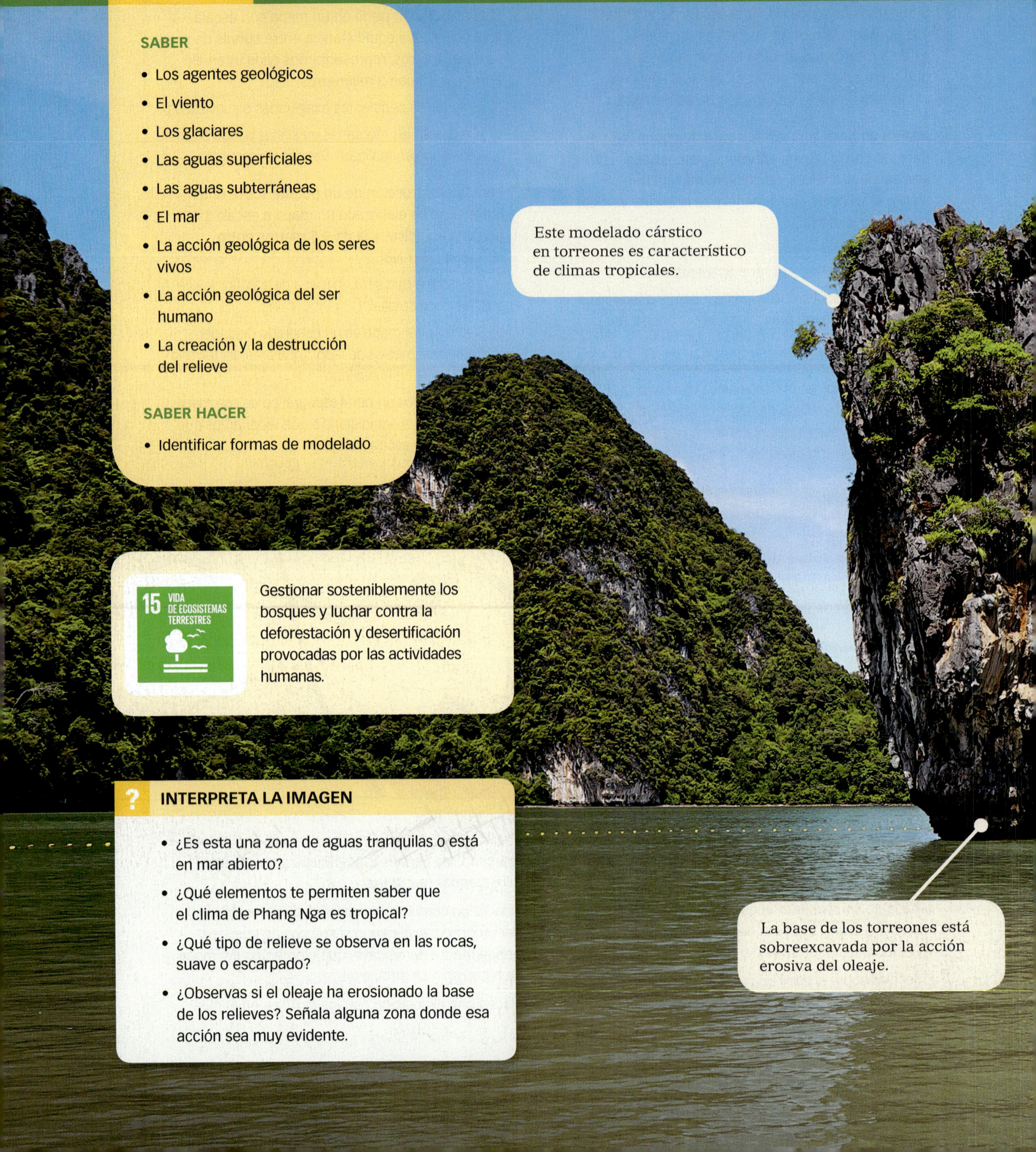

15 VIDA DE ECOSISTEMAS TERRESTRES

Gestionar sosteniblemente los bosques y luchar contra la deforestación y desertificación provocadas por las actividades humanas.

? INTERPRETA LA IMAGEN

- ¿Es esta una zona de aguas tranquilas o está en mar abierto?
- ¿Qué elementos te permiten saber que el clima de Phang Nga es tropical?
- ¿Qué tipo de relieve se observa en las rocas, suave o escarpado?
- ¿Observas si el oleaje ha erosionado la base de los relieves? Señala alguna zona donde esa acción sea muy evidente.

NOS HACEMOS PREGUNTAS

¿Cómo se ha formado este paisaje?

Al sur de Tailandia, en el mar de Andamán, se encuentra la bahía de Phang Nga, que esconde uno de los paisajes más espectaculares del mundo. En esta bahía pueden verse impresionantes torreones de roca caliza, con paredes verticales de decenas de metros de altura, que parecen mantenerse en un precario equilibrio.

El levantamiento de esta zona, en los últimos 100 millones de años, elevó las masas de caliza, las fracturó en bloques y las expuso a la erosión, formando este modelado de «carst en torres» y horadándolas con complejos sistemas de grutas. El oleaje ha aportado también su acción erosiva, excavando su base hasta darles ese aspecto frágil e inestable.

OPINA. ¿Cómo podría protegerse este paisaje de su deterioro?

El desplome de los acantilados produce escarpes verticales.

El agua subterránea es un poderoso agente erosivo y forma los enormes sistemas de cuevas que quedan ocultas a la vista.

CLAVES PARA EMPEZAR

- ¿Qué es la erosión?
- ¿Qué son los agentes geológicos? ¿Cuántos conoces?
- ¿Es lo mismo un sedimento, un detrito y un suelo?
- ¿En qué consiste la meteorización de las rocas y cuál es el resultado?

IMP

CLAVES PARA ESTUDIAR

- Conocer los agentes geológicos y sus características.

1 Los agentes geológicos

Hay seis agentes geológicos que producen **modelados** fácilmente reconocibles de la superficie terrestre. Todos ellos deben su funcionamiento a la energía solar, que es la que genera los movimientos de las masas de aire y la que origina el ciclo del agua, que a su vez produce las precipitaciones.

gravedad

- **El viento.** Su acción se realiza por toda la superficie terrestre. Es un agente muy eficaz donde hay materiales finos sueltos, ausencia o escasez de vegetación y vientos constantes, como ocurre en los desiertos y en algunas playas.
- **Los glaciares.** Su capacidad de erosión y transporte es muy grande. Su acción está restringida a las zonas polares y de alta montaña.
- **Las aguas de arroyada.** Son las que discurren por la superficie después de una fuerte lluvia. Su capacidad erosiva es grande en zonas de lluvias escasas y torrenciales.
- **Los ríos.** Son cursos permanentes de agua. Su capacidad de erosión y transporte está determinada por su caudal y su pendiente, lo que a su vez depende del clima y de su proximidad a una zona montañosa.
- **Las aguas subterráneas.** Su acción erosiva consiste en la disolución de las rocas solubles del subsuelo, principalmente calizas y yesos, y en la formación de cavidades subterráneas.
- **El mar.** Su acción se realiza en las costas y su capacidad erosiva se manifiesta especialmente en los acantilados. También transporta los materiales aportados por los ríos en su desembocadura.

? INTERPRETA LA IMAGEN

1. Identifica en cada fotografía el agente geológico que ha producido ese paisaje.
2. ¿Qué agente geológico forma acanaladuras muy marcadas en materiales que no están cubiertos de vegetación? ¿Por qué su acción es más intensa en zonas deforestadas?
3. ¿Cuál de los agentes geológicos actúa en las cumbres más altas produciendo relieves muy escarpados?
4. Al pie de los acantilados se observan con frecuencia bloques caídos. ¿Observas alguna zona con esos materiales? ¿De dónde proceden?

Características de los agentes geológicos

Los agentes geológicos se pueden comparar con máquinas o sistemas que producen un trabajo y, para ello, utilizan energía.

El trabajo que realizan es el de desplazar los materiales rocosos desde los relieves hasta las cuencas sedimentarias; es decir, desde las zonas más altas, donde las rocas tienen más energía potencial, hasta las más bajas, donde esa energía es menor. Trabajan, por tanto, transformando la energía potencial en movimiento o energía cinética.

Todos los agentes geológicos están formados por un fluido que se desplaza. Este fluido puede ser el aire en movimiento, agente eólico; el agua, en forma de oleaje, ríos, aguas de arroyada y aguas subterráneas; o el hielo, agente glaciar.

La energía del Sol es la que mantiene en movimiento el ciclo del agua, produciendo las precipitaciones de agua y nieve, y la que origina el viento, activando el agente eólico y produciendo el oleaje.

SABER MÁS

Un efímero y destructor agente geológico

Las «Channeled scablands» son una extensa zona en el este del estado de Washington (EE. UU.). Su modelado, con huellas de una intensa erosión, no encaja con el de los agentes geológicos como los ríos, los glaciares, las aguas de arroyada o el viento. ¿Qué pudo causar esos valles amplios, de fondo plano, en los que se observan ondulaciones, parecidas a dunas, excavadas en el suelo rocoso, junto con profundos socavones y otras formas extrañas?

Los estudios geológicos han concluido que este modelado es el resultado de una inundación catastrófica producida por la rotura del dique de hielo que represaba el lago Missoula, liberando más de 2000 km^3 de agua. Este lago acumulaba agua procedente del deshielo de la última época glacial.

Se han reconocido unos 40 episodios de rotura del dique en un intervalo de unos 2000 años. Al parecer, la terrible inundación se repetía periódicamente.

- Según el texto, ¿cada cuánto tiempo ocurría esa inundación catastrófica? El deshielo del último máximo glaciar duró en realidad unos 8 000 años. ¿Cuántas veces pudo ocurrir en ese intervalo de tiempo?

ACTIVIDADES

5. Explica cómo es posible que el agente geológico glaciar, que es tanto más efectivo cuando menor es la insolación y más frío es el clima, funcione gracias a la energía solar.

6. ¿Por qué las aguas de arroyada realizan una erosión más intensa en zonas de lluvias escasas y torrenciales que en climas donde llueve a menudo y con suavidad?

7. ¿Qué son las formas de modelado del paisaje?

8. Triturar rocas hasta convertirlas en arena es un trabajo que consume mucha energía. Explica cómo un río puede realizarlo utilizando energía solar y la energía potencial de esas rocas y la del agua.

9. ¿Cuál de los tres fluidos que constituyen los agentes geológicos tiene más viscosidad y cuál tiene menos? ¿Hay una relación entre su viscosidad y la velocidad a la que pueden desplazarse?

CLAVES PARA ESTUDIAR

- Describir las formas de modelado que producen los agentes eólico y glaciar.

2 El viento

La capacidad erosiva del viento es tanto más intensa cuanto más árido es el clima, ya que la ausencia de vegetación favorece su acción. Tiene, además, gran capacidad de transporte de los materiales más finos, como las partículas de arcilla, que son arrastradas a mucha altura, pudiendo recorrer miles de kilómetros antes de caer de nuevo al suelo.

Cuando el viento pierde velocidad, sedimenta los materiales que transporta. La arena forma acumulaciones llamadas **dunas**, que se desplazan en la dirección del viento a medida que los granos van siendo arrastrados desde la cara enfrentada al viento, **barlovento**, hacia la cara opuesta al viento, **sotavento**. En algunos pueblos costeros y en otros cercanos a los desiertos de arena, las dunas suponen una amenaza, ya que en su avance invaden las huertas, las calles e incluso las viviendas. Para evitar su desplazamiento, se intenta colonizarlas con vegetación.

El polvo transportado por el viento puede formar extensos depósitos llamados **loess**, que dan lugar a terrenos muy fértiles.

? INTERPRETA LA IMAGEN

10 Dibuja un esquema de las dunas de la fotografía e indica el lado de sotavento y el de barlovento.

Formas de modelado eólico

El arrastre de la arena por el viento erosiona las rocas produciendo formas caprichosas, como las **rocas en seta**.

El fuerte calentamiento del suelo produce violentas corrientes ascendentes que levantan la arena y el polvo a gran altura. Esto se conoce como **deflación**.

La deflación despoja de materiales finos el terreno, dejando extensiones cubiertas de piedras: los **reg**.

La acumulación de arena produce desiertos arenosos o **erg**. Las dunas en forma de media luna se llaman **barjanes**.

3 Los glaciares

En las zonas de clima polar, como Groenlandia o la Antártida, y en las montañas más altas, como el Himalaya, los Andes o los Alpes, la nieve no llega a fundirse en verano y se va acumulando.

A medida que se acumulan las capas de nieve, las inferiores se comprimen y pierden el aire que contienen. A unos siete u ocho metros de profundidad, la nieve se ha transformado totalmente en hielo. El hielo puede alcanzar un espesor que va desde decenas hasta miles de metros y se mueve lentamente como un líquido muy viscoso, que se desliza a favor de la gravedad. Hay dos tipos de glaciares:

- Los **glaciares de casquete**, que se encuentran en Groenlandia y en la Antártida, donde el hielo cubre miles de kilómetros cuadrados y tapa por completo el relieve. En algunas zonas de la Antártida, el hielo llega a tener espesores de más de 4 000 metros.
- Los **glaciares alpinos**. Se encuentran en las altas montañas de regiones menos frías en las que el hielo se encauza y discurre como **lenguas** desde la zona de acumulación, el **circo glaciar**, hacia las zonas más bajas del relieve, donde el hielo se funde.

Glaciar de casquete en Groenlandia.

ACTIVIDADES

11 ¿Qué predomina en un circo glaciar, la erosión o la sedimentación? ¿Y en una morrena frontal? Razona tus respuestas.

Formas de modelado glaciar

El hielo produce una intensa meteorización sobre las rocas, originando **relieves escarpados**.

En los **circos glaciares**, la nieve se acumula y se transforma en hielo.

Las lenguas glaciares excavan profundos **valles con perfil en U**.

El hielo forma la **lengua glaciar**, que transporta gran cantidad de sedimentos, cuya acumulación forma las **morrenas**. Las morrenas laterales se acumulan a ambos lados de la lengua. Dos morrenas laterales pueden confluir y formar una morrena central. Al final de la lengua se origina una morrena frontal.

4 Las aguas superficiales

CLAVES PARA ESTUDIAR

- Explicar las características y formas de modelado de las aguas de arroyada y los ríos.

Las aguas que discurren por la superficie terrestre dan lugar a dos agentes geológicos muy diferentes: las aguas de arroyada y los ríos.

Las aguas de arroyada

En las zonas donde hay poca vegetación, cuando llueve de forma torrencial, el agua no se infiltra en el terreno, sino que discurre por la superficie y produce una erosión muy intensa, especialmente si este está formado por materiales poco coherentes.

Las **aguas de arroyada** tienen una gran capacidad erosiva y pueden transportar materiales de gran tamaño, aunque a distancias cortas y solo durante los episodios de lluvias torrenciales. El agua forma surcos en el terreno, que se van profundizando y originan **barrancos**.

En zonas de fuerte pendiente se desarrollan **cárcavas**, formadas por surcos profundos entre los que quedan crestas y columnas sin erosionar. Cuando el material que forma la parte superior de la columna es más resistente a la erosión que el que queda por debajo, se originan las **chimeneas de hadas**.

A menudo los surcos confluyen hacia un único cauce. Se forma entonces un **torrente**, que solo lleva agua después de una fuerte lluvia. En los torrentes pueden diferenciarse tres partes: la **cuenca de recepción**, el **canal de desagüe** y el **cono de deyección**. Cuando el cono de deyección es grande y ocupa una extensión de varios kilómetros cuadrados, recibe el nombre de **abanico aluvial**.

? INTERPRETA LA IMAGEN

12 ¿Cómo se llaman las estructuras que se observan en la imagen?

Formas de modelado torrencial

El **canal de desagüe** suele ser estrecho y profundo, formando un **barranco**. En él predomina el transporte.

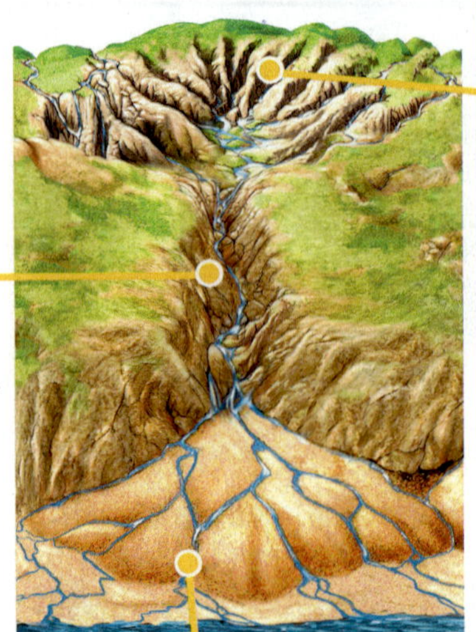

En la **cuenca de recepción** predomina la erosión y se forman **cárcavas**.

En el **cono de deyección** predomina la sedimentación. Es una zona de riesgo de riadas o avenidas torrenciales.

Los ríos

Los **ríos** son cursos de agua permanentes que confluyen unos en otros formando una corriente principal que, por lo general, desemboca en el mar. En zonas de clima templado húmedo son el principal agente geológico modelador del paisaje. Cuando los ríos discurren por zonas de cierta pendiente, erosionan su cauce, profundizan en él y originan un valle estrecho y profundo con un **perfil en V**.

Al profundizar en su cauce, el río pierde pendiente y capacidad erosiva, y comienza a trazar curvas, llamadas **meandros**, que hacen retroceder las paredes, originando un valle de fondo plano o **valle en artesa**.

Cuando un río que circula por un valle en artesa se desborda, ocupa todo el fondo del valle o gran parte de él. La **llanura de inundación** es la extensión de terreno susceptible de ser inundada al subir el nivel del río durante una crecida o **avenida fluvial**.

Tras millones de años, los valles de fondo plano se van ampliando cada vez más, uniéndose unos con otros y formando finalmente una enorme superficie casi plana, que recibe el nombre de **penillanura**.

Los ríos sedimentan los materiales en su propio cauce cuando pierden capacidad de transporte, o en la llanura de inundación, tras una crecida. Sin embargo, la mayor parte de los sedimentos llega al mar. Cuando un río acumula materiales en su desembocadura más deprisa de lo que el oleaje los retira, se puede originar un **delta**.

ACTIVIDADES

13 **Algunos sistemas torrenciales permanecen secos, a veces durante años.**

a) Explica si eso tiene alguna relación con el clima en el que se forman.

b) ¿Por qué, sin embargo, tienen esa gran capacidad erosiva y de transporte cuando se activan?

14 **Contesta estas preguntas.**

a) ¿Por qué las crecidas inundan un área mayor en el curso bajo que en el alto?

b) ¿En cuál de los dos cursos la inundación puede causar más daños en cultivos y viviendas? Razona por qué.

Formas de modelado fluvial

En sus **cursos medio y bajo**, los ríos elaboran valles de fondo plano y amplio, **valles en artesa**.

En su **curso alto**, los ríos erosionan y se encajan en el relieve, formando **valles en V**.

Los **deltas** representan un equilibrio entre el aporte de sedimentos fluviales y su erosión por el oleaje.

CLAVES PARA ESTUDIAR

- Identificar las formas de modelado cárstico.
- Comprender la importancia de la correcta gestión de las aguas subterráneas.

5 Las aguas subterráneas

Las aguas que se infiltran en el suelo, cuando llevan en disolución dióxido de carbono, tienen carácter ácido y pueden producir la disolución de algunos minerales constituyentes de las rocas, como la calcita, formada por carbonato de calcio ($CaCO_3$), o el yeso, formado por sulfato cálcico ($CaSO_4 \cdot 2H_2O$). Este proceso genera un modelado típico producido por la disolución de las rocas.

- **Modelado cárstico superficial.** Las **dolinas** son depresiones en el terreno formadas por la disolución de las rocas superficiales o por el hundimiento de las grutas. La disolución también origina en la superficie una forma de modelado característico llamado **lapiaz**.
- **Modelado cárstico subterráneo.** Se producen cavidades subterráneas como **cuevas**, **galerías** y **simas**. En las cavidades donde gotea el agua se deposita el carbonato de calcio que lleva disuelto, originando **estalactitas**, que se forman en el techo, y **estalagmitas**, que crecen desde el suelo.

Formas de modelado cárstico

Las **galerías** son conductos horizontales. Las **grutas** o **salas** son grandes cavidades con formaciones como estalactitas y estalagmitas.

Los **lapiaces** presentan acanaladuras producidas por disolución de la roca.

Las **dolinas** inundadas pueden formar lagunas.

Las **simas** son conductos verticales que, en muchos casos, comunican con la superficie.

La circulación del agua dentro del sistema cárstico suele presentar un **nivel de base**, una zona impermeable, normalmente arcillosa, en la que el agua ya no puede infiltrarse más abajo.

Cuando la superficie del terreno corta el nivel de base del sistema, se origina un **manantial** que, si vierte un caudal importante, se denomina **surgencia cárstica**. En España hay numerosos ríos que nacen en surgencias cársticas.

La importancia de las aguas subterráneas

En muchas zonas donde el clima es árido o semiárido, las aguas subterráneas son la única fuente de agua disponible.

Aunque en los sistemas cársticos se pueden formar lagos y ríos subterráneos, normalmente el agua del subsuelo impregna la porosidad de las rocas, formando los **acuíferos** de los que puede extraerse el agua, bombeándola desde pozos. Los acuíferos se recargan lentamente según se infiltra en el terreno el agua de lluvia.

Se estima que el volumen de agua subterránea en los continentes es unas veinte veces mayor que el de todos los ríos y lagos; los acuíferos son por ello un recurso de gran riqueza. Sin embargo, las aguas subterráneas pueden contaminarse o agotarse si no se gestionan adecuadamente.

- **Contaminación.** Los contaminantes pueden proceder de explotaciones agrícolas, ganaderas, industriales o mineras, o generarse en vertederos de residuos. Cuando estas actividades se realizan de forma inadecuada, pueden infiltrarse en el suelo y llegar hasta un acuífero, produciendo la contaminación del agua subterránea.
- **Agotamiento.** La extracción de agua subterránea a un ritmo mayor al que el acuífero se recarga se denomina **sobreexplotación**, y puede llegar a agotarlo. Cuando el acuífero está próximo a la costa, es invadido entonces por agua de mar y como consecuencia se produce su **salinización**, que puede llegar a inutilizarlo.

ACTIVIDADES

15 ¿Por qué es muy peligroso explorar las galerías y grutas de un sistema cárstico cuando se están produciendo lluvias intensas?

16 Si en una zona en la que hay numerosos pozos para la extracción de aguas subterráneas se redujera el ritmo de explotación de estos, ¿subiría o bajaría el nivel freático en el acuífero?

Relación del agua subterránea con las aguas superficiales

El nivel más alto que alcanza el agua subterránea se denomina **nivel freático**.

La lluvia produce la **recarga** del acuífero.

La mayoría de las lagunas, charcas y zonas húmedas se producen donde afloran las aguas subterráneas.

La contaminación de las aguas superficiales y del suelo produce con frecuencia que los contaminantes invadan los acuíferos.

Al extraer agua de los pozos se hace descender el nivel freático. Este descenso puede hacer desaparecer humedales y lagunas, y produce la intrusión de agua de mar en los acuíferos, por lo que el agua extraída se va volviendo salobre.

CLAVES PARA ESTUDIAR

- Describir las formas de modelado del agente geológico marino.
- Diferenciar entre formas marinas de erosión y formas de sedimentación.

6 El mar

El **oleaje** generado por el viento es el principal componente del agente geológico marino. Las **corrientes marinas** y los movimientos debidos a las **mareas** también intervienen en el transporte y la sedimentación de los materiales más finos.

Las olas y las corrientes marinas son las responsables del modelado de las zonas costeras, de la movilización de los materiales transportados por los ríos y de los materiales erosionados por el propio mar.

Formas de erosión marina

En las costas más abruptas, donde las rocas forman **acantilados**, la acción del oleaje realiza una intensa acción erosiva produciendo la sobreexcavación de la base del acantilado y el retroceso de la pared, elaborando así extensas superficies horizontales que reciben el nombre de **plataformas de abrasión**.

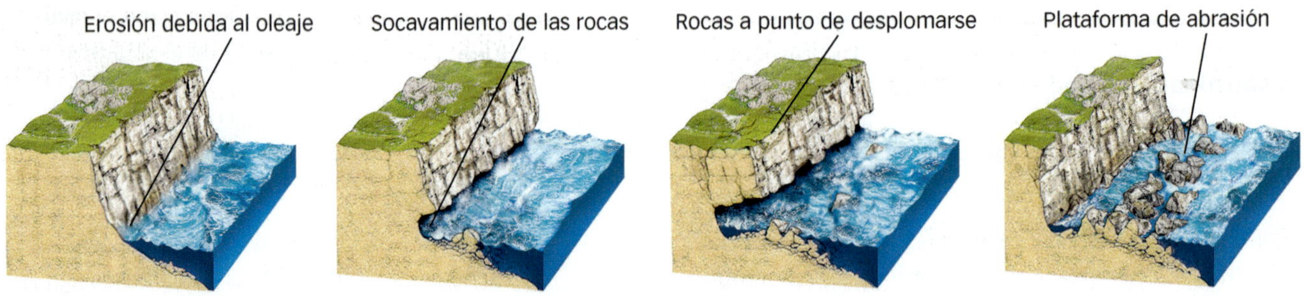

1. La acción continua del oleaje erosiona la base del acantilado.
2. Las olas penetran cada vez más profundamente en la pared de roca.
3. Las rocas que sobresalen están fracturadas y a punto de romperse.
4. El retroceso del acantilado crea la plataforma de abrasión.

El retroceso del acantilado origina formas residuales como **islotes** y **arcos**, además de acumulaciones de clastos de todos los tamaños al pie de la pared.

En el desplome del acantilado y en la formación de los arcos e islotes influye también el tipo de rocas que forman la costa y la presencia de fracturas, a favor de las cuales se puede producir el desmoronamiento.

Las rocas estratificadas y fracturadas se desmoronan con facilidad, formando arcos en los acantilados.

La existencia de zonas fracturadas facilita la acción erosiva del mar, produciendo islotes.

INTERPRETA LA IMAGEN

17 En el acantilado de la fotografía, ¿observas alguna evidencia de que el oleaje haya producido su retroceso? Explica cómo.

Formas de sedimentación marina

Al ser removidos por las olas y debido a su roce con la arena y con la grava, los clastos se van fragmentando y redondeando, hasta quedar reducidos a arena fina. Las olas transportan la grava y la arena a lo largo de la costa. Donde la incidencia del oleaje es menor se producen las acumulaciones de sedimentos, lo que da lugar a **playas de cantos** o a **playas de arena**.

Los depósitos arenosos dan lugar en ocasiones a zonas más o menos encharcadas con agua de mar que quedan fuera del alcance de las olas, salvo durante los temporales; se origina así una **marisma salobre**, que constituye una interfase entre el medio continental y el medio marino.

En zonas que están resguardadas del oleaje y donde es grande la diferencia de altura entre la marea alta y la marea baja, se pueden acumular sedimentos arcillosos, originando una **llanura fangosa**.

Llanura fangosa en la ría de Guernica. Reserva de la biosfera de Urdaibai, Vizcaya.

Las **barras** son depósitos de arena próximos a la línea de costa. Las **flechas** son barras unidas al continente.

Las **marismas** poseen una gran diversidad biológica.

La acumulación de arena procedente de la erosión forma **playas**.

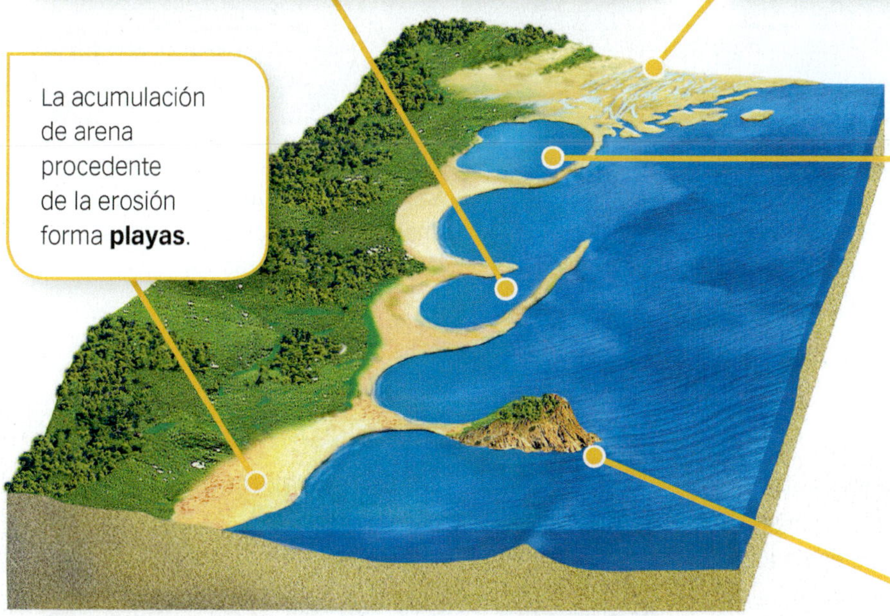

Las barras o flechas pueden formar **lagunas litorales**.

La flecha litoral puede conectar una isla con la costa y formar un **tómbolo**.

ACTIVIDADES

18 ¿Por qué las flechas litorales y los tómbolos se originan siempre en zonas donde hay playas y nunca se forman en zonas de acantilados?

CLAVES PARA ESTUDIAR

- Conocer los diversos efectos geológicos que producen los seres vivos.
- Citar las acciones del ser humano que tienen efectos geológicos.

7 La acción geológica de los seres vivos

Hace unos 2 500 millones de años, la actividad fotosintética de las bacterias cambió la composición de la atmósfera al enriquecerla en oxígeno, lo que supuso un cambio drástico en las condiciones de la Tierra y permitió la aparición de seres vivos pluricelulares, cuyo metabolismo solo es posible en un medio rico en oxígeno. La actividad de los seres vivos también produce cambios en la corteza terrestre.

Los vegetales ensanchan con sus raíces las grietas de las rocas, produciendo su meteorización mecánica.

Los líquenes y musgos producen sustancias que alteran químicamente las rocas, acelerando su destrucción.

Los topos producen la mezcla de los materiales del suelo y aumentan su porosidad y permeabilidad.

Los corales y otros organismos marinos originan arrecifes, que son formaciones de carbonato cálcico que llegan a constituir importantes relieves.

Los excrementos de las aves marinas, que se alimentan de pescado, son materiales ricos en fósforo que se acumulan sobre las rocas.

La acumulación de las conchas y los caparazones de algunos animales marinos origina un sedimento que da lugar a rocas calizas.

ACTIVIDADES

19 El carbón se origina a partir de la acumulación de grandes cantidades de materia vegetal en zonas continentales. Razona si la existencia de esta roca puede considerarse un efecto geológico de la actividad biológica.

20 La fotografía muestra el pavimento de una calle, elaborado con placas de caliza. ¿Puedes explicar por qué tiene esas huellas blancas de conchas?

8 La acción geológica del ser humano

El ser humano tiene en la actualidad una enorme capacidad para producir efectos visibles sobre diversos aspectos del entorno natural. Estos son algunos ejemplos:

- **Modificación del relieve.** Los trazados de las vías de comunicaciones, las explotaciones mineras o los vertederos de residuos sólidos son ejemplos de casos en los que se modifica apreciablemente el relieve, rebajando su altura, cambiando el perfil de las laderas, rellenando desmontes, creando relieves de escombros, etc.
- **Actuaciones sobre los cauces fluviales.** La **rectificación** de cauces consiste en construir unos diques que determinan el trazado del cauce fluvial y limitan su capacidad de ocupar la llanura de inundación. El **entubado** implica la canalización del flujo dentro de tuberías que pueden ir bajo el pavimento; los **embalses** son construcciones que retienen el caudal de un río para aprovechamiento del agua.
- **Laminación de sistemas torrenciales.** Las obras de laminación consisten en diques y aterrazamientos para evitar la formación de avenidas torrenciales. Puede realizarse además una rectificación del cauce del arroyo en su abanico aluvial.
- **Alteración del trazado de la línea de costa.** La construcción de espigones, rompeolas, puertos, infraestructuras para obtención de energía mareomotriz o undimotriz y otras obras modifica el trazado de la línea de costa, afectando también a las corrientes marinas y a la acción del oleaje.
- **Fijación de dunas.** Las dunas móviles, cuando se forman y se desplazan en las proximidades de áreas pobladas o infraestructuras de comunicaciones, constituyen un riesgo, ya que pueden invadir rápidamente huertas, viviendas, carreteras, etc. Para prevenir ese riesgo, se colonizan con vegetación, cuyas raíces retienen la arena, haciendo que la duna quede anclada en una posición fija.

Las Médulas son un paisaje producido por una antigua explotación de oro romana. El método empleado se denominaba *ruina montium*. La montaña se horadaba con una red de galerías horizontales conectadas con pozos verticales y se soltaba agua a través de ellas. La fuerza del agua deshacía la montaña y arrastraba la tierra con el mineral hasta los lavaderos.

ACTIVIDADES

21 Explica en cada una de estas imágenes qué tipo de acción se ha desarrollado y cómo se ha modificado el medio natural.

A

B

C

CLAVES PARA ESTUDIAR

- Describir la interacción entre la energía interna de la Tierra y la acción de los agentes geológicos.

9 La creación y la destrucción del relieve

Las fuerzas internas del planeta son las causantes de que se originen los relieves, ya sea por medio del plegamiento de las rocas o por la actividad volcánica. Una vez que los relieves alcanzan cierto desnivel sobre el terreno circundante, los agentes geológicos disponen de la suficiente energía para proceder a su desmantelamiento.

La cordillera del Himalaya es la cadena montañosa más alta del planeta, y por ello es también la que recibe una erosión más intensa por parte de los agentes geológicos. Los glaciares, los ríos, los sistemas torrenciales y el viento desgastan eficazmente las cumbres, producen el desmoronamiento de las paredes, excavan profundos cortados y se llevan cada año kilómetros cúbicos de rocas.

El monte Everest continúa creciendo a pesar de la acción de los agentes externos.

Como resultado, las montañas del Himalaya son despojadas anualmente de un espesor de unos 40 milímetros. Por ello, deberían ser cada vez menos altas, pero medidas recientes de gran precisión indican justo lo contrario: el Himalaya aumenta su altitud unos cinco milímetros al año. ¿Cómo es posible?

Mientras las fuerzas que levantaron el relieve siguen activas, las montañas pueden continuar ganando altura, a pesar de la acción erosiva de los agentes geológicos. Pero cuando se debilita o se agota la energía que levantó ese relieve, entonces los agentes geológicos pueden terminar su trabajo, y aquello que fue un relieve acaba convirtiéndose en una penillanura.

Sin embargo, la Tierra es un planeta con una enorme cantidad de energía en su interior, y las fuerzas que dan origen a las montañas pueden retomar el protagonismo, haciendo que una penillanura se levante de nuevo. Los ríos se encuentran entonces, una vez más, con energía disponible para reiniciar su trabajo erosivo, encajándose en la penillanura para elaborar, con el transcurso de los millones de años, otra penillanura a una altura inferior.

El Canon do Sil (Lugo) es un ejemplo de cómo el trabajo erosivo de un río modifica el relieve.

El río Sil está actualmente encajándose en una antigua penillanura que se formó hace unos 30 millones de años.

Desde entonces, Galicia se ha levantado de nuevo, y la red fluvial se ha encajado, elaborando profundos valles en V.

La ampliación de estos valles, cuando transcurran unos millones de años, acabará elaborando una nueva penillanura.

La redistribución del peso de la corteza terrestre

Los agentes geológicos, al arrancar materiales rocosos de las zonas elevadas y trasladarlos a otras áreas más bajas, quitan peso a los relieves y lo añaden a las cuencas sedimentarias, que en muchos casos están situadas en el mar, aunque también pueden situarse sobre el continente.

Esto crea un desequilibrio en la corteza terrestre, que se va volviendo más ligera en las zonas montañosas y más pesada en las cuencas sedimentarias.

La **isostasia** es la capacidad que tiene la corteza para buscar el equilibrio entre su peso, que tiende a hundirla, y el empuje vertical ejercido por el manto, que tiende a levantarla. El hundimiento de las cuencas sedimentarias al recibir la carga de sedimentos se denomina **subsidencia**; el ascenso de los relieves al despojarlos de parte de su peso se llama **levantamiento isostático**.

ACTIVIDADES

22 Cita las causas por las que una cordillera continúa levantándose a pesar de la acción erosiva de los agentes geológicos.

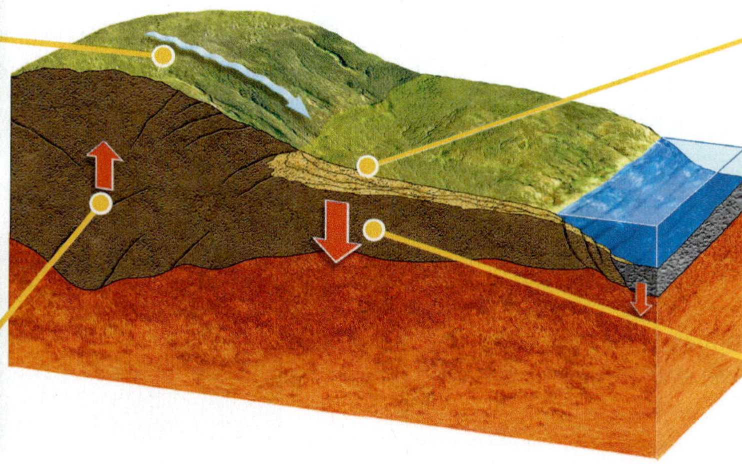

? INTERPRETA LA IMAGEN

La imagen muestra los abanicos aluviales submarinos del Indo y del golfo de Bengala.

El abanico del Indo está formado por los sedimentos del río Indo, y ocupa una parte importante del mar Arábigo. Su volumen es de unos 5 millones de km³.

El abanico de Bengala, formado por los sedimentos que aportan los ríos Ganges y Brahmaputra, es el mayor de la Tierra. Ocupa todo el golfo de Bengala y su volumen supera los 10 millones de km³.

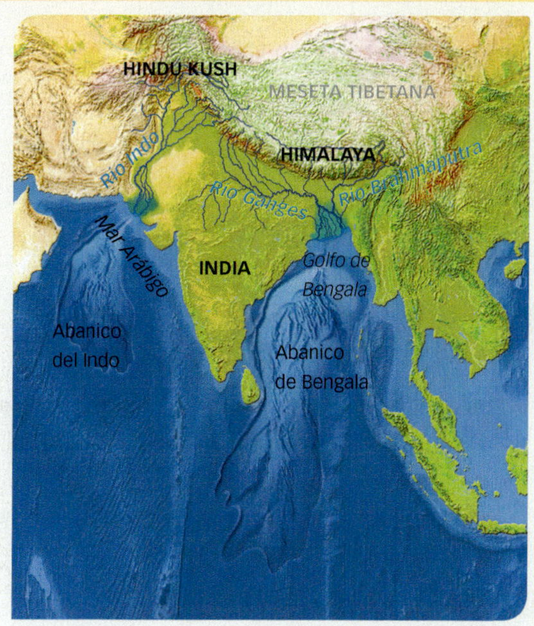

23 ¿Qué relieves importantes observas en la imagen que puedan representar la fuente de la que esos ríos han erosionado tal cantidad de materiales?

24 Razona si el fondo del golfo de Bengala y del mar Arábigo se estarán levantando o hundiendo.

25 ¿Crees que los ríos Indo, Ganges y Brahmaputra pueden estar formando una penillanura?

ACTIVIDADES FINALES

REPASA LO ESENCIAL

26 RESUMEN. Haz el resumen de la unidad explicando los siguientes conceptos clave:

- Los agentes geológicos.
- Modelado eólico.
- Modelado glaciar.
- Modelado de las aguas de arroyada.
- Modelado fluvial.
- Modelado de las aguas subterráneas.
- Importancia de las aguas subterráneas.
- Modelado marino.
- Acción geológica de los seres vivos.
- Acción geológica del ser humano.
- Creación y destrucción del relieve.
- Redistribución del peso de la corteza terrestre.

27 Copia y completa en tu cuaderno la siguiente tabla, poniendo junto a cada agente geológico las formas erosivas que correspondan:

cárcava - dolina - plataforma de abrasión - sima - barranco - valle en V - valle en U - reg - circo glaciar - gruta - valle en artesa

Agente geológico	Formas erosivas
Aguas de arroyada	
Viento	
Glaciares	
Aguas subterráneas	
Mar	

28 Escribe en tu cuaderno estas tres columnas, relacionándolas correctamente:

Tipo de glaciar	Se encuentra en	Formado por
• Alpino • De casquete	• Groenlandia y Antártida • Las altas montañas	• Una gran extensión de hielo • Circos y lenguas glaciares

29 ¿Qué predomina en un reg, la erosión o la sedimentación? ¿Y en un erg? Razona tus respuestas.

30 Copia y completa la tabla con formas de modelado que se dan en cada uno de los tramos de un río.

Formas de modelado fluvial		
Curso alto	Curso medio	Curso bajo

31 En el cono de deyección de un torrente podemos encontrar materiales mezclados de todos los tamaños, parecidos a los detritos que hay en una ladera; pero los del cono de deyección no se consideran detritos, sino sedimentos. ¿Por qué?

32 Haz en tu cuaderno un dibujo similar a este, escribe un título y rotula el nombre de cada una de las partes señaladas.

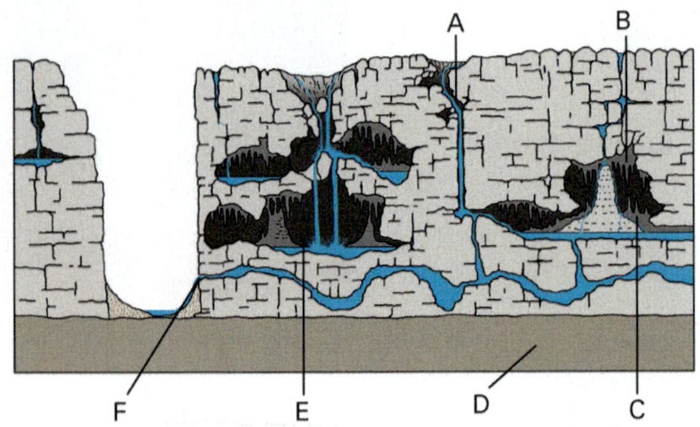

33 ¿Cómo pueden los contaminantes procedentes de una granja llegar a una laguna situada lejos de ella sin que aparentemente exista conexión entre ambas? Haz un dibujo explicativo de esa situación.

34 Enumera las acciones que el ser humano realiza y que afectan a la dinámica de los agentes geológicos.

35 Escribe una definición sencilla de isostasia y de subsidencia.

36 Copia en tu cuaderno este dibujo de una cadena montañosa y explica qué significan las flechas. Indica cuál de ellas representa la acción de los agentes geológicos y cuál se debe a la energía interna del planeta.

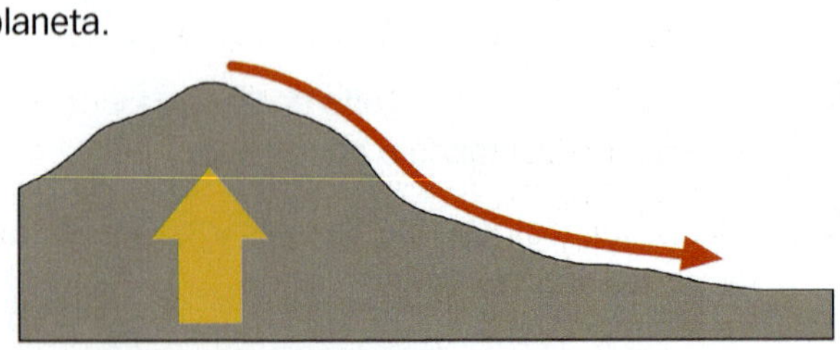

PRACTICA

37 Identifica en las siguientes fotografías qué agente geológico es el causante del modelado del paisaje y qué forma de relieve se observa en cada imagen:

38 Copia en tu cuaderno estos dibujos que representan la disminución de tamaño de un glaciar alpino, y explica por qué en un valle glaciar en el que ya no está la lengua glaciar podemos encontrar varias morrenas frontales y se puede formar un lago.

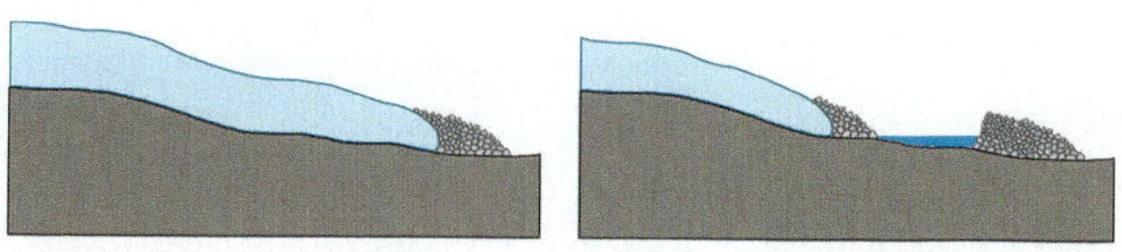

39 Copia y ordena en tu cuaderno las cuatro viñetas, de forma que muestren la evolución del acantilado, explicando qué ocurre en cada una. ¿Qué agente geológico interviene? ¿Cómo se llama este proceso?

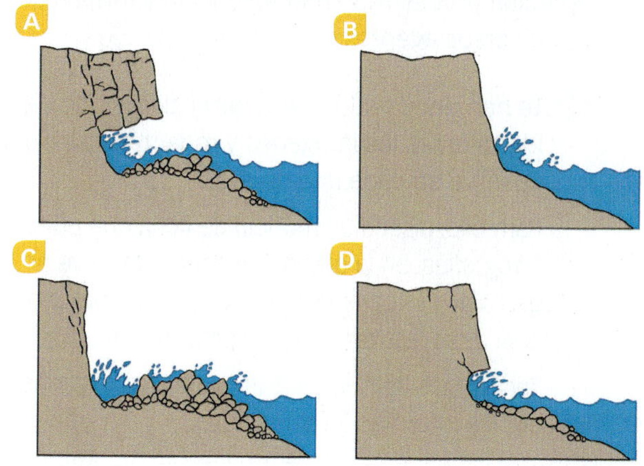

40 Haz un dibujo esquemático de un torrente, nombrando sus partes e indicando dónde predomina la erosión, el transporte y la sedimentación.

FORMAS DE PENSAR. Análisis científico

El riesgo de una avenida torrencial

El 6 de agosto de 1996, una fuerte tormenta descargó sobre la cuenca de recepción del barranco de Arás, en las proximidades de Biescas (Huesca).

El camping «Las Nieves», ubicado en el cono de deyección del torrente, fue arrasado por una avenida torrencial, con el resultado de que 86 personas perdieron la vida.

Los campistas vieron cómo el camping se inundó, en cuestión de minutos, por una impetuosa corriente de agua que, desbordando el cauce artificial construido años antes y llevando consigo arena, lodo, piedras de gran tamaño y todo tipo de restos de vegetación, causó graves pérdidas materiales, además de las 86 muertes.

Los abanicos aluviales son zonas de gran riesgo, a pesar de lo cual muchas poblaciones se construyen sobre ellos debido a que son zonas fértiles, a menudo, llanas o de escasa pendiente y con aguas subterráneas a poca profundidad.

41 USA LAS TIC. Busca fotografías de cómo quedó la zona de Biescas arrasada por la avenida torrencial y de las obras de rectificación del cauce que después se realizaron. Describe en qué consisten esas obras y explica si constituyen un ejemplo de la acción geológica del ser humano y por qué.

42 COMPRENSIÓN LECTORA. Explica qué relación hay entre la tormenta que se menciona en el texto y la muerte de las 86 personas. ¿Habría tenido las mismas consecuencias esa tormenta si hubiera descargado sobre el cono de deyección?

43 EXPRESIÓN ESCRITA. Explica por qué los abanicos aluviales son zonas de riesgo.

44 COMPRENSIÓN LECTORA. ¿La descripción de la «impetuosa corriente» causante del desastre está haciendo referencia a un proceso de erosión, de transporte o de sedimentación? Explica por qué.

45 Los abanicos aluviales, ¿son zonas de erosión, de transporte o de sedimentación? ¿Pueden darse estos tres procesos en una misma zona? Explica tu respuesta.

SABER HACER Competencia científica

Identificar formas de modelado

En el Museo del Patrimonio Cultural de tu ciudad están preparando una exposición sobre los paisajes y los procesos geológicos que los originan.

Se han recopilado fotografías de paisajes de todo el mundo en los que se aprecian procesos de meteorización y formas de modelado producidas por diversos agentes geológicos.

46 Te han encargado que, a partir del listado de fotografías adjunto, identifiques las imágenes y redactes una explicación breve de lo que se observa en cada una de ellas.

Para ello, diseña un modelo de ficha que pueda aplicarse a todas las fotografías, en la que se explique qué se ve en la imagen, qué agente geológico interviene, qué proceso geológico está ocurriendo o ha ocurrido, cuál es el resultado de ese proceso, etc.

Ten en cuenta que en la ficha de alguna de las fotografías puede quedar alguna información sin rellenar.

Listado de fotografías

- Acantilado.
- Cárcavas.
- Valle en V.
- Valle en U.
- Dunas.
- Gruta cárstica.
- Meandro.
- Delta.
- Laguna glaciar.

47 EXPRESIÓN ESCRITA. Elige una de las imágenes y explica con detalle el proceso geológico que ha actuado o está actuando en ella, los elementos que permiten reconocerlo, cómo pueden identificarse, si en ese ejemplo predomina la erosión o la sedimentación, etc.

48 EDUCACIÓN CÍVICA. La conservación del patrimonio geológico es una responsabilidad que tenemos con las generaciones futuras y la mejora de las infraestructuras es una responsabilidad hacia las generaciones actuales. Supón que existe el proyecto de construir una autovía que cruza un paisaje de gran belleza y de alto valor geológico.

a) Elabora una lista con las razones que se podrían aportar a favor de la construcción de la autovía y otra lista con las razones en contra de su construcción.

b) Explica cuál es tu punto de vista y tu opinión al respecto.

49 La arena, ¿es un sedimento o un detrito? Explica la diferencia entre ambos.

50 Observa la fotografía y responde las preguntas.

a) ¿El río discurre por un valle en V o por un valle en artesa?

b) Por la forma del modelado, ¿dirías que tiene mucha capacidad erosiva o poca?

TRABAJO COOPERATIVO

Un panel explicativo de un paisaje

En los Puntos de Interés Geológico (PIG), los Puntos de Interés Didáctico (PID) y otras figuras de protección del patrimonio geológico se suelen instalar paneles explicativos para que las personas que los visitan y no son especialistas puedan comprender y apreciar el valor de lo que están observando.

Formad grupos de tres o cuatro personas, buscad una fotografía de un paisaje en la que se vea claramente la acción de un agente geológico y diseñad un panel explicativo para explicar su interés geológico.

El panel debe ser muy gráfico. Es bueno que señaléis aquellas estructuras destacadas sobre la fotografía o bien que dibujéis un esquema sencillo explicativo. Es conveniente incluir algún texto corto asociado a la imagen.

11 La dinámica interna de la Tierra

SABER

- La energía interna de la Tierra
- La estructura en capas de la Tierra
- Las placas litosféricas
- El vulcanismo
- Tipos de actividad volcánica
- Terremotos y ondas sísmicas
- Fenómenos asociados al movimiento de las placas
- Riesgos volcánico y sísmico

SABER HACER

- Interpretar un sismograma y elaborar una predicción sísmica

15 VIDA DE ECOSISTEMAS TERRESTRES

Disminuir los riesgos relacionados con los desastres naturales debidos a fenómenos meteorológicos extremos y el aumento del nivel del mar.

? INTERPRETA LA IMAGEN

- ¿A qué riesgos geológicos están expuestas las poblaciones de estas islas?
- La fotografía está tomada desde un satélite. ¿Crees que la columna de cenizas puede afectar al tráfico aéreo comercial?
- ¿Qué son las zonas de color blanco de la imagen?

NOS HACEMOS PREGUNTAS

¿Cómo se formaron las islas Aleutianas?

Las Aleutianas son un rosario de islas volcánicas situadas al norte del océano Pacífico, entre Rusia y Alaska. Tienen un intenso vulcanismo y con frecuencia se ven sacudidas por fuertes terremotos.

En este archipiélago, el fondo del océano Pacífico se hunde bajo el continente americano. Este proceso causa el vulcanismo que ha originado la cadena de islas y la sismicidad a la que se encuentran expuestas las poblaciones situadas en ellas.

OPINA. ¿Crees que en esta zona se podría utilizar la energía geotérmica? ¿Cómo se explota esa forma de energía?

Las islas Aleutianas forman parte de un arco volcánico y sísmico que pertenece al «Cinturón de fuego del Pacífico».

CLAVES PARA EMPEZAR

- ¿Cuál es el origen de la gran cantidad de energía que contiene la Tierra?
- ¿Cuáles son las tres capas que forman la Tierra?
- ¿Qué es la litosfera?
- ¿Qué productos expulsan los volcanes?
- ¿Cómo se produce un terremoto?

CLAVES PARA ESTUDIAR

- Conocer los efectos de la energía interna de la Tierra.
- Describir las capas de la Tierra.

INTERPRETA LA IMAGEN

1 La fotografía, tomada en Timanfaya (Lanzarote), muestra un chorro de agua hirviendo que surge de una tubería hundida en el suelo, en la que se vierte un cubo de agua fría. Explica cómo tiene lugar este fenómeno y qué demuestra.

1 La energía interna de la Tierra

Si has visto documentales o noticias sobre alguna erupción volcánica o algún terremoto, habrás podido apreciar la gran cantidad de energía que hay en el interior de nuestro planeta. Pero ¿de dónde procede esa energía?

La mayor parte es un residuo de la época en que se formó el planeta, hace 4 500 millones de años. En ese momento, más del 80 % de la masa del planeta era roca fundida. Poco a poco, desde entonces, la Tierra se ha ido enfriando, pero todavía conserva mucha energía.

Las manifestaciones de la energía interna terrestre

Cuando una cazuela tapada y puesta al fuego contiene agua en ebullición, puedes apreciar que la tapa está caliente y que se levanta empujada por el vapor que escapa del interior. Igualmente, en la superficie terrestre se aprecian muchos indicios de la energía térmica acumulada en su interior:

- **El vulcanismo.** Los volcanes vierten a la superficie terrestre rocas fundidas y emiten grandes cantidades de gases, como vapor de agua y dióxido de carbono.
- **La presencia de rocas muy calientes.** Bajo la superficie de algunos lugares hay rocas a elevada temperatura. Esto es un indicio del calor interno de la Tierra y se manifiesta en ocasiones con el afloramiento de aguas termales o géiseres.
- **Los terremotos.** Son movimientos violentos y breves de la corteza terrestre, producidos por la brusca liberación de tensiones acumuladas lentamente.
- **Los movimientos de los continentes.** Están producidos por el movimiento de convección del manto terrestre.
- **El levantamiento de las montañas.** Las montañas se originan por el plegamiento de los materiales de la corteza terrestre y por la actividad volcánica.

Dos ejemplos de manifestaciones de la energía interna de la Tierra. **A.** Volcán Estrómboli. **B.** Géiser activo.

apuntes

2 La estructura en capas de la Tierra

La Tierra está formada por tres capas principales:

- **La corteza terrestre.** Es la capa rocosa más externa. Es fría y rígida en comparación con el manto situado bajo ella, y presenta dos tipos:
  - **La corteza continental.** Está formada principalmente por **granito**, pero también por rocas metamórficas y rocas sedimentarias. Su espesor es de unos 35 a 70 kilómetros y forma los **continentes**.
  - **La corteza oceánica.** Está compuesta fundamentalmente por una roca volcánica, **basalto**. Su grosor medio es de unos 10 kilómetros y forma los **fondos oceánicos**.
- **El manto.** Tiene una composición mucho más homogénea. Su principal roca constituyente es la **peridotita**. Se sitúa debajo de la corteza y llega hasta los 2 900 kilómetros de profundidad.
- **El núcleo.** Está formado por, al menos, un 80 % de **hierro** y más de un 10 % de **níquel**. Llega hasta una profundidad de 6 371 kilómetros. En él se pueden distinguir dos partes: el **núcleo externo**, que se encuentra en estado líquido debido a su elevada temperatura, y el **núcleo interno**, que se encuentra en estado sólido debido a la gran presión existente a esa profundidad.

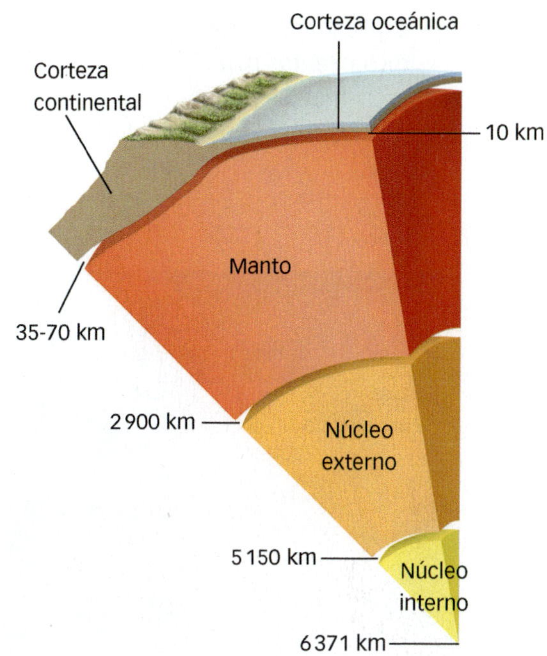

La litosfera

La corteza terrestre se encuentra fuertemente adherida al manto superior, formando la **litosfera**. Esta capa rígida llega hasta una profundidad de entre 70 y 300 kilómetros y puede deslizarse sobre el manto inferior sublitosférico situado bajo ella. Como hay dos tipos de corteza, se forman dos tipos de litosfera: litosfera **oceánica** y **continental**.

La **litosfera continental** está constituida por corteza continental y un espesor de unos 200 a 250 km de manto. Forma los continentes, y su espesor es de unos 150 a 300 km.

Es más fría y rígida que la litosfera oceánica.

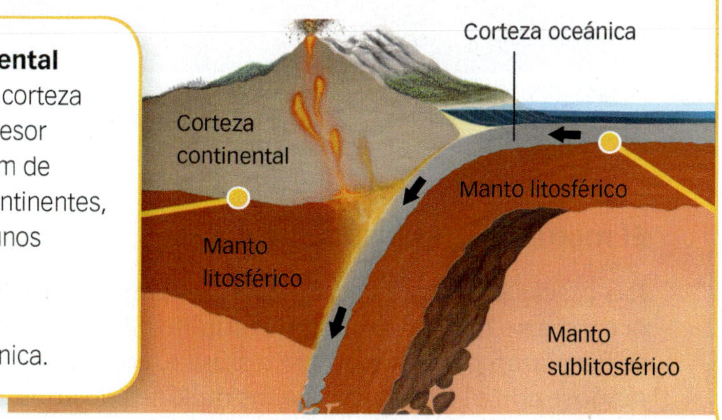

La **litosfera oceánica** está formada por corteza oceánica y unos 50 a 60 km de manto. Es más delgada y flexible que la litosfera continental.

La litosfera oceánica es más densa que la continental y puede hundirse en el manto sublitosférico, mientras que la litosfera continental, menos densa, permanece sobre la superficie del planeta.

ACTIVIDADES

2 Para hacerte una idea de las proporciones entre el manto y la corteza, haz un corte a escala de la corteza y el manto, usando papel cuadriculado. El lado de cada cuadrito representará 50 km. Atribuye a la corteza un espesor de 50 km y a la litosfera un espesor de 150 km. El manto superior tiene su base a los 670 km y el manto inferior llega hasta los 2 900 km.

CLAVES PARA ESTUDIAR

- Conocer cómo está organizada la litosfera.
- Explicar los diferentes movimientos que pueden presentar las placas.

3 Las placas litosféricas

La litosfera está rota en enormes fragmentos que constituyen las **placas litosféricas**. Hay unas once placas muy grandes y otras muchas de menor tamaño.

La mayoría de estas placas son mixtas, están formadas por ambos tipos de litosfera, oceánica y continental, aunque hay algunas formadas solo por litosfera oceánica, como la placa Pacífica.

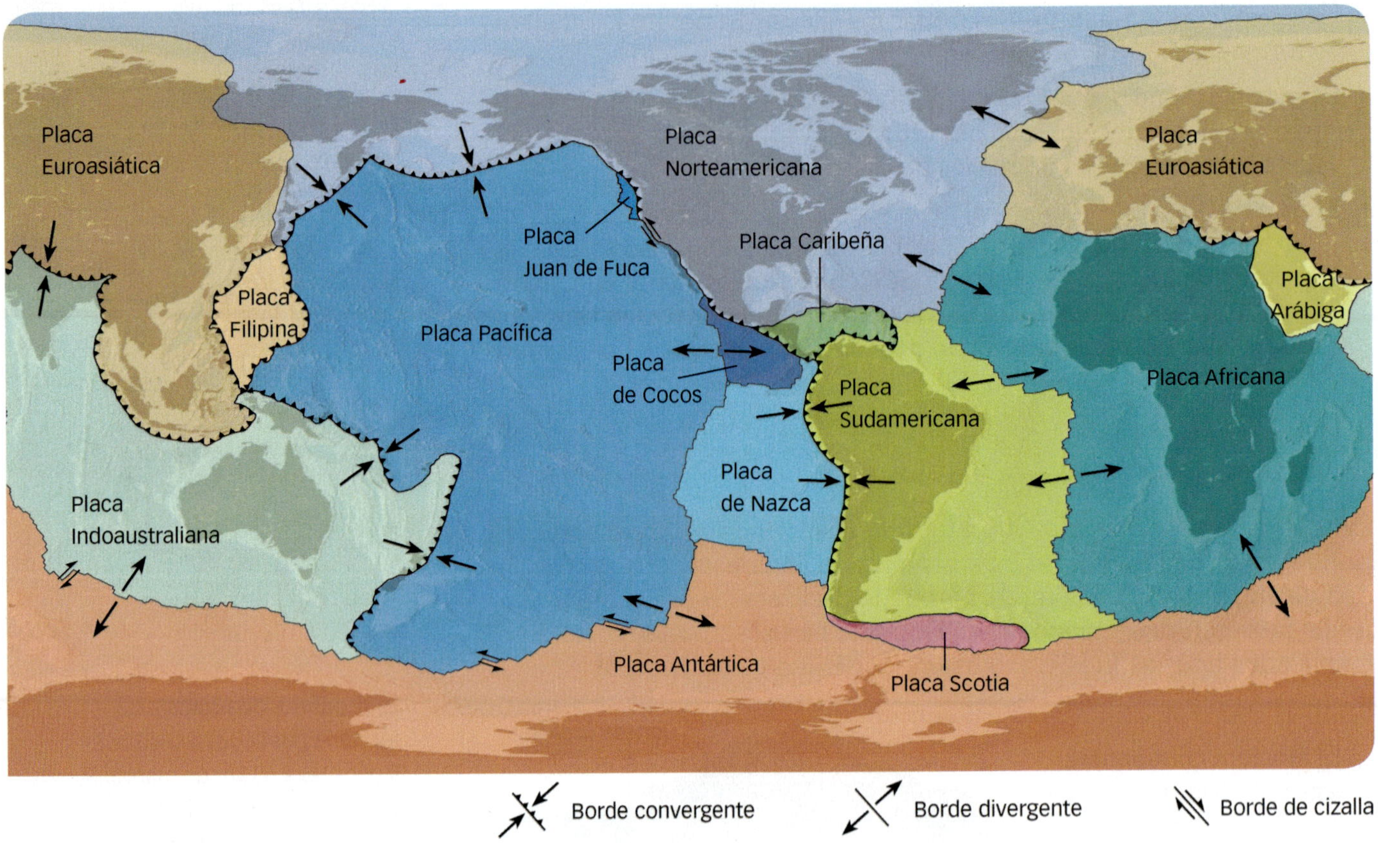

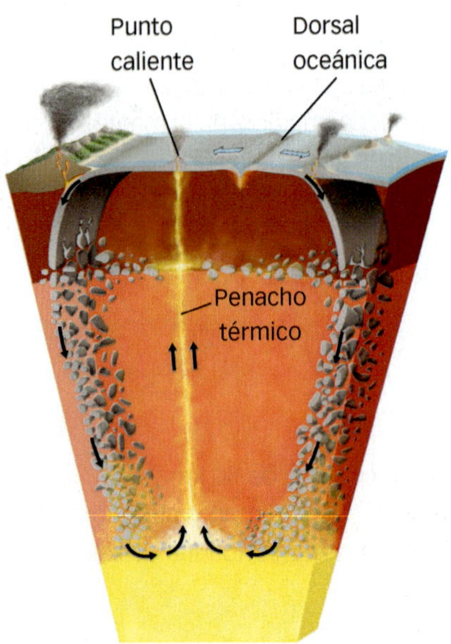

El motor de las placas

Las placas litosféricas se mueven, se empujan unas a otras; la litosfera oceánica se hunde en el manto sublitosférico, mientras los continentes se desplazan por la superficie terrestre, colisionando entre sí o fragmentándose con el transcurso de los millones de años.

¿Cuál es el motor capaz de desplazar masas tan enormes? El manto terrestre presenta corrientes de convección, similares a las que se forman en un cazo de agua puesto al fuego, pero su desplazamiento se realiza a una velocidad de unos pocos milímetros al año:

- **Las corrientes ascendentes** tienen el aspecto de columnas de rocas semisólidas, muy calientes, que ascienden desde la base del manto hasta la base de la litosfera, denominadas **penachos térmicos**.
- **Las corrientes descendentes** están representadas por la litosfera oceánica fría, que se hunde en el manto.

El movimiento de las placas litosféricas

Como consecuencia de la dinámica del manto, las placas litosféricas se desplazan unas respecto a las otras de tres formas:

- **Colisionando: borde convergente.** Si dos placas chocan una contra otra, la más densa y pesada se hunde bajo la más ligera. Si la que queda debajo es una placa oceánica, se hunde en el manto, formando una **zona de subducción**. Si ambas placas son continentales, la que queda debajo no puede hundirse en el manto, ya que el granito que forma su corteza es menos denso que la peridotita que constituye el manto. Ambas placas quedan entonces incrustadas una bajo la otra y apoyadas sobre el manto.
- **Separándose: borde divergente.** Cuando dos placas se separan, el material del manto situado entre ambas se funde y sale a la superficie, originándose litosfera oceánica. La grieta entre ambas placas recibe el nombre de **rift**.
- **Deslizándose: borde de cizalla o desgarre.** En esta situación, dos placas se deslizan en horizontal, lateralmente una con otra. Se forma una **falla transformante**.

? INTERPRETA LA IMAGEN

3 Identifica las zonas en las que se producen movimientos convergentes y divergentes entre las placas.

4 ¿Cuáles son placas oceánicas y cuáles son continentales?

5 ¿Observas alguna placa que esté subduciendo?

6 ¿En qué zonas hay vulcanismo?

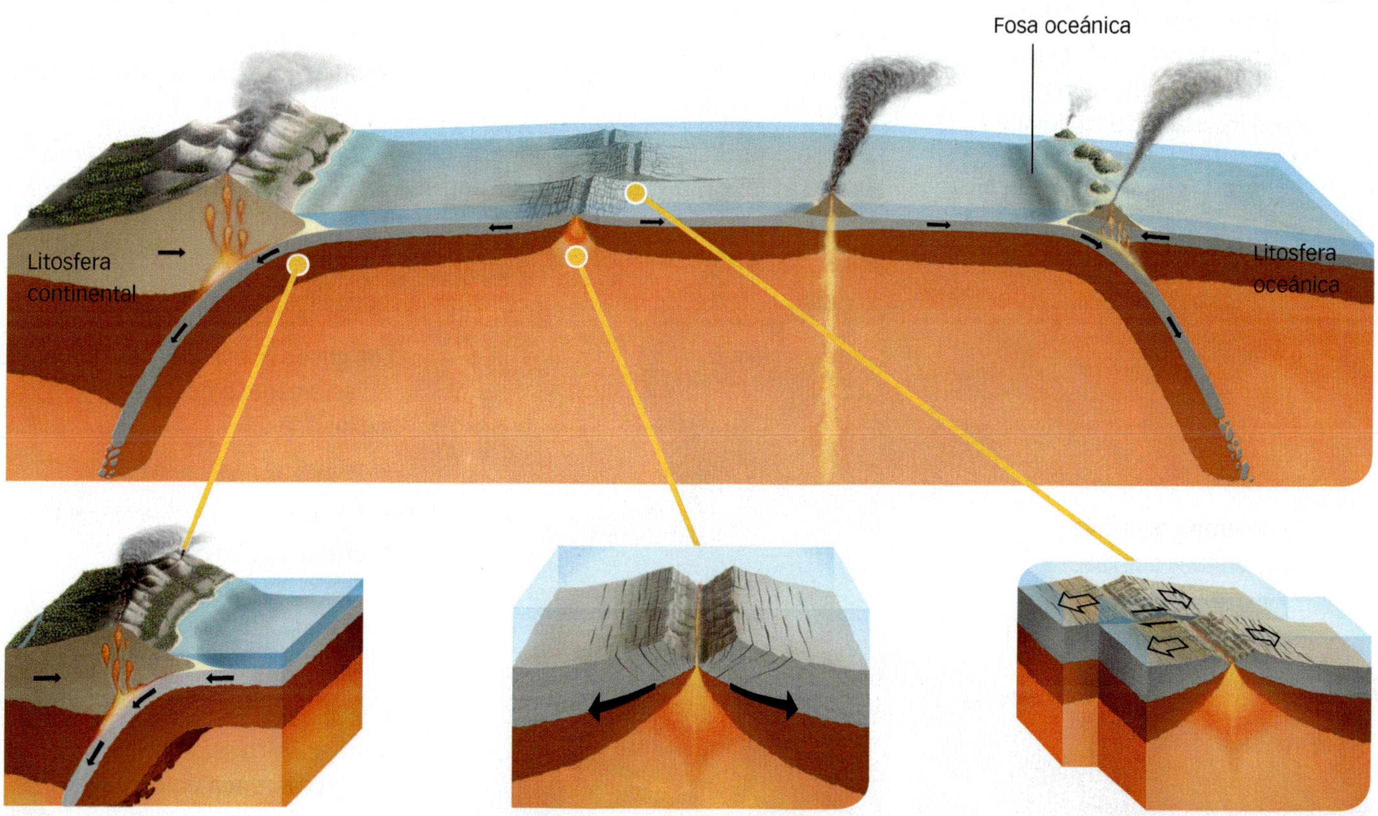

Zona de subducción

Rift

Falla transformante

ACTIVIDADES

7 Explica si es posible que una placa continental pudiera subducir bajo otra placa continental, igual que lo hacen las placas oceánicas.

8 Observa el mapa de las placas y haz una lista con las de mayor tamaño. ¿Hay alguna formada casi exclusivamente por litosfera continental?

CLAVES PARA ESTUDIAR

- Explicar el magmatismo y la formación de la lava.
- Describir los productos volcánicos y los tipos de lava.

? INTERPRETA LA IMAGEN

9 ¿Por qué se representa normalmente el cono volcánico con esas bandas, como estratos de rocas, cuya inclinación es paralela a las laderas del volcán?

4 El vulcanismo

Un **volcán** en erupción es un espectáculo impresionante en el que se pone de manifiesto cómo el calor del manto puede arrojar a la superficie rocas fundidas, fragmentos grandes y pequeños de roca sólida y enormes cantidades de gases y cenizas a la atmósfera.

En la actualidad hay unos 500 volcanes activos en todo el mundo, pero curiosamente la actividad volcánica más intensa pasa desapercibida, ya que ocurre en los fondos de los océanos, en unas cordilleras ubicadas a miles de metros bajo la superficie, las **dorsales oceánicas**.

El **magmatismo** es la fusión total o parcial de una roca en el manto. Como consecuencia se origina un **magma**, formado por roca fundida, con gases en disolución y con minerales o fragmentos de roca sólidos dispersos en ella. Los magmas tienden a ascender atravesando la corteza y, si llegan a la superficie, se produce una erupción volcánica.

Cuando destapas una bebida gaseosa, la pérdida de presión en su interior hace que el gas que estaba disuelto forme burbujas, que tienden a salir al exterior, arrastrando parte del líquido. Lo mismo ocurre con el magma cuando llega cerca de la superficie: los gases disueltos se separan del fluido y salen al exterior arrastrando la roca líquida y los materiales sólidos.

La roca líquida, que ha perdido los gases, constituye la **lava**. Es decir, la lava es el magma tras experimentar el proceso de **desgasificación**.

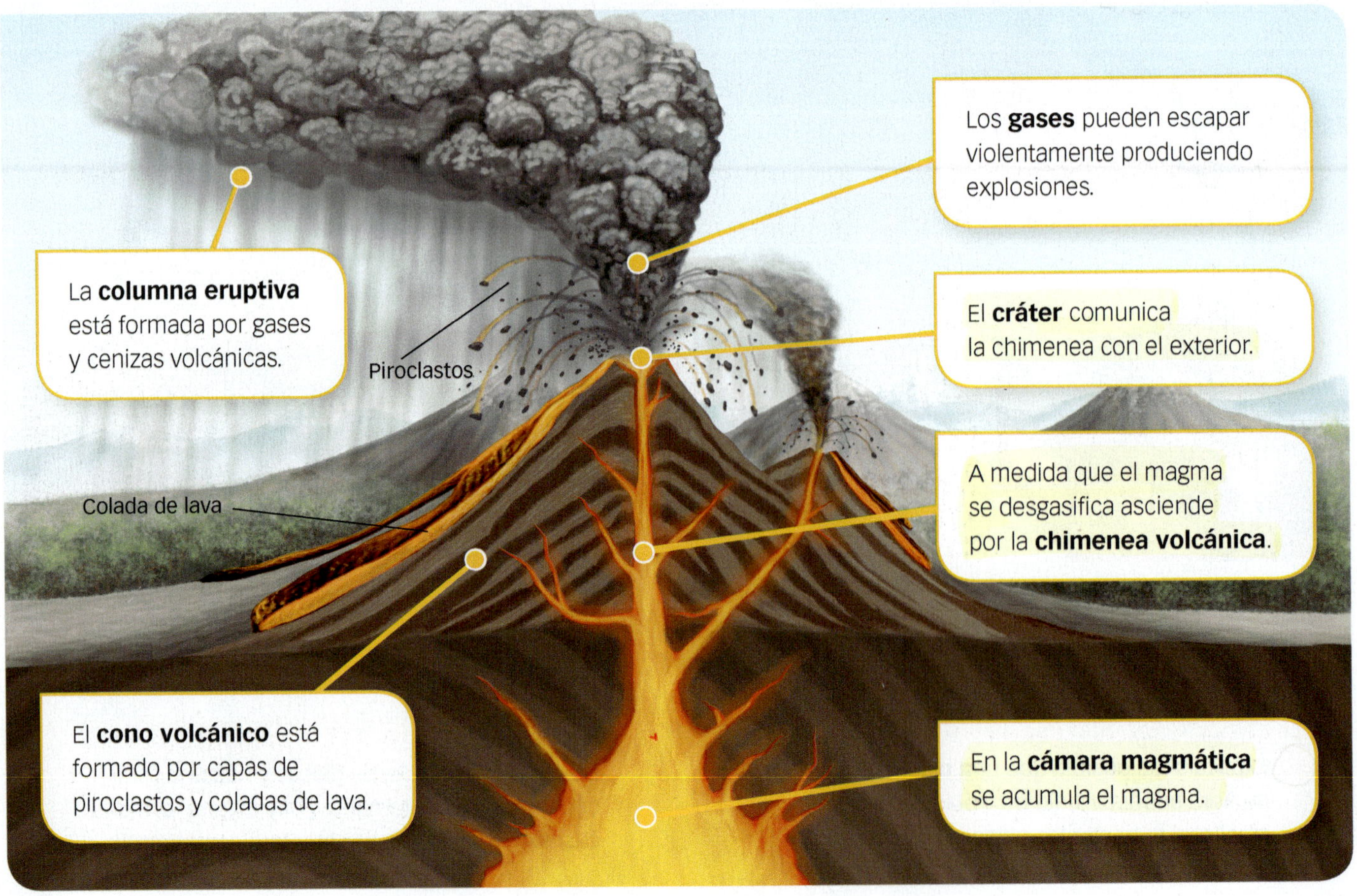

Desgasificación y explosividad

Como puedes comprobar fácilmente, la cera, la parafina y la miel son más fluidas cuanto más alta es su temperatura. Con la lava ocurre lo mismo. Por encima de 1 000 °C es casi tan fluida como el agua; por debajo de 800 °C es muy viscosa y fluye despacio, con dificultad.

El magma muy caliente y fluido pierde sus gases con facilidad, con un suave chapoteo. Sin embargo, la desgasificación de un magma más frío y viscoso es violenta, pues las burbujas rompen el magma al salir, lanzando fragmentos líquidos y sólidos al aire. En casos extremos de magmas muy fríos, la desgasificación puede llegar a producir explosiones muy violentas.

La **explosividad** de la actividad volcánica es un indicio de su peligrosidad, y es tanto mayor cuanto más baja es la temperatura del magma y más difícil la desgasificación.

? INTERPRETA LA IMAGEN

10 El cazo de la izquierda tiene agua, el de la derecha puré espeso. ¿Cuál de los dos es más viscoso?

11 ¿Cuál de los dos hervirá con más suavidad? ¿Por qué?

12 ¿Cuál de los dos relacionarías con la actividad explosiva de un volcán?

Productos volcánicos

En una erupción volcánica se expulsan gases y diversos materiales en estado líquido y sólido.

Tipos de productos volcánicos

Gases. Los más abundantes son el dióxido de carbono y el vapor de agua. También se expulsan gases de azufre, nitrógeno, cloro y monóxido de carbono.

Líquidos. La lava es tanto más fluida cuanto más alta es su temperatura. Cuando está a más de 1 000 °C, fluye bien y forma coladas muy extensas que avanzan rápidamente. Cuando está a menos de 800 °C, es muy viscosa y avanza lentamente.

Sólidos. Reciben el nombre de **piroclastos** y corresponden a fragmentos de rocas que son lanzados al aire. ~~Algunos salen del~~ volcán en estado líquido y se solidifican por el aire. Pueden ser de tres tipos:

- **Bombas volcánicas.** Son de gran tamaño, desde unos pocos centímetros hasta más de un metro de diámetro.
- **Lapilli.** Tiene el tamaño de la grava fina.
- **Cenizas volcánicas.** Son fragmentos del tamaño de la arena gruesa.

ACTIVIDADES

13 La *piedra pómez* o pumita es una roca volcánica tan porosa que flota en el agua. Su nombre significa «roca de espuma». ¿Cómo se forma esta «espuma de lava»?

14 La mantequilla fría es difícil de extender en una superficie, pero si está a la temperatura ambiente, es fácil untarla. Explica qué propiedad de esta sustancia cambia con la temperatura.

CLAVES PARA ESTUDIAR

- Explicar los tipos de actividad volcánica, su explosividad y peligrosidad.

5 Tipos de actividad volcánica

No todos los volcanes son iguales ni tienen el mismo tipo de actividad. La temperatura del magma, el tipo de erupción, su peligrosidad y otras características permiten diferenciar cuatro tipos de actividad volcánica: **hawaiana**, **estromboliana**, **vulcaniana** y **pliniana**.

Actividad hawaiana

El volcán emite coladas de lava muy fluida y apenas expulsa piroclastos. El edificio volcánico resultante se denomina **volcán en escudo**. Es mucho más extenso que alto, aunque llega a alcanzar miles de metros de altura.

La actividad volcánica es de explosividad y peligrosidad bajas. El principal riesgo lo constituyen las **coladas de lava**, que pueden sepultar ciudades, carreteras, vías de ferrocarril, tendidos eléctricos, etc. La lava se emite a temperaturas superiores a 1 000 °C.

Volcán Mauna Loa, Hawai.

INTERPRETA LA IMAGEN

¿Qué diferencias de actividad observas entre las dos fotografías de volcanes que hay en esta página?

a) ¿Cuál parece más peligroso? ¿Por qué?

b) ¿En qué caso parece que la lava será más fluida?

c) ¿Cuál de los dos emite piroclastos? ¿Qué aspecto tienen estos materiales volcánicos?

Actividad estromboliana

Se emiten surtidores de lava muy viscosa, que forman coladas poco fluidas y gran cantidad de piroclastos. El edificio volcánico es un **estratovolcán**, formado por capas de piroclastos y de lava.

La actividad es de explosividad y peligrosidad medias. El principal riesgo es la **caída de piroclastos**. La lava se emite a temperaturas inferiores a 1 000 °C.

Erupción del volcán Estrómboli.

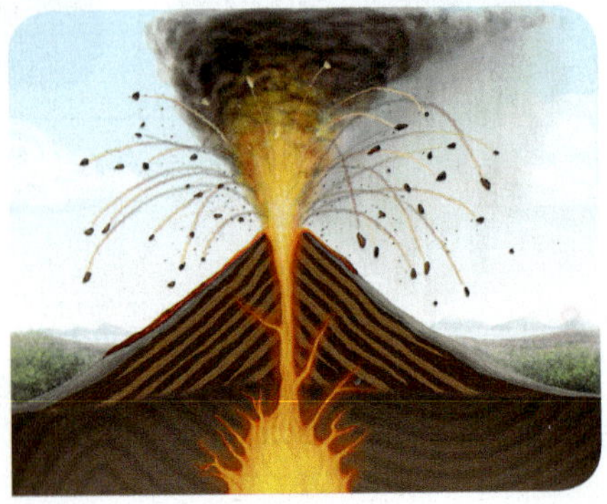

Actividad vulcaniana

El volcán expulsa una gran cantidad de cenizas y gases que forman una columna eruptiva de entre cuatro y diez kilómetros, que incluso puede alcanzar la estratosfera.

El edificio volcánico es un **estratovolcán**, en cuyo cráter se puede formar un **domo**, que es una cúpula de lava solidificada que crece sobre el cráter, empujada por la lava muy viscosa que asciende por la chimenea volcánica.

La actividad es de explosividad y peligrosidad altas. El principal riesgo es el colapso de la columna eruptiva, que da lugar a **nubes ardientes**. La lava tiene temperaturas inferiores a 800 °C.

Erupción del volcán Popocatepetl.

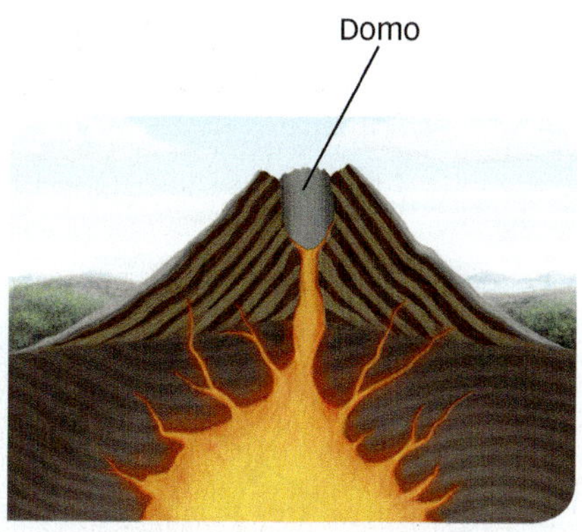

ACTIVIDADES

16 Si un volcán emitiera lava a 2 100 °C, ¿sería más peligroso, igual o menos que la actividad hawaiana? Razona tu respuesta.

17 ¿Qué actividad volcánica resulta más peligrosa para el tráfico aéreo comercial: la estromboliana o la vulcaniana? Explica por qué.

Actividad pliniana

La actividad es de explosividad y peligrosidad extremas. Llegan a producirse impactos sobre el clima por la inyección de grandes volúmenes de cenizas en la estratosfera. Se emiten muchos gases y piroclastos, que forman una columna eruptiva de más de 20 kilómetros de altura.

La alta explosividad produce la destrucción del edificio volcánico, dejando únicamente una **caldera de colapso**, que es resultado del hundimiento del techo de la cámara magmática. Suele ser de forma más o menos circular y de grandes dimensiones.

Erupción del volcán Monte Santa Helena en 1980.

? INTERPRETA LA IMAGEN

18 La isla de Santorini sufrió una erupción pliniana en el año 1627 a. C. ¿Qué estructura relacionada con la erupción se observa en la fotografía?

6 Terremotos y ondas sísmicas

CLAVES PARA ESTUDIAR

- Describir las causas de los terremotos.
- Identificar los elementos de un seísmo.

Los **terremotos** o **seísmos** son otra de las manifestaciones de la energía interna que posee la Tierra.

Los terremotos se deben a la vibración producida por movimientos o roturas de la corteza terrestre. En esos movimientos se libera de forma brusca la tensión acumulada lentamente en las rocas.

La rotura de las rocas se produce normalmente a cierta profundidad bajo el suelo. Cuanto más superficial es un seísmo, mayor es la probabilidad de que resulte destructivo, ya que una mayor proporción de la energía producida en el foco sísmico alcanzará la superficie.

Las vibraciones se transmiten en todas direcciones en forma de **ondas sísmicas** por el interior de la Tierra a partir del hipocentro o foco sísmico.

El **hipocentro** o **foco sísmico** es el lugar en el que se produce la fracturación de las rocas, liberándose de forma brusca la energía acumulada lentamente durante años.

El **epicentro** es el punto situado en la superficie del terreno, en la vertical del hipocentro. Es donde el terremoto tiene su mayor poder destructivo.

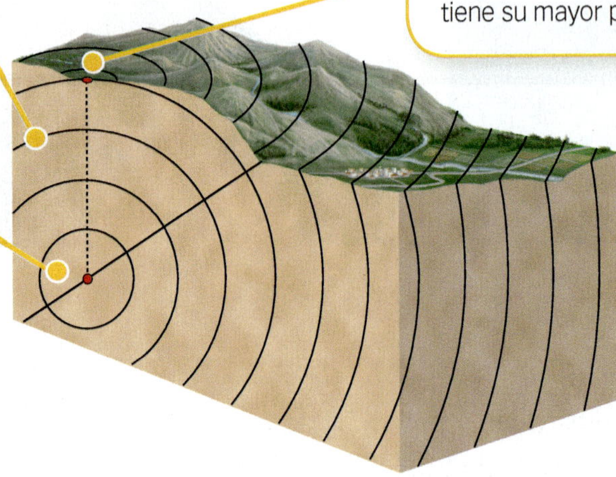

SABER MÁS

El terremoto de Andalucía

El 25 de diciembre de 1884 un fuerte terremoto, de magnitud 6,5 en la escala MMS, sacudió Andalucía oriental afectando a más de cien núcleos urbanos de Granada y Málaga.

Los temblores, que duraron diez segundos, causaron más de 700 muertes y provocaron la destrucción casi total de algunos pueblos, como es el caso de Vélez-Málaga, con más de mil viviendas afectadas.

▶ USA LAS TIC. Busca información del día 25 de octubre de 2019 y escribe un breve informe sobre el terremoto sucedido ese día en Andalucía.

Cuando el epicentro del terremoto está situado en el fondo oceánico, la masa de agua se ve sacudida y se originan olas gigantescas muy destructivas, los ***tsunamis***.

A menudo se producen terremotos muy pequeños que pasan desapercibidos, causados, por ejemplo, por el asentamiento de los materiales del subsuelo a cierta profundidad. Cada día se registran miles de estos pequeños movimientos sísmicos.

En los bordes de las placas litosféricas, sin embargo, las placas pueden deformarse muy lentamente mientras se acumulan cantidades gigantescas de energía elástica, y cuando finalmente las rocas ceden y se fracturan, las placas pueden desplazarse bruscamente varios metros, originando un seísmo de gran magnitud, como el que produjo el *tsunami* de Indonesia, en diciembre de 2004.

La **magnitud** de un terremoto se mide con la **escala MMS** (Magnitud del Momento Sísmico), que indica la cantidad de energía liberada en el hipocentro. Cada grado de esta escala indica unas treinta veces más energía que el anterior.

El mayor seísmo del que se tiene registro ocurrió en Chile en 1960 y tuvo una magnitud de 9,5 grados.

Las ondas sísmicas P y S

Si tienes una cuerda colgada del techo, por ejemplo, para tocar una campana, puedes comprobar que la cuerda puede propagar, desde abajo hasta el techo, dos tipos de ondas.

Dando un tirón a la cuerda se producen **ondas longitudinales**. El tirón se propaga hacia arriba con rapidez.

Si en el techo hubiera una campanilla atada a la cuerda, el tirón la haría sonar, acusando la llegada de la onda.

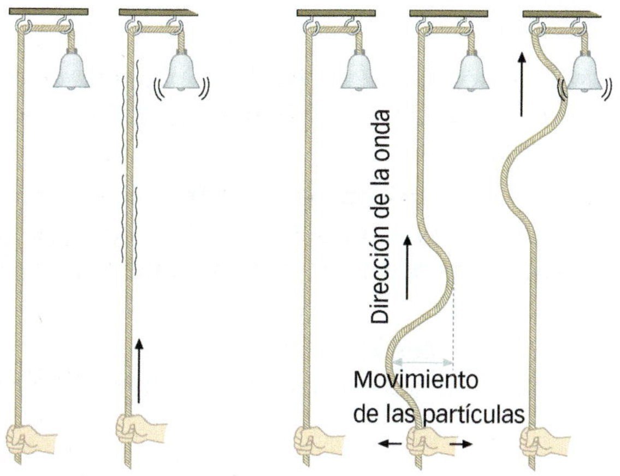

Sacudiendo horizontalmente la cuerda se generan **ondas transversales**. La onda se desplaza en vertical, hacia arriba, aunque la vibración de la cuerda es horizontal.

La campanilla sonará con menos intensidad, ya que estas ondas dispersan mucha energía por el camino y son más lentas que las ondas longitudinales.

Como las ondas longitudinales son más rápidas y se perciben antes, se denominan **ondas P**, ya que son las primeras en llegar a los detectores, mientras que las ondas transversales son las segundas en llegar y se denominan por ello **ondas S**.

Propagación superficial de las ondas sísmicas

La rotura de las rocas produce en ellas un rebote elástico, similar a la vibración que puedes percibir si rompes un palo con las manos. El rebote elástico o vibración que se produce en el hipocentro o foco sísmico se transmite a las rocas cercanas y se propaga en todas direcciones en forma de ondas sísmicas.

En el epicentro se originan las **ondas superficiales**, que se propagan solo por la superficie del terreno y que son las que causan los mayores daños. Las rocas rígidas, como el granito, transmiten bien estas ondas, ya que no absorben casi nada de energía.

Sin embargo, las rocas poco coherentes, como las arenas y arcillas, absorben gran parte de la energía que reciben y se deforman con mucha más facilidad al paso de las ondas superficiales, produciendo el desplome de los edificios.

Al romper el palo sentimos en las manos cierta vibración. Cuanto más rígido es el material que rompemos, más intensa es la vibración que percibimos.

ACTIVIDADES

19 Si doblas muy lentamente una barra de plastilina y luego tratas de hacer lo mismo con una barra de tiza, ¿cuál de ambas acumula energía elástica hasta que se rompe bruscamente y cuál se deforma sin acumular energía? ¿Cuál de ellas puede servir como ejemplo de lo que ocurre en el hipocentro de un terremoto?

20 Supón que debes construir un edificio en una zona de riesgo sísmico. ¿Dónde será más seguro hacerlo: en una zona arenosa o en una zona donde el suelo está formado por rocas graníticas?

21 Explica cuál es la diferencia entre un terremoto y un *tsunami*.

CLAVES PARA ESTUDIAR

- Explicar la relación entre vulcanismo, sismicidad y bordes de placa.

7 Fenómenos asociados al movimiento de las placas

Los bordes de las placas litosféricas son zonas de riesgo sísmico y volcánico.

- **Los bordes divergentes**, en los que dos placas se separan, originan una zona de vulcanismo muy activo a lo largo de la fisura o rift que separa ambas placas.
- **Los bordes convergentes**, donde dos placas colisionan y una se hunde bajo la otra, dan lugar a zonas muy sísmicas. Si la placa que se hunde es oceánica, subduce en el manto, originando vulcanismo en la superficie.
- **Los bordes de cizalla**, en los que dos placas se deslizan horizontalmente rozando entre sí, originan sismicidad.

? INTERPRETA LA IMAGEN

Compara este mapa con el de la página 200 y contesta las siguientes cuestiones:

22 La placa Pacífica presenta zonas de subducción en la costa de Norteamérica, en las costas de Asia y del sureste asiático.

¿Observas si esa subducción se corresponde con la existencia de volcanes?

23 ¿Puedes deducir si la placa de Nazca presentará una zona de subducción en la costa de Sudamérica? Explica tu respuesta.

24 ¿Está indicada la presencia de vulcanismo asociado a las zonas de separación o divergencia entre placas? Cita algún ejemplo.

25 Localiza en el mapa la situación de las islas Aleutianas que se mencionan al inicio de la unidad.

¿Con qué tipo de borde de placa se corresponden?

Sismicidad

Las zonas de sismicidad intensa del planeta se encuentran asociadas a los bordes de placa en los que ocurre un movimiento convergente o un movimiento de cizalla.

- **En los bordes convergentes**, una placa se hunde en el manto. El hundimiento se produce en forma de movimientos bruscos que se manifiestan como terremotos. El empuje de la placa acumula tensión durante años, décadas o siglos, hasta que súbitamente se produce su movimiento en forma de una sacudida, como un palo que doblamos poco a poco aplicando cada vez más fuerza, hasta que se rompe.
- **En los bordes de cizalla o desgarre**, no se produce subducción ni movimiento vertical de hundimiento, sino tan solo desplazamiento horizontal. Las sacudidas sísmicas se deben, también en este caso, a que durante un tiempo se acumula tensión sin que se realice desplazamiento, y finalmente se produce este en forma de una sacudida brusca.

Mapa de riesgo sísmico.

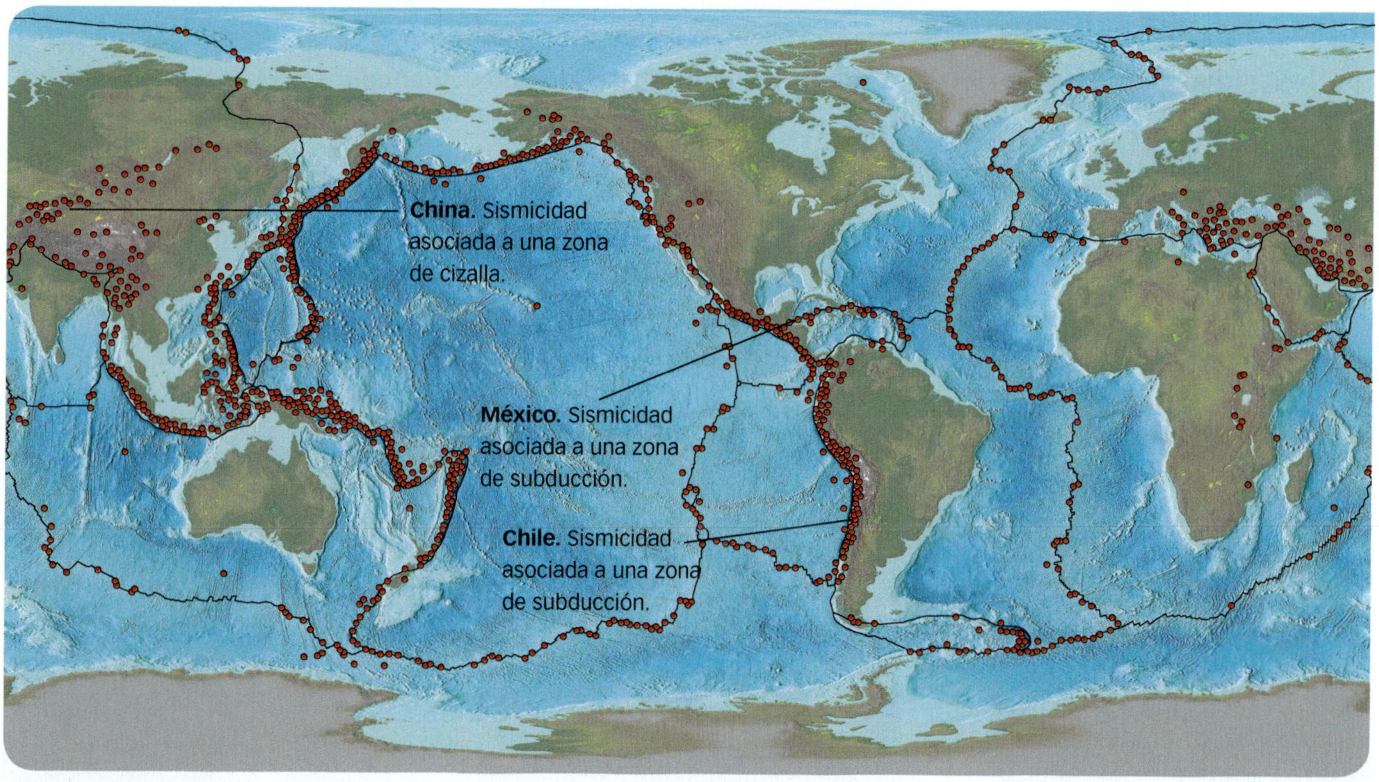

ACTIVIDADES

26 En los mapas de más detalle se representa Turquía como una pequeña placa que se desliza hacia el oeste separada de la placa Euroasiática por un borde de cizalla que pasa por el mar Negro. ¿Encuentras en el mapa de esta página evidencias de la existencia de ese borde de placa? Di cuáles son y por qué te parecen importantes.

27 La península de California es atravesada por la falla de San Andrés. Localízala en el mapa y observa si está identificada como zona de riesgo sísmico.

28 ¿Es Japón una zona de riesgo sísmico? ¿Encuentras alguna justificación geológica para explicar la elevada sismicidad que se da en esa zona?

CLAVES PARA ESTUDIAR

- Comprender los procesos destructivos asociados a la actividad volcánica y a los terremotos.

8 Riesgos volcánico y sísmico

Un **riesgo** es una situación en la que los intereses y las vidas humanas están amenazados por algún proceso destructivo que puede causar daños. Los riesgos se clasifican según diversos criterios; el vulcanismo y la sismicidad, junto con los huracanes, las inundaciones y otros, se consideran **riesgos naturales**, es decir, ligados a procesos de la naturaleza.

Riesgo volcánico

La actividad volcánica es causante de numerosos riesgos:

- **Coladas de lava.** Pueden sepultar poblaciones o destruir infraestructuras (carreteras, vías férreas…).
- **Lahares.** Son flujos de cenizas y rocas empapadas en agua, causados por el desbordamiento de un lago, la invasión de un cauce fluvial por una colada, la fusión de un glaciar, etc.
- **Nubes ardientes o flujos piroclásticos.** Son el resultado del colapso de la columna eruptiva durante la actividad vulcaniana.
- **Emanaciones tóxicas.** Muchos gases volcánicos son venenosos, como el monóxido de carbono (CO) y el ácido clorhídrico (HCl).
- **Colapsos gravitatorios.** Los edificios volcánicos son a menudo inestables y pueden colapsar durante una erupción.
- **Explosiones.** Son características de la actividad pliniana.

? INTERPRETA LA IMAGEN

29 Explica qué riesgo volcánico está ocurriendo en cada fotografía, cuáles son sus causas y qué consecuencias tienen.

Riesgo sísmico

Los seísmos producen diversos efectos que pueden desencadenar procesos destructivos; todos ellos se contemplan al realizar un mapa de riesgo sísmico.

Desplome de construcciones. Si no están especialmente diseñadas para soportar las sacudidas sísmicas, pueden colapsar y atrapar a las personas entre los escombros.

Corrimientos de tierras. La pérdida de coherencia de los materiales al paso de las ondas sísmicas puede producir el desplome de laderas y taludes inestables.

Colapso de infraestructuras. Los tendidos eléctricos, conducciones de agua, carreteras, vías de ferrocarril, presas de embalses, etc., pueden resultar dañados o quedar inutilizados.

Tsunamis. Un *tsunami* es un tren de ondas de gran energía, transmitida a la masa de agua por un seísmo en el fondo oceánico. Al llegar a la costa, las ondas se convierten en muros de agua que penetran tierra adentro.

ACTIVIDADES

30 En las erupciones que ocurrieron en Lanzarote entre 1730 y 1736, más de doce pueblos o poblados quedaron sepultados por coladas de lava, y otros tantos sufrieron intensas lluvias de cenizas. ¿Cuáles te parece que experimentaron mayores daños?

31 Los «Nevados» de los Andes son volcanes muy altos, cuya cima está ocupada por glaciares. ¿Qué proceso destructivo puede producirse cuando entra en actividad uno de estos nevados?

32 ¿Por qué un terremoto de magnitud 6,6 apenas causa daños en una moderna ciudad de Japón, y, sin embargo, uno de la misma magnitud, o incluso menor, produce el colapso de muchas viviendas en una zona pobre de Turquía?

33 Si te encontraras de vacaciones en la playa y sintieras un fuerte temblor de tierra, ¿qué proceso destructivo podrías esperar que ocurriera en la playa? ¿Qué se podría hacer para evitar que causara daños a las personas?

REPASA LO ESENCIAL

34 RESUMEN. Haz un breve resumen de cada uno de los epígrafes de la unidad.

35 Copia el esquema en tu cuaderno y nombra las capas que forman la Tierra. Añade después información sobre el tipo de roca que predomina en cada una de ellas.

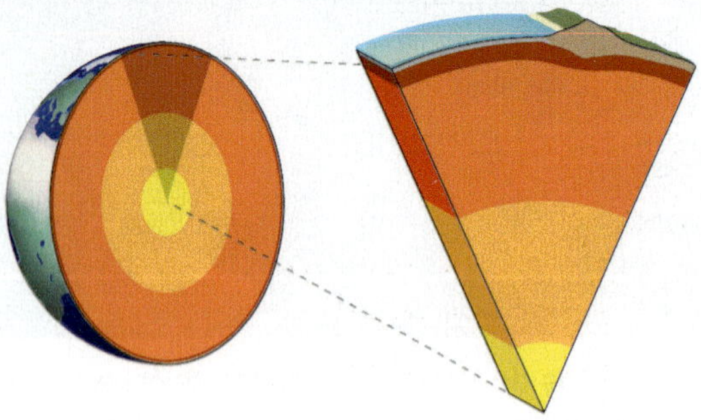

36 Copia este dibujo de la parte rocosa más externa de la Tierra en tu cuaderno e identifica los números con los siguientes elementos:

corteza – litosfera – manto superior – manto litosférico – manto sublitosférico

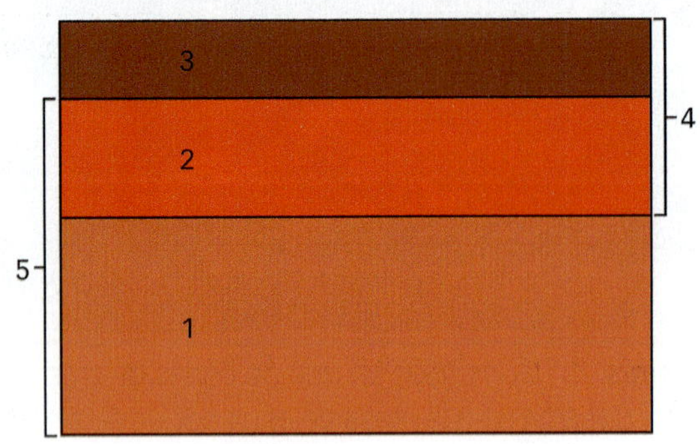

37 Realiza un dibujo sencillo explicativo de qué es la litosfera y en el que se aprecien las diferencias entre la litosfera continental y oceánica.

38 Copia y completa la siguiente tabla que resume las características de la litosfera oceánica y de la litosfera continental:

Características	Litosfera continental	Litosfera oceánica
Composición de la corteza/grosor		
Se encuentra en		
Densidad y posibilidad de subducir		

39 Explica qué es una placa litosférica.

40 CONCEPTOS CLAVE. Define estos conceptos:

- Magmatismo
- Subducción
- Sismicidad
- *Tsunami*

41 Copia y completa en tu cuaderno esta tabla, usando como modelo el ejemplo.

Tipo de movimiento	¿Qué ocurre entre las placas?	Estructura que se forma
De cizalla	Deslizamiento horizontal	
Divergente		
Convergente		

42 Describe qué tipos de productos puede expulsar un volcán durante una erupción.

43 Elabora una tabla en la que incluyas los cuatro tipos de actividad volcánica, indicando en cada uno:

- Nombre de la actividad volcánica.
- Productos que se emiten.
- Temperatura de la lava.
- Grado de explosividad y peligrosidad.
- Edificio volcánico resultante.

44 En este dibujo están representados dos tipos de vulcanismo. Copia el dibujo en tu cuaderno y añade rótulos explicativos para cada proceso.

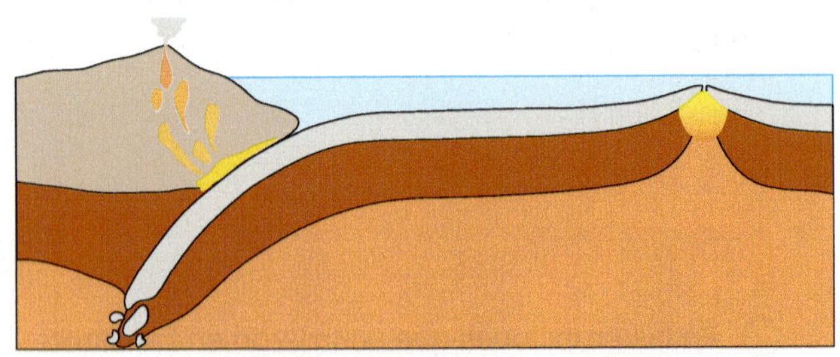

45 Copia el dibujo en tu cuaderno y nombra las partes señaladas.

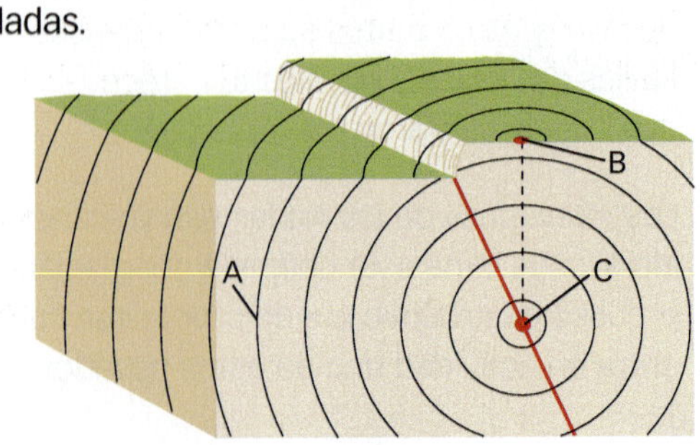

PRACTICA

46 Copia los dibujos y explica cómo pueden ser los tres tipos de movimientos relativos que pueden presentar las placas litosféricas, el tipo de límite que originan y si se produce vulcanismo o sismicidad en ellos.

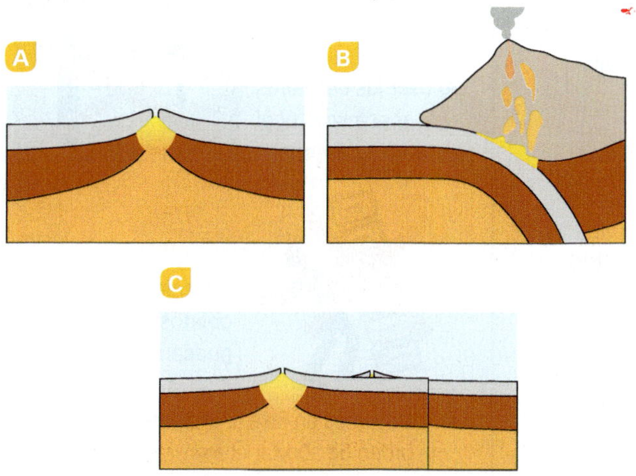

47 ¿Por qué en los continentes hay rocas de más de 4 000 millones de años de edad, pero los fondos oceánicos más antiguos no tienen más de 200 millones de años?

48 Haz en tu cuaderno un dibujo similar a este. Explica qué proceso representa. Identifica en él el manto y el núcleo terrestres. Indica el nombre de la estructura de color naranja y de la de color gris señaladas.

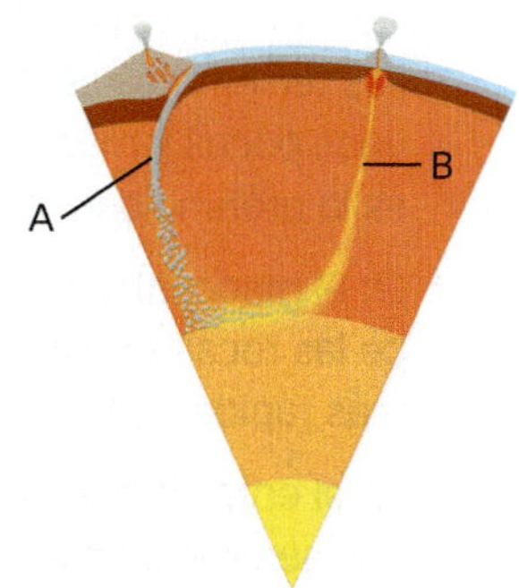

49 Las siguientes gráficas muestran la relación que hay entre la temperatura del magma y la explosividad de la actividad volcánica. ¿Cuál de las dos gráficas sería la correcta? Razona la respuesta.

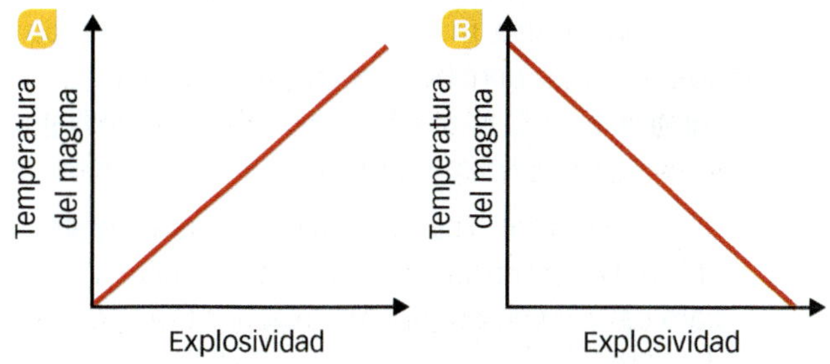

FORMAS DE PENSAR. Análisis científico

La historia de Pompeya

El 24 de agosto del año 79 d. C. se inició una violenta erupción vulcaniana del Vesubio, en Italia. Una gigantesca columna de humo negro se alzaba sobre la cumbre del volcán. Bruscamente, la columna pareció hundirse bajo su peso, y una nube incandescente de gases tóxicos y cenizas volcánicas se abatió sobre los alrededores del volcán, sepultando en pocos minutos la ciudad de Pompeya bajo una gruesa capa de materiales volcánicos y matando a todos los habitantes que permanecían en la ciudad.

En una erupción vulcaniana, la columna eruptiva puede permanecer estable o puede desplomarse bajo su peso, formando una nube ardiente, también llamada flujo piroclástico. Este es uno de los procesos más devastadores de la actividad volcánica.

50 COMPRENSIÓN LECTORA. Por los resultados de este proceso tan destructivo, ¿crees que es más o menos peligroso que las coladas de lava muy fluida de la actividad hawaiana?

51 EXPRESIÓN ESCRITA. Escribe un breve texto describiendo la erupción del Vesubio tal como la habría visto alguien que hubiera logrado sobrevivir a la catástrofe.

52 USA LAS TIC y COMUNICACIÓN VISUAL. Busca imágenes de flujos piroclásticos y haz un dibujo expresivo de cómo pudo ser el que sepultó Pompeya.

53 TOMA LA INICIATIVA. Explica qué pasos seguirías y qué aspectos tratarías si tuvieras que elaborar un trabajo escrito extenso, tratando en profundidad el tema de los flujos piroclásticos.

54 EDUCACIÓN CÍVICA. Muchos volcanes presentan una actividad vulcaniana. Investiga y elabora una lista de instrucciones de cómo habría que actuar en caso de que se detectara el inicio de la actividad volcánica. Compón con ellas un póster informativo dirigido a la población.

Interpretar un sismograma y elaborar una predicción sísmica

Los terremotos se originan a una profundidad que oscila entre unos pocos y más de doscientos kilómetros. Cuanto menor es la profundidad, más peligroso resulta.

En el hipocentro o foco sísmico se produce la rotura de las rocas y se originan las ondas P, ondas longitudinales más rápidas, y las ondas S, ondas transversales algo más lentas.

En el epicentro se originan las ondas superficiales, que se propagan solamente por la superficie del terreno y que son las más destructivas. Su velocidad es algo menor que la de las ondas S.

El epicentro es el primer lugar de la superficie donde se detectan las ondas P y S.

Cuanto más alejada está una zona del epicentro y más profundo es el hipocentro, mayor es el intervalo de tiempo que transcurre desde que se perciben las ondas P hasta que llegan las ondas superficiales. El intervalo de tiempo entre la llegada de las P y las superficiales permite adoptar las medidas preventivas.

Cuando el seísmo se registra en varios sismógrafos, puede utilizarse el retardo entre las ondas P, las S y las superficiales para calcular la localización exacta del epicentro y la profundidad del hipocentro.

Los sistemas de alerta temprana de predicción sísmica permiten utilizar ese retardo para avisar con unos segundos, o incluso algunos minutos de antelación, a las poblaciones e instalaciones que se encuentran a cierta distancia del epicentro.

El esquema representa la situación de un terremoto que se registra en un laboratorio sismológico de una ciudad situada a 150 km del epicentro. Observa el sismograma y contesta las preguntas.

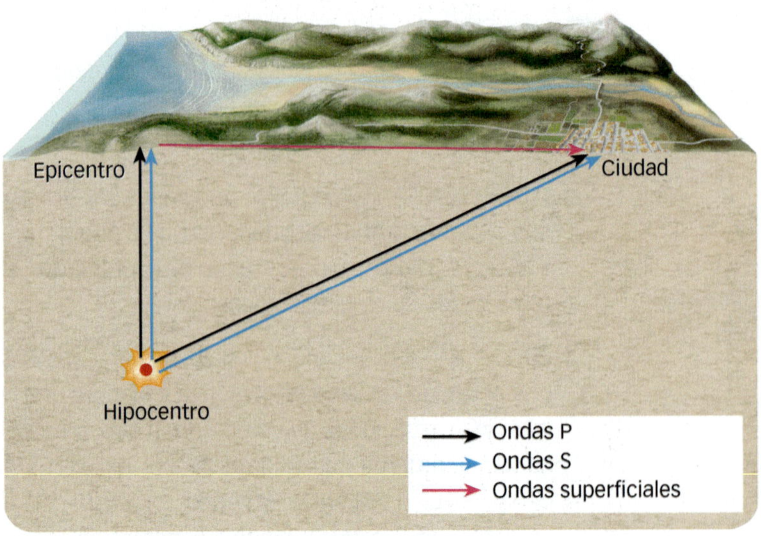

Algunas medidas que se adoptan ante la llegada de una alerta sísmica

No usar las escaleras mecánicas ni el ascensor.

Alejarse de aquellos objetos que se puedan caer.

- Los aviones en fase final de aterrizaje reciben la orden de abortar el aterrizaje y remontar de nuevo el vuelo.
- Las fábricas, centrales térmicas, centrales nucleares, etc., detienen sus motores, calderas o reactores y los colocan en régimen de espera.
- Se avisa a la población para que evacue sus casas o se sitúe en zonas protegidas.
- Se activa la alarma sísmica en centros educativos; el alumnado se resguarda bajo las mesas.
- Los trenes y el metro reciben la orden de frenar y detenerse.
- Los ascensores se detienen en el piso más próximo y abren sus puertas.
- Las centrales distribuidoras de gas cierran las válvulas y cortan el suministro.
- Los semáforos cierran el acceso a zonas de riesgo, como pasos elevados, túneles, etc.

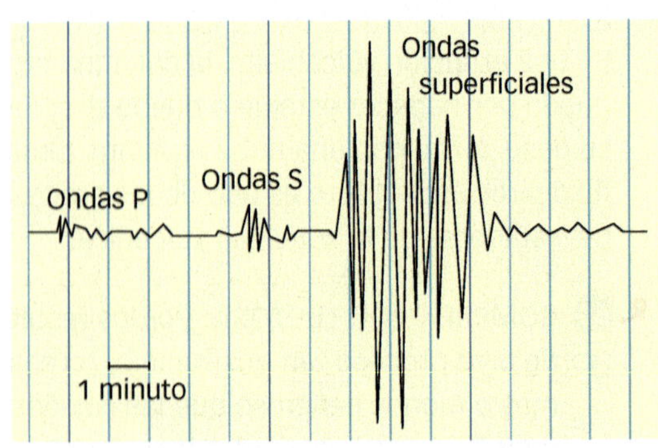

55 ¿Qué ondas se registraron primero?

56 ¿Qué ondas se recibieron en segundo lugar?

57 ¿Cuánto tiempo pasó desde que se recibieron las ondas P hasta que se recibieron las ondas superficiales?

58 Explica de qué manera el sismograma indica que las ondas superficiales son más destructivas que las P o las S.

59 ¿Qué intervalo de tiempo permite en este caso adoptar medidas preventivas?

60 ¿Cuándo habrá mayor tiempo de reacción para establecer medidas preventivas: en el caso A o en el caso B?

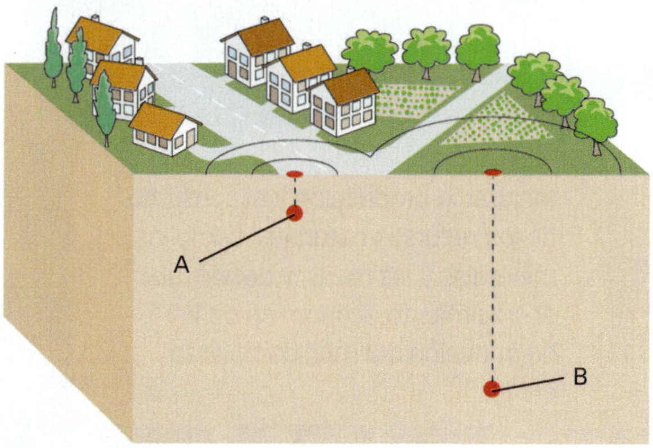

61 Observa la gráfica que muestra el retardo entre las ondas P y las ondas superficiales.

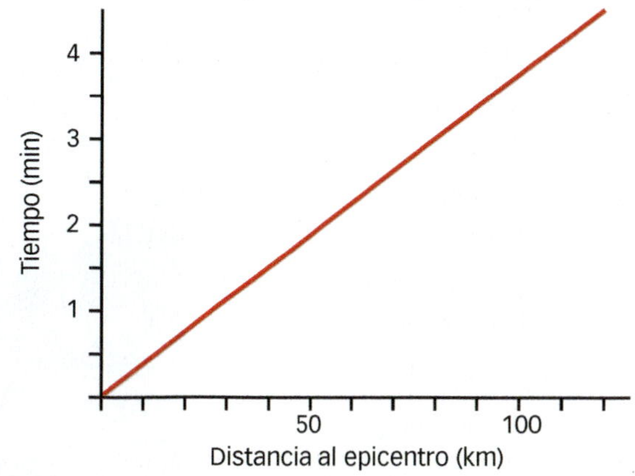

a) Si en un laboratorio sismológico se observa un retardo de 3 minutos, ¿a qué distancia está probablemente el epicentro?

b) Las ondas P y S que se reciben, ¿proceden del hipocentro o del epicentro del terremoto? ¿Y las ondas superficiales?

62 Se detecta un terremoto y se envía un aviso a una ciudad situada a 100 km del epicentro. El aviso llega 45 segundos después de que en esa ciudad se haya percibido la llegada de las ondas P. ¿Cuánto tiempo queda para adoptar medidas de emergencia antes de la llegada de las ondas superficiales? Utiliza la gráfica de la actividad anterior.

TRABAJO COOPERATIVO

Una obra de teatro sobre qué hacer en caso de seísmo

Cread una representación teatral breve sobre cómo actuar en una situación de riesgo sísmico. Durante la obra debe quedar explicado en qué consiste el riesgo y cómo se debe actuar.

- Formad grupos de cuatro personas.
- Escribid lo que debe decir y hacer cada personaje. Elegid el vestuario y los decorados.
- Ensayad la obra hasta lograr que os salga fluida. Tratad de que la representación capte el interés del público.
- Representadla ante el resto de la clase.

12 Los minerales y las rocas

SABER

- La materia mineral
- Propiedades físicas de los minerales
- Propiedades químicas de los minerales
- Aplicaciones e interés económico de los minerales
- Las rocas y su clasificación
- Las rocas sedimentarias
- Las rocas magmáticas o ígneas
- Las rocas metamórficas
- El ciclo de las rocas
- Las aplicaciones de las rocas

SABER HACER

- Diferenciar minerales de aspecto similar
- Utilizar una clave dicotómica para identificar minerales

12 PRODUCCIÓN Y CONSUMO RESPONSABLES

Mejorar la producción y el consumo de los recursos naturales, como los minerales y las rocas, y desvincular el crecimiento económico de la degradación del medioambiente.

? INTERPRETA LA IMAGEN

- ¿Cómo se llama la explotación que se observa en la imagen: mina o cantera?
- ¿Qué se extrae de ella?
- ¿Se está originando algún riesgo durante los trabajos de extracción? ¿Por qué?
- ¿Observas algún impacto ambiental negativo?

NOS HACEMOS PREGUNTAS

¿Cómo se procesan industrialmente las rocas?

En las canteras se obtienen grandes bloques de granito, mármol, caliza, pizarra, etc. Posteriormente, estos bloques se procesan para obtener láminas, tiras o bloques menores, que a su vez se utilizan como materia prima para fabricar encimeras, lápidas, placas, mobiliario urbano, bordillos, objetos decorativos, etc.

Algunos de estos bloques van a parar a talleres de escultura y terminarán convertidos en obras de arte.

Nuestra sociedad tiene una gran demanda de estos productos elaborados con rocas naturales y también con minerales, de los que se extraen metales y muchas otras sustancias químicas.

OPINA. ¿Qué medidas ambientales habría que adoptar si se abandonara la explotación?

Los bloques se cortan en lonchas mediante sierras circulares o alambres de diamante.

CLAVES PARA EMPEZAR

- ¿Cuál es la diferencia entre materia amorfa y materia cristalina?
- ¿Es lo mismo un mineral que una roca? Razona tu respuesta.
- ¿Qué es la dureza de un mineral? ¿Cuál es el más duro?
- ¿Cuántos tipos de rocas conoces?

CLAVES PARA ESTUDIAR

- Conocer las características generales de los minerales.
- Diferenciar materia cristalina y materia amorfa.

1 La materia mineral

Los minerales y las rocas están formados por **materia mineral** que se encuentra en estado sólido. También podemos encontrar materia mineral disuelta en el agua de mares y ríos, y en estado líquido y gaseoso en las emanaciones de los volcanes.

Los minerales

Los **minerales** son sustancias puras, sólidas, naturales, de origen inorgánico y que pueden formar parte de las rocas.

- **Sustancias puras.** Los minerales están formados por uno o varios elementos químicos, combinados en unas proporciones fijas.

  La fórmula química de un mineral representa su composición y nos indica en qué proporción se encuentran sus componentes. Por ejemplo, la halita o sal común está formada por sodio y cloro (NaCl), y el cuarzo por silicio y oxígeno (SiO_2).

  La mayoría de los minerales están formados por varios tipos de átomos diferentes. Solo algunos minerales, como el azufre o el oro nativo, están compuestos por un solo tipo de átomos.

  Decimos que la composición de un mineral es **homogénea** porque es la misma en cualquier parte de dicho mineral.

El **oro nativo** es un mineral compuesto únicamente por átomos de oro (Au).

La **calcita** ($CaCO_3$) está formada por átomos de calcio, de carbono y de oxígeno.

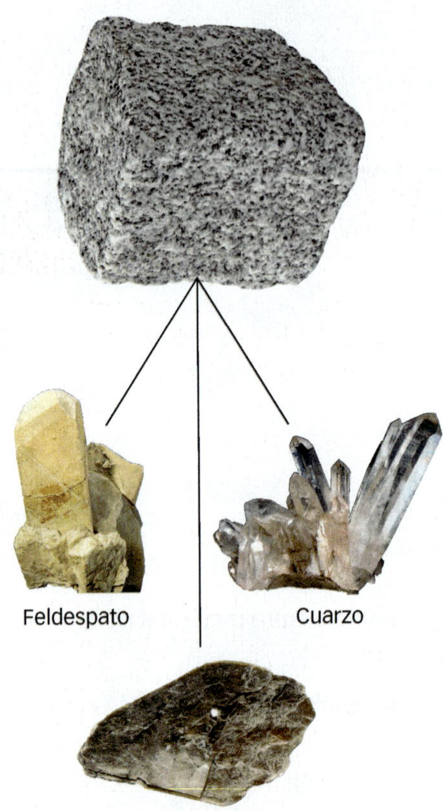

El granito es una roca formada por tres minerales: cuarzo, feldespato y mica.

- **Sólidos.** Todos los minerales se presentan en este estado. El mercurio líquido y el agua líquida no se consideran minerales.
- **Sustancias naturales.** Su origen es natural, por lo que los productos sintéticos artificiales no se consideran minerales.
- **Origen inorgánico.** Los minerales son inorgánicos, aunque existen minerales que, además, pueden ser producidos por ciertos seres vivos; por ejemplo, el aragonito es un mineral y forma parte de la concha de los moluscos.
- **Forman las rocas.** Todas las rocas están formadas por minerales unidos entre sí. La mayoría contiene una mezcla de varios minerales.

  Algunas rocas están compuestas por un solo tipo de mineral. Estas reciben el nombre de **rocas monominerales**; por ejemplo, el mármol está formado solo por calcita.

La materia cristalina y la materia amorfa

Según se dispongan los átomos, la materia mineral puede ser:

- **Materia cristalina.** Es la que presentan la mayoría de los minerales. En ella, los componentes de la materia mineral están ordenados de forma regular, de manera que sus átomos se disponen ordenadamente siguiendo unas pautas. Esta disposición de los átomos constituye su **red cristalina**.

  En algunos casos, el ordenamiento interno se manifiesta en el exterior y el mineral aparece como un sólido de caras planas dispuestas con alguna forma de simetría; es decir, el mineral forma un poliedro regular que recibe el nombre de **cristal**. En otros casos, aunque el mineral posee ese ordenamiento interno, este no se aprecia a simple vista. Se dice entonces que tiene estructura **microcristalina**.

- **Materia amorfa.** Es la materia mineral cuyos componentes están desordenados. Algunos minerales, como la limonita, no tienen una disposición interna ordenada.

Hay minerales, como el azufre, que pueden presentarse tanto cristalizados como en estado amorfo.

? INTERPRETA LA IMAGEN

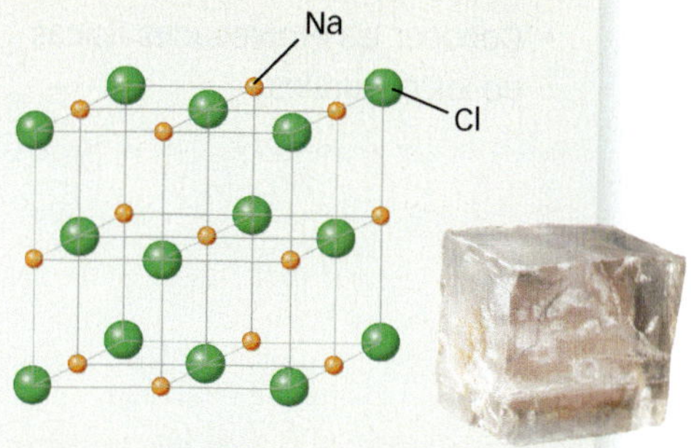

1 En las imágenes puedes ver un cristal de halita, que está formada por cloruro de sodio (NaCl), y la representación de cómo se ordenan los átomos que forman ese cristal. ¿Encuentras alguna relación entre ambos? Describe lo que observas.

Cristalización

Si disolvemos sal en un poco de agua y dejamos evaporar el agua, veremos que se forman cristales. El proceso por el que la sal disuelta precipita y forma cristales al evaporarse el agua se llama cristalización por **precipitación**.

La cristalización también puede ocurrir por **solidificación**, debida a un descenso de temperatura, y por **sublimación**, a partir de un gas. Hay dos factores que facilitan la cristalización:

- **El tiempo.** Los componentes de un mineral necesitan tiempo para ordenarse formando la estructura cristalina. Cuanto más lenta sea la cristalización, mayor tamaño y perfección pueden presentar los cristales. Si la precipitación, la solidificación o la sublimación son muy bruscas, se origina materia amorfa.
- **El reposo.** La agitación dificulta el proceso por el que los componentes se sitúan ordenadamente. En un medio que permanece en reposo pueden formarse cristales de mayor tamaño.

En las salinas se obtiene la sal por evaporación del agua del mar en la que está disuelta el mineral.

ACTIVIDADES

2 En un experimento de laboratorio se obtienen estos dos resultados mediante evaporación a partir de sulfato de cobre.

a) Describe cómo son los cristales en cada caso.

b) ¿Cuál de ellos ha tenido una cristalización más lenta?

c) ¿Cómo se llama el proceso por el que se han obtenido los cristales?

A

B

CLAVES PARA ESTUDIAR

- Conocer las propiedades físicas de los minerales.

2 Propiedades físicas de los minerales

Cada mineral posee unas propiedades propias que nos permiten identificarlo. Las propiedades físicas se pueden valorar sin tener que transformar el mineral en otras sustancias.

Polimorfismo

Algunos minerales pueden cristalizar de diferentes formas, dependiendo de las condiciones de presión y temperatura a las que se originen. Por ejemplo, el carbono puede cristalizar como **grafito** o como **diamante**. Ambos minerales tienen idéntica composición química, pero su estructura cristalina es diferente; por eso, el grafito y el diamante son **polimorfos** del carbono.

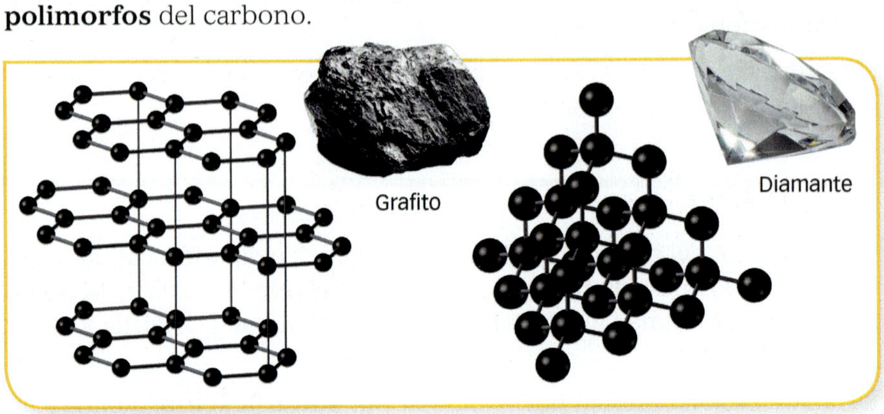

INTERPRETA LA IMAGEN

3 El grafito se fractura fácilmente en forma de láminas, mientras que el diamante es muy duro y muy resistente a la rotura. ¿Puede tener algo que ver en las propiedades de estos minerales la forma en la que se disponen los átomos de carbono en cada uno?

Isomorfismo

Cuando dos minerales tienen una composición química muy parecida y tienen, además, la misma estructura cristalina, pueden formar sustancias de composición intermedia entre ambos. Por ejemplo, la **magnesita**, carbonato de magnesio, y la **siderita**, carbonato de hierro, son minerales **isomorfos** y forman una serie isomorfa compuesta por carbonatos de magnesio y hierro.

Propiedades ópticas

Son propiedades físicas que se refieren a la forma de reflejar, absorber o transmitir la luz. Las cuatro más características son:

- **Color.** Es el tipo de luz que refleja el mineral cuando es iluminado con luz blanca. Hay que observarlo en zonas que no estén alteradas.
- **Color de la raya.** Es el color que presenta un mineral cuando es triturado o cuando se frota con una superficie de porcelana.
- **Transparencia.** Es la facilidad con que la luz puede atravesar el mineral. Los minerales opacos no dejan pasar la luz.
- **Brillo.** Es el aspecto de la superficie del mineral cuando la luz incide sobre ella. Los minerales que tienen aspecto de metales se dice que tienen brillo **metálico**. Otros brillos que presentan los minerales no metálicos son **vítreo**, si recuerda el del vidrio; **perlado**, al de las perlas; **graso**, etc.

El azufre es un mineral de color amarillo, cuya raya es también amarilla y presenta brillo graso.

Propiedades mecánicas

Son propiedades físicas que se ponen de manifiesto al someter al mineral a ciertos esfuerzos. Las principales son:

- **Tenacidad.** Resistencia que presenta un mineral a la rotura.
- **Dureza.** Resistencia de un mineral a ser rayado. Se mide con la **escala de Mohs** que consiste en diez minerales ordenados del más blando, al que se da el valor 1, al más duro, que recibe el valor 10.

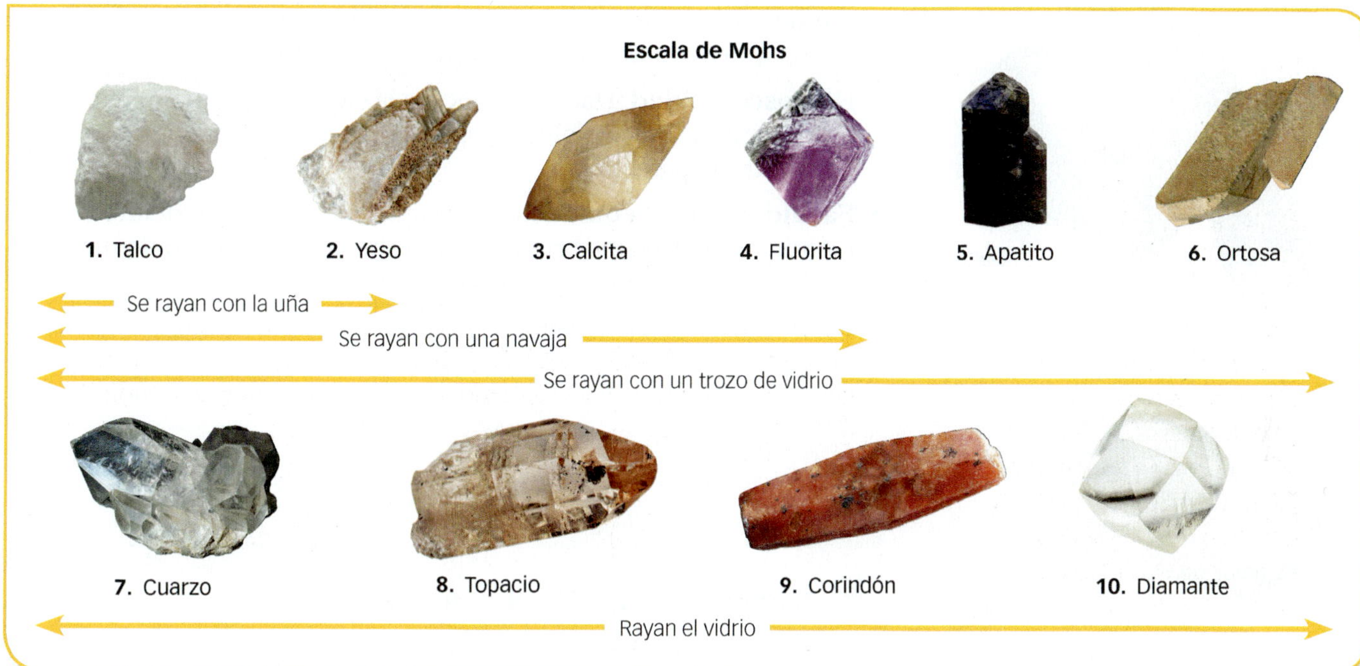

- **Fractura.** Hace referencia al aspecto que adquiere la superficie del mineral cuando se rompe de manera irregular.
- **Exfoliación.** Se refiere a la rotura que se produce en un mineral según planos paralelos a las caras del cristal, originando láminas, cubos u otras formas regulares.

Exfoliación en láminas de la mica.

Exfoliación en romboedros de la calcita.

Otras propiedades físicas

Hay otras propiedades físicas que permiten identificar los minerales:

- **Densidad.** Relación entre la masa de un mineral y su volumen. Se mide en g/cm^3 o en kg/m^3.
- **Punto de fusión.** Temperatura a la que el mineral se hace líquido.
- **Magnetismo.** Algunos minerales, como la magnetita y la ilmenita, poseen propiedades magnéticas y se comportan como imanes.

ACTIVIDADES

4 Supón que descubres dos minerales que tienen la misma composición química, pero que cristalizan de forma diferente. ¿Cómo se denomina esa propiedad? ¿Podrían tener algunas propiedades físicas diferentes estos minerales a pesar de tener la misma composición química?

5 La halita tiene una dureza de 2,5. ¿Qué minerales podrían rayarla y a cuáles rayaría en la escala de Mohs? Describe algunas propiedades físicas de este mineral.

CLAVES PARA ESTUDIAR

- Diferenciar minerales por sus propiedades químicas.
- Conocer algunos minerales importantes y sus usos.

Pirita.

Limonita.

ACTIVIDADES

9 El alabastro es una roca formada por yeso cristalino; es bonita y fácil de tallar y pulir, pero no se utiliza para hacer lavabos ni bañeras. ¿Qué propiedades, físicas y químicas, del yeso desaconsejan este tipo de usos?

10 La presencia de pirita en sedimentos antiguos se considera un indicio claro de que esos sedimentos se formaron en un ambiente en el que no había oxígeno. ¿En qué se basa ese criterio? ¿En qué se habría transformado la pirita si abundara el oxígeno en ese sedimento?

3 Propiedades químicas de los minerales

Estas propiedades dependen de la composición química del mineral.

- **Solubilidad.** Es la facilidad para disolverse en agua o en otra sustancia. La halita es muy soluble en agua. El yeso, que es sulfato de calcio, también es soluble aunque mucho menos.
- **Sabor.** Algunos minerales tienen un sabor característico. La halita es salada, y la carnalita, muy amarga.
- **Higroscopicidad.** Hace referencia a la capacidad de un mineral para absorber agua. La sepiolita es muy higroscópica, por lo que se utiliza como «arena para gatos».
- **Facilidad para la oxidación.** Algunos minerales se oxidan transformándose en otros; por ejemplo, la pirita, que es sulfuro de hierro, al oxidarse origina limonita, que es hidróxido de hierro.
- **Reacción con los ácidos.** Capacidad para reaccionar con un ácido produciendo efervescencia. La calcita y el aragonito producen burbujas si les añadimos ácido clorhídrico o incluso zumo de limón.

SABER HACER

Diferenciar minerales de aspecto similar

La calcita es carbonato de calcio ($CaCO_3$) y la dolomita es carbonato de calcio y magnesio [$CaMg(CO_3)_2$]. A simple vista los dos minerales son muy parecidos y es muy fácil confundirlos. Forman una serie isomorfa en la que el calcio puede ser sustituido por magnesio en cualquier proporción. Sin embargo, sus propiedades físicas y químicas permiten diferenciarlos.

	Calcita	Dolomita

Densidad	2,7 g/cm^3	2,85 g/cm^3
Dureza	3	3,5 a 4
¿Reacciona con ácido clorhídrico diluido?	Sí	No

ACTIVIDADES

6 ¿Podrías rayar la dolomita con la calcita? ¿Y viceversa?

7 Si tuvieras dos trozos del mismo tamaño, uno de cada mineral, ¿cuál pesaría más?

8 ¿Qué otra prueba podrías hacer para diferenciarlos?

4 Aplicaciones e interés económico de los minerales

Los minerales son recursos naturales que tienen una gran importancia para numerosas actividades humanas. De los minerales se obtienen, entre otros productos, metales, sustancias para la industria electrónica, química, alimentaria o farmacéutica, y gemas y piedras semipreciosas que se usan en joyería.

Históricamente, la península ibérica ha sido muy valorada por la abundancia y diversidad de sus minerales. De hecho, los primeros yacimientos conocidos en la Península tienen más de 4 000 años de antigüedad. Los pueblos que llegaron a España más tarde, como los fenicios, los romanos o los musulmanes, también aprovecharon su riqueza geológica.

En la actualidad existen en España importantes yacimientos de minerales, tanto metálicos como no metálicos.

Andalucía es, hoy día, la comunidad autónoma líder en el valor de su producción minera. De hecho, es la región que encabeza las producciones nacionales de cobre, sal marina, yesos o mármol. Tras la rotura de la balsa de la mina de Aznalcóllar en 1998 y el desastre ecológico producido en el río Guadiamar y en Doñana, hoy se emplean nuevas técnicas de extracción y de tratamiento del mineral para garantizar el cuidado del entorno.

Además, España es, a escala mundial, el segundo país productor de celestina y el tercero de yeso. Cabe destacar también su importancia en cuanto a la producción de sepiolita, fluorita y sulfato sódico, que se extrae del mineral glauberita.

Minas de Riotinto, en Huelva. La explotación de estas minas en la Prehistoria, en época romana y, sobre todo, en los últimos 200 años ha transformado profundamente el paisaje de la zona y el curso alto del río Tinto.

Algunos yacimientos minerales importantes de España

Escúzar (Granada)

Mineral que se extrae: celestina

La celestina es el mineral mena del estroncio. Este metal se utiliza, principalmente, en pirotecnia, en la industria metalúrgica, en la producción de cerámicas y vidrio y en la industria química de tintes y pinturas.

Sorbas (Almería)

Mineral que se extrae: yeso

El yeso se utiliza para fabricar escayola, que sirve para recubrir superficies, en la fabricación de piezas y molduras, como adhesivo en la construcción y para inmovilizar huesos fracturados.

ACTIVIDADES

11 EDUCACIÓN CÍVICA.

La explotación de los recursos minerales debe realizarse de un modo sostenible. ¿Cuáles de las siguientes acciones te parece que se ajustan a ese principio y cuáles crees que lo incumplen?

a) Verter al medio natural los lodos ácidos de los lavaderos de las minas.

b) Repoblar con vegetación las escombreras de las minas.

c) Utilizar antiguas minas como vertederos incontrolados.

CLAVES PARA ESTUDIAR

- Clasificar las rocas según su origen.
- Conocer las principales rocas sedimentarias.

ACTIVIDADES

12 Las rocas magmáticas pueden cristalizar lentamente en el interior de la corteza o hacerlo bruscamente en el exterior, durante una erupción volcánica. ¿En qué caso los minerales que las forman tendrán cristales de mayor tamaño?

5 Las rocas y su clasificación

Una roca es un agregado natural compuesto de uno o varios minerales. Las proporciones de los minerales que forman una roca pueden variar con facilidad, lo que da lugar a muchísimas rocas diferentes. La forma más sencilla de clasificarlas es atendiendo al proceso que las ha originado. Según este criterio se pueden diferenciar tres tipos de rocas:

- **Rocas sedimentarias.** Se forman a partir de la diagénesis de sedimentos originados por la alteración de las rocas preexistentes, que fueron transportados por los agentes geológicos y depositados en las cuencas sedimentarias.
- **Rocas metamórficas.** Se originan en el interior de la corteza terrestre donde las rocas están sometidas a altas presiones y temperaturas sin llegar a fundirse.
- **Rocas magmáticas.** Se forman por la consolidación de una masa de roca fundida en el interior de la corteza terrestre o en la superficie tras una erupción volcánica.

Las rocas sedimentarias reciben también el nombre de rocas **exógenas**, ya que se han formado en el exterior de la corteza terrestre, mientras que tanto las metamórficas como las magmáticas se denominan rocas **endógenas** debido a que proceden del interior de la corteza.

Procesos petrogenéticos

Se llaman **procesos petrogenéticos** a aquellos que dan lugar a la formación de rocas.

El **magmatismo** origina rocas magmáticas. En este proceso se produce la fusión de la roca, que da lugar a una mezcla líquida a partir de la cual se forman minerales nuevos. Estos minerales pueden ser muy distintos de los que constituían la roca antes de fundirse.

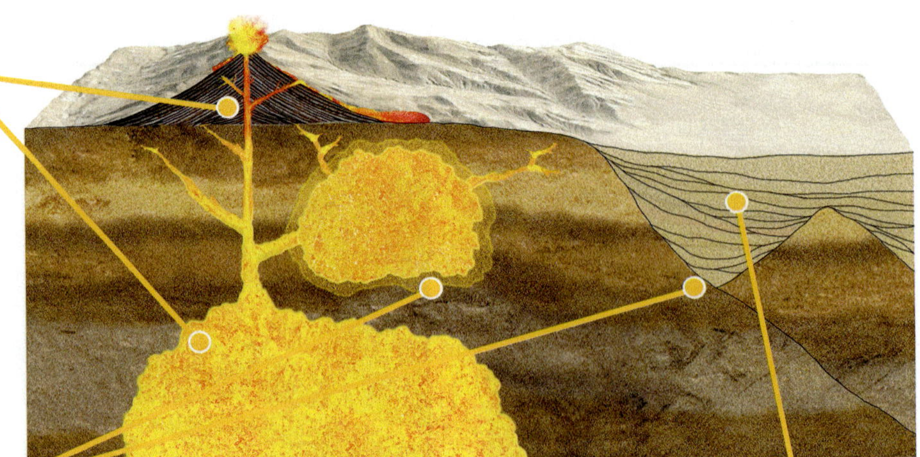

El **metamorfismo** es el proceso que produce rocas metamórficas. Consiste en el cambio de tamaño, aspecto y composición de algunos minerales debido a las altas presiones y temperaturas a que están expuestos dentro de la corteza.

La **sedimentación** y la **diagénesis** son procesos petrogenéticos que dan lugar a rocas sedimentarias. La sedimentación es la acumulación de fragmentos de minerales y rocas. La diagénesis es la compactación de estos fragmentos y su transformación en roca.

6 Las rocas sedimentarias

Según el origen de los sedimentos, las rocas sedimentarias se clasifican en **rocas detríticas** y **rocas no detríticas**.

Rocas detríticas

Se forman por la acumulación de clastos procedentes de la meteorización de otras rocas, que llegan transportados por los agentes geológicos. Se clasifican según el **tamaño** de sus componentes.

Conglomerados. Formados por cantos. Entre estos puede haber además arena y arcilla.

Areniscas. Constituidas por granos de arena compactados y unidos entre sí.

Lutitas. Formadas por partículas de arcilla tan pequeñas que solo se pueden diferenciar al microscopio.

Rocas no detríticas

Se originan por la acumulación de materiales generados en el mismo lugar de su sedimentación. Se clasifican en tres tipos, según su composición química:

- **Rocas carbonatadas.** Compuestas mayoritariamente por carbonatos.
  - **Caliza.** Formada por la precipitación de calcita a partir del carbonato de calcio disuelto en el agua.
  - **Dolomía.** Compuesta por los minerales calcita y dolomita.
  - **Marga.** Contiene una mezcla de calcita y minerales de la arcilla.
- **Rocas evaporíticas.** Se forman por la evaporación de agua.
  - **Sal.** Se origina por la precipitación de halita o sal gema.
  - **Yeso.** Roca formada por el mineral yeso.
- **Rocas orgánicas.** Se producen por la acumulación de restos orgánicos.
  - **Carbón.** Formado por la acumulación de materia vegetal.
  - **Petróleo.** Originado por la acumulación de materia orgánica en un medio marino. Es la única roca líquida.

ACTIVIDADES

13 Cuando encontramos capas de areniscas encima de otras de conglomerados, podemos deducir que el agente geológico que depositó todas estas rocas tenía más energía al principio que posteriormente. ¿Puedes explicar por qué podemos obtener esa conclusión?

Caliza.

Yeso.

Carbón.

CLAVES PARA ESTUDIAR

- Clasificar las rocas magmáticas en plutónicas, volcánicas y filonianas.

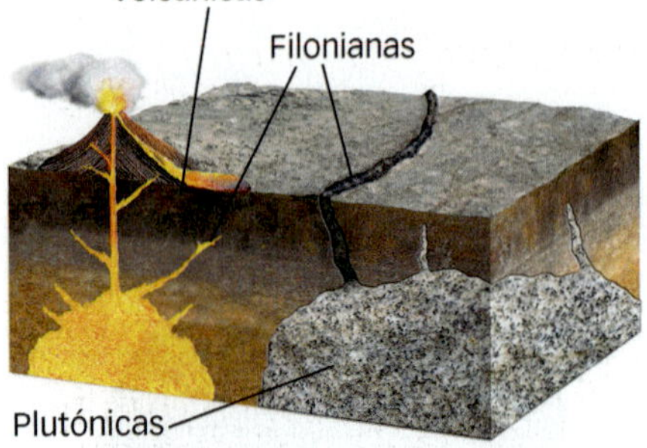

Los tres tipos de rocas magmáticas.

7 Las rocas magmáticas o ígneas

Las rocas magmáticas o ígneas se forman a partir de un **magma**, una masa de roca fundida que normalmente contiene gases disueltos y fragmentos sólidos en suspensión. Los magmas se originan en el manto o en zonas profundas de la corteza. Debido a su menor densidad, pueden ascender atravesando las rocas y, en ocasiones, pueden alcanzar la superficie, dando lugar a la actividad volcánica.

Las rocas magmáticas se clasifican en tres grupos, según su forma de consolidación a partir del magma: las rocas **plutónicas**, las rocas **volcánicas** y las rocas **filonianas**.

Rocas plutónicas

Cuando el magma se consolida en el interior de la corteza, sin llegar a alcanzar la superficie, se originan rocas plutónicas. Su enfriamiento es muy lento, lo que permite la cristalización de los minerales. La roca presenta por ello una **estructura cristalina**, es decir, los minerales están cristalizados y pueden reconocerse a simple vista.

El **granito** es la roca más abundante en la corteza continental. Está compuesto de cuarzo, feldespato y mica.

La **sienita** es una roca asociada al granito. Su contenido en cuarzo es mucho menor que el del granito.

El **gabro** es una roca abundante en la corteza oceánica. Es oscura, no tiene cuarzo.

SABER MÁS

Los plutones graníticos

En los orógenos de colisión, cuando dos placas continentales se incrustan una bajo la otra, el rozamiento de ambas produce una gran cantidad de calor, que causa la fusión de las zonas profundas y la formación de magmas graníticos. Estos ascienden hacia la superficie y se consolidan en el interior de la corteza. El levantamiento del relieve deja con frecuencia al descubierto estas enormes masas plutónicas, que dan lugar a cordilleras graníticas. Algunas sierras de Sierra Morena, el Sistema Central y el macizo de la Maladeta en los Pirineos son ejemplos de este tipo de relieves graníticos.

Rocas graníticas en la sierra de Andújar, en Jaén.

Rocas volcánicas

Cuando los magmas originados en el manto o en las zonas profundas de la corteza llegan a la superficie, se produce la actividad volcánica y el magma, al perder sus gases, se convierte en **lava**. Las rocas volcánicas se forman por la consolidación rápida de la lava en la superficie terrestre o bien bajo el agua.

El enfriamiento rápido de la lava no permite la formación de cristales grandes, por lo que la roca presenta una textura **microcristalina** (con cristales diminutos) o bien **vítrea** (sin cristales). En algunos casos de enfriamiento muy rápido se llega a formar un **vidrio volcánico**, como la obsidiana.

Las rocas volcánicas pueden tener una composición similar a la de las plutónicas, diferenciándose de ellas por su textura.

? INTERPRETA LA IMAGEN

14 ¿Qué características observas en la obsidiana que te recuerdan al vidrio?

La **riolita** es la roca volcánica equivalente al granito, pues posee la misma composición química que este.

El **basalto** es la roca volcánica más abundante. Es la equivalente al gabro. Generalmente presenta colores oscuros.

La **andesita** es la segunda roca volcánica más abundante. Tiene una composición intermedia entre la riolita y el basalto.

En algunas rocas volcánicas pueden observarse los huecos dejados por las burbujas de los gases que escaparon del magma al formarse la lava. En algunos casos, las burbujas son tan abundantes que dan a la roca el aspecto de una espuma, como ocurre en la **pumita** o piedra pómez.

Rocas filonianas

Cuando el magma asciende hasta zonas superficiales pero no llega a salir al exterior, se introduce por las zonas fracturadas formando **diques** o **filones**. Dependiendo de lo rápido o lento que haya sido el enfriamiento de estas rocas filonianas, su textura se parecerá más a la de las rocas volcánicas o a la de las plutónicas.

Roca filoniana formando un dique que atraviesa un mármol.

ACTIVIDADES

15 Cuando en un basalto se encuentran grandes masas de olivino cristalizado, se piensa que son fragmentos de una roca del manto formada por olivino, que ha sido arrastrada junto con el basalto fundido. ¿Por qué no pueden haberse formado esos cristales grandes dentro del basalto?

CLAVES PARA ESTUDIAR

- Reconocer las estructuras y las principales rocas metamórficas.
- Comprender los procesos que integran el ciclo de las rocas.

8 Las rocas metamórficas

Las rocas metamórficas pueden presentar diferentes tipos estructurales dependiendo de la disposición de sus componentes. Entre ellos destacan la estructura foliada y la granoblástica.

- **Estructura foliada.** Aspecto de láminas superpuestas, que pueden ser planas y paralelas o estar deformadas.
- **Estructura granoblástica.** En el interior de la roca metamórfica aparecen cristales irregulares soldados entre sí. La roca no presenta direcciones preferentes de rotura.

PRINCIPALES ROCAS METAMÓRFICAS

Estructura foliada

Pizarra

Procede del metamorfismo de las lutitas. Se rompe con facilidad en láminas. Esa cualidad hace que se utilice para cubrir tejados y para elaborar pavimentos.

Esquisto

Procede del metamorfismo de lutitas y pizarras. Presenta abundante mica que le da un brillo característico y, a veces, otros minerales como los granates.

Gneis

Es el resultado de un metamorfismo intenso de rocas como granitos, pizarras o esquistos. Presenta abundante mica y cristales grandes de feldespato y a veces también de cuarzo.

Estructura granoblástica

Mármol

El mármol es una roca monomineral originada por el metamorfismo de calizas. Está formada por el mineral calcita. Puede pulirse con facilidad adquiriendo un brillo muy vistoso, por lo que es muy apreciada en la construcción y como roca ornamental.

Cuarcita

Es una roca resultante del metamorfismo de areniscas que contienen mucho cuarzo. Es prácticamente una roca monomineral formada por cuarzo, por lo que resulta extraordinariamente dura. Con frecuencia conserva la estratificación y los fósiles que presentaba la arenisca.

ACTIVIDADES

16 En los mares del Ordovícico, hace 450 millones de años, se depositaron capas de arcilla alternadas con capas de arena de cuarzo. Actualmente, estos materiales se encuentran metamorfizados en muchos relieves españoles. ¿En qué rocas metamórficas se habrán transformado aquellos sedimentos?

9 El ciclo de las rocas

Los sedimentos que se acumulan capa sobre capa en una cuenca sedimentaria van quedando cada vez más profundamente enterrados. Este enterramiento produce la diagénesis, que transforma las capas de sedimentos en estratos de rocas sedimentarias.

Los sedimentos proceden de la meteorización de otras rocas, que pueden ser a su vez sedimentarias, metamórficas o magmáticas, es decir, es posible la formación de rocas sedimentarias a partir de cualquier tipo de roca que esté en la superficie terrestre.

Lo mismo se puede decir del metamorfismo y del magmatismo. Cualquier roca sedimentaria, metamórfica o magmática, que esté ya formada a cierta profundidad en la corteza, puede experimentar un proceso de metamorfismo o de magmatismo y convertirse así en una nueva roca metamórfica o en una roca magmática, si llega a fundirse.

Cuando la erosión va eliminando materiales de la superficie terrestre, la corteza se ve empujada hacia arriba debido a la isostasia. Al ascender, los materiales que se encontraban en zonas profundas de la corteza son llevados hasta la superficie, donde pueden ser meteorizados, transformados en sedimentos y acumulados en capas, convirtiéndose de nuevo en rocas sedimentarias.

Este conjunto de procesos que pueden experimentar los materiales de la corteza formando rocas sedimentarias, metamórficas o magmáticas y siendo llevados hacia zonas profundas o hacia la superficie, recibe el nombre de **ciclo de las rocas** o **ciclo litológico**.

ACTIVIDADES

17 ¿Por qué decimos que los procesos que transforman unas rocas en otras forman un ciclo?

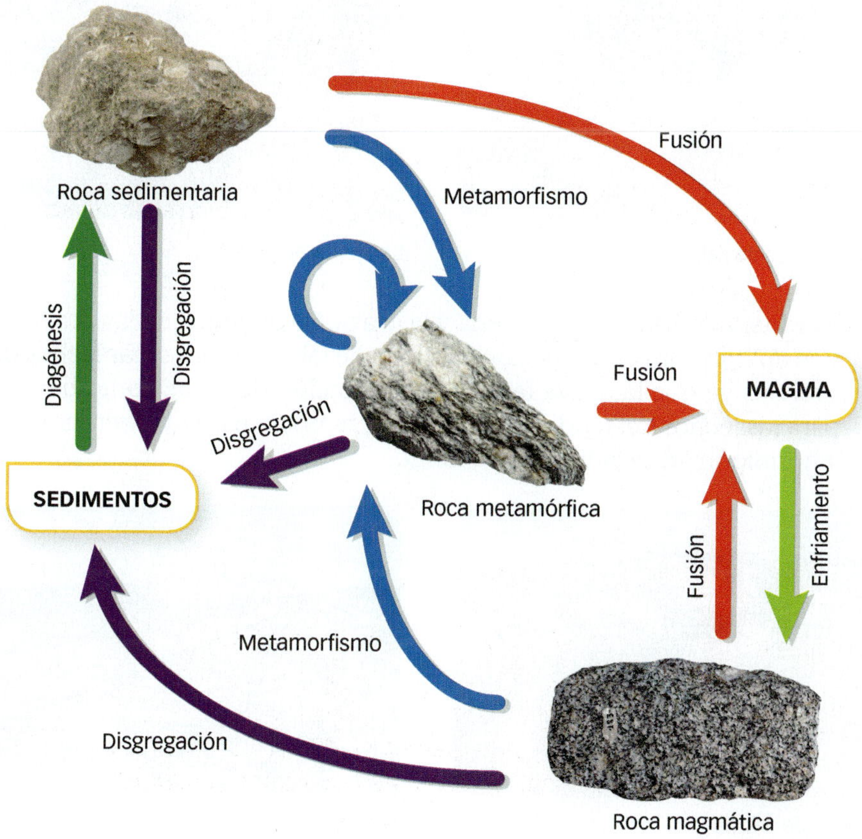

? INTERPRETA LA IMAGEN

18 ¿Cómo se puede formar una roca sedimentaria a partir de una metamórfica?

19 Explica cómo puede originarse una roca sedimentaria a partir de una roca magmática como el granito.

CLAVES PARA ESTUDIAR

- Conocer las principales aplicaciones de las rocas, en su uso directo y como materias primas.

10 Las aplicaciones de las rocas

Las rocas, al igual que los minerales, son recursos naturales muy apreciados que tienen numerosas aplicaciones. Las rocas pueden utilizarse de dos formas:

- **Directamente**, sin ningún procesado industrial o con un tratamiento mínimo. Este tratamiento consiste en cortarlas y pulirlas o en triturarlas para obtener grava.
- Como **materia prima** para la obtención de diversos productos, como las **cerámicas**, el **vidrio** y el **cemento**.

Usos directos de las rocas

Las principales aplicaciones de las rocas que no necesitan de un procesamiento industrial previo son directamente para la construcción, para ornamentación y mobiliario, y como áridos.

- **Construcción y usos ornamentales.** Las rocas se utilizan directamente, con un procesado mínimo, en la construcción de edificios o estructuras. Para utilizar las rocas en usos ornamentales, como pavimentación, decoración de fachadas o en la elaboración de mobiliario urbano o de encimeras, se cortan en láminas y luego en piezas de la forma y tamaño adecuados. A continuación pueden pulirse para obtener superficies brillantes.

Pavimento de caliza.

Encimera de granito.

- **Áridos.** Los áridos son la arena y la grava. Se obtienen de las graveras y se utilizan para construcción y relleno de taludes; para crear lechos de drenaje, ya que la grava facilita la evacuación de agua; como balasto para los lechos del tendido ferroviario y también para obtener mortero y hormigón, mezclados con cemento.

Talud de áridos.

Balasto.

? INTERPRETA LA IMAGEN

20 La imagen muestra el acueducto de Segovia construido por los romanos.

a) ¿Se hizo un uso directo de las rocas o se emplearon como materia prima?

b) Identifica qué roca se empleó en su construcción. Para ello, puedes buscar información en internet.

c) ¿Por qué crees que esta roca es óptima para construir esta estructura?

Las rocas como materia prima

En muchos casos las rocas, tras su extracción en canteras o graveras, se procesan para obtener materiales de interés industrial, que tienen diversas aplicaciones.

- **Obtención de cerámicas.** Las arcillas se extraen en canteras. Hay muchos tipos de arcillas que se utilizan para fabricar ladrillos, tejas y otras piezas para la construcción, sanitarios y azulejos, vajillas de porcelana, artesanía, etc.

Cerámicas para construcción.

Cerámicas sanitarias.

Decoración de azulejos en el interior de la Alhambra de Granada. La fabricación de azulejos de cerámica es una actividad tradicional de Andalucía.

- **Obtención de vidrio.** El principal componente para la fabricación del vidrio es el mineral cuarzo, que se extrae de las areniscas silíceas. El vidrio se utiliza para la fabricación de ventanas, envases, vajillas, material de laboratorio, etc.

Fábrica de vidrio.

Aplicaciones del vidrio.

- **Obtención de cemento.** Para la fabricación de cemento se utilizan calizas, dolomías y también arcillas. Estos materiales se procesan en las fábricas de cemento o cementeras. El cemento obtenido se utiliza en la construcción, mezclado con arena y agua, para fabricar mortero o mezclado con agua, arena y grava para obtener hormigón.

Mortero.

Hormigón.

ACTIVIDADES

21 El mortero y el hormigón son materiales artificiales, pero imitan a dos rocas detríticas. ¿A cuáles?

22 Los ladrillos se hacen con arcilla y se usan para la construcción. ¿Por qué entonces no se considera que la arcilla es una roca utilizable directamente para la construcción?

23 ¿Se fabrican con la arcilla materiales para usos ornamentales como los descritos para otras rocas? ¿Puedes citar algún ejemplo?

24 USA LAS TIC. Busca información sobre qué son los «prefabricados de hormigón» y cita algunos ejemplos indicando para qué se usan.

ACTIVIDADES FINALES

REPASA LO ESENCIAL

25 RESUMEN. Haz un breve resumen de cada uno de los epígrafes de la unidad.

26 Explica la diferencia entre mineral y roca y escribe una definición, incluyendo dos ejemplos de roca monomineral.

27 Haz un esquema de las diferentes propiedades que pueden presentar los minerales.

28 Escribe la escala de dureza de Mohs. Si un mineral tiene una dureza de 5,5, ¿qué minerales podrían rayarlo y a qué minerales podría rayar?

29 Copia y completa en tu cuaderno esta tabla con los procesos petrogenéticos.

Procesos petrogenéticos	Rocas resultantes	Ejemplos de rocas

30 Haz en tu cuaderno un dibujo similar a este; indica sobre él los tres tipos de rocas magmáticas y un ejemplo de cada tipo de roca.

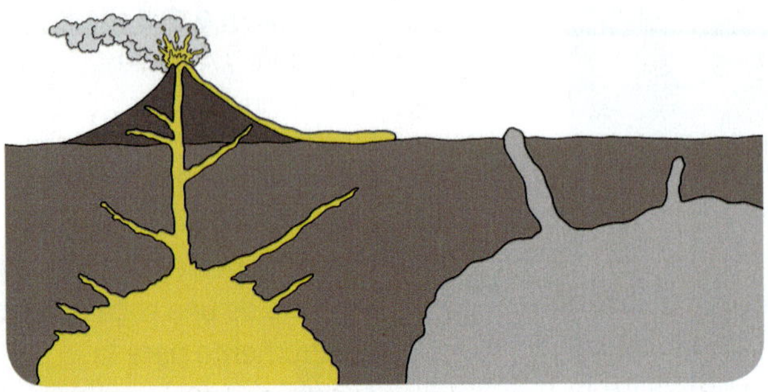

31 Resume en tu cuaderno el ciclo de las rocas con un esquema como este, completando los procesos que van en las flechas de cada color.

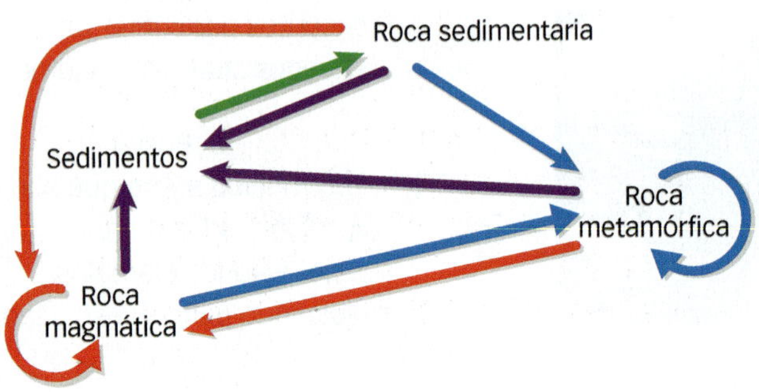

32 Las rocas sedimentarias se clasifican en dos categorías.

a) Escribe el nombre de los dos tipos de rocas sedimentarias.

b) ¿Qué criterio se ha empleado para clasificarlas?

33 Copia y completa en tu cuaderno esta tabla con la clasificación de las rocas sedimentarias no detríticas.

Rocas sedimentarias no detríticas	
Carbonatadas	
	Yeso
	Carbón

34 Copia y completa en tu cuaderno esta tabla con la clasificación de las rocas sedimentarias detríticas.

Rocas sedimentarias detríticas
Lutitas

35 Copia y completa la tabla incluyendo la estructura y el origen de las principales rocas metamórficas.

Estructura	Roca de la que procede	Roca resultante
	Lutita	
		Esquisto
	Caliza	
		Cuarcita

36 Explica qué criterio de clasificación se utiliza para clasificar las rocas metamórficas y cuál para las magmáticas.

37 ¿Qué es la cristalización? Explica de qué tres formas puede ocurrir este proceso.

PRACTICA

38 La galena es un mineral que, cuando se rompe, lo hace en forma de pequeños cubos. ¿Qué nombre recibe esa propiedad? ¿Qué tipo de propiedad es?

39 El silicato de aluminio puede cristalizar en forma de tres minerales diferentes (sillimanita, andalucita o distena), dependiendo de las condiciones de presión y temperatura a las que se encuentre.

a) Explica si esto es un caso de isomorfismo o de polimorfismo.

b) Estos minerales se encuentran normalmente formando parte de esquistos. ¿Son entonces minerales sedimentarios, metamórficos o magmáticos?

40 USA LAS TIC. España posee una de las mayores reservas del mundo de mercurio; sin embargo, hoy día no se extrae este metal, ya que su uso en la minería del oro, en la industria farmacéutica y química y en odontología está fuertemente desaconsejado. Busca información y contesta las preguntas:

a) ¿De qué mineral se extrae el mercurio?

b) ¿Dónde se encuentran las minas que han sido las más productivas de España?

c) ¿Por qué está tan desaconsejado su uso?

41 Completa en tu cuaderno esta tabla poniendo en las casillas correspondientes los nombres de los minerales. En la columna derecha indica si cada propiedad es química, mecánica u óptica.

Minerales	Propiedad	Tipo de propiedad
▬	Es el más blando de la escala de Mohs.	▬
▬	Tiene sabor salado.	▬
▬	Es de color amarillo, su raya es amarilla y tiene brillo graso.	▬

42 En dos placas de vidrio ponemos un poco de agua con mucha sal. Dejamos evaporar lentamente durante varios días el agua de una de ellas. Ponemos la otra al fuego para evaporar rápidamente el agua y lograr la cristalización de la sal en pocos segundos.

a) ¿La sal sólida obtenida en las placas es un mineral?

b) ¿Qué proceso de cristalización hemos provocado?

c) ¿En cuál de las dos placas se formarán cristales grandes y en cuál se formará materia microcristalina? Explica por qué.

FORMAS DE PENSAR. Análisis científico

Los diamantes

El diamante es el mineral más apreciado. Su brillo, color y belleza, y su exfoliación perfecta, que facilita su tallado, le dan un gran valor en joyería.

Su dureza hace que sea imprescindible en muchos procesos industriales.

Su tenacidad y transparencia lo hacen muy útil en diversas aplicaciones de la investigación científica, como el yunque de diamante, un dispositivo que permite reproducir las condiciones de presión y temperatura del manto terrestre.

Es además insoluble e inalterable químicamente, lo que lo hace muy estable y duradero.

43 COMPRENSIÓN LECTORA. Busca en el texto las propiedades de los minerales que se mencionan e indica de qué tipo son.

44 USA LAS TIC. Busca un mapa donde aparezcan las principales minas de diamantes del mundo. ¿Qué países son los mayores productores?

45 USA LAS TIC. Localiza la mina Big Hole y resume qué tiene de destacable esa excavación.

46 TOMA LA INICIATIVA. ¿Qué experimentos podrías hacer para comprobar que un mineral es realmente un diamante y no es una imitación, por ejemplo, de vidrio?

47 EDUCACIÓN CÍVICA. *Diamantes de sangre* es el término que se utiliza para denominar aquellos diamantes que se han obtenido en territorio en guerra por personas explotadas en régimen de esclavitud. Busca información y opina sobre si es ético comprar este tipo de diamantes.

Utilizar una clave dicotómica para identificar minerales

Una **clave dicotómica** es un procedimiento que sirve para identificar un ejemplar en un sistema de clasificación observando las propiedades de ese ejemplar. Se utilizan mucho, tanto en biología como en geología. Consiste en una serie de preguntas sobre la presencia de una propiedad concreta en el ejemplar. Cada pregunta tiene dos únicas respuestas posibles (sí o no); cada respuesta conduce o bien a una nueva pregunta, o bien a la identificación del ejemplar.

En el laboratorio del instituto hay una colección de minerales que se guarda en una caja dividida en apartados. En cada uno de ellos está escrito el nombre de un mineral. Además hay una página en la que se puede leer una clave dicotómica sencilla. Cuando llegas al laboratorio, todos los minerales están desordenados y sin nombre sobre la mesa. Utiliza la clave para resolver las siguientes actividades y poder así clasificar los minerales correctamente.

Ten en cuenta que la clave solo sirve para clasificar los minerales que están contenidos en ella; por ejemplo, si tienes un ejemplar de ORTOSA, esta clave no te será de utilidad; si tienes un ejemplar de ARAGONITO, esta clave te llevará a clasificarlo como CALCITA, lo que sería erróneo. Por ello, es necesario utilizar claves dicotómicas que contengan los minerales que estamos estudiando.

48 El primer mineral que tienes que clasificar es este que ves en la fotografía. Obsérvalo detenidamente y utiliza la clave para averiguar cuál es.

49 Al observar este otro mineral de la colección ves que no se raya fácilmente con la uña. Intenta deducir de qué mineral se trata.

50 La calcita y la baritina se parecen mucho. Consulta la clave para averiguar de qué manera podrías diferenciar la una de la otra.

CLAVE DICOTÓMICA

1. ¿Tiene brillo metálico?
   Sí – Ir a pregunta 2
   No – Ir a pregunta 4
2. ¿Es dorado?
   Sí – **PIRITA**
   No – Ir a pregunta 3
3. ¿Se pega al imán?
   Sí – **MAGNETITA**
   No – **GALENA**
4. ¿Se raya fácilmente con la uña?
   Sí – Ir a pregunta 5
   No – Ir a pregunta 6
5. ¿Tiene tacto jabonoso?
   Sí – **TALCO**
   No – **YESO**
6. ¿Tiene aspecto irregular y color verde?
   Sí – **MALAQUITA**
   No – Ir a pregunta 7
7. ¿Tiene sabor salado?
   Sí – **HALITA** (sal común)
   No – Ir a pregunta 8
8. ¿Se raya con la navaja?
   Sí – Ir a pregunta 9
   No – **CUARZO**
9. ¿Burbujea con el ácido clorhídrico?
   Sí – **CALCITA**
   No – Ir a pregunta 10
10. ¿Pesa mucho?
    Sí – **BARITINA**
    No – Ir a pregunta 11
11. ¿Se separa fácilmente en láminas?
    Sí – **MICA**
    No – **FLUORITA**

51 En las fotografías se observa un ejemplar de fluorita y otro de amatista, una variedad morada del cuarzo. En algunos casos, estos dos minerales se parecen mucho; consulta la clave e indica qué carácter te permitiría diferenciarlos.

Fluorita.

Amatista.

52 En la mesa también hay un ejemplar de galena y uno de magnetita que tienen un aspecto muy parecido. Observa las fotografías de ambos minerales e indica qué pruebas podrías hacer para averiguar cuál es cada uno.

Magnetita.

Galena.

53 En la colección hay una variedad del yeso, el yeso espejuelo, que se separa fácilmente en láminas, como la mica. Describe ambos minerales y explica cómo podrías distinguirlos.

Yeso espejuelo.

Mica.

54 La halita es cloruro de sodio y la silvina es cloruro de potasio. Ambas tienen sabor salado (la silvina más bien amargo). ¿Cómo habría que modificar la clave para que permitiera clasificar estos dos minerales?

Halita.

Silvina.

TRABAJO COOPERATIVO

Una exposición sobre minerales

La mejor alternativa a hacer una visita a un museo, es traer el museo a la clase. Vamos a hacer una exposición sobre minerales.

- Formad grupos de cuatro personas y elegid dos minerales que os parezcan interesantes, ya sea por su valor como gemas, como mena de algún elemento interesante, por su valor científico o por cualquier otra razón. De cada mineral haréis una ficha, que ocupará dos páginas DIN A4.
- En la primera pondréis imágenes del mineral y su nombre. Podéis poner fotografías del mineral, de dónde se extrae, de los procesos industriales en que se utiliza y de cualquier otro aspecto que pueda ser interesante.
- En la otra página escribiréis la información sobre ese mineral que podéis buscar en internet o en una enciclopedia: tipo de mineral, usos, procesos industriales a los que se somete, países y lugares donde se encuentra y otros datos curiosos o interesantes que encontréis. Ordenad la información en la ficha, de forma que su lectura resulte atractiva y amena.
- Colgad las fichas en las paredes del aula, de forma que puedan verse todas realizando un recorrido circular por la clase. ¿Quién es capaz de reconocer más minerales sin mirar el nombre?

¿Es equilibrada la dieta mediterránea?

OBJETIVOS

- Analizar una dieta utilizando las herramientas adecuadas.
- Aplicar la metodología aprendida para mejorar nuestra alimentación.

La celeridad del ritmo de vida actual no favorece una alimentación adecuada. La falta de tiempo ha modificado las costumbres dietéticas y, por consiguiente, el tipo de alimentos y el tiempo que dedicamos a comer. El consumo de productos poco recomendados ha aumentado y la ausencia de planificación origina una distribución inapropiada de los nutrientes.

Los trastornos asociados a una alimentación insuficiente, excesiva o mal equilibrada son cada vez más frecuentes entre los niños y los jóvenes. Esto indica la necesidad de adoptar hábitos dietéticos adecuados y de aprender a analizar y planificar nuestra alimentación.

Pasos a seguir

1 **Plantear el problema** a través de un caso práctico:

«Marina, una alumna de quince años con actividad física ligera, consumió en un día los alimentos representados en la tabla».

A partir de esta información, nos planteamos lo siguiente: ¿se ajusta la dieta de Marina a una dieta sana y equilibrada? ¿Forman parte de la dieta mediterránea los alimentos que consumió Marina?

2 **Formular una hipótesis.** De forma individual y partiendo de tus conocimientos previos, responde a la cuestión planteada, señalando en qué te basas. A continuación, formad grupos de cinco alumnos y poned en común vuestras respuestas.

Desayuno	Cacao con leche	250 g de leche 15 g de cacao 10 g de azúcar
Media mañana	Bocadillo de tortilla de patatas	100 g de pan 80 g de huevo 200 g de patatas 12 g de aceite
	Patatas fritas chips	100 g
	Un vaso de bebida azucarada	120 g
Comida	Arroz blanco con tomate frito y huevo	120 g de arroz 100 g de huevo 10 g de aceite 60 g de tomate
	Filete de ternera	90 g de filete 10 g de aceite
	Pan	90 g
	Natillas	125 g
	Dos vasos de bebida azucarada	240 g
Merienda	Patatas fritas chips	100 g
	Un vaso de bebida azucarada	120 g
Cena	Salmón frito con patatas cocidas	200 g de pescado 60 g de patatas
	Salchichas de pollo	80 g
	Helado de chocolate	130 g

3 **Buscar información y efectuar los cálculos** para una dieta correcta recomendada:

- Consultar la rueda de los alimentos. Una dieta equilibrada contiene uno o dos alimentos de cada grupo.
- Calcular la cantidad de energía que necesita Marina de cada nutriente.

  Para su edad, sexo y actividad, Marina precisa un aporte de 2 300 kcal. El aporte de energía de cada nutriente es: glúcidos (60 %), grasas (30 %), proteínas (10 %). Anotad los cálculos en una tabla.
- Calcular los gramos por día que necesita Marina de cada nutriente.

  Para ello, tendremos en cuenta el valor energético de cada uno. Así, 1 gramo de glúcidos aporta 3,75 kcal; 1 g de grasa, 9 kcal y 1 g de proteínas, 4 kcal. Anotad los datos calculados en una tabla.

4 **Analizar la dieta.** Cada persona que participa en el grupo se ocupará del análisis de una de las comidas de todo el día. Debéis fijaros en:

- Tipos de alimentos consumidos.
- Cálculo de la energía aportada por los alimentos consumidos.
- Alimentos integrantes de la dieta mediterránea.
- Cálculo de los gramos consumidos de cada nutriente.

5 **Comprobar la hipótesis.** Reunid los datos obtenidos del análisis de cada comida y comparad el conjunto con los que correspondan a una dieta saludable. Deducid si la hipótesis es verdadera o falsa.

CONCLUSIONES

- ¿Son adecuados los tipos de alimentos que consume Marina ese día?
- ¿Es suficiente el aporte energético? ¿Está por debajo o supera la cantidad recomendada?
- ¿Es la dieta de Marina sana y equilibrada? Si no se ajusta a una dieta equilibrada, proponed entre todos una dieta con productos propios de la dieta mediterránea.

USA LAS TIC

Páginas web recomendadas:

- La rueda de los alimentos.
  Palabras clave: *nutrición, rueda, alimentos.*
- Base de datos de alimentos.
  Palabras clave: *tablas y calculadoras, composición nutricional, alimentos.*
- Ingestas recomendadas de energía y nutrientes.
  Palabras clave: *Complutense, información nutricional.*
- Tablas de composición de los alimentos.
  Palabras clave: *comedores, composición, alimentos.*
- Guía de alimentación y salud.
  Palabras clave: *Uned, nutrición.*

¿De qué depende la permeabilidad de un suelo?

OBJETIVOS

- Estudiar la capacidad de infiltración y retención de agua en diferentes tipos de suelo.
- Aplicar el método científico para resolver un problema.

Tras una copiosa lluvia, el agua puede formar charcos o ser absorbida por el suelo. Aunque el suelo es sólido, existen huecos entre las partículas, llamados poros, por los que el agua puede fluir.

Cada suelo tiene una composición determinada; eso hace que se comporten de forma muy distinta y, por tanto, tengan propiedades diferentes. Una de ellas es la permeabilidad o capacidad de dejar pasar el agua a través de sus poros.

Pasos a seguir

1. **Identificar el problema** a través de la observación de un terreno después de una fuerte lluvia:
   - Comprobad que algunas partes del suelo permanecen encharcadas largo tiempo, mientras que otras enseguida drenan y se secan.
   - Plantead el problema que queremos investigar con una pregunta. Por ejemplo: ¿de qué depende que unos suelos sean más permeables que otros?
2. **Formular una hipótesis.** Una vez planteada la pregunta, formulad una hipótesis que trate de explicar el fenómeno observado.

   Por ejemplo: «Los suelos con materiales de grano grueso son menos permeables que los de grano fino».

Arcilla

Arena

3. **Buscar información** sobre el problema que vais a investigar y la hipótesis que habéis planteado:
   - Utilizad diferentes medios para documentaros: libro de texto, enciclopedia, internet, etc.
   - Poned en común la información recopilada y elaborad un pequeño informe con los datos consensuados por el grupo.

USA LAS TIC

Páginas web recomendadas:

- Portal de suelos de la FAO.
  Palabras clave: *propiedades, suelo, Fao.*
- Mapas de suelos de las Consejerías de Medio Ambiente de cada Comunidad Autónoma.
  Palabras clave: *mapas, suelo, comunidad en la que vives.*
- Características físicas del suelo.
  Palabras clave: *características, físicas, suelo, Catedu.*

4. **Realizar un experimento** para aceptar o rechazar la hipótesis formulada.

   El material que necesitáis es:
   - 4 probetas
   - 4 botellas de plástico
   - Papel de periódico
   - Gasa
   - Gomas o cuerda
   - Tijeras
   - Agua
   - Balanza

Los pasos a seguir son:

- Recoged cuatro muestras de suelo de diferente composición: arcilla, arena, grava y humus.
- Depositad las muestras sobre papel de periódico y dejadlas secar al menos durante cuatro días.
- Fabricad cuatro embudos con la parte superior de las botellas, colocad un trozo de gasa en cada uno y atadlo con una goma.
- Colocad cada embudo sobre las probetas e introducid 100 gramos de suelo en cada uno.
- Verted unos 100 mililitros de agua (V1) lentamente sobre la muestra de suelo y dejadlos escurrir durante 5 minutos.
- Recoged el agua que se ha filtrado en cada probeta y anotad la medida (V2).
- Al día siguiente, volved a verter el agua filtrada sobre el suelo y determinad la cantidad de agua que se ha filtrado finalmente (V3).

5 **Anotar los datos obtenidos.** Reuníos en grupos de dos personas y completad una tabla como esta:

	Arcilla	Arena	Grava	Humus
V1				
Tiempo que tarda en gotear el agua				
V2				
V3				
V1-V3				

6 **Analizar los resultados.** Tratad de responder las siguientes cuestiones para concluir si la hipótesis es verdadera o falsa:

- ¿Por qué secamos las muestras de suelo antes de proceder a la experiencia?
- ¿Qué es V1 – V3? ¿Qué información nos permite conocer este dato?
- ¿Qué muestra empezó a gotear antes? ¿Qué indica este dato?
- ¿Qué muestra presenta mayor permeabilidad?
- ¿Guarda relación el tamaño de las partículas que componen cada muestra con el tamaño de los poros que quedan entre las partículas? ¿Qué muestra tendrá mayores los poros? ¿A qué es debido?

Si los resultados indican que la hipótesis es falsa, debéis formular una nueva hipótesis y repetir los pasos anteriores.

CONCLUSIONES

- ¿Qué suelo sería mejor para el crecimiento de las plantas? ¿Por qué?
- ¿Qué tipo de suelo se inundará con una fuerte lluvia?
- ¿Qué suelo sería idóneo para la formación de estanques naturales?

USA LAS TIC

Para comunicar vuestros resultados, realizad un **póster digital** con alguna de las herramientas que proporciona la red. Debéis incluir los siguientes elementos:

- El título y el objetivo de la investigación.
- La hipótesis formulada.
- El procedimiento utilizado para la obtención de información y datos.
- Los resultados obtenidos.
- Las conclusiones.
- Los autores del proyecto.

Absorción intestinal. Paso de nutrientes resultantes de la digestión a través de las paredes del intestino al medio interno.

Acomodación (ojo). Cambio que se produce en la curvatura del cristalino para que los rayos de luz se enfoquen correctamente sobre la retina.

Acto reflejo. Respuesta motora rápida y automática del sistema nervioso ante un estímulo. Es un acto involuntario, que se elabora y coordina en la médula espinal sin intervención del cerebro. El circuito de elementos que intervienen en un acto reflejo constituyen el arco reflejo. Es la conducta motora más simple.

Aditivo alimentario. Sustancia química sin valor nutritivo que se añade en pequeñas cantidades a los alimentos para evitar la descomposición o modificar su color, olor o sabor.

Adolescencia. Periodo de la vida en que se producen cambios en el desarrollo físico y psicológico y en los comportamientos sociales, que abarca aproximadamente entre los 10 y los 20 años de vida.

Alérgeno. Sustancia que puede producir una respuesta alérgica.

Alergia. Reacción perjudicial y exagerada del sistema inmunitario a una sustancia que normalmente es inofensiva en las mismas condiciones y cantidades.

Alimento transgénico. Alimento obtenido de un organismo, animal o vegetal, cuyo material genético ha sido modificado para obtener una característica deseada. Por ejemplo, incorporar a un tomate un gen de pez que le permita resistir el frío.

Alveolo pulmonar. Estructura pulmonar de intercambio donde se produce el intercambio de gases respiratorios, oxígeno y dióxido de carbono, entre la sangre y el aire contenido en los pulmones.

Ambiente sedimentario. Cuenca sedimentaria bajo la que actúan diferentes condiciones físicoquímicas (profundidad, pH, salinidad, etc.), biológicas y geológicas. Algunos ambientes sedimentarios son playas, arrecifes…

Amenorrea. Ausencia de menstruación. Del griego *a*: negación, *men*: mes, y *rheos*: flujo.

Anabolismo. Fase de construcción del metabolismo celular en la que se forman sustancias complejas a partir de sustancias simples que proceden de la absorción de los alimentos. En este proceso se consume energía.

Anatomía. Estudio de las características de las diferentes estructuras que forman el cuerpo de los seres vivos, de su forma, localización y relación.

Anejas. Estructuras que guardan una estrecha relación con un órgano o los órganos principales en un sistema.

Anticuerpo. Proteína producida por los linfocitos B de la sangre cuya función es bloquear la acción de los antígenos.

Antígeno. Cualquier sustancia ajena al organismo, generalmente una proteína, capaz de provocar una respuesta inmunitaria humoral o celular.

Apófisis. Prominencia de un hueso que, por lo general, es un lugar habitual de inserción de los músculos y los ligamentos.

Arco reflejo. Circuito nervioso en el que participan tres neuronas (sensitiva, de asociación y motora), que recorre la información desde el receptor de un estímulo hasta el efector en un acto reflejo.

Arteria. Vaso sanguíneo por el que circula la sangre que sale del corazón hacia los distintos órganos del cuerpo.

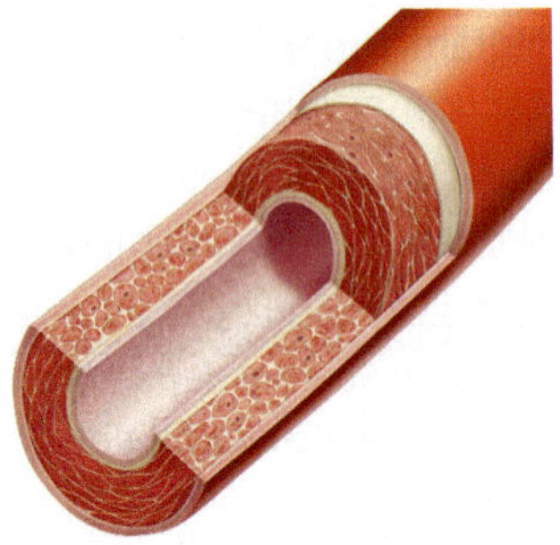

Articulación. Zona en la que uno o más huesos se unen. La mayor parte de las articulaciones son móviles.

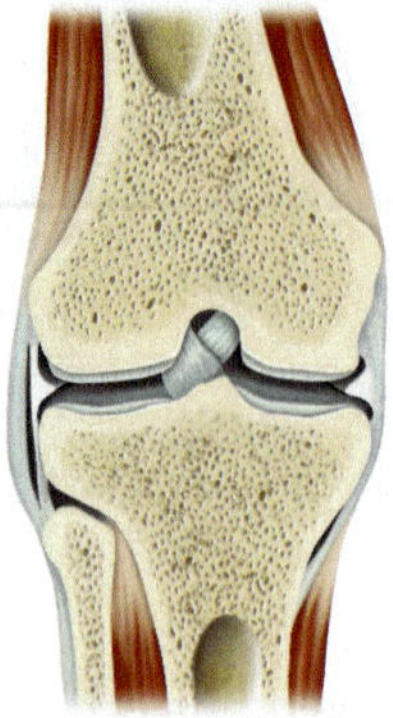

Ateroma, placa de. Acumulación de lípidos, principalmente colesterol, en una pared inflamada de una arteria.

Axón. Prolongación larga de una neurona por la que se transmiten impulsos nerviosos desde el cuerpo de la neurona hasta otra neurona o célula efectora. Del latín *axis*: eje.

Bactericida. Sustancia que mata las bacterias.

Bilis. Líquido amarillento, segregado por el hígado, que se almacena en la vesícula biliar desde donde se vierte al duodeno durante el proceso de la digestión.

Bioelementos. Elementos químicos que forman los seres vivos, como el oxígeno, el carbono, el hidrógeno y el nitrógeno.

Biomoléculas. Moléculas químicas formadas por bioelementos que forman los seres vivos y que tiene una función estructural o participan en el metabolismo celular o en otras funciones.

Biónico. Aplicación de los estudios de las estructuras de los seres vivos a la técnica y la mecánica.

Caloría. Unidad de medida de energía que corresponde a la cantidad de calor necesaria para elevar la temperatura de un gramo de agua en un grado Celsius. Ver *Kilocaloría*.

Calostro. Secreción de la glándula mamaria producida durante los cuatro primeros días del parto. Contiene menos grasa y glúcidos, pero más proteínas, sales, leucocitos e inmunoglobulinas que la leche madura.

Capacidad pulmonar. Volumen de aire que hay dentro de los pulmones y las vías aéreas al realizar una inspiración máxima.

Capilar. Vaso sanguíneo o linfático de pequeño diámetro, con paredes finas, que tienen una sola capa de células endoteliales. Los capilares forman redes extensas dentro de los órganos y los tejidos.

Catabolismo. Fase de destrucción del metabolismo en la que las sustancias complejas se convierten en otras más simples.

Cavidad. Espacio hueco en el interior del cuerpo en el que se alojan diferentes estructuras anatómicas, como la cavidad abdominal. También es el espacio hueco de algunos órganos u otras estructuras.

Célula diana. Tipo de célula que es estimulada por una determinada hormona.

Cigoto. Célula que procede de la fusión de los gametos masculino y femenino.

Clásticos (materiales). Materiales geológicos que están formados por fragmentos de rocas.

Coágulo. Masa blanda o semisólida producida a partir de un líquido, como sangre, linfa o leche que se forma por la conversión de unas proteínas solubles en insolubles.

Concentración. Es la relación entre la cantidad de una sustancia (soluto) de una disolución con la cantidad de esta o de disolvente.

Contagio. Transmisión de una enfermedad infecciosa de una persona enferma a otra sana.

Cuenca sedimentaria. Zona del terreno, generalmente una depresión, en la que se acumulan sedimentos en capas. Estas capas se denominan estratos.

Curva de nivel. Líneas cerradas que resultan de la intersección del terreno con planos horizontales equidistantes.

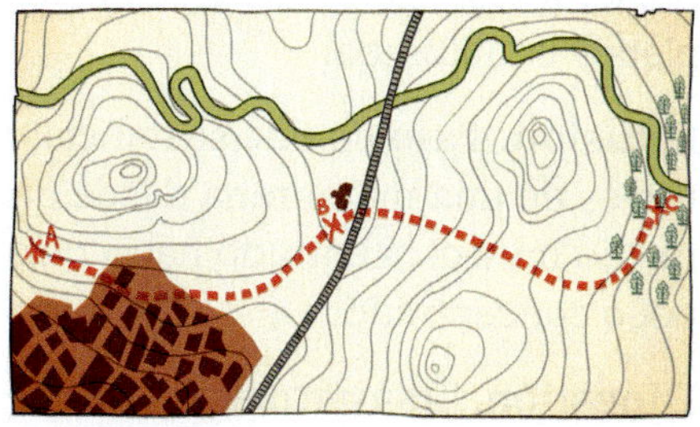

Deglutir. Paso de alimentos de la boca al estómago mediante movimientos voluntarios de la boca e involuntarios de la faringe, la laringe y el esófago.

Dendrita. Prolongación corta y ramificada de las neuronas que recibe los impulsos nerviosos de los axones de otras neuronas y los conduce al cuerpo neuronal.

Densidad. Magnitud que representa la relación entre la masa y el volumen de un cuerpo.

Dependencia. En drogodependencia es la necesidad compulsiva que tiene una persona de consumir droga. La dependencia puede ser física o psíquica.

Detrito. Material que se acumula mezclado y desordenado que no sufre transporte y se acumula al pie de la roca de la que procede.

Diáfisis. Parte central comprendida entre los dos extremos de los huesos largos. Está formada por un tejido óseo compacto, en cuyo interior se encuentra la médula ósea amarilla.

Diástole. Periodo del ciclo cardiaco durante el que las aurículas y los ventrículos se relajan y se llenan de sangre. Ver *Sístole*.

Dieta. Conjunto de alimentos que las personas ingerimos a lo largo del día. Para que nuestro organismo funcione correctamente es imprescindible que la dieta sea completa y equilibrada.

Difusión. Paso de una sustancia a través de una membrana desde un medio muy concentrado hacia otro poco concentrado.

Digestión. Transformación química o mecánica que sufren los alimentos a su paso por el tubo digestivo para convertirse en sustancias que puedan ser absorbidas en el intestino.

Disfunción. Mal funcionamiento de un órgano, sistema o dispositivo que le impide realizar correctamente su trabajo.

Droga. Sustancia natural o sintética con acción estimulante, depresora o perturbadora que produce dependencia física o psíquica con daño para la persona.

Edafización. Proceso de formación de un suelo maduro a partir de un detrito o un sedimento. La presencia de seres vivos es fundamental en este proceso.

Efector. Célula, tejido u órgano que ejecuta una respuesta ante un estímulo nervioso o humoral determinado.

Émbolo. En biología, coágulo, fragmento de una placa de ateroma u otro elemento orgánico que es arrastrado por la sangre a través de los vasos sanguíneos hasta que se detiene en un vaso obstruyendo el flujo sanguíneo.

Embrión. Producto del desarrollo del cigoto hasta que se alcanza el estado de feto.

Endemia. Enfermedad que tiene una incidencia relativamente constante y mayor que en otras zonas geográficas determinadas.

Epidemia. Aumento temporal, respecto a lo habitual, del número de casos de una enfermedad contagiosa en una zona geográfica determinada.

Epífisis. Cada uno de los extremos de un hueso largo. Está formado por tejido óseo esponjoso en cuyo interior se encuentra la médula ósea roja.

Epiglotis. Lámina cartilaginosa situada en la entrada de la laringe, que se desplaza hacia abajo para cerrarla e impedir que los alimentos ingeridos pasen a la tráquea y los pulmones. Del griego *epi*: sobre, y *glottis*: lengua.

Eritrocito. Célula de la sangre carente de núcleo con forma aplanada y achatada en su centro. Contiene hemoglobina y su función es transportar el oxígeno y el dióxido de carbono. Del griego *erythrós:* rojo, y *cito*: célula.

Escala. De un mapa, línea recta dividida en partes iguales que representan una unidad de longitud (metros, kilómetros, leguas...) y que se utiliza como medida para dibujar proporcionadamente en un mapa las distancias y dimensiones de un terreno y para averiguar sobre el mapa las medidas reales de lo dibujado.

Espiración. Movimiento respiratorio, generalmente pasivo, que permite la expulsión de aire al exterior del organismo y que se produce como consecuencia de la disminución del volumen torácico y la relajación de los músculos intercostales y el diafragma. Ver *Inspiración*.

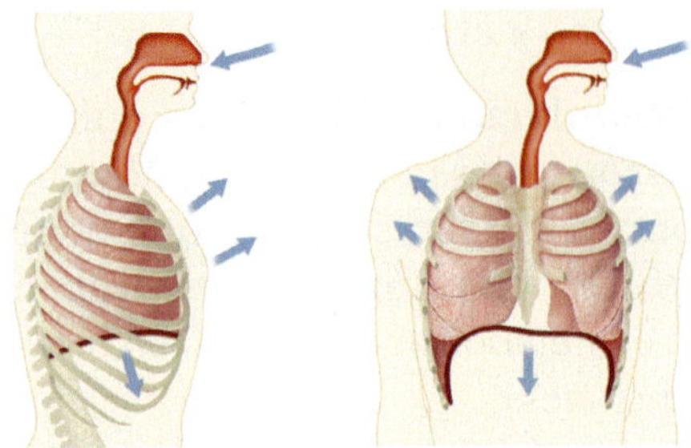

Esterilización. Eliminación de todos los microorganismos mediante métodos físicos, químicos o mecánicos. Para conservar los alimentos, estos se esterilizan calentándolos por encima de 100° y enfriándolos rápidamente. También significa anular la capacidad de reproducirse de un ser vivo mediante métodos quirúrgicos, químicos o irradiación.

Estímulo. Cambio que se produce en el medio interno o externo que puede ser captado por nuestro organismo provocando una respuesta.

Estrato. Masa de rocas que presenta forma de capa y que es característica de los terrenos sedimentarios. Del latín *stratus*: manta.

Estructura. En biología, grupo de elementos que tienen una relación espacial determinada gracias a la cual forman un todo, como un órgano o un tejido.

Excreción. Expulsión de los productos de desecho de la actividad celular. En el ser humano esta función se realiza principalmente en el aparato excretor, los pulmones y las glándulas sudoríparas de la piel.

Fagocitar. Incorporar partículas sólidas (células, microorganismos, etc.) en el interior de una célula para digerirlas. Para realizar la fagocitosis, los fagocitos emiten unas prolongaciones del citoplasma llamadas seudópodos.

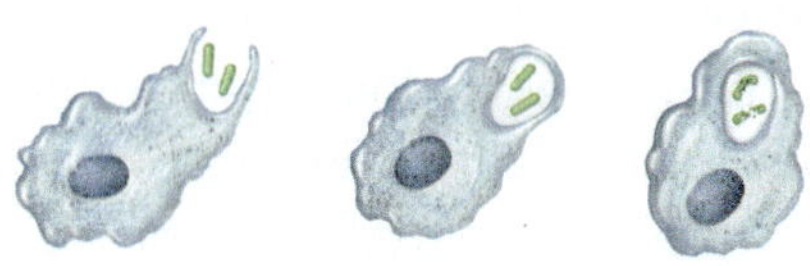

Fagocito. Célula sanguínea del sistema inmunitario capaz de englobar partículas o microorganismos y digerirlos. Del griego *phágos*: comilón, y *cito*: célula.

Feto. Ser humano en el periodo entre el comienzo de la novena semana después de la concepción y su nacimiento.

Fisiología. Estudio de las funciones de los organismos vivos y de sus componentes.

Flujo vaginal. Secreción presente en la vagina de forma fisiológica o patológica.

Frecuencia cardiaca. Número de veces que el corazón late por minuto.

Ganglio linfático. Cada engrosamiento de tejido linfoide que se interpone en los vasos linfáticos a lo largo de su recorrido. Abundan en el cuello, axilas e ingles. Es un órgano en el que maduran algunos leucocitos.

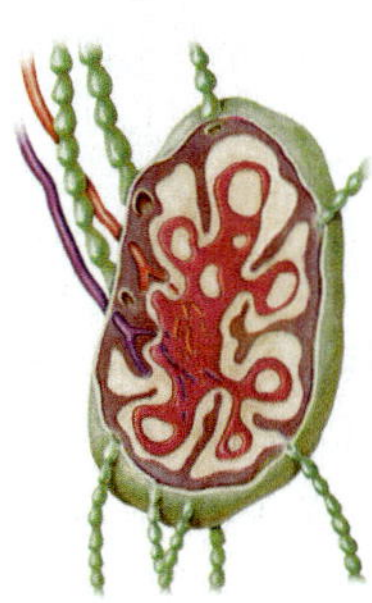

Glándula. Célula o conjunto de células con función secretora, es decir, que produce y libera una determinada sustancia. Hay varios tipos: exocrinas, endocrinas y mixtas.

Glúcido. Nutriente orgánico que la célula necesita para obtener energía. La glucosa, la sacarosa, el almidón de las plantas y la celulosa de las paredes de las células vegetales son glúcidos. Abundan en las frutas y las semillas.

Gónadas. Órgano reproductor que produce los gametos. Corresponde a los testículos en el hombre y a los ovarios en la mujer.

Hemoglobina. Proteína contenida en los eritrocitos. Se encarga del transporte de oxígeno desde los pulmones a los tejidos y de dióxido de carbono de los tejidos a los pulmones.

Hidrato de carbono. Ver *Glúcido*.

Homeostasis. Conjunto de mecanismos de autorregulación que tienen como misión mantener constante el medio interno, es decir, que no varíen sus propiedades. Del griego *homeo:* semejante, *y stásis:* posición o estabilidad.

Hormona. Sustancia orgánica que es vertida a la sangre por las glándulas endocrinas y que después, a través de la circulación sanguínea, llega a un órgano o tejido determinado donde regula alguna función.

Hueso. Unidad estructural formada por varios tejidos, principalmente óseo, que articulada con otros huesos forma el esqueleto.

Impulso nervioso. Corriente eléctrica y química que recorre las neuronas de los nervios receptores y de los nervios efectores transmitiendo información.

Infarto. Muerte de un tejido, de un órgano o de una parte de este, debida una interrupción brusca del riego sanguíneo.

Ingerir. Introducir alimentos en el tubo digestivo a través de la boca.

Inmunidad. Conjunto de mecanismos que nos protegen frente a los microorganismos patógenos o las sustancias tóxicas.

Inmunizar. Inducir la inmunidad activa o pasiva, es decir, activar el sistema inmunitario para desarrollar la capacidad para superar o impedir una infección o para no resultar dañado por una sustancia tóxica.

Inspiración. Movimiento respiratorio activo que permite la entrada de aire a los pulmones al aumentar el volumen de la cavidad torácica. Ver *Espiración*.

Isostasia. Capacidad que tiene la litosfera para buscar el equilibrio entre su peso, que tiende a hundirla, y el empuje de Arquímedes.

Kilocaloría. Unidad de medida utilizada para expresar el contenido energético de los alimentos. Una kilocaloría equivale a 1 000 calorías o a 4,2 kilojulios.

Lava. Material rocoso derretido que sale de un volcán durante una erupción o de una fisura de la corteza terrestre y que se desliza sobre la superficie.

Leucocito. Célula sanguínea nucleada, con forma irregular, que interviene en los procesos de defensa de nuestro organismo contra las infecciones. Del griego *leukós*: blanco, y *cito*: célula.

Leyenda. De un mapa, textos que describen los símbolos dibujados en un mapa y que se utilizan para interpretarlo.

Ligamento. Cordón de tejido conjuntivo que une los diferentes huesos que forman una articulación, proporcionando estabilidad, manteniéndolos en su posición y limitando los movimientos.

Linfa. Líquido de color claro que se forma a partir del líquido intersticial que rodea las células y que circula a través de los vasos del sistema linfático. Del latín *lympha*: agua.

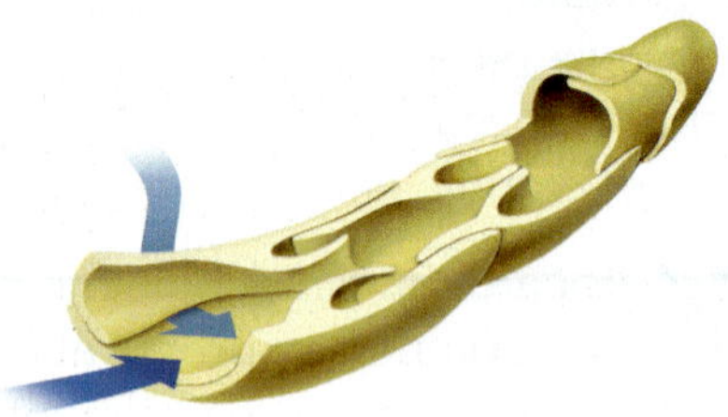

Liofilización. Procedimiento que consiste en una congelación rápida seguida de una deshidratación. Se puede utilizar para deshidratar alimentos, medicamentos y muestras biológicas.

Lípido. Nutriente orgánico cuya función principal es ser un almacén de energía y formar parte de las membranas celulares. Las grasas, el colesterol y algunas vitaminas, como la A y la D, son lípidos.

Líquido seminal. Parte líquida del semen, formada por la secreción de varias glándulas, principalmente la próstata y las vesículas seminales.

Líquido sinovial. Líquido incoloro, viscoso y gelatinoso que se encuentra en el interior de las cavidades articulares. Lubrica, nutre y amortigua las superficies articulares, para impedir el roce entre los huesos.

Litología. Parte de la geología que estudia el origen, evolución y clasificación de las rocas.

Lóbulo. Porción de un órgano delimitada por cisuras, surcos o tabiques conjuntivos, como los del cerebro o del pulmón.

Magma. Material líquido pastoso existente en el interior de la corteza terrestre a altas temperaturas y fuertes presiones. Su solidificación por enfriamiento próximo a la superficie da lugar a la formación de las rocas ígneas plutónicas y volcánicas.

Medio interno. Conjunto de líquidos extracelulares que se encuentran entre las células del organismo (plasma intersticial) o circulando por los vasos sanguíneos (sangre) o linfáticos (linfa).

Menarquia. Primera menstruación que inicia la edad fértil.

Meninge. Cada una de las tres envolturas membranosas que rodean el cerebro y la médula espinal.

Menisco. Cartílago de forma semilunar que se encuentra en articulaciones como la rodilla y que amplía la superficie articular, proporciona estabilidad y facilita el movimiento.

Metabolismo. Conjunto de procesos químicos que tienen lugar en un organismo vivo con el fin de obtener energía para su funcionamiento, producir elementos estructurales y eliminar productos de desecho.

Microorganismo. Organismo microscópico unicelular.

Modelado. Aspecto del relieve de la superficie terrestre resultado de la acción de agentes erosivos como el hielo, el viento, etc.

Mucosa. Tejido epitelial que tapiza las cavidades de los órganos internos huecos y las cavidades corporales que se abren al exterior (tubo digestivo, fosas nasales, etc.).

Músculo. Órgano formado por fibras musculares que hace posible el movimiento. Responde a los impulsos nerviosos contrayéndose o relajándose.

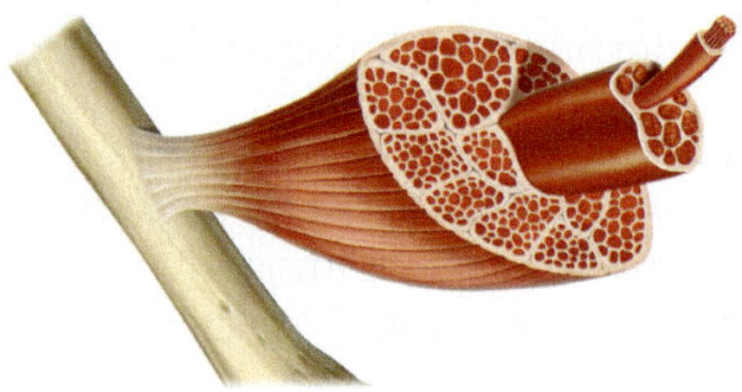

Nefrona. Unidad funcional del riñón donde se forma la orina.

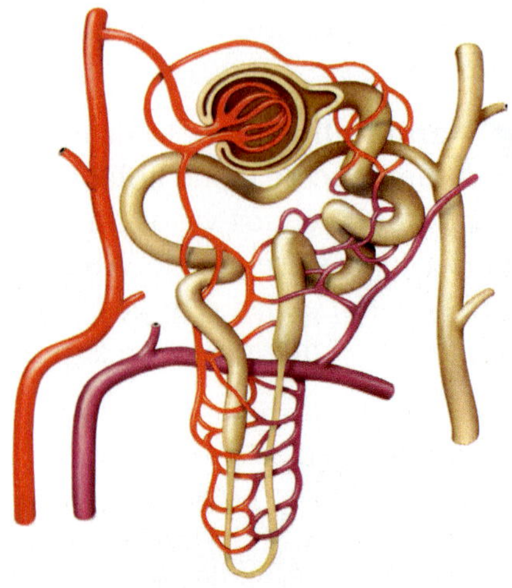

Neoplasia. Masa de células que se dividen de forma autónoma y excesiva. Puede tener un comportamiento benigno o maligno (cáncer).

Nervio. Cordón de haces de fibras nerviosas que a su vez son asociaciones de los axones de las neuronas. Su función es conducir el impulso nervioso.

Neuroglía. Conjunto de células no neuronales del tejido nervioso que se dispone entre las neuronas con funciones de sostén, nutritivas y secretoras. También forman mielina.

Neurona. Célula nerviosa especializada que se considera la unidad estructural y funcional del sistema nervioso.

Neurotransmisores. Moléculas que se localizan en los axones y que se liberan al espacio sináptico en respuesta al impulso nervioso. En el espacio sináptico se unen a un receptor situado en la neurona postsináptica transmitiendo el impulso nervioso.

Nutrición. Conjunto de procesos por los cuales los seres vivos incorporan los nutrientes que necesitan para los diferentes procesos metabólicos celulares.

Nutriente. Molécula pequeña que resulta de la digestión de los alimentos y que puede ser utilizada por las células como fuente de energía y de materia.

Onda sísmica. Onda mecánica que se propaga por las rocas de la corteza y el interior de la Tierra.

Oportunista. Que aprovecha una oportunidad imprevista para obtener un beneficio. Aplicado a los microorganismos, aquellos que son inocuos en condiciones normales, pero que pueden causar enfermedad cuando las defensas del organismo disminuyen.

Órgano. Conjunto de tejidos que actúan de forma coordinada para realizar una función concreta. Constituyen una unidad anatómica que tiene una forma, estructura, posición y función determinadas.

Orina. Líquido que se forma en los riñones a partir del plasma de la sangre. Está formado por agua y diversas sustancias de desecho.

Óseo. Relativo al hueso o compuesto de él.

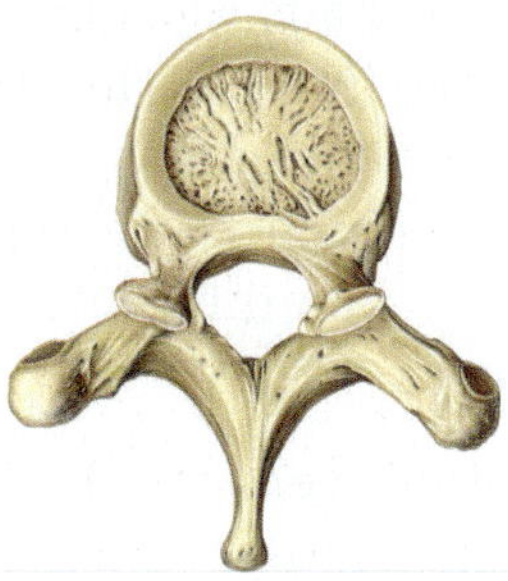

Pandemia. Epidemia de una enfermedad transmisible que afecta a un gran número de personas y que se extiende por diversos países en distintos continentes.

Pasteurización. Proceso que se aplica a los alimentos (leche, vinos, quesos, etc.) y que consiste en el calentamiento durante unos segundos hasta una temperatura inferior a su punto de ebullición y en el posterior enfriamiento rápido para destruir microorganismos patógenos sin que se modifiquen las sustancias presentes en dichos alimentos.

Patógeno. Que causa o puede causar una enfermedad. Proviene de la palabra griega *path(o)*: padecimiento, y *gen*: genera.

Peristaltismo. Movimiento de propulsión que realizan los músculos de las paredes de algunos órganos huecos del tubo digestivo, que permite que los alimentos se desplacen y se mezclen con los jugos digestivos.

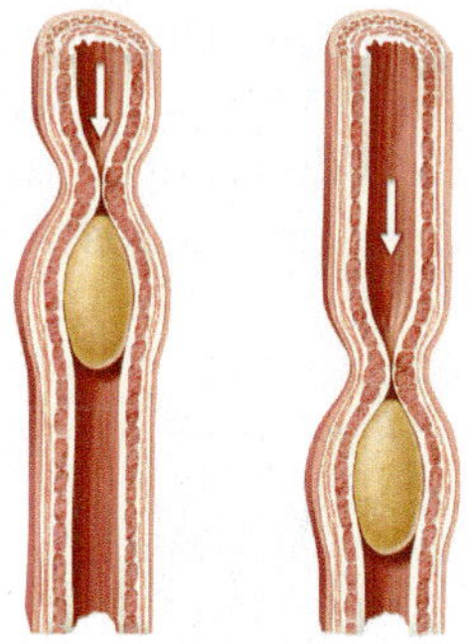

Petrología. Parte de la geología que estudia las rocas, su composición, proceso de formación y transformaciones.

Plaqueta. Ver *Trombocito*.

Plasma sanguíneo. Componente líquido de la sangre en el que están suspendidas las células sanguíneas, constituido principalmente por agua, y que contiene en disolución diferentes proteínas, sales minerales y otras sustancias químicas muy diversas.

Portador. Persona o animal infectado que no muestra síntomas de enfermedad, pero que puede eliminar y transmitir los microorganismos patógenos actuando como fuente de infección.

Presión arterial. Ver *Tensión arterial*.

Proteína. Nutriente orgánico, necesario para nuestro cuerpo, que desempeña funciones estructurales, transportadoras, contráctiles y reguladoras. Se encuentra en carnes, pescados, huevos, lácteos, cereales y legumbres.

Pubertad. Periodo de la vida en el que se producen cambios funcionales, morfológicos y psicológicos que capacitan al individuo para su función reproductora.

Pulso. Latido arterial que se percibe ejerciendo presión con los dedos sobre la piel que recubre una arteria y que se debe a la expansión y contracción de las arterias después de la contracción de los ventrículos.

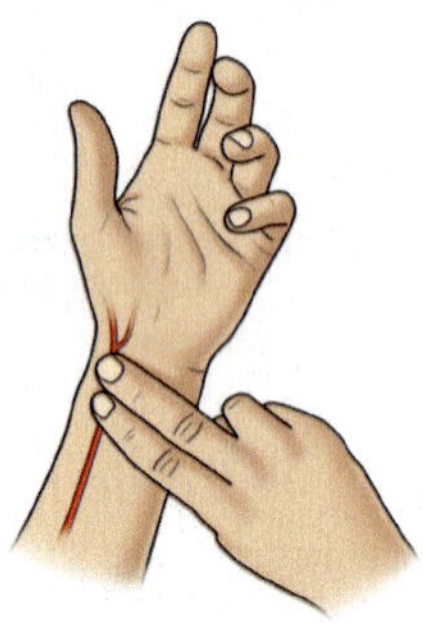

Se mide habitualmente en la muñeca, cuello o ingle. El pulso normal de los adultos oscila entre 60 y 100 latidos por minuto, aunque puede fluctuar y aumentar con el ejercicio, las enfermedades, las lesiones y las emociones.

Quilo. Líquido lechoso producto de la digestión intestinal formado por agua, sales minerales, vitaminas, fibra y nutrientes, que es captado por los capilares linfáticos de la mucosa intestinal.

Quimo. Pasta homogénea en que se transforman los alimentos en el estómago debido a los jugos gástricos y los movimientos de los músculos de la pared del estómago.

Radiación. Forma de propagación de la energía.

Receptor. Elemento nervioso o célula sensible capaz de captar un estímulo y transformarlo en un estímulo nervioso que se transmite hasta los centros nerviosos.

Relación. Conjunto de interacciones mediante las que los seres vivos se relacionan entre sí y con el medio que los rodea, produciendo todo tipo de respuestas a los estímulos externos e internos.

Retroalimentación. Regulación biológica de un sistema o de una reacción por uno o varios de sus propios productos. Se denomina positiva, si se estimula el sistema o aumenta la reacción, o negativa, en caso contrario.

Rift. Zona de contacto entre dos placas litosféricas divergentes.

Salobre. Agua con una proporción elevada de sales que no es apropiada para el consumo.

Sangre. Líquido rojo que constituye el medio interno que circula por los vasos sanguíneos. Está compuesta por una parte líquida, el plasma, y por diferentes células sanguíneas.

Segregar (secretar). Producir una sustancia por una glándula u órgano y expulsarla.

Sinapsis. Zona de contacto funcional entre dos neuronas que permite que el impulso nervioso se transmita de una a otra.

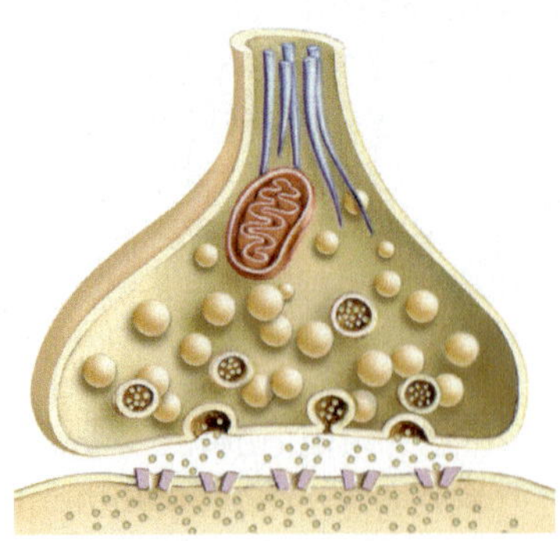

Sismicidad. Análisis del número de sismos que se producen en una zona geográfica determinada.

Sismograma. Registro en el que se muestran los movimientos del suelo durante un terremoto.

Sístole. Periodo del ciclo cardiaco que coincide con la contracción del corazón. En la sístole ventricular, los ventrículos envían la sangre que reciben de las aurículas a las arterias aorta y pulmonar. Ver *Diástole*.

Subducción. Zona de contacto que se encuentra entre dos placas litosféricas convergentes. La placa oceánica se hunde en el manto bajo la placa continental.

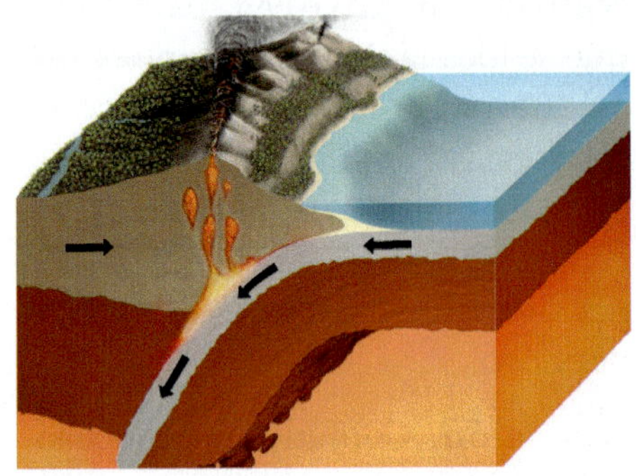

Subsidencia. Hundimiento de las cuencas sedimentarias al recibir la carga de sedimentos.

Sudor. Líquido claro segregado por las glándulas sudoríparas de la piel que es vertido sobre la superficie corporal. Tiene una composición parecida a la orina, aunque más diluida. Es un producto de excreción y colabora en la refrigeración del cuerpo.

Supresión. Detención súbita de una excreción, la secreción de una glándula, la respuesta inmunitaria o de cualquier otra función fisiológica.

Sustancia blanca. Materia formada por axones neuronales que constituye la parte más interna del cerebro y la más externa de la médula espinal.

Sustancia gris. Materia formada por los cuerpos celulares y las dendritas de las neuronas que constituye la parte más externa o corteza del cerebro y la más interna de la médula espinal.

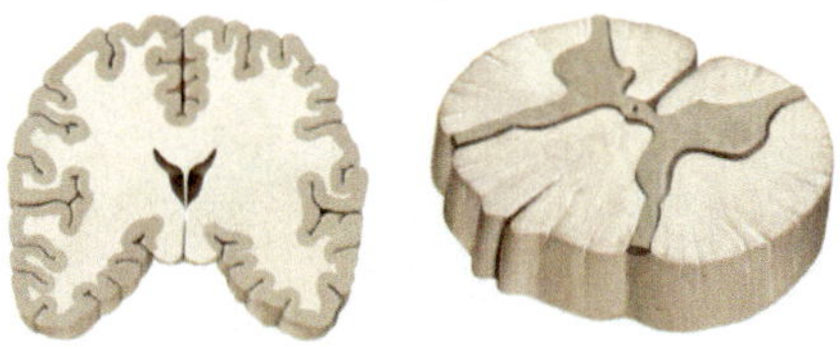

Tasa de Metabolismo Basal (TMB). Cantidad de energía consumida durante un día por el organismo, en reposo absoluto y a temperatura constante, para mantenerse vivo. Se mide en kilocalorías. Ver *Kilocalorías*.

Tejido. Conjunto de células especializadas que se asocian para realizar una función determinada y que se disponen de modo que es posible separar microscópicamente un tejido de otro.

Tendón. Cordón fibroso de tejido conjuntivo que une los músculos a los huesos.

Tensión arterial. Fuerza que la sangre ejerce sobre las paredes de las arterias al circular. Sinónimo de presión arterial.

Tolerancia. Disminución del efecto de un fármaco o una droga tras su administración repetida.

Tono muscular. Contracción parcial y permanente del músculo que es imprescindible para el mantenimiento de la postura.

Topografía. Representación gráfica de la superficie de un terreno. Por extensión, se usa el término para referirse al aspecto que tiene ese terreno en la realidad. Del griego *topos*: lugar, y *grafós*: escritura o dibujo.

Tóxico. Sustancia que, en cantidades relativamente pequeñas, puede producir lesiones orgánicas, trastornos funcionales o la muerte.

Toxina. Proteína o lipopolisacárido de origen bacteriano, vegetal o animal, que produce efectos indeseables en el organismo.

Trombo. Coágulo sanguíneo que se forma en el interior de un vaso sanguíneo.

Trombocito. Fragmento celular sanguíneo que participa en la coagulación de la sangre, ayudando a detener las hemorragias producidas por la rotura de los vasos sanguíneos. Es sinónimo de plaqueta. Del griego *thrómbos:* grumo o coágulo, y *cito*: célula.

Ultrapasteurización. Proceso de destrucción de microorganismos de los alimentos que consiste en calentar entre 135-140 grados durante un periodo breve de tiempo y enfriar después rápidamente.

Válvula. Repliegue membranoso de un vaso o conducto que impide el reflujo de los líquidos.

Vaso ciego. Conducto que tiene uno de sus extremos tapado o cerrado. Los capilares linfáticos son vasos ciegos.

Vasodilatación. Aumento del diámetro de los vasos sanguíneos que se debe a la relajación de las fibras musculares de sus paredes. Puede producir efectos como disminución de la tensión arterial o enrojecimiento y aumento de temperatura de la piel.

Vector. En biología, organismo que transmite una enfermedad infecciosa o parasitaria. En física, magnitud que se puede medir según una dirección y sentido, como la velocidad.

Vellosidad intestinal. Repliegue de la pared del intestino delgado que aumenta la superficie a través de la cual se absorben los nutrientes.

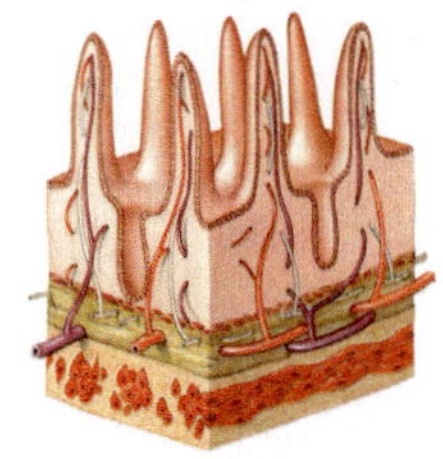

Vena. Vaso sanguíneo que conduce la sangre desde los capilares hacia el corazón. La estructura de las venas es similar a la de las arterias pero con paredes más finas, lo que las hace menos elásticas. En su interior poseen válvulas que impiden el retroceso de la sangre.

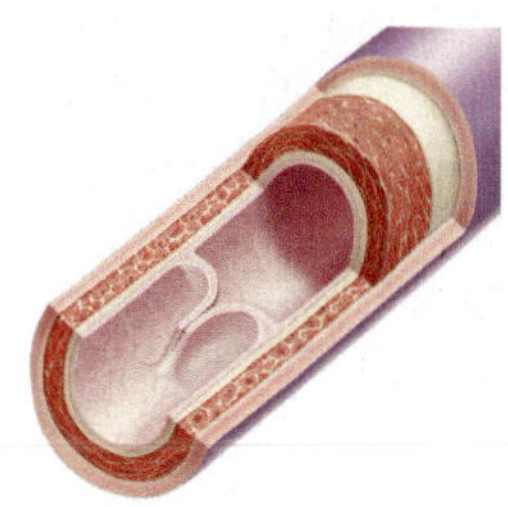

Ventilación pulmonar. Entrada y salida periódica del aire contenido en los pulmones y las vías respiratorias. Ver *Espiración*.

Vitamina. Sustancia orgánica necesaria en cantidades muy pequeñas para regular las funciones que realizan las células. Nuestro organismo no puede fabricar vitaminas, excepto la D y, por eso, es necesario tomarlas con la dieta. Son abundantes en alimentos vegetales frescos, como la fruta y la verdura, y en alimentos animales, como los huevos, la leche o la mantequilla.

Yacimiento. Lugar donde existe de forma natural una roca, un mineral o un fósil determinado.

Anexo

- *Prácticas de laboratorio*
- *Atlas del cuerpo humano*

Índice

Prácticas de laboratorio

Atlas del cuerpo humano

Material de laboratorio

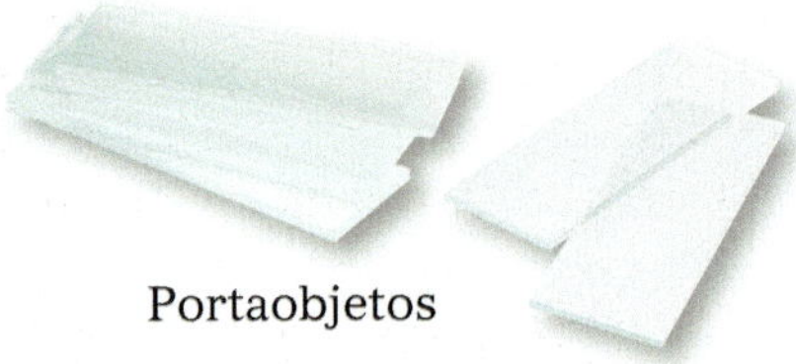

Portaobjetos

Vaso de precipitados

Papel de filtro

Cubreobjetos

Tubos de ensayo

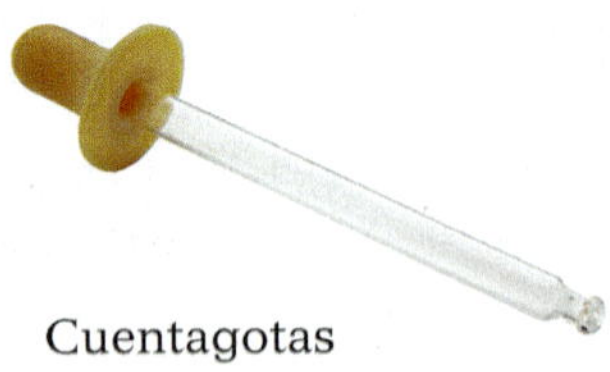

Cuentagotas

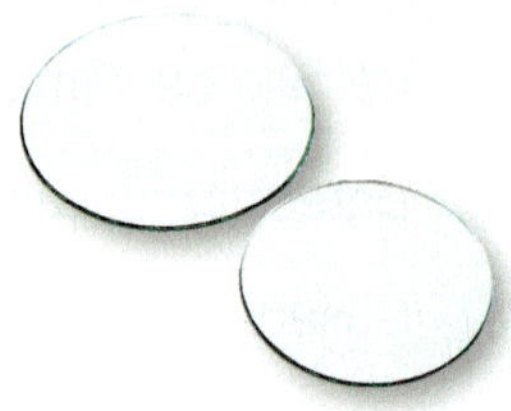

Vidrios de reloj

Báscula

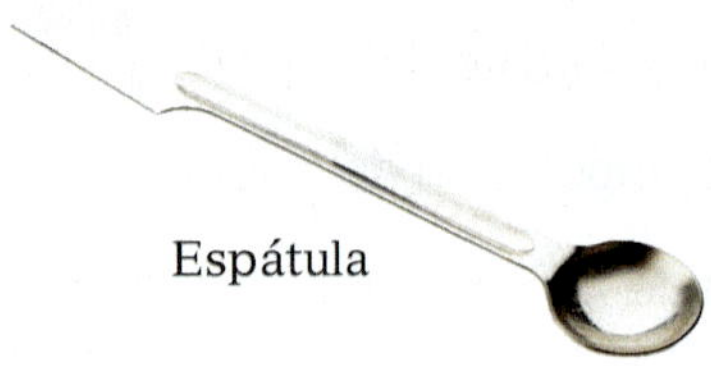

Espátula

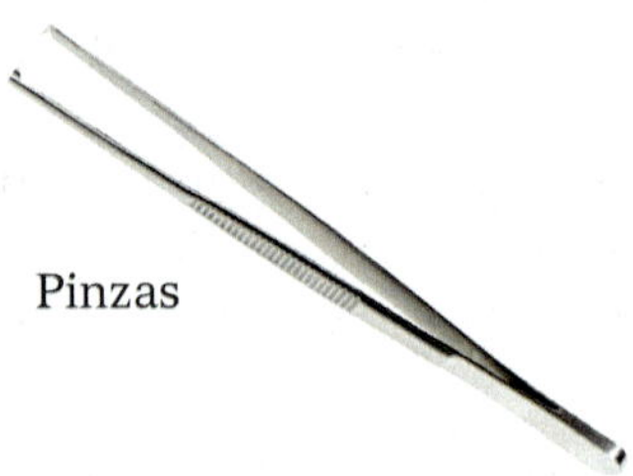

Pinzas

Probeta

Cristalizador

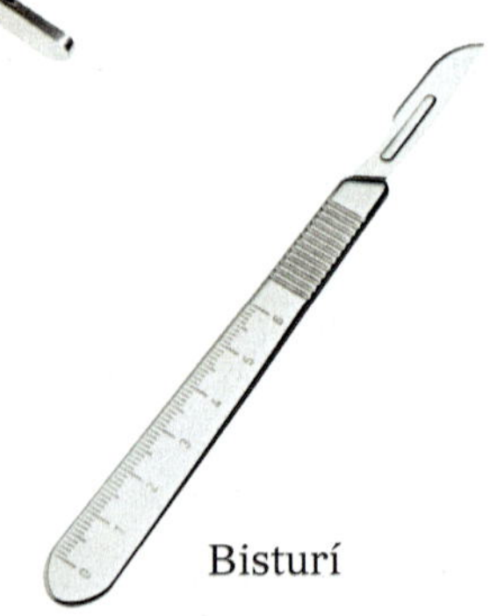

Bisturí

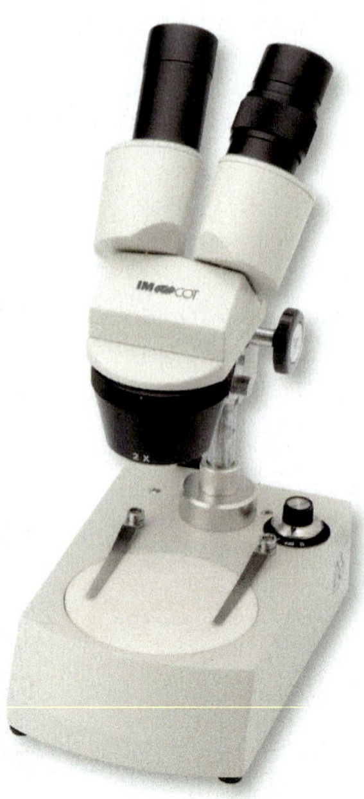

Lupa binocular

Mechero Bunsen

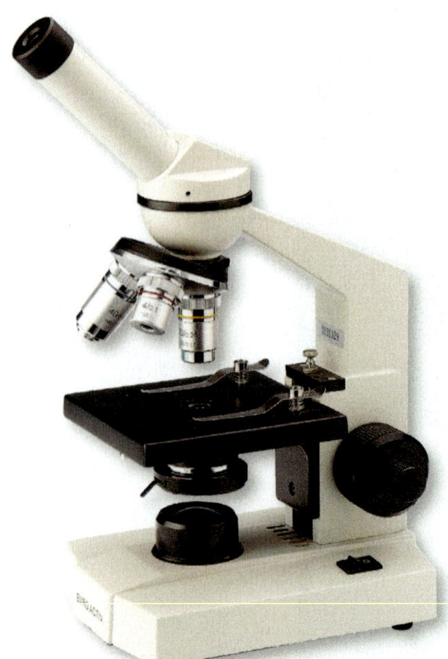

Microscopio óptico

Normas de seguridad

Durante el desarrollo de las prácticas en el laboratorio puede que se manipulen productos químicos o se realicen tareas que podrían tener algún riesgo, por ello es importante tener en cuenta una serie de normas elementales de seguridad.

- Antes de comenzar, lee atentamente el guion de prácticas y comprueba que tienes todo el material que te va a hacer falta. Hasta que no tengas claro lo que hay que hacer no empieces a trabajar.
- Trabaja sin prisas. No debes gastar bromas ni jugar con el material ni los productos químicos. No corras ni des empujones dentro del laboratorio.
- Mantén el espacio de trabajo limpio y ordenado, dejando la mesa libre de libros, ropa o mochilas.
- Las lupas y los microscopios son equipos frágiles que deben manejarse con sumo cuidado, por lo que debemos evitar los golpes y no forzar su mecanismo. Si algo no funciona correctamente, pide ayuda.
- Los cubreobjetos y portaobjetos deben cogerse por los bordes o usar las pinzas para evitar que se engrasen y contaminen.
- Los restos usados de materiales sólidos inservibles, como envases, papel de filtro o vidrios rotos, debes depositarlos en los recipientes adecuados que a tal fin exista en el laboratorio.
- No calientes nunca un recipiente totalmente cerrado. Al calentar un tubo de ensayo utiliza una pinza adecuada con el fin de evitar el contacto con la piel. Dirige siempre la boca del recipiente en dirección contraria a ti mismo y a las demás personas.
- Los productos químicos pueden ser peligrosos, por eso, antes de usarlos, lee atentamente las etiquetas de seguridad para conocer sus riesgos y las medidas preventivas que hay que tener en cuenta.
- Nunca viertas los líquidos bruscamente en los tubos de ensayo, déjalos resbalar suavemente por su pared. Mientras los uses deja los tapones siempre boca arriba sobre la mesa. Después de su uso, cierra inmediatamente los envases.
- Transporta las botellas de reactivos cogiéndolas por el fondo, nunca por el tapón.
- No hagas trasvases de productos a otras botellas que no estén debidamente etiquetadas.
- Cuando manejes productos corrosivos, hazlo con cuidado para evitar que salpiquen el cuerpo o los vestidos.
- No utilices el mismo cuentagotas para distintos reactivos, puesto que pueden contaminarse o formar reacciones peligrosas.
- Los líquidos sobrantes no debes arrojarlos por la pila sin consultar antes. Algunos productos pueden ser peligrosos para el medioambiente y sus residuos deben ser tratados de forma especial.
- Al finalizar la sesión de prácticas cada grupo se encargará del material utilizado y de la limpieza y orden de su puesto. Lávate las manos después de una operación o al abandonar el laboratorio. Limpia siempre el material y los aparatos después de su uso y retira inmediatamente cualquier producto derramado. Cierra las llaves del agua y apaga los mecheros.

Etiquetas de seguridad para productos químicos

Comburente

Explosivo

Inflamable

Corrosivo

Muy tóxico

Nocivo o irritante

Peligroso para el medioambiente

1 Cálculo del tamaño de las células vegetales

Todos los seres vivos estamos formados por células. Las plantas y los animales son seres pluricelulares y en ellos las células se cuentan por millones o incluso por billones.

En general, las células son muy pequeñas y no podemos verlas a simple vista, pero tienen en su interior una estructura compleja.

En esta práctica observaremos células vegetales al microscopio óptico para conocer sus características y determinar aproximadamente su tamaño.

Objetivos

- Realizar preparaciones microscópicas de células vegetales.
- Observar y dibujar células y tejidos vegetales.
- Calcular el tamaño aproximado de las células vegetales.

Material

- Microscopio óptico
- Portaobjetos
- Cubreobjetos
- Papel vegetal milimetrado
- Tijeras
- Pinzas
- Cubeta
- Cuentagotas
- Colorante: azul de metileno
- Una cebolla
- Papel secante

Procedimiento

1 Realiza la preparación

Con las pinzas extrae un pequeño fragmento de la fina piel de la cara interna de una de las capas de una cebolla y extiéndelo sobre un portaobjetos (A). Tíñela con azul de metileno y deja que actúe el tinte durante tres o cuatro minutos.

Lava el exceso de tinte vertiendo unas gotas de agua sobre la preparación con un cuentagotas.

Deja que se seque la preparación y cúbrela con un cubreobjetos.

A continuación, corta un pequeño fragmento (5 × 6 cm) de un papel vegetal milimetrado, que colocarás sobre la muestra.

Ajusta bien el papel a la muestra, puedes sujetarlo con tu propia mano (B).

B

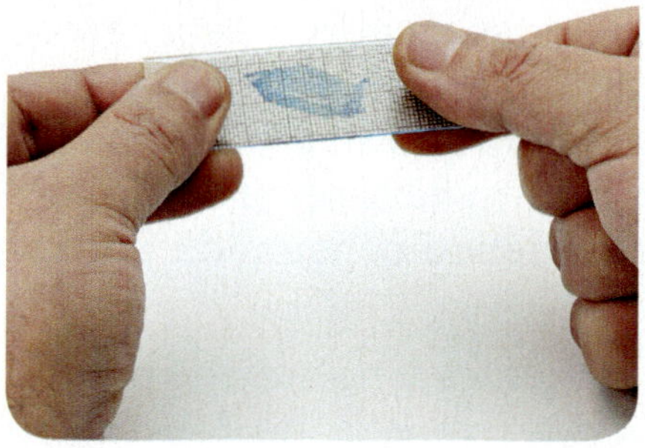

2 **Observa con diferentes aumentos**

Pon la preparación sobre la platina y comienza a observarla a pocos aumentos (45 ×); continúa después con un aumento mayor (100 ×).

Fíjate bien en la forma de las células y en el número de cuadraditos de 1 mm^2 que ves en cada aumento.

3 **Establece la comparación de tamaños**

Fíjate en la preparación a 100 aumentos y cuenta cuántas células hay en una de las líneas de un 1 mm del papel milimetrado. Si la primera o la última se cortan, haz una estimación. Así podrás conocer la longitud media aproximada de las células.

Ahora cuenta cuántas células hay en un solo cuadradito de 1 mm^2. Nos permitirá determinar la superficie celular aproximada.

Resultados y conclusiones

1 Copia la siguiente ficha y dibuja lo observado en la muestra al microscopio en cada uno de los aumentos.

Células vegetales: epitelio de la cebolla

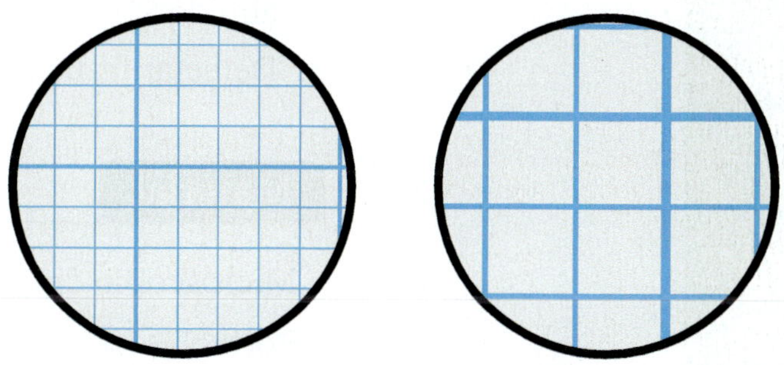

Aumento intermedio   Máximo aumento

2 ¿Has visto algún orgánulo? ¿Cuáles? Señálalos en el dibujo anterior, así como el resto de componentes celulares que hayas observado.

3 ¿Cuántas células vegetales hay en 1 mm de longitud?

4 En función de los datos anteriores, ¿cuál es la longitud de una célula vegetal?

5 ¿Cuántas células vegetales caben en un cuadradito, equivalente a 1 mm^2 de superficie? ¿Cuál es la superficie aproximada de una de estas células epiteliales?

6 ¿Has observado alguna vez al microscopio células animales? ¿Recuerdas cómo eran? ¿Cuáles crees que son más grandes, las animales o las vegetales? Si has conservado la preparación de la célula animal, obsérvala al microscopio con el papel milimetrado vegetal y comprueba tu respuesta.

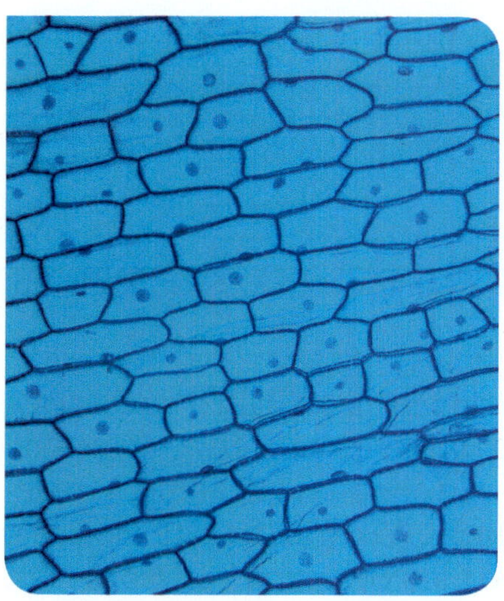

Células de epidermis de cebolla vistas al microscopio óptico.

2 Detección del almidón. Fraudes alimentarios

El almidón es un glúcido complejo de origen vegetal. Se encuentra, por ejemplo, en las patatas, en el trigo o en el maíz. El almidón es la fuente de energía para las plantas que brotarán a partir de los tubérculos o para las plántulas cuando germine la semilla, y una de las sustancias con mayor aporte energético consumida por las personas.

El almidón forma parte de muchos alimentos y no supone ningún riesgo para la salud, pero, al ser de origen vegetal, no debería encontrarse en los alimentos de origen animal. Por tanto, su presencia en ciertos alimentos, cuando se añade simplemente para aumentar su masa o volumen, puede resultar un fraude al consumidor.

Objetivos

- Realizar una técnica analítica para detectar la presencia de almidón en alimentos, tanto naturales como preparados.
- Observar al microscopio los orgánulos en los que se almacena el almidón.
- Detectar fraudes alimentarios.

Material

- Microscopio óptico
- Portaobjetos
- Cubreobjetos
- Aguja enmangada
- Cuchilla
- Cuentagotas
- Espátula
- Vidrio de reloj
- Reactivo de lugol o tintura desinfectante de yodo
- Alimentos: harina de maíz, patata, manzana, pan, embutidos, salchichas…

Procedimiento

1 Elabora una muestra control

Con la espátula, toma una pizca de harina de maíz, que es casi almidón puro, y deposítala en un vidrio de reloj (A). Añade una gota de lugol y observa el color que adquiere. El almidón reacciona con el reactivo adquiriendo una coloración azul violácea. Utiliza esta muestra como positivo para comparar con las demás.

Para saber si la patata contiene almidón, añade con el cuentagotas una gota de colorante a una rodaja de patata y observa el color.

2 Observa al microscopio los gránulos de almidón

Para hacer la preparación para el microscopio, corta una rodaja de patata que puedas sostener cómodamente con los dedos (B).

Frota la rodaja en el portaobjetos mientras presionas suavemente. Debe quedarte un poco de sedimento en el portaobjetos. También puedes raspar ligeramente con la cuchilla y depositar el raspado en el portaobjetos. Ayudándote con la aguja enmangada, extiende lo que has obtenido y déjalo secar completamente. Añade unas gotas de reactivo y déjalo actuar dos minutos.

Coloca un cubreobjetos sobre la preparación y obsérvala al microscopio.

Los **amiloplastos** son los orgánulos donde se almacena el almidón.

3 Detecta almidón en alimentos

A continuación, determina si el resto de los alimentos que tienes poseen o no almidón: pan, manzana, embutidos, salchicha, etc. Deja que el reactivo actúe durante unos minutos y finalmente compara el color adquirido con el de la harina de maíz teñida. Si la tonalidad es similar, el resultado es positivo en almidón.

Resultados y conclusiones

1. Dibuja las células observadas al microscopio, indicando los nombres de cada una de las partes que puedas distinguir.

2. ¿Por qué puedes distinguir los amiloplastos de los demás orgánulos?

3. Copia y completa una tabla como la siguiente con los datos obtenidos en el paso 3 para cada alimento:

Alimentos	¿Es previsible que tenga almidón?		¿Tiene almidón?		¿Hay fraude alimentario?
	Sí	No	Sí	No	

4. Si tienes la composición de los alimentos preparados, compárala con los resultados obtenidos en tu análisis y determina si efectivamente ha habido fraude o no. Generalmente, el almidón se añade en forma de «fécula de patata» o simplemente «fécula».

   a) ¿Aparece especificado este aditivo en la composición de las salchichas o el embutido?

   b) ¿Crees que, en ese caso, puede considerarse fraude al consumidor?

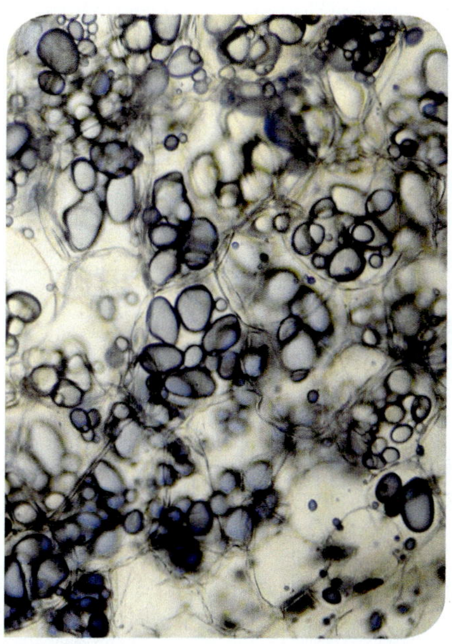

Amiloplastos teñidos con lugol en células de patata.

3 Observación y disección de un pulmón de cordero

El estudio de las características anatómicas y fisiológicas del cuerpo humano puede realizarse con órganos de otros mamíferos, como, en este caso, un cordero, ya que son muy similares en su estructura.

Para este estudio hay que realizar una disección, es decir, cortar, dividir, separar y exponer cada estructura siguiendo los planos naturales de separación.

En esta práctica nos centraremos en la disección de las estructuras del aparato respiratorio de un cordero: la tráquea, los bronquios y los pulmones.

Objetivos

- Identificar los órganos de la asadura de un cordero y conocer la anatomía de su aparato respiratorio.
- Reforzar los conocimientos teóricos sobre el aparato respiratorio humano mediante una disección.
- Adquirir destrezas para realizar procedimientos básicos de disección de órganos.

Material

- Cubetas de disección
- Bisturí
- Tijeras
- Tubo de goma de diámetro inferior al de la tráquea
- Pinzas
- Guantes de látex
- Vaso de precipitados
- Asadura de cordero (se puede conseguir en las carnicerías)

Procedimiento

1 Observa los distintos órganos

Coloca la asadura sobre la cubeta de disección con la cara anterior de los órganos hacia arriba.

Observa la asadura e identifica los distintos órganos: el hígado, el corazón y los órganos del aparato respiratorio (A).

Compara el color y la textura del corazón con la de los pulmones. Observa también si los dos pulmones son iguales entre sí. Anota lo observado.

Con ayuda del material de disección extrae el corazón y el hígado. Guárdalos aparte en otra cubeta de disección.

A

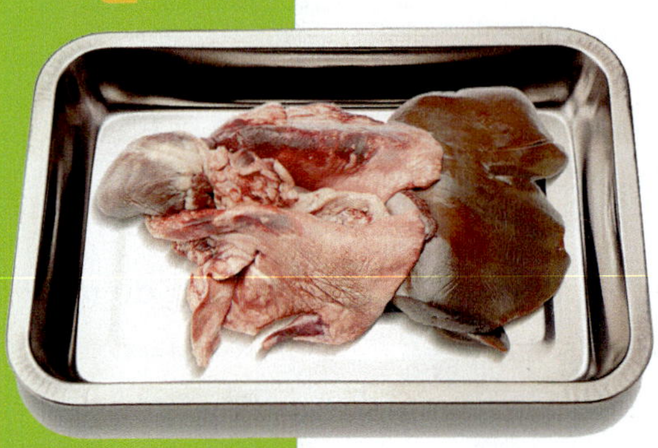

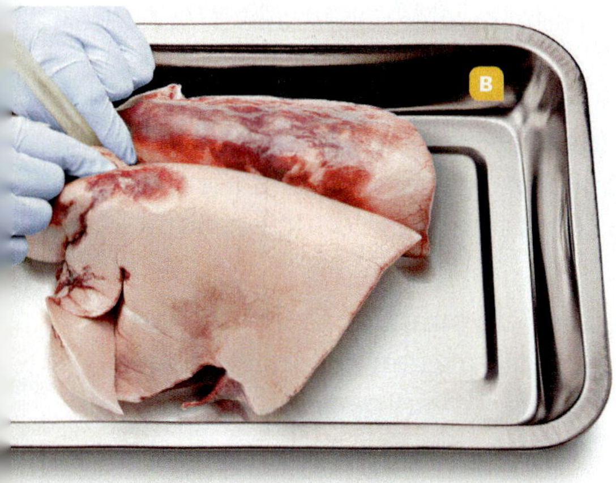

2 **Estudia el aparato respiratorio**

Identifica la tráquea, que se divide en dos bronquios que penetran en cada uno de los pulmones. Comprueba cómo la tráquea se mantiene abierta mediante sus anillos cartilaginosos incompletos. Corta uno de estos anillos transversalmente y observa su textura. Consérvalo para utilizarlo después.

Antes de continuar con la disección, es interesante comprobar la capacidad elástica de los pulmones. Para ello, introduce el tubo de goma en la tráquea y sopla a través de él (B). Anota lo que observas.

A continuación, introduce la punta de las tijeras por la tráquea y comienza a cortar en dirección a un pulmón, es decir, longitudinalmente. Observa la resistencia que ofrecen los cartílagos. Continúa cortando hasta que llegues a los bronquios. Corta transversalmente un anillo bronquial y compáralo con el anillo traqueal que hemos reservado antes.

Para diseccionar el pulmón separa primero uno de ellos de la tráquea y extraélo. Continúa cortando a lo largo de los bronquios y bronquiolos hasta que no puedas continuar. Con ayuda del bisturí penetra en la estructura interna del pulmón y anota después lo que observas.

Fíjate en que la superficie exterior de los pulmones es lisa. Intenta, con ayuda del bisturí, separar la membrana que lo recubre.

Por último, corta un fragmento de pulmón y comprueba su elasticidad comprimiéndolo con la mano. Introduce el mismo trozo en un vaso de precipitados con agua y observa lo que sucede. Mira también qué ocurre si lo fuerzas a que se quede en el fondo.

Resultados y conclusiones

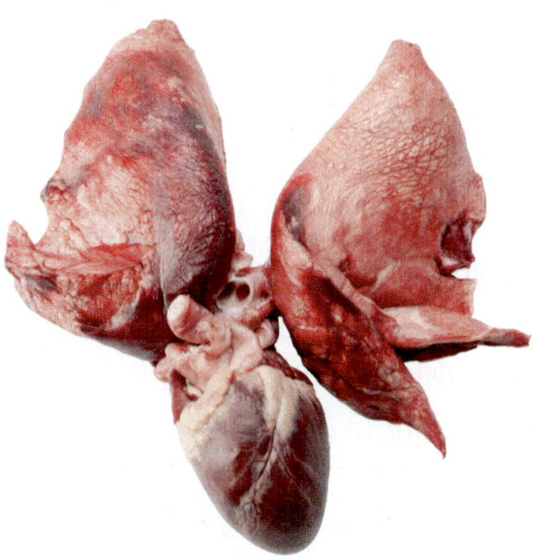

Corazón y pulmones de un cordero.

1. Haz un esquema inicial de la asadura, nombrando los órganos más importantes. Compáralos y señala cuál de ellos tiene menor tamaño.
2. ¿Qué diferencias observas entre el tipo de tejido que forma el corazón y los pulmones? ¿Los dos pulmones son iguales? ¿A qué crees que se debe esa diferencia?
3. ¿Qué ocurre al soplar a través de la tráquea?
4. Dibuja el anillo traqueal y bronquial e indica sus diferencias.
5. ¿Cómo se llama la membrana que recubre los pulmones? ¿Cuál es su función?
6. ¿Qué ocurre al modificar el volumen de un fragmento de pulmón? ¿Y al depositarlo en agua? ¿Por qué?
7. **USA LAS TIC.** ¿Has observado músculos en los pulmones? Busca información y describe los movimientos respiratorios.

4 Elaboración de un modelo de corazón

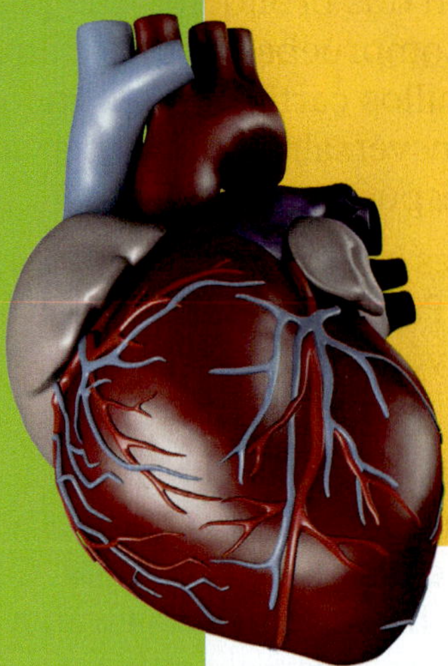

Un modelo es la representación de un sistema determinado que se quiere estudiar. En una investigación científica se acude en ocasiones a la elaboración de modelos para observar el funcionamiento de un sistema o comprender cómo se comporta al introducir modificaciones en él.

En esta práctica vas a construir un modelo simplificado de corazón para comprender la importancia de las válvulas en su funcionamiento, ya que son válvulas de no retorno que sirven para que la sangre fluya en un sentido y no en el contrario.

Objetivos

- Entender el funcionamiento de la circulación sanguínea.
- Comprender la importancia de las válvulas de no retorno del corazón.
- Valorar la importancia de la elaboración y uso de modelos en el conocimiento científico.

Material

- Dos botellas de plástico flexible y transparente de medio litro
- Dos capuchones de rotulador
- Dos trozos de goma (de un guante de fregar, por ejemplo)
- Un tubo de plástico flexible de grosor igual al de los capuchones
- Agua con colorante rojo
- Tijeras
- Pistola de pegamento termofusible

Procedimiento

1 Fabrica las válvulas de no retorno

Realiza con las tijeras un corte en los dos capuchones y desecha las partes que tienen el extremo cerrado.

Recorta dos círculos de la goma del guante del mismo diámetro que los capuchones.

Con la pistola termofusible, pega los círculos en una de las entradas de cada capuchón, de forma que solo la mitad de la superficie del círculo de goma quede pegada, para permitir así el paso del agua (A).

A

2 Construye el modelo experimental de corazón

Haz dos agujeros en cada una de las botellas. Coloca los dos capuchones en los agujeros de una de ellas teniendo en cuenta que serán las válvulas de entrada y salida del líquido. Por lo tanto, el extremo con la goma de uno de los capuchones quedará dentro de la botella y permitirá la entrada de líquido, mientras que el extremo con goma del otro quedará dentro del tubo de plástico y permitirá la salida.

Ajusta el tubo de goma en las dos botellas (B). No olvides sellar todas las uniones con el pegamento termofusible.

Ahora solo queda llenar el circuito con el agua con colorante rojo, para simular la sangre. Asegúrate de que la botella con las válvulas queda completamente llena de líquido.

3 Pon en funcionamiento el modelo

Comprimiendo y soltando alternativamente la botella con las válvulas, harás circular el fluido por el circuito.

La botella sin válvulas hace de depósito intermedio para permitir las diferencias de presión entre los tubos y la bomba. En el aparato circulatorio humano, la existencia de dos cavidades, aurícula y ventrículo, hace innecesario este depósito intermedio.

Resultados y conclusiones

1. ¿Qué representa la botella con válvulas?

2. Has construido un modelo para entender la importancia de las válvulas cardiacas.

   a) ¿Cuántas válvulas de este tipo existen en el corazón humano?

   b) Haz un esquema del corazón, nombra sus partes más importantes e indica su función.

   c) ¿Qué movimientos del corazón son los equivalentes a los que realizamos nosotros comprimiendo y soltando la botella?

3. Para que el modelo funcione es necesario disponer de una segunda botella que haga de depósito intermedio.

   ¿Qué pasaría si no pusieras esa botella, y simplemente hicieras un bucle con el tubo que saliera de la botella por un lado y entrara por el otro? ¿Circularía el agua al apretar la botella? Explica tu respuesta.

4. **USA LAS TIC.** Los modelos para el estudio de la anatomía y la fisiología del corazón han ayudado a diseñar dispositivos que finalmente pueden sustituir al corazón humano; son los corazones artificiales. Investiga sobre estos dispositivos y realiza un breve resumen.

Modelo de corazón artificial.

5 Estudio sobre la descalcificación de los huesos

El tejido óseo posee la rigidez suficiente para formar el armazón interno del cuerpo, permitiendo así los movimientos del aparato locomotor. Su rigidez se debe a las sales de calcio que impregnan el tejido.

Hay que tener en cuenta que los huesos de distintos animales, e incluso los diferentes huesos de un mismo esqueleto, presentan diferente grado de rigidez. Utilizarás tres huesos de pollo, crudos e iguales, para que todas las variables (tipo de hueso, animal al que pertenece, calcificación, rigidez...) sean iguales. Las llamaremos variables controladas.

Objetivos

- Identificar los distintos tipos de variables que intervienen en un experimento.
- Determinar si existe una relación proporcional entre la rigidez del hueso y las sales de calcio que contiene.

Presta atención

El salfumán, aguafuerte o ácido clorhídrico, aun diluido, es irritante. Es necesario utilizar guantes de PVC y gafas protectoras, y realizar el experimento en un lugar bien ventilado, bajo la supervisión de un adulto. No deben inhalarse los vapores.

Para desechar el líquido una vez utilizado, debe verterse en la taza del inodoro o en un fregadero de loza, no en un fregadero metálico ni de mármol, y siempre dejando correr agua para facilitar su dilución.

Material

- Tres vasos de precipitados altos o botes de cristal
- Probeta
- Ácido clorhídrico comercial (agua fuerte o salfumán)
- Tres huesos de pollo crudos e iguales
- Guantes de látex
- Rotulador permanente, cuerda y etiquetas

Procedimiento

1 Prepara el experimento

Numera los vasos de precipitados del 1 al 3. Pon en cada uno de ellos las cantidades de agua y de ácido que se muestran en la tabla.

Vaso	HCl (cm^3)	Agua (cm^3)
1	2	198
2	15	185
3	35	165

De esta forma, habrá 200 cm^3 de disolución en cada vaso. A continuación, introduce un hueso en cada uno con su etiqueta (A).

A

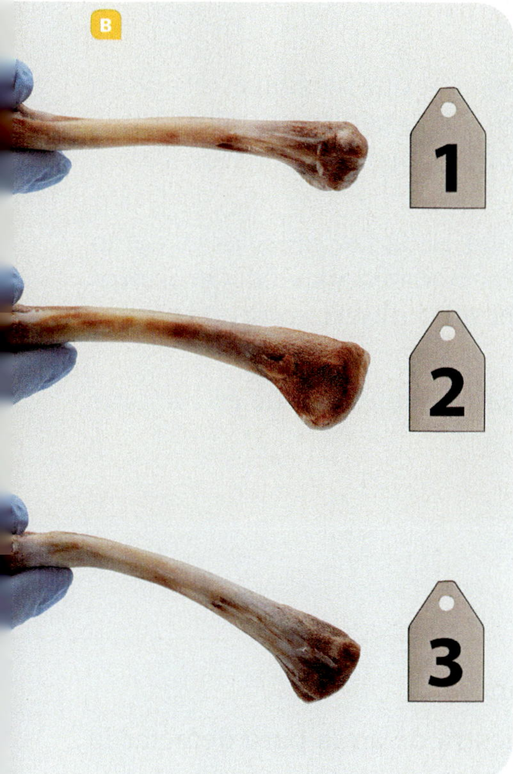

2 Observa el desarrollo del experimento

Espera veinte minutos y observa los huesos (B). Anota si estos han modificado su rigidez y en qué medida.

Resultados y conclusiones

1 Completa la siguiente tabla, en la que el vaso 1 está como ejemplo. Calcula el porcentaje de ácido clorhídrico (HCl) en volumen de las dos disoluciones que faltan, dividiendo el volumen de ácido entre el volumen total y multiplicándolo por 100.

Vaso	% HCl en volumen	Pérdida de rigidez
1	1 %	No se aprecia pérdida de rigidez
2		
3		

2 En la tabla anterior aparecen las dos variables que se relacionan en este experimento. Una es la variable independiente, que podemos modificar según las necesidades del experimento, y la segunda es la variable dependiente, que, como su propio nombre indica, se ve influida por los valores que tome la primera.

Indica cuál es cada una de ellas y explica tu respuesta.

3 Hay otro tipo de variables que se denominan variables controladas, que deben mantenerse fijas mientras transcurre el experimento para que no influyan en los resultados.

a) ¿Qué variables controladas tenemos en este experimento?

b) ¿Crees que si calentaras alguno de los vasos se modificaría el resultado del experimento? ¿Por qué?

4 El ácido clorhídrico reacciona con las sales de calcio del tejido óseo disolviéndolas.

a) ¿Has observado alguna evidencia de que se estaba produciendo una reacción química durante el desarrollo del experimento? Descríbela.

b) Indica si se desarrollaba de igual modo en cada uno de los tres vasos.

5 A la vista de este experimento, ¿piensas que existe alguna relación entre la cantidad de sales de calcio presentes en el hueso y su rigidez?

6 **USA LAS TIC.** Busca información sobre qué tipo de alimentos fortalecen los huesos y benefician la salud de nuestro aparato locomotor.

6 Cultivo de microorganismos: los protozoos

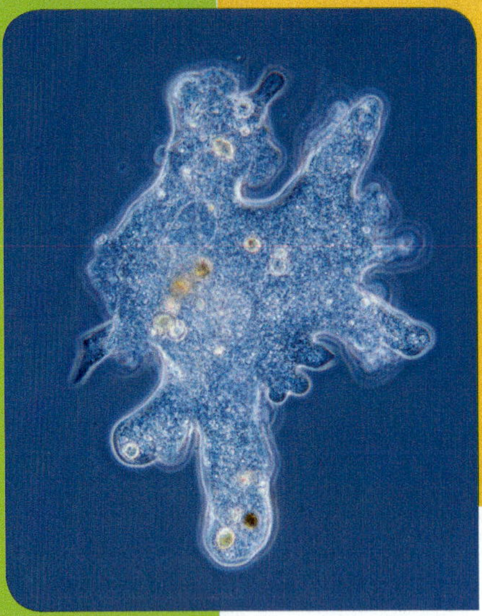

Los protozoos son seres vivos microscópicos que habitan en el agua o en medios húmedos en todo el planeta. Son organismos unicelulares, eucariotas y de nutrición heterótrofa que pueden tener vida libre o parasitar otros organismos.

Algunos protozoos pueden causar enfermedades infecciosas, como los tripanosomas que producen la enfermedad del sueño. Otros protozoos, como las amebas, infectan el tubo digestivo produciendo una disentería amebiana.

La mayoría de los protozoos se desplazan por medio de estructuras como flagelos, cilios o pseudópodos.

Objetivos

- Simular una charca con agua estancada.
- Observar al microscopio una muestra de agua para detectar la posible presencia de microorganismos.
- Identificar los protozoos mediante el uso de una tinción.
- Concienciar de la importancia de una buena higiene en la prevención de enfermedades.

Material

- Microscopio
- Portaobjetos
- Cubreobjetos
- Cristalizador
- Cuentagotas
- Papel de filtro
- Colorante rojo neutro
- Hojarasca, tierra, heno, hojas externas de lechugas, acelgas, etc.

Procedimiento

1 Prepara el cultivo simulando una charca estancada

Para recrear un ambiente similar al de una charca estancada hay que recoger trozos de hojas, tierra y hojarasca.

Después, coloca dentro del cristalizador todos los restos orgánicos recogidos. A continuación, añade la cantidad suficiente de agua como para cubrir los restos dejando uno o dos centímetros por debajo del borde (A).

Deja reposar el cultivo unos quince días a temperatura ambiente.

2 Observa al microscopio

Toma una muestra del cultivo y deposita una gota del mismo sobre el portaobjetos. Procura que no tenga restos de vegetales. Tápala con el cubreobjetos y observa la preparación al microscopio. ¿Observas algún protozoo?

Después de esta primera observación, coloca en uno de los bordes del cubreobjetos una gota del colorante rojo neutro. Para absorber el colorante que sobra coloca por el otro extremo papel de filtro (B). Si observas ahora al microscopio, podrás comprobar cómo los protozoos que observaste inicialmente se van tiñendo de rojo y continúan moviéndose.

Resultados y conclusiones

1. Dibuja lo observado al microscopio.
2. En estas fotos se muestran algunos de los protozoos más comunes. ¿Cuáles has encontrado en tu cultivo? Indica su nombre y el número de ellos.

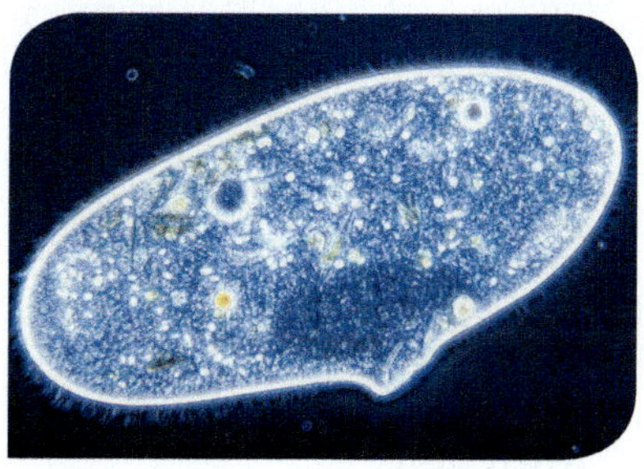

Paramecio.

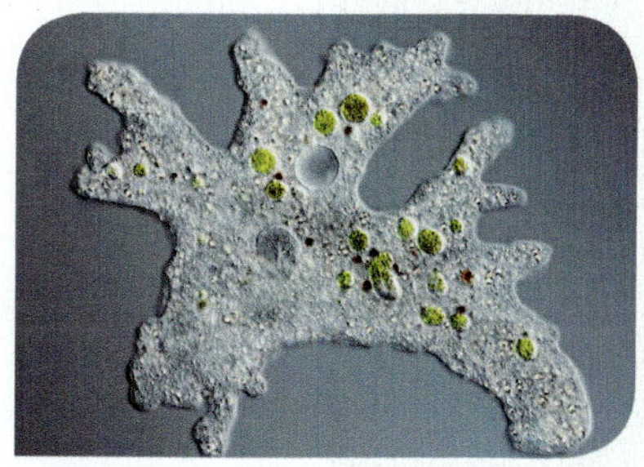

Ameba.

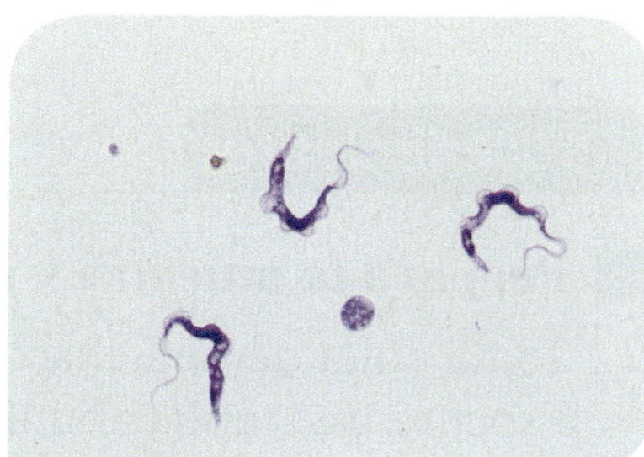

Tripanosomas.

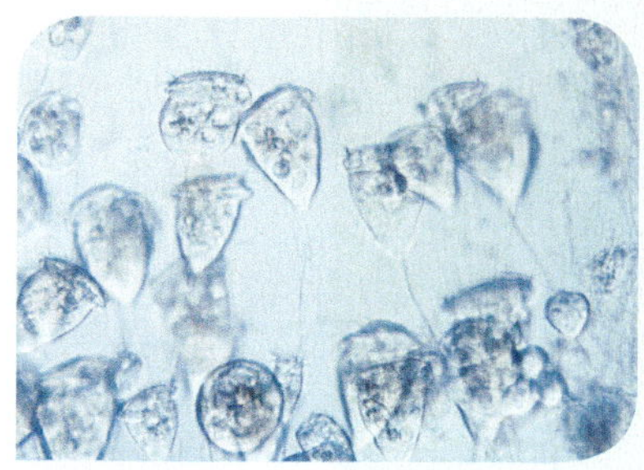

Vorticelas.

3. Señala y nombra los diferentes apéndices que observas en los protozoos de las fotos. ¿Cuáles son sus funciones?
4. Antes de realizar el cultivo, ¿dónde estaban los protozoos?
5. Como has podido observar, los protozoos viven en aguas estancadas con restos de vegetación. ¿Qué medidas de higiene se te ocurren para evitar enfermedades provocadas por los protozoos?
6. **USA LAS TIC.** Busca información sobre la leishmaniosis e identifica los elementos de su cadena epidemiológica.

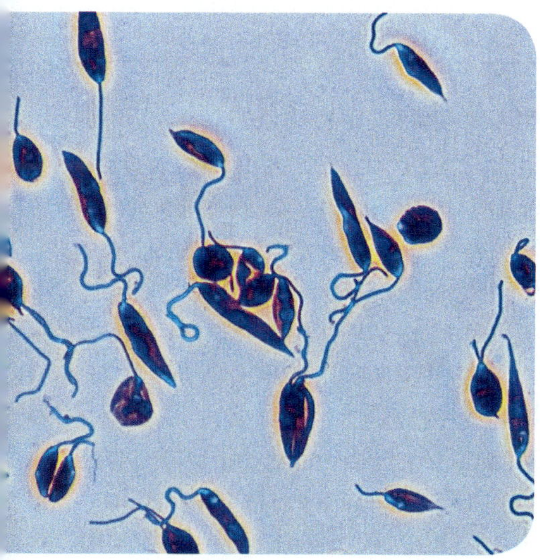

La leishmania es un protozoo que produce la leishmaniosis, una enfermedad infecciosa.

7 Contaminación biológica del agua

En esta práctica vas a valorar el grado de contaminación biológica de una muestra de agua. Este parámetro se identifica por la cantidad de materia orgánica disuelta o dispersa en el agua. Si la cantidad es alta, habrá muchos descomponedores, generalmente bacterias. Como las bacterias consumen oxígeno, cuanto más abunden, menor será la concentración de oxígeno disuelto en el agua.

Objetivos

- Conocer y medir los parámetros que determinan la calidad del agua a nivel biológico.
- Valorar la importancia de depurar el agua.

Material

- Dos frascos de vidrio o plástico transparente con tapa
- Dos probetas
- Báscula
- Vidrio de reloj
- Etiquetas
- Espátula
- Varilla de vidrio
- Cloruro de hierro (III) ($FeCl_3$)
- Agua oxigenada al 30%
- Azúcar
- Pequeños trozos de embutido
- Agua de grifo
- Agua de charca

Procedimiento

1 Prepara la muestra y una muestra de control

Toma agua de una charca estancada con uno de los frascos (A). Procura que tenga abundantes restos de vegetación. Añade más materia orgánica, como azúcar y pequeños trozos de embutido. Esta será la muestra contaminada biológicamente (muestra 2).

Como muestra de control, toma el mismo volumen de agua del grifo en el otro frasco (muestra 1). Es muy importante que los dos frascos queden prácticamente llenos de agua.

Con la báscula y el vidrio de reloj, pesa aproximadamente 3 g de cloruro de hierro (III) y añádelo con la espátula a cada uno de los frascos. Agita bien con la varilla de vidrio, teniendo cuidado de limpiar cuidadosamente la varilla entre frasco y frasco.

Tapa ambos frascos herméticamente, cúbrelos para que no estén expuestos a la luz y déjalos reposar durante cinco días.

2 Estudia la cantidad de oxígeno disuelto

El cloruro de hierro (III) tiñe de color anaranjado el agua. Mientras que haya oxígeno disuelto, permanecerá de ese color, pero a medida que las bacterias consuman el oxígeno, el hierro perderá su carácter oxidado, cambiando a tonos marrones o verdosos y, finalmente, a negro (B).

Tras cinco días, observa los dos frascos y describe qué ha ocurrido en cada uno de ellos.

3 Detecta la presencia de bacterias

Las bacterias poseen una proteína que produce la descomposición del agua oxigenada, provocando un intenso burbujeo de oxígeno.

Toma una pequeña porción de cada muestra en sendas probetas y añade en cada una un pequeño chorro de agua oxigenada (H_2O_2). Observa lo que ocurre en cada una de las probetas y toma nota de los resultados obtenidos.

Resultados y conclusiones

1. Copia esta tabla en tu cuaderno y complétala a medida que vas realizando los experimentos.

Muestra	Color al añadir $FeCl_3$	Color al cabo de 5 días	Presencia de oxígeno		Burbujeo al añadir H_2O_2		Presencia de bacterias		¿La muestra está biológicamente contaminada?	
			Sí	No	Sí	No	Sí	No	Sí	No
Muestra 1										
Muestra 2										

2. La demanda biológica de oxígeno (DBO) es la cantidad de oxígeno que necesitan las bacterias de una muestra de agua para descomponer la materia orgánica presente. Explica si en nuestras muestras la DBO es alta o baja.

3. ¿Por qué crees que has tenido que llenar los frascos del todo? ¿Y evitar su exposición a la luz? Explica si los resultados obtenidos habrían sido los mismos de no haber tomado estas precauciones.

4. Enumera varias actividades humanas que produzcan en las aguas contaminación biológica. Normalmente, las poblaciones se localizan a lo largo del curso de un río y a él suelen verter sus residuos. ¿Por qué es importante la existencia de plantas depuradoras en las poblaciones?

8 Estudio de la composición del suelo

El suelo es la parte superficial de la corteza terrestre, pero también es el sustrato sobre el que crecen las plantas. Para ello no sirve cualquier suelo, sino que ha de ser fértil. ¿Y cuáles son las características que determinan que un suelo sea fértil? En esta práctica comprobarás a partir de unas muestras de suelo si cumplen o no las condiciones para que sea suelo fértil.

Objetivos

- Realizar estudios de campo para obtener muestras de suelo.
- Estudiar cómo influye la cantidad de materia orgánica, agua y carbonato de calcio en la fertilidad del suelo.

Material

- Pala y guantes de jardinero
- Muestras de suelo
- Bolsas de plástico
- Etiquetas
- Mechero de gas
- Rejilla y trípode
- Cápsulas de porcelana
- Agua oxigenada
- Ácido clorhídrico (salfumán)
- Báscula

Procedimiento

1 Toma muestras de diferentes tipos de suelos

Consigue tres muestras de suelo, una de tierra con estiércol (A), otra de tierra arcillosa (B), y la tercera, de tierra arenosa (C). Escoge un punto representativo sobre el que puedas trabajar fácilmente, sin dañar los cultivos o las plantas características de la zona.

Retira la hojarasca del suelo hasta descubrir la parte superficial. Utiliza una pala de jardinería para recoger la muestra, siempre a una profundidad de al menos unos 15 cm. Introdúcela en una bolsa de plástico, cierra la bolsa y etiquétala indicando la localidad y el tipo de cultivo o vegetación que se desarrolla sobre ese suelo.

A

B

C

D

2 Calcula la cantidad de agua de cada muestra

Pesa 100 g de cada muestra del suelo sobre una cápsula de porcelana y después caliéntala a la llama del mechero hasta que se haya vaporizado toda el agua que contenía (D). Deja enfriar el residuo y pésalo de nuevo; anota el resultado. La diferencia de masa indicará el contenido en agua de cada suelo.

3 Detecta la presencia de materia orgánica

Toma 10 g de cada muestra y pon cada uno en una cápsula de porcelana. Añade una pequeña cantidad de agua oxigenada. La materia orgánica reacciona produciendo un burbujeo de oxígeno. Cuanto más intenso sea este, mayor es la cantidad de materia orgánica que contiene el suelo. Anota lo que ocurre con cada muestra.

4 Estudia la cantidad de carbonato de calcio de cada muestra

Toma otros 10 g de cada muestra de suelo, ponlos en cápsulas de porcelana y añade una pequeña cantidad de ácido clorhídrico. El burbujeo indica la presencia de carbonato de calcio, un componente que resta acidez al suelo. Anota la reacción en cada caso.

Resultados y conclusiones

1 Copia y completa una tabla como esta para las tres muestras.

Muestra de suelo	Determinación del contenido en agua (g)			Contenido en materia orgánica	Contenido en carbonato
	Masa inicial	Masa final	Contenido en agua		
—	—	—	—	—	—

2 El estiércol se utiliza a veces como abono en algunos cultivos, aunque su uso presenta problemas por la posibilidad de contaminación bacteriana de los vegetales que crecen cercanos al suelo, como las lechugas. En otras ocasiones se usan abonos químicos esterilizados. Explica en qué caso el suelo abonado produciría una reacción más intensa con el agua oxigenada.

3 Imagina que has recogido tres muestras de suelo: la primera, en unas dunas desprovistas de vegetación, formadas por arena de cuarzo; la segunda, en la zona seca de una playa cuya arena es de fragmentos de coral y conchas; y la tercera, en un bosque cuyo suelo es muy arcilloso y está cubierto de una gruesa capa de hojarasca. Completa una tabla indicando cómo sería, previsiblemente, la reacción del agua oxigenada y del ácido clorhídrico en cada caso, y cuál tendría mayor proporción de humedad.

4 ¿Crees que la cantidad de materia de un suelo influye en su fertilidad? ¿Y la de agua? Explica tus respuestas.

9 Diferenciación de las capas de un planeta

Desde que la Tierra se formó, hace más de 4 500 millones de años, ha sufrido grandes modificaciones. Una de las más importantes ha sido la diferenciación geoquímica en capas según su densidad. Las distintas mezclas de materiales se dispusieron en diferentes conjuntos de líquidos y gases, formando capas concéntricas.

La sismología nos ha permitido comprobar dónde se encuentran esas capas y a qué profundidades se produce la transición entre unas y otras.

En esta práctica realizarás una experiencia para comprender mejor la diferenciación en capas de varios materiales en función de su densidad.

Objetivos

- Observar la separación de los componentes de una mezcla mediante el calentamiento.
- Simular en el laboratorio la diferenciación geoquímica de la Tierra a partir de una mezcla de diversos materiales.

Material

- Dos vasos de precipitados de 100 y 500 cm^3
- Un mechero de laboratorio
- Trípode y rejilla
- Trozo de cerámica porosa
- Cucharilla
- Reloj
- Corcho troceado en virutas pequeñas
- Bolitas metálicas (acero o plomo)
- Varilla de vidrio
- Agua
- Vaselina o parafina

Procedimiento

A

1 Prepara los distintos componentes de las capas

En el vaso de precipitados de 100 centímetros cúbicos pon dos o tres cucharadas de vaselina, añade las bolitas metálicas y las virutas de corcho.

A continuación, añade al vaso de precipitados unos 30 centímetros cúbicos de agua (A).

Por último, remueve todo con la varilla de vidrio hasta obtener una mezcla heterogénea.

B

2 Calienta la mezcla

Coloca el trozo de cerámica en el vaso de precipitados grande y llénalo de agua hasta la mitad, aproximadamente. Introduce el vaso pequeño, lleno con la mezcla, dentro del vaso grande, de modo que quede apoyado sobre el trozo de cerámica, y esté cubierto de agua hasta algo más de la mitad.

Coloca el conjunto sobre el trípode y ponlo a calentar hasta que la mezcla del interior del vaso pequeño llegue a fundirse (B).

Observa y anota qué ocurre al cabo de cinco minutos. Cuando observes la separación completa de varias capas en función de su densidad, apaga el fuego. Mide cuánto tiempo ha pasado y anota el dato en tu cuaderno.

3 Solidificación de las capas

En ese momento y con cuidado de no quemarte, saca el vaso pequeño e introdúcelo en un recipiente con agua fría, para enfriar rápidamente la vaselina y favorecer su solidificación.

Resultados y conclusiones

1 Copia y completa la siguiente tabla con los cambios observados en la mezcla.

Periodo	Anota el tiempo	¿Cómo está la mezcla?
Inicialmente	0 minutos	
Al cabo de 5 minutos	5 minutos	
Al apagar el fuego		
Al enfriarse		

C

2 Dibuja cómo ha quedado la mezcla después de haberse enfriado. Indica el material que hay en cada capa y ordénalos en función de su densidad (C).

3 **USA LAS TIC.** Después de ver el resultado de la práctica, relaciona cada una de las capas obtenidas en el laboratorio con las del interior del planeta Tierra. Busca la información que necesites en libros de texto o en internet.

4 Además de nuestro planeta, el sistema solar está formado por otros siete planetas, cuya edad es aproximadamente la misma. Investiga los datos de las densidades de todos ellos y comprueba si en todo el sistema solar se produce, con algunas excepciones, lo mismo que ocurre en la Tierra con la diferenciación de capas terrestres.

10 Efectos de la lluvia ácida en rocas

La lluvia ácida se origina cuando los óxidos de azufre, de nitrógeno y de carbono, procedentes de las combustiones, principalmente de los combustibles fósiles, reaccionan con el agua de las nubes y de la lluvia formando ácidos.

Estos ácidos dañan gravemente la vegetación y deterioran también los edificios y monumentos, ya que disuelven poco a poco el cemento y las sales que dan rigidez a las rocas.

Objetivos

- Observar el comportamiento de distintos tipos de roca ante los ácidos.
- Valorar la importancia del impacto de la lluvia ácida en el medio natural y humano.
- Aprender a elaborar experimentos en el laboratorio.

A

Material

- 6 vasos de precitados
- Fragmentos de roca caliza y arenisca
- Agua de grifo
- Agua con gas
- Disolución de ácido sulfúrico al 2%
- Cristalizador grande
- Báscula
- Vidrio de reloj
- Guantes de látex
- Rotulador permanente

Procedimiento

1 Prepara los distintos vasos de precipitados

Numera los vasos del 1 al 6. En tres de ellos estudiarás el comportamiento de fragmentos de roca arenisca, del 1 al 3. En los otros tres, del 4 al 6, de roca caliza.

En los vasos 1 y 4 vierte agua de grifo, con un volumen suficiente como para que cubra completamente los fragmentos de las rocas.

En los vasos 2 y 5 añade agua carbónica (agua con gas). En los vasos 3 y 6 añade la disolución de ácido sulfúrico diluida. Usa los guantes de látex para verter el ácido.

Procura que el volumen de líquido en todos los vasos sea aproximadamente el mismo (A).

B

2 Introduce los fragmentos de roca

Toma tres pequeños fragmentos de roca arenisca y tres de roca caliza. Ponlos a remojo en el cristalizador lleno de agua de grifo durante al menos dos minutos; a continuación, extráelos, mide la masa de cada uno de ellos y anota los resultados.

A continuación, introduce cada fragmento de roca en su vaso respectivo. En los vasos 1, 2 y 3 introduce los fragmentos de arenisca, y en los vasos 4, 5 y 6, la caliza. Ten cuidado de no salpicar al introducir cada fragmento (B).

3 Estudia el proceso de deterioro

La arenisca es una roca que se encuentra en muchos monumentos, ya que es fácil de cortar y tallar. Está formada por granos de arena unidos entre sí por un cemento, que en la mayoría de los casos es el mineral calcita, que se disuelve con facilidad en los ácidos. Además, también es el componente mayoritario de la roca caliza.

Para valorar si el proceso de deterioro de la roca es lento o rápido, deja las muestras sumergidas durante 24 horas. Pasado ese tiempo, toma nota de su aspecto, extráelas con cuidado de sus respectivos vasos, lávalas al grifo y vuelve a medir su masa.

Resultados y conclusiones

1. Copia y completa con los seis vasos una tabla como esta según vayas realizando los pasos del experimento.

Vaso	Tipo de roca	Disolución	Aspecto inicial	Masa inicial	Aspecto final	Masa final	Pérdida de masa

2. Con los datos anteriores puedes hacer una estimación de la velocidad del proceso de disolución, calculando el porcentaje de masa que pierde una roca por cada día que está mojada por la lluvia ácida. Para ello, divide la pérdida de masa entre la masa inicial y multiplica el resultado por 100.

   Añade una columna más a la tabla y anota el resultado. ¿Qué roca resulta más afectada?

3. No todos los ácidos son igualmente activos. ¿Cuál es más fuerte, el ácido carbónico o el sulfúrico? Razona tu respuesta.

4. Algunas de las reacciones que ocurren cuando se forma la lluvia ácida son las siguientes. Identifica los reactivos y los productos.

$$SO_3 + H_2O \rightarrow H_2SO_4$$

$$CO_2 + H_2O \rightarrow H_2CO_3$$

Aparato digestivo y glándulas anejas

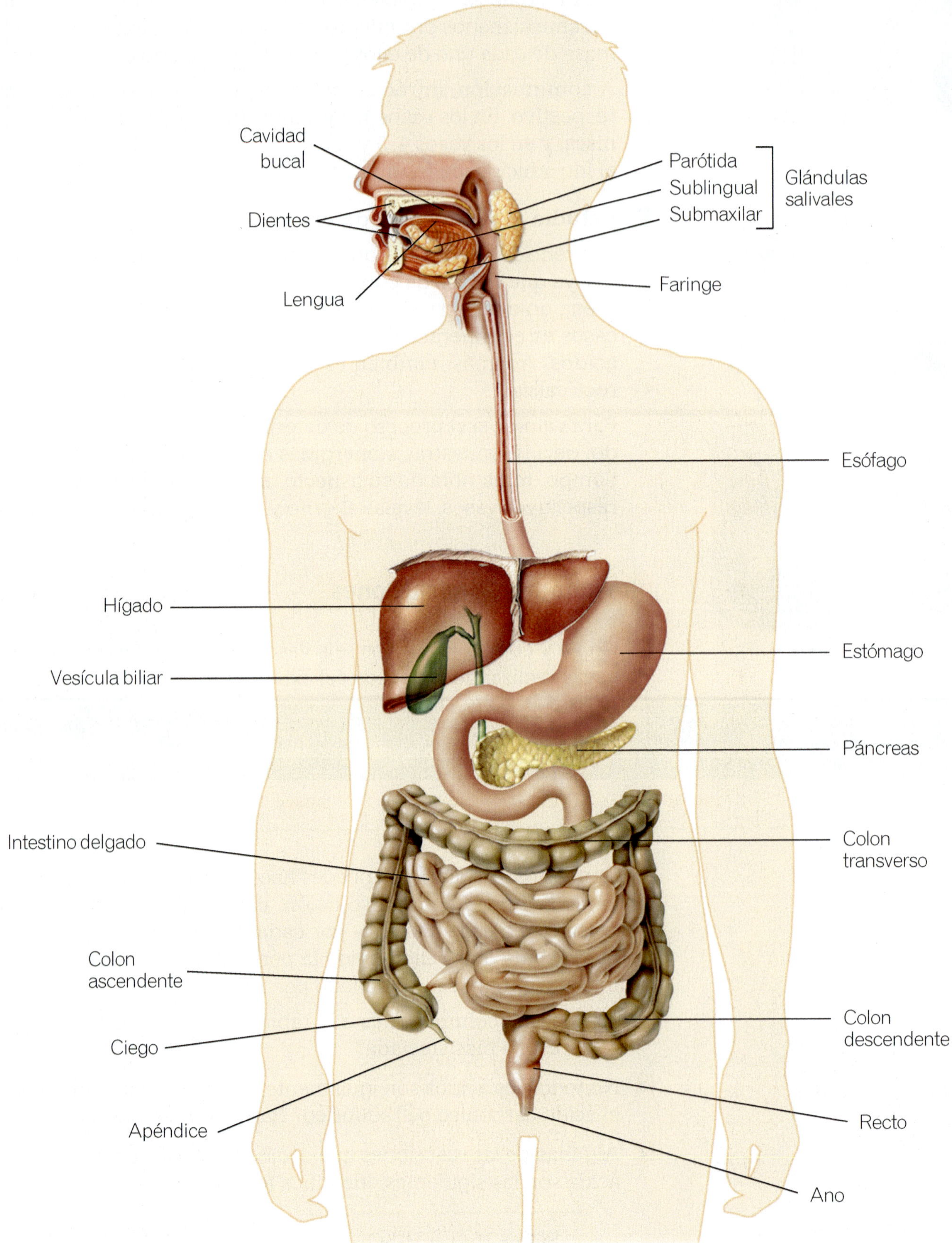

Tiempos de permanencia de los alimentos y tamaño de cada órgano

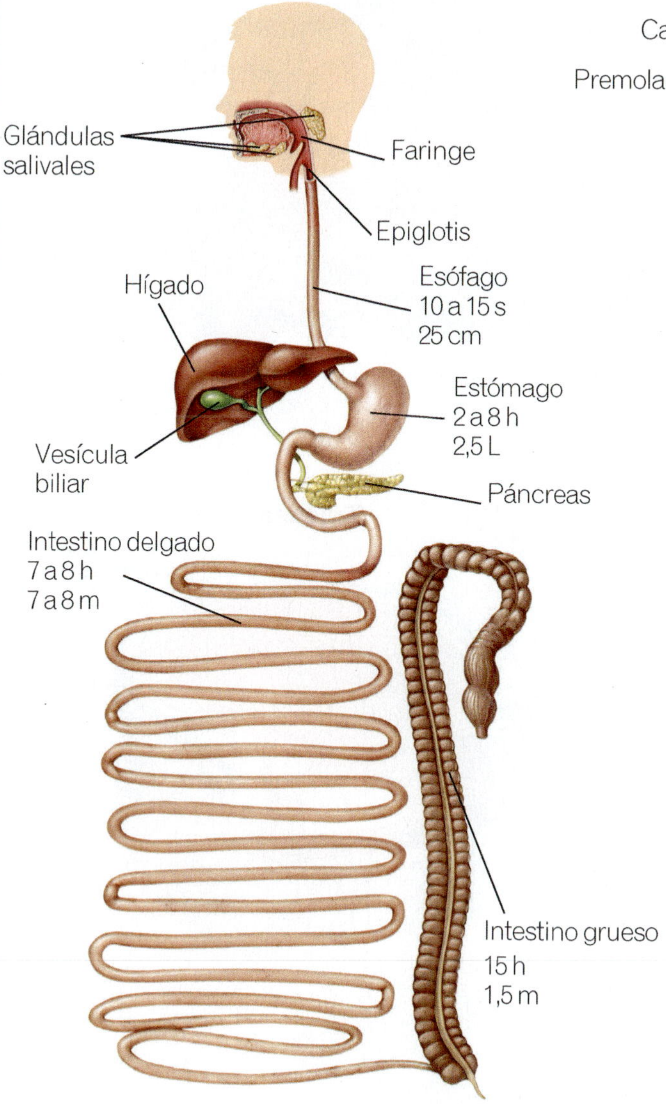

Dentadura infantil

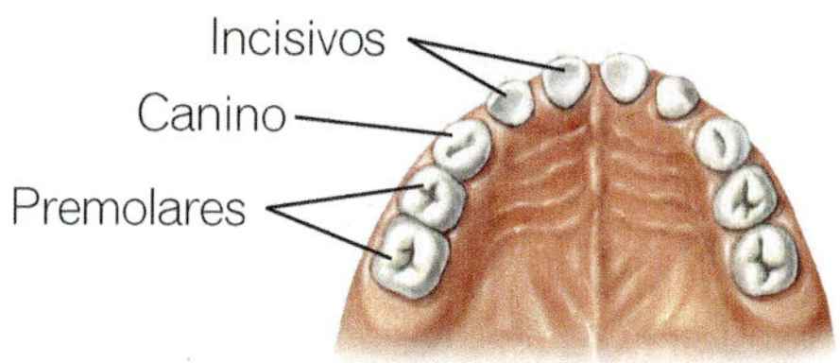

Dentadura adulta

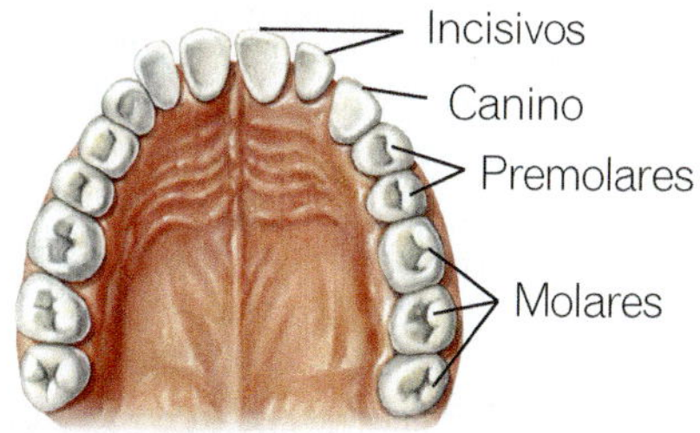

Piezas dentarias

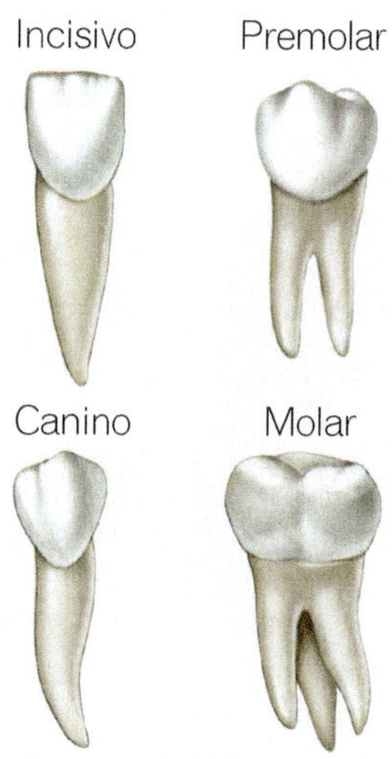

Diente

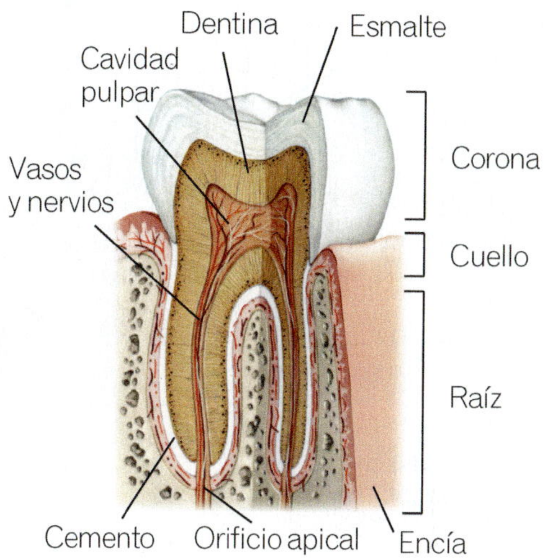

Pared del intestino delgado

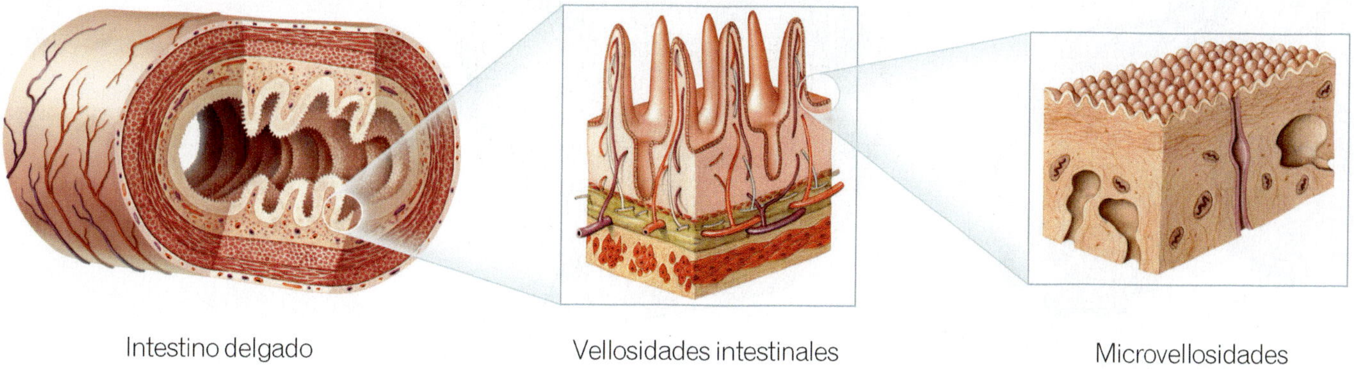

Aparato respiratorio

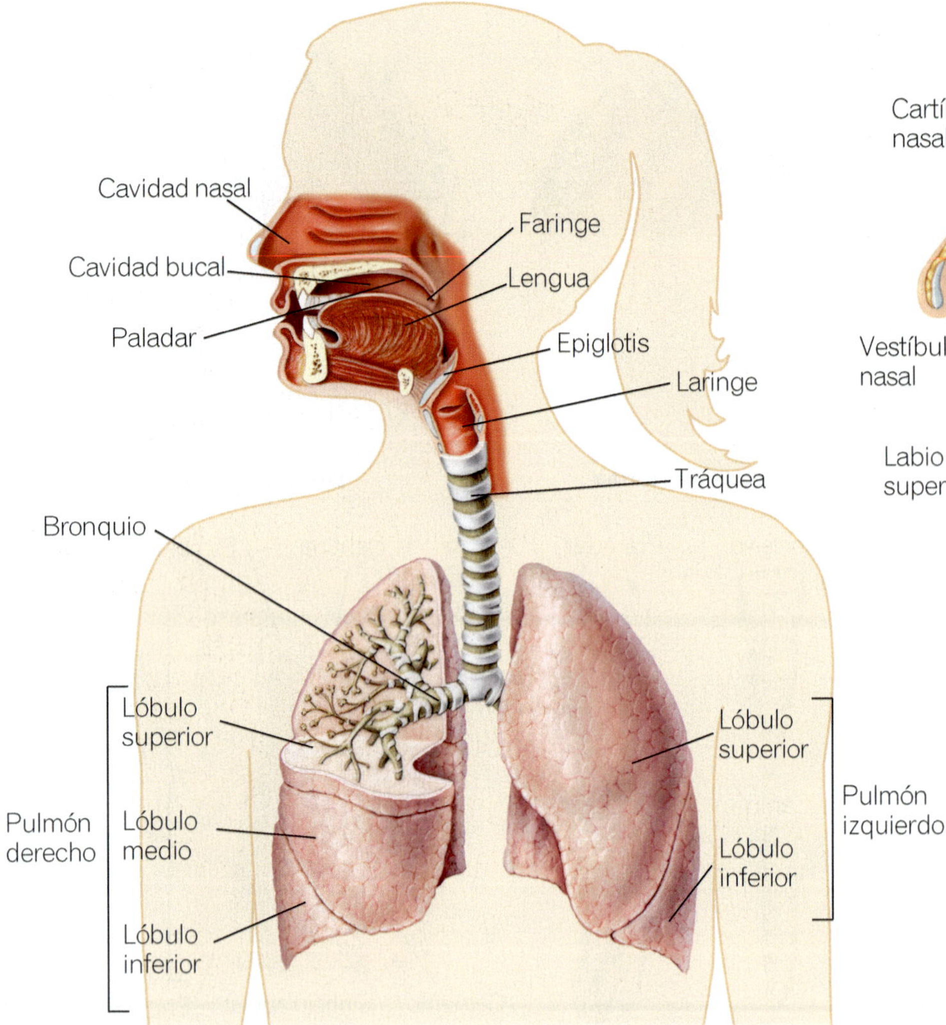

Cavidad nasal

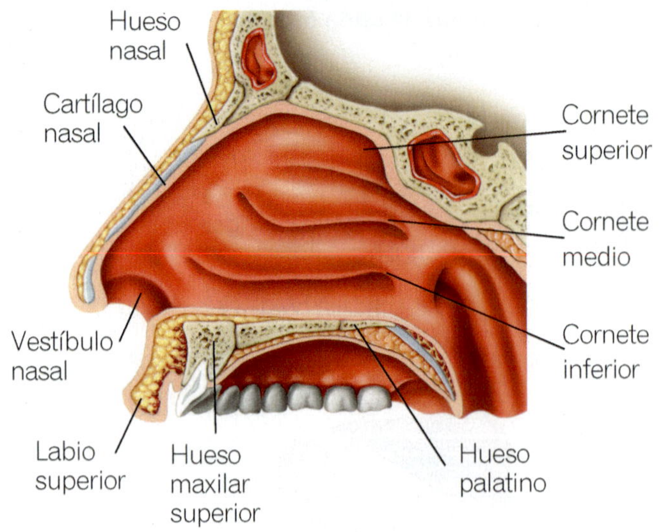

Tráquea

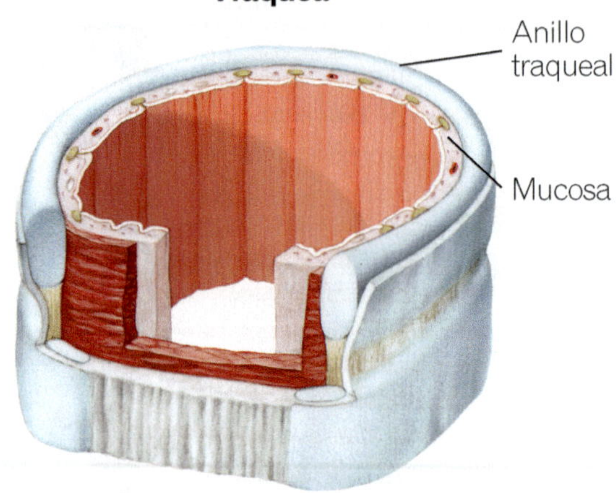

Sacos alveolares

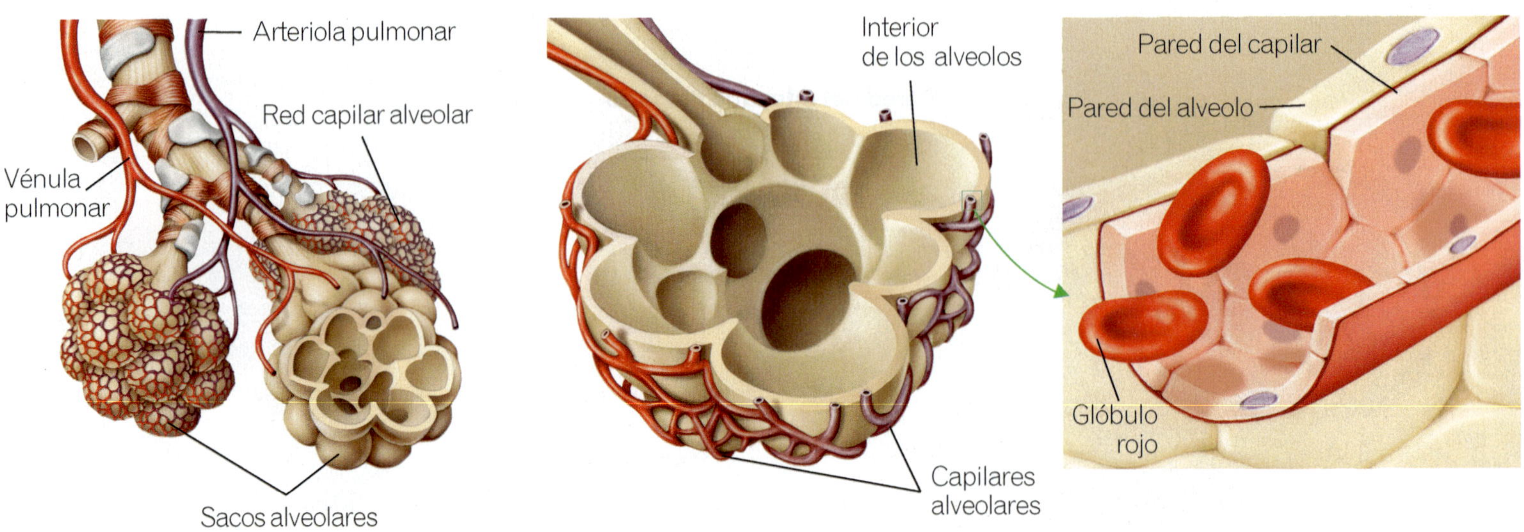

Aparato urinario

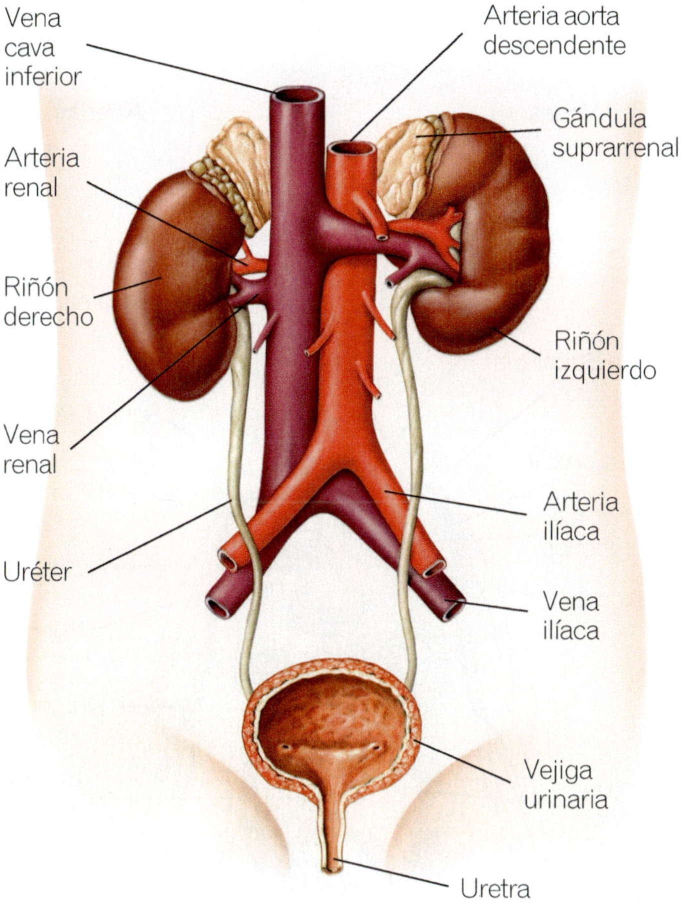

Riñón

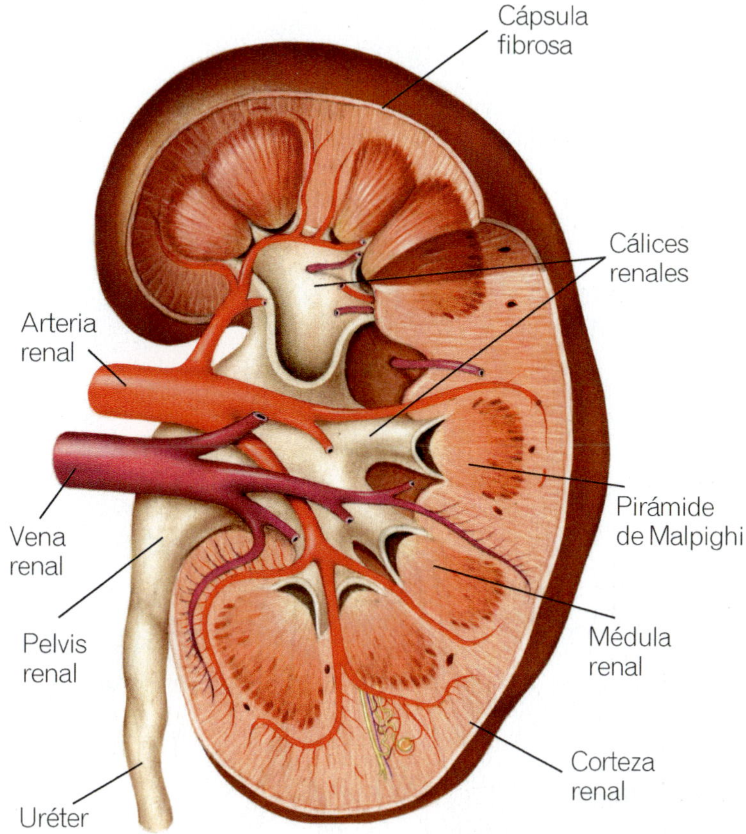

Nefrona

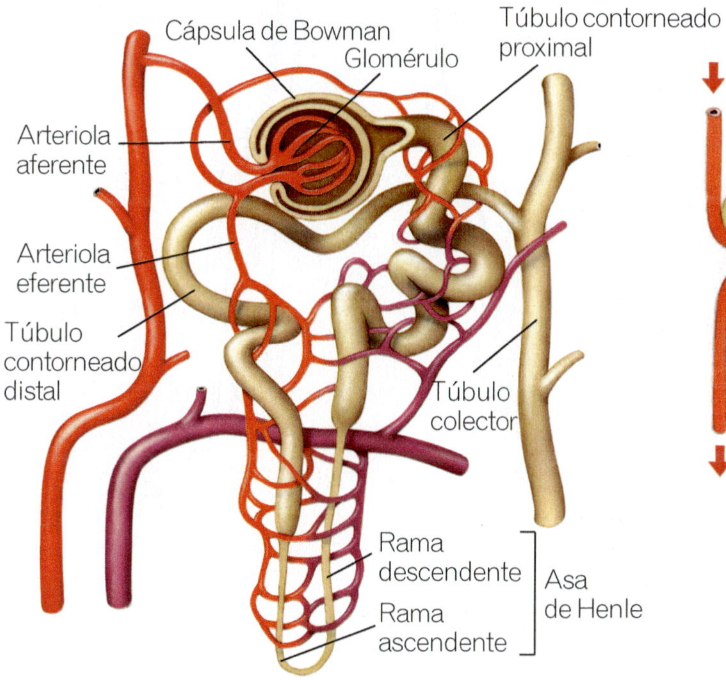

Formación de la orina

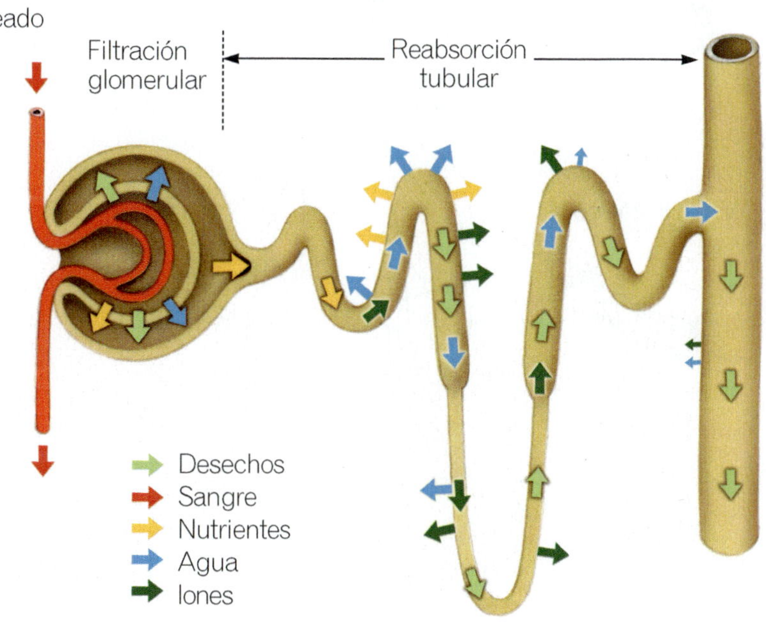

Aparato circulatorio

Sistema circulatorio linfático

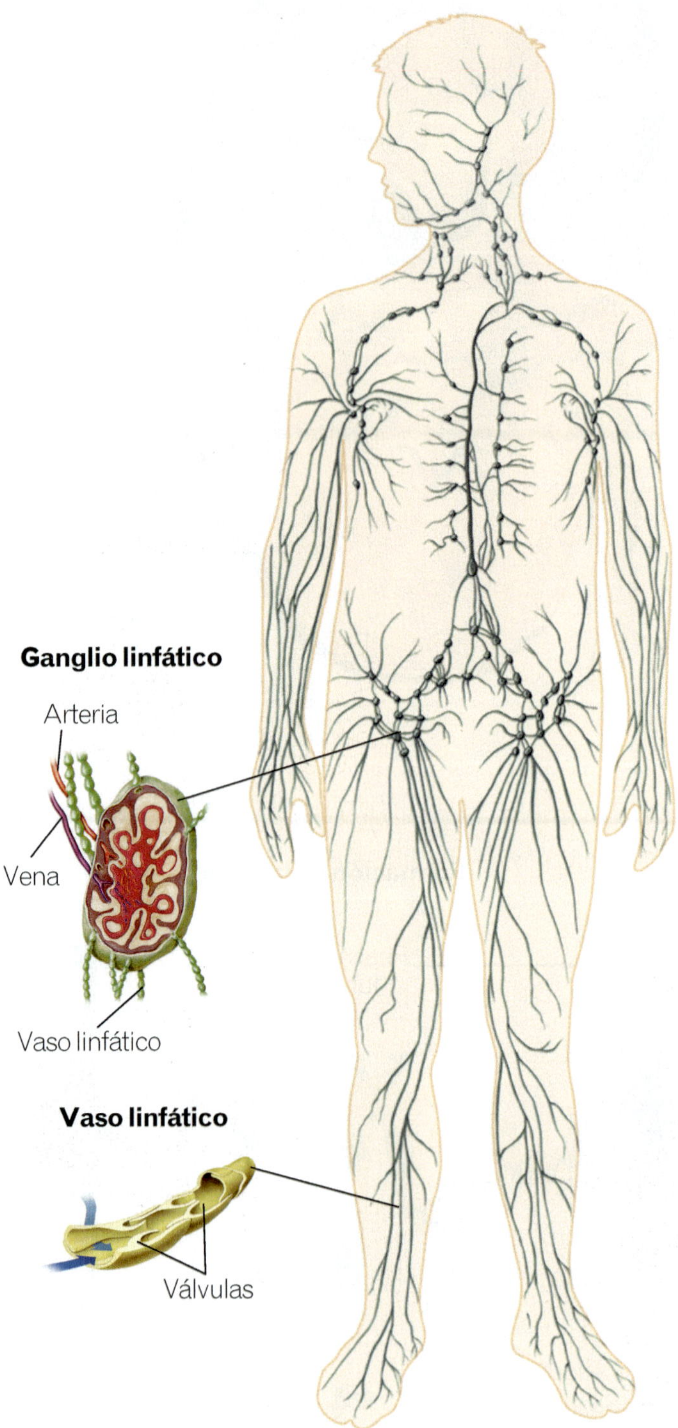

Sistema circulatorio sanguíneo

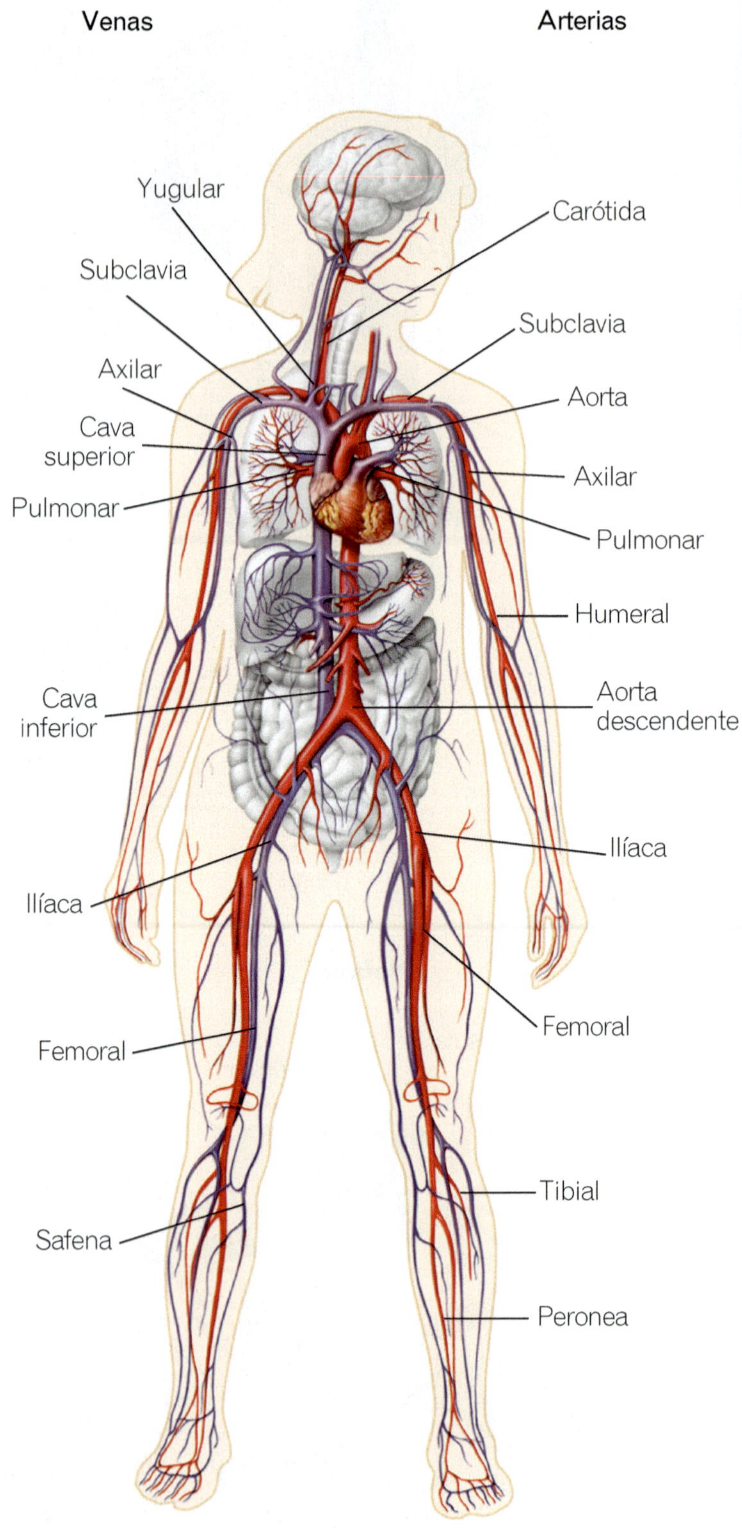

Corazón

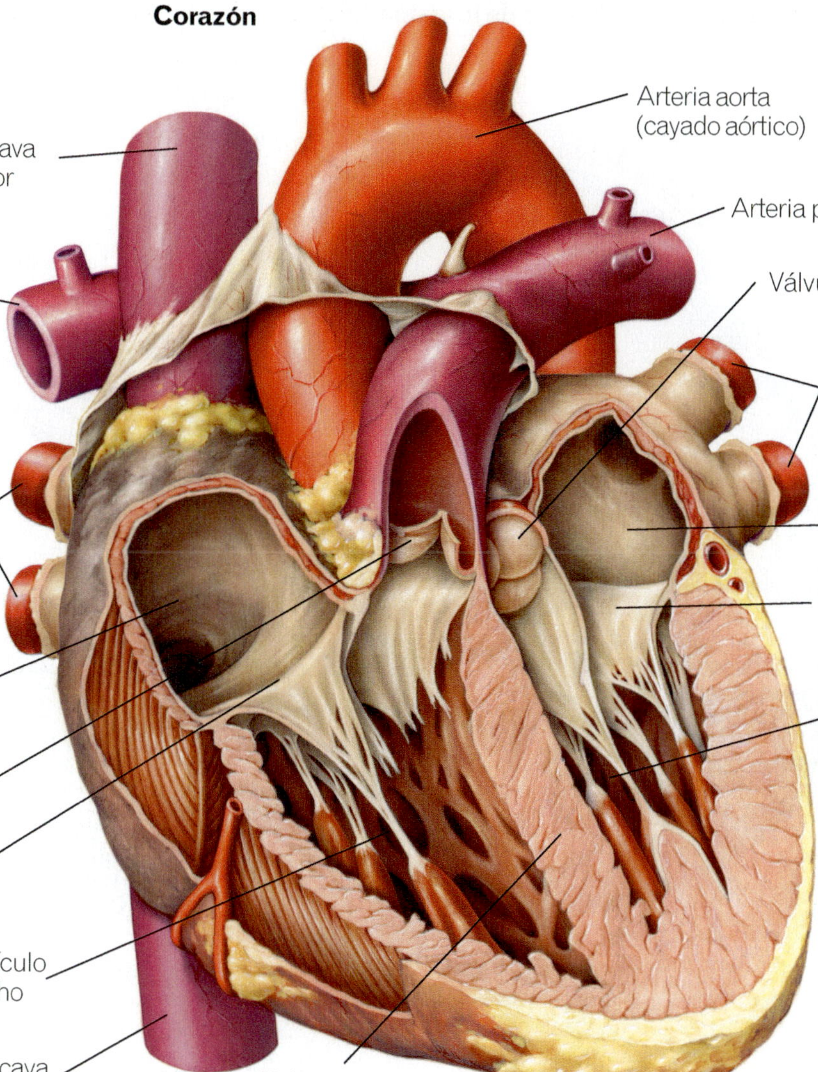

Válvulas sigmoideas

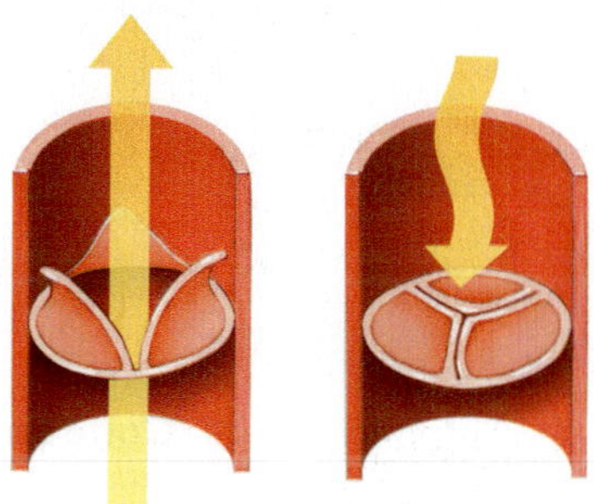

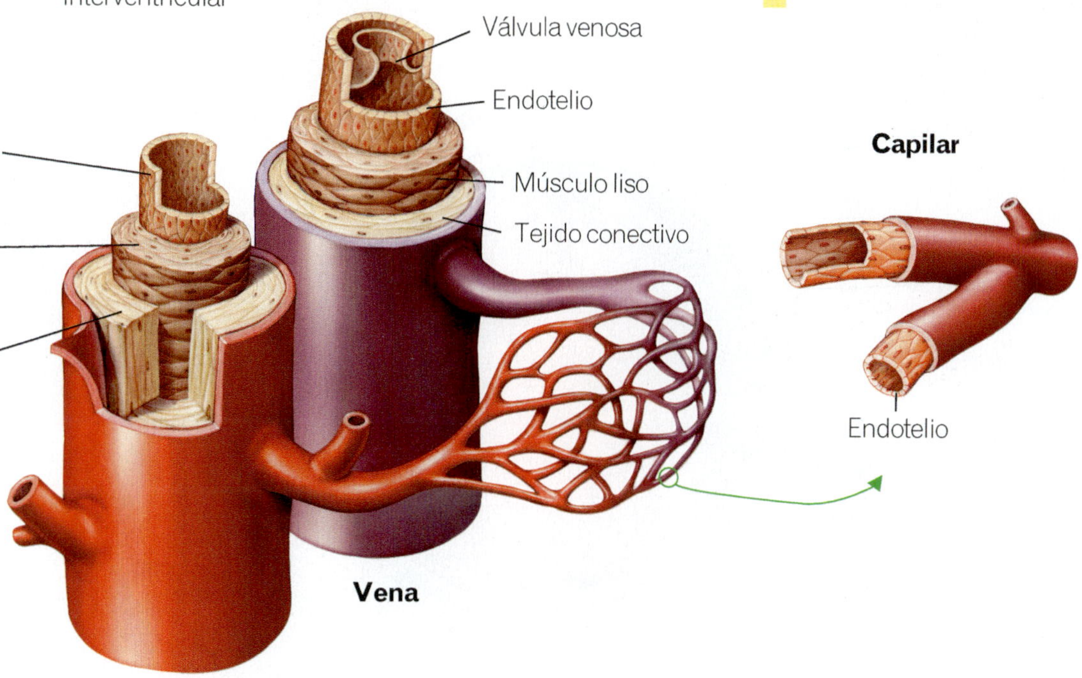

Órganos de los sentidos

Órgano de la visión

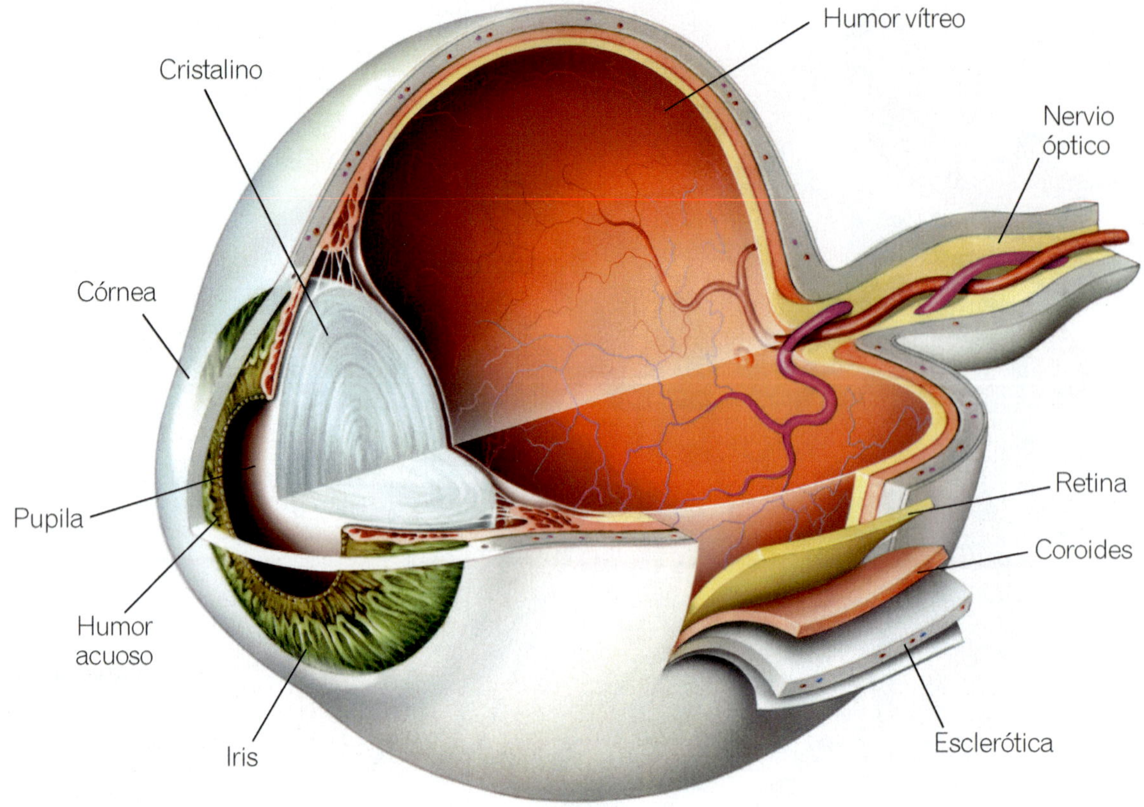

Corte sagital del globo ocular

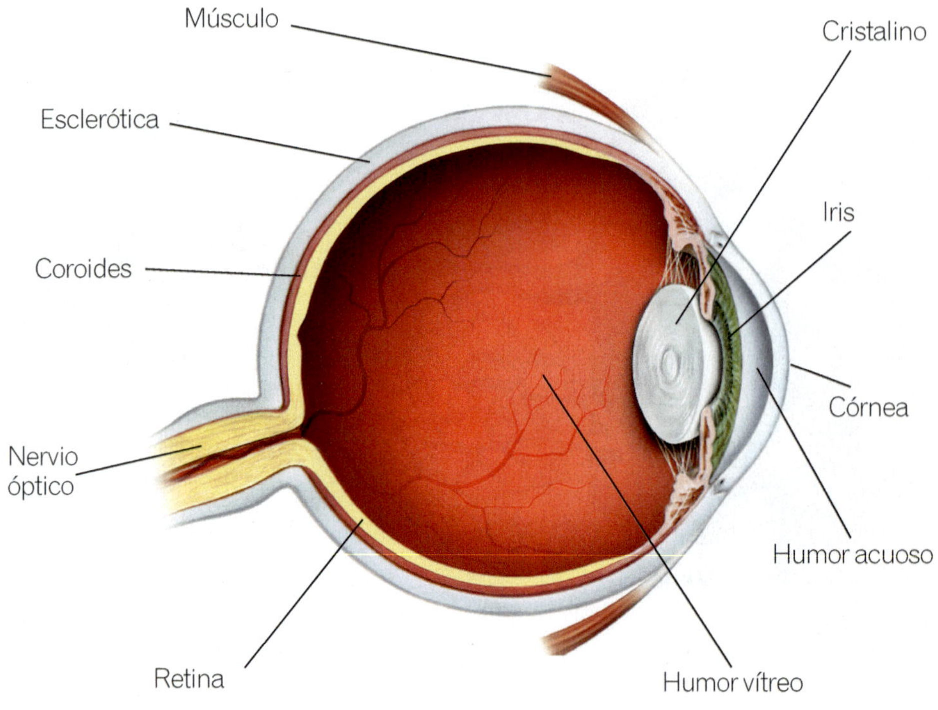

Anexos del globo ocular

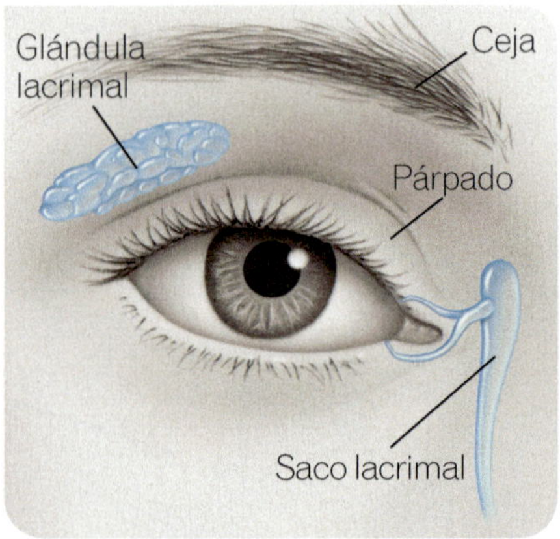

Órgano del tacto

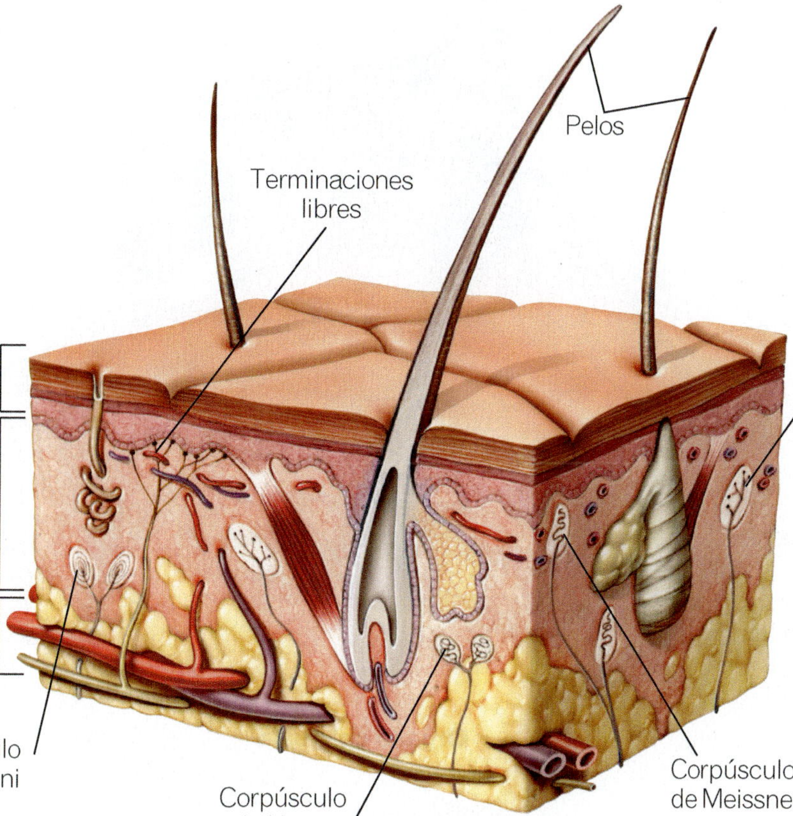

Terminaciones libres

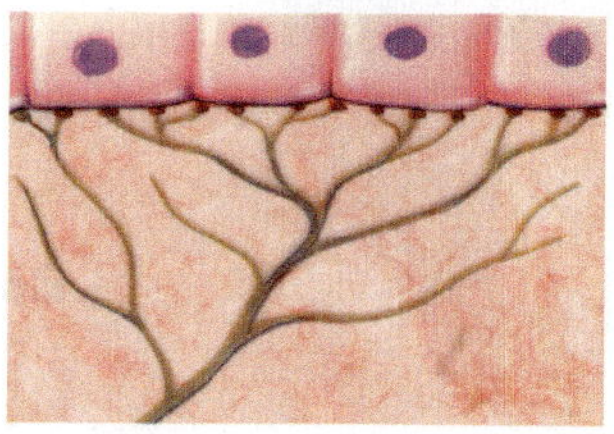

Corpúsculo de Vater-Pacini

Corpúsculo de Krause

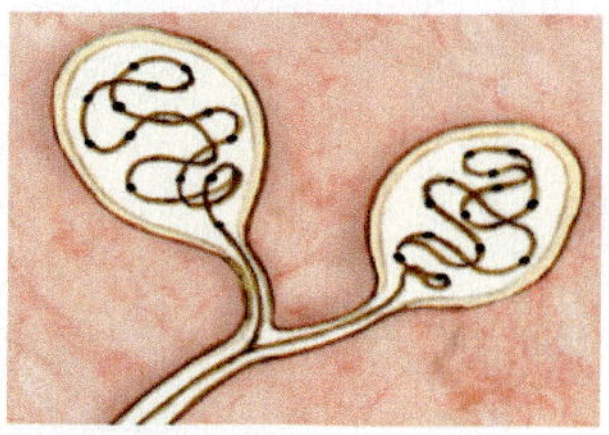

Corpúsculo de Meissner

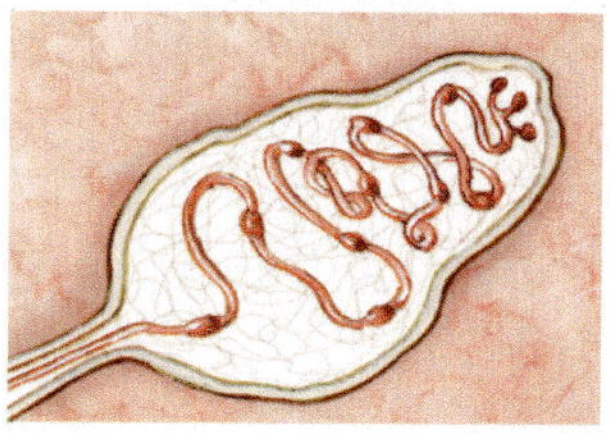

Corpúsculo de Ruffini

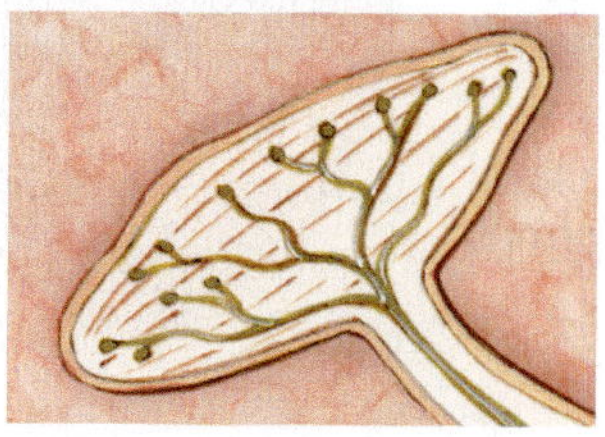

Órganos de los sentidos

Órgano del olfato

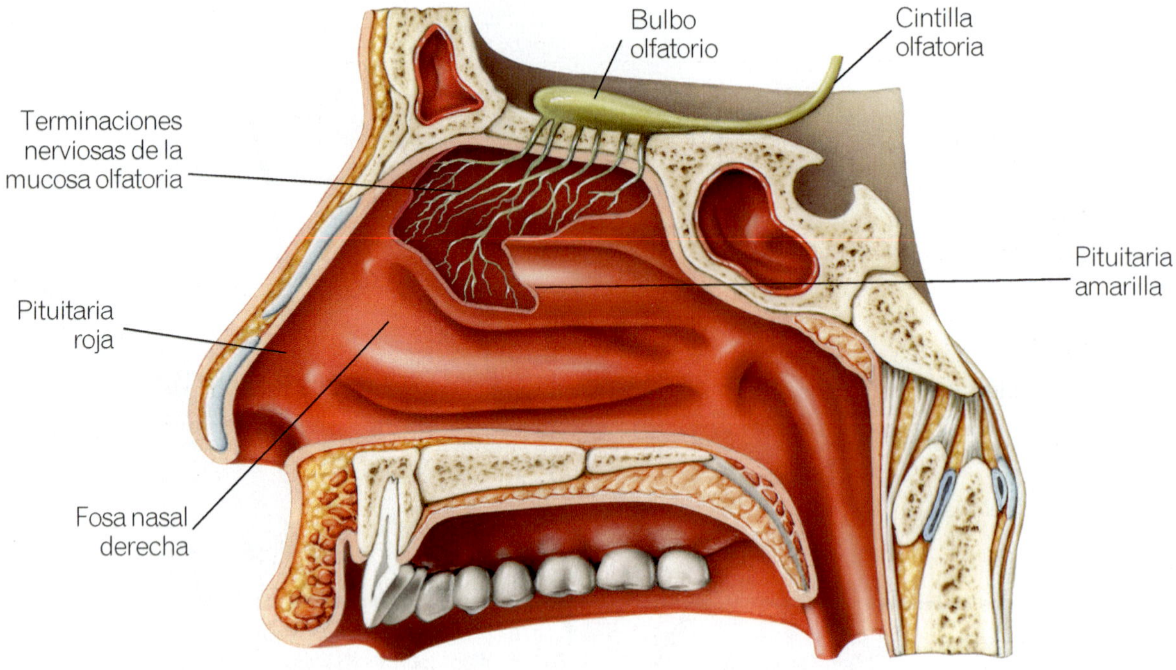

Órgano del gusto

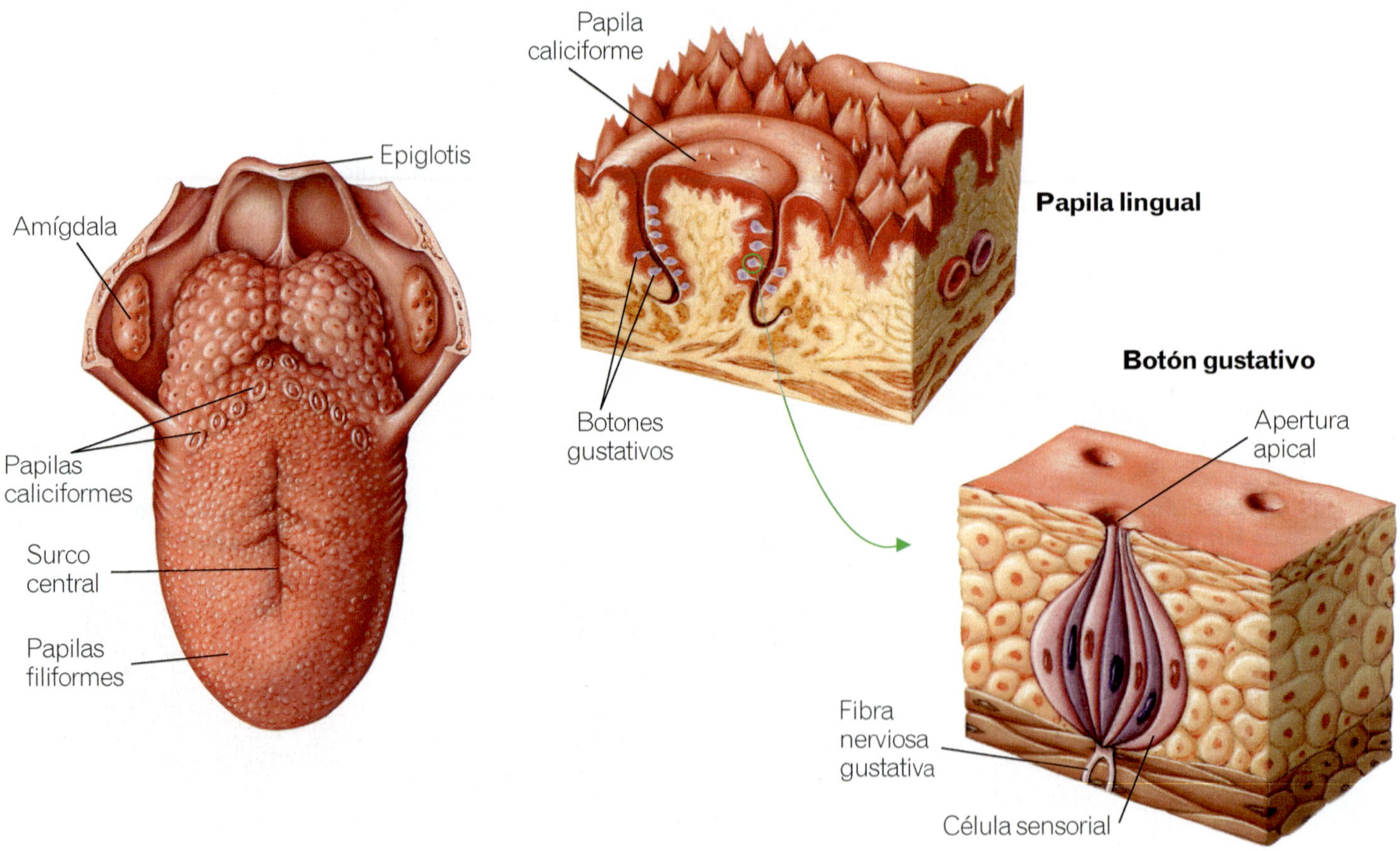

Órgano de la audición y del equilibrio

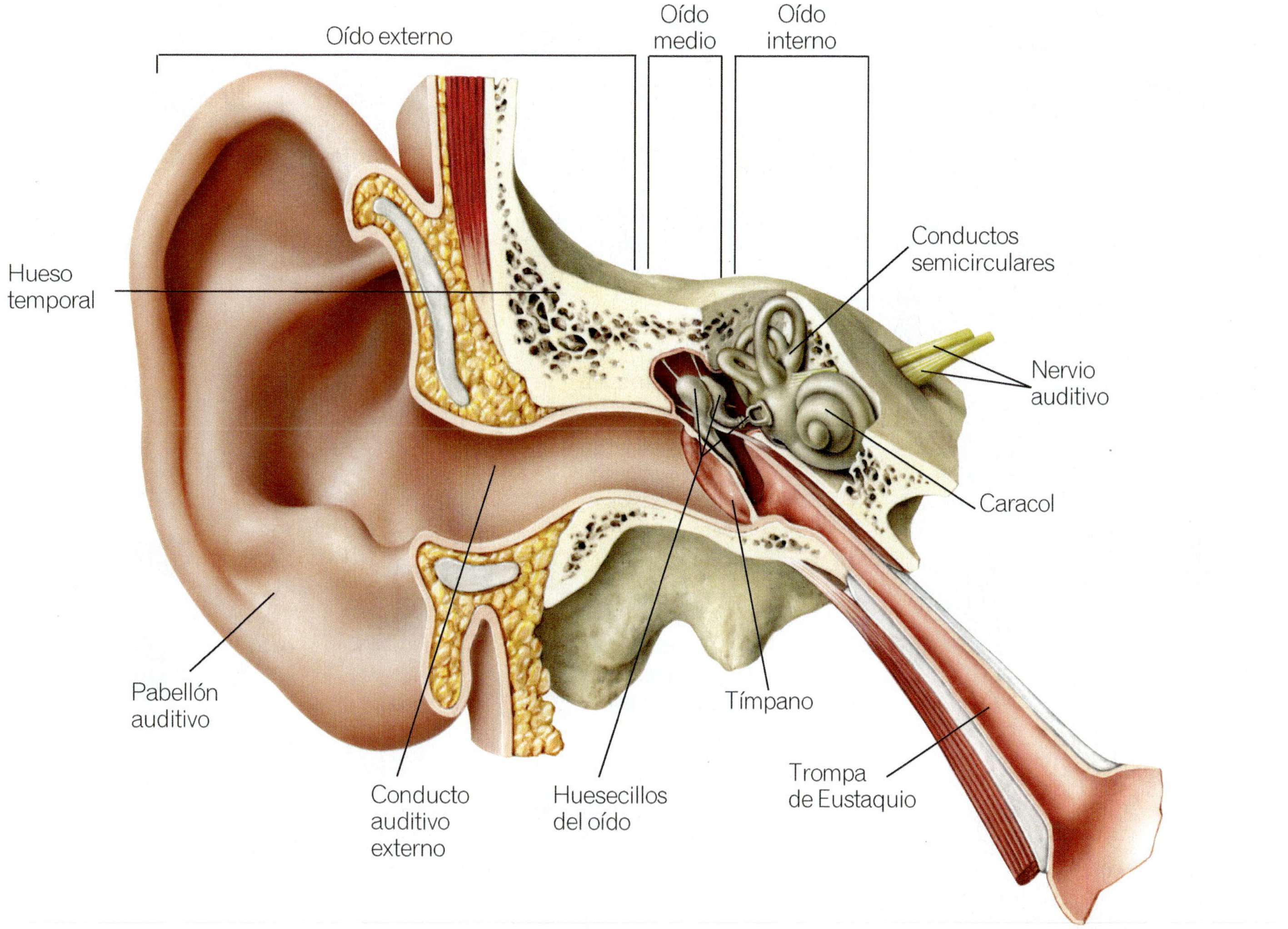

Oído medio

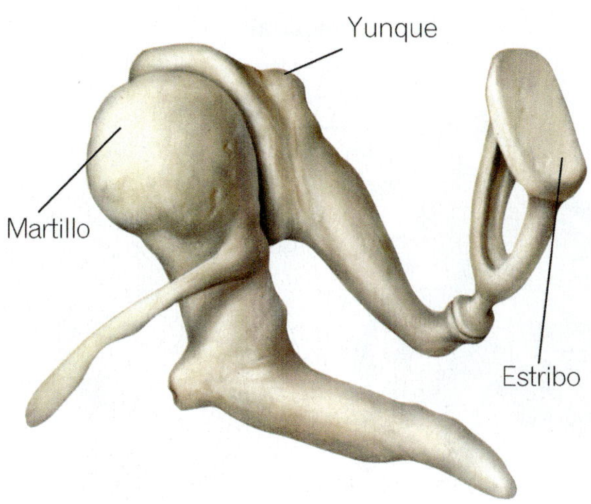

Oído interno

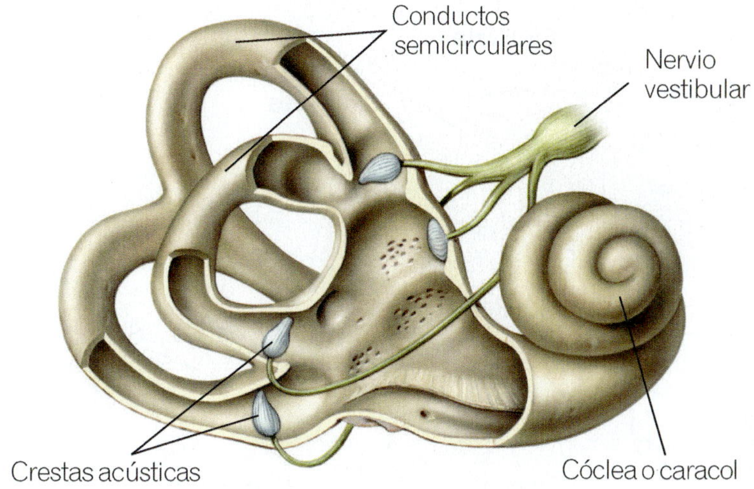

Sistema nervioso

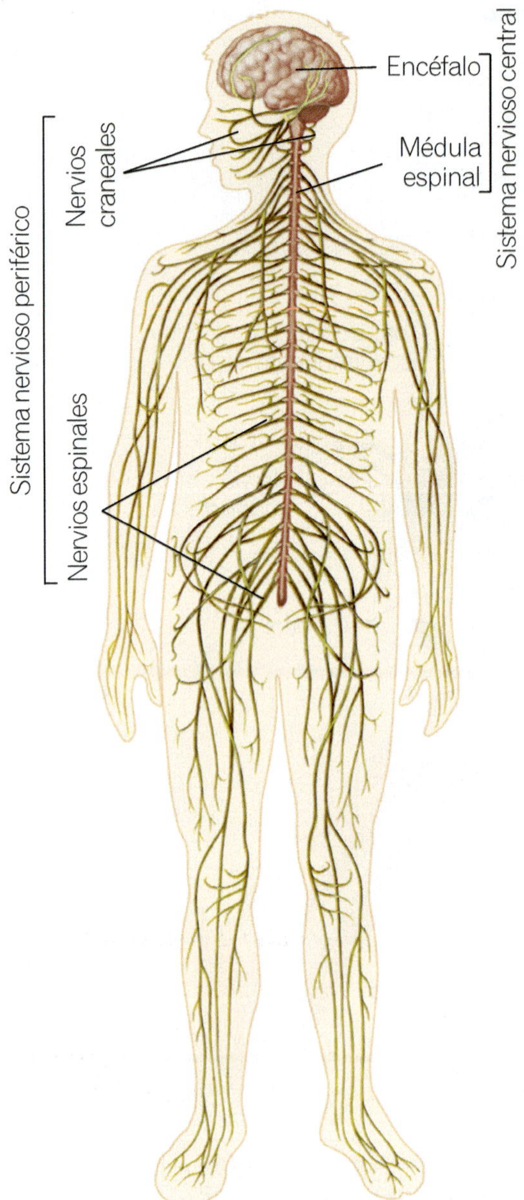

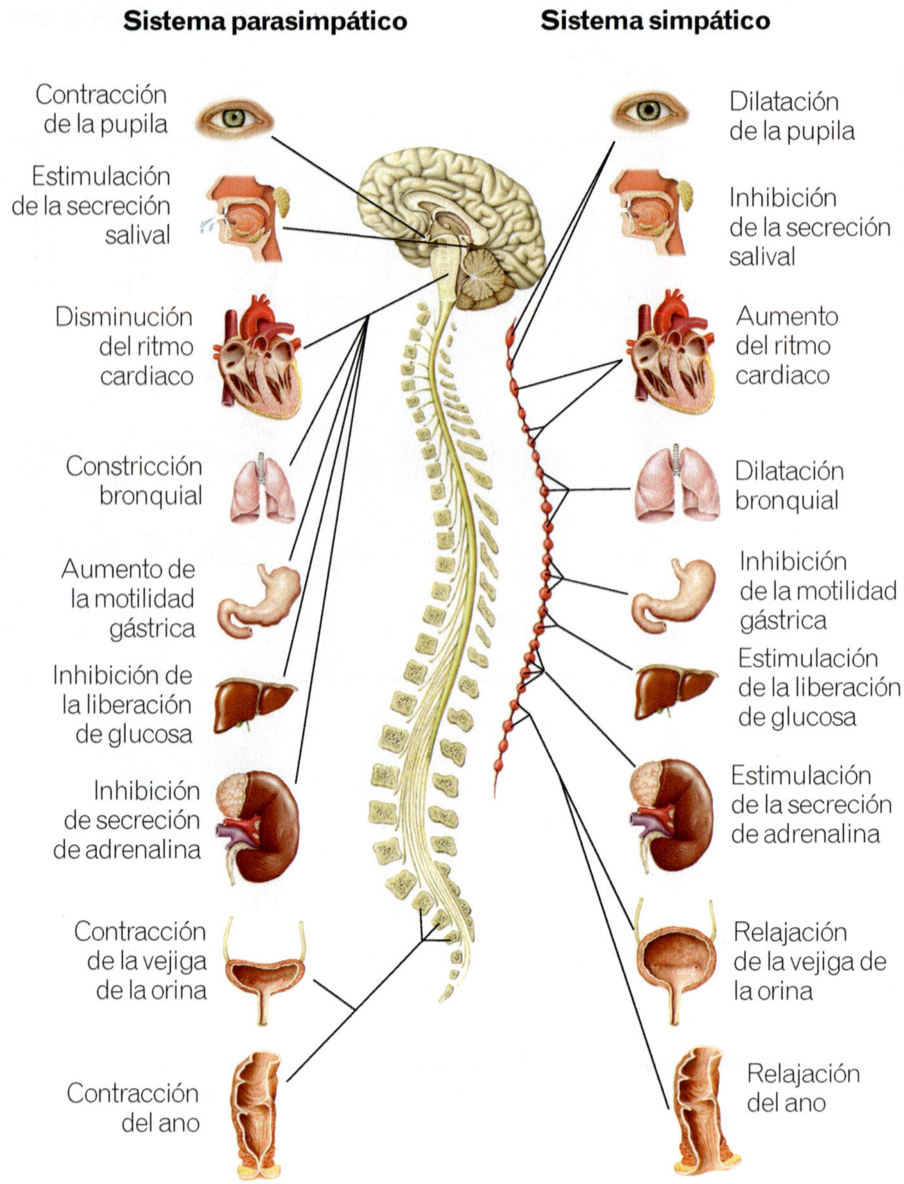

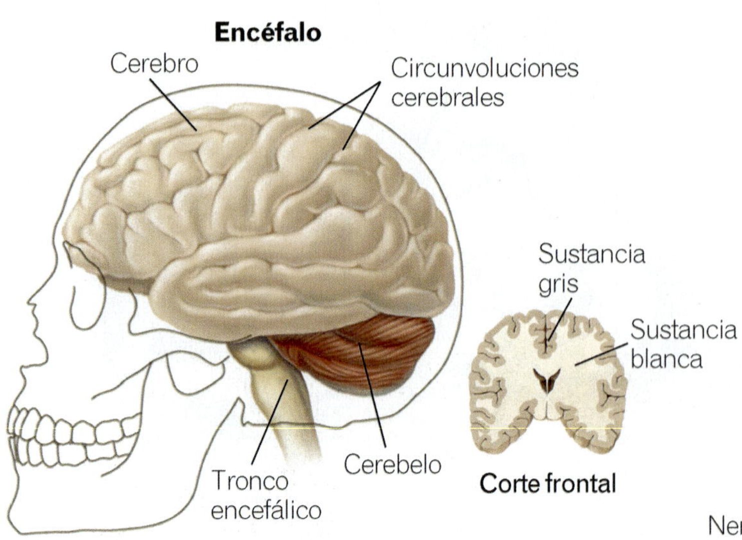

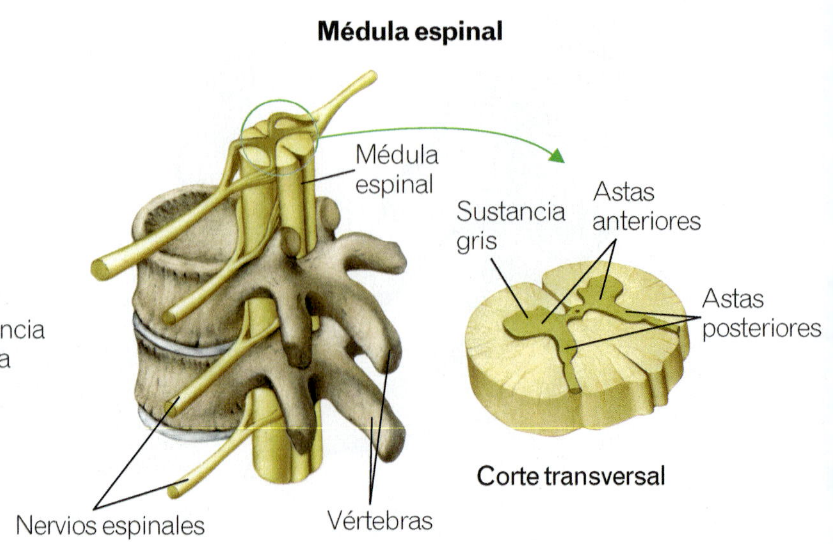

Sistema endocrino

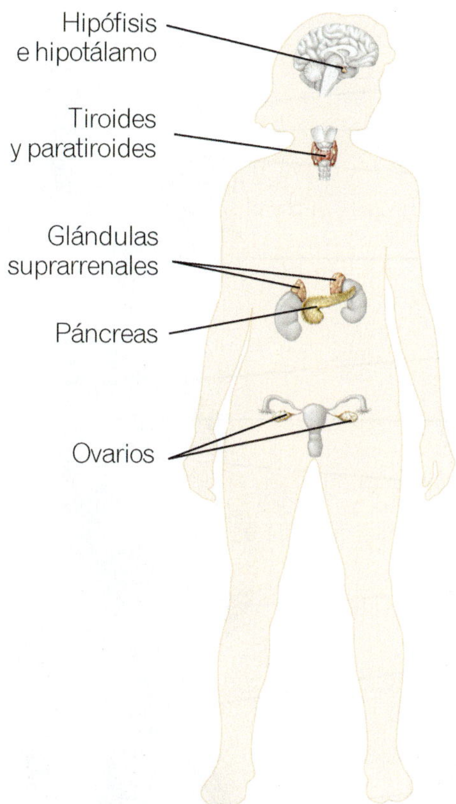

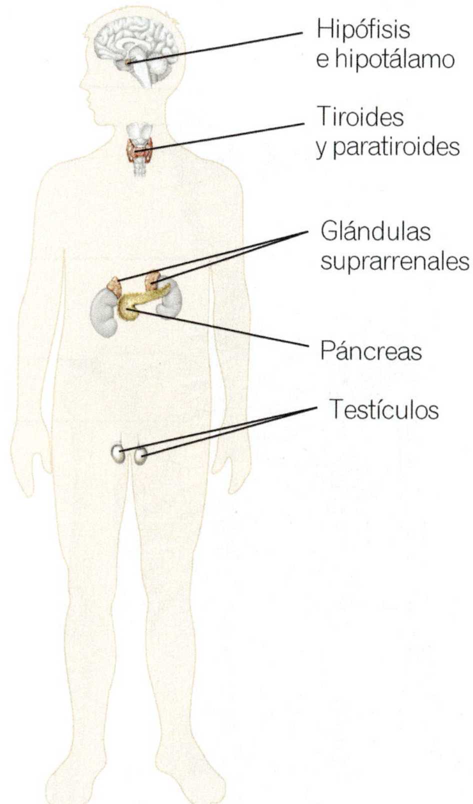

Hipófisis e hipotálamo

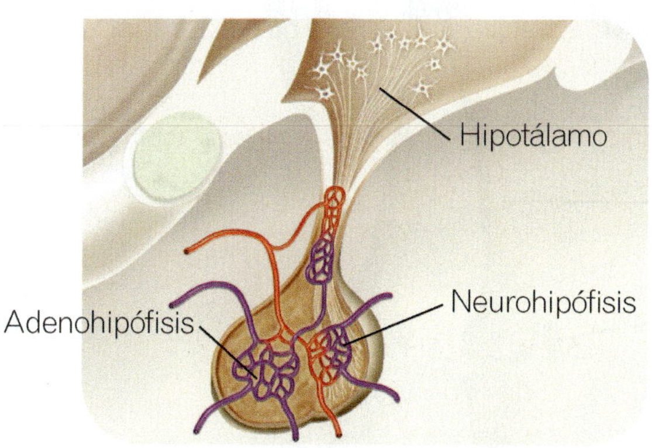

Tiroides y paratiroides

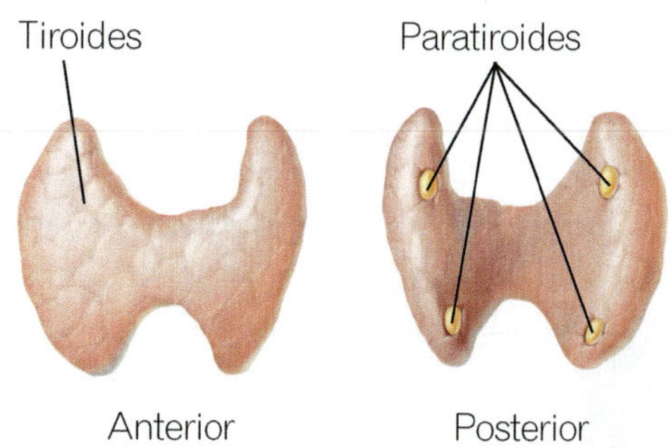

Glándulas suprarrenales

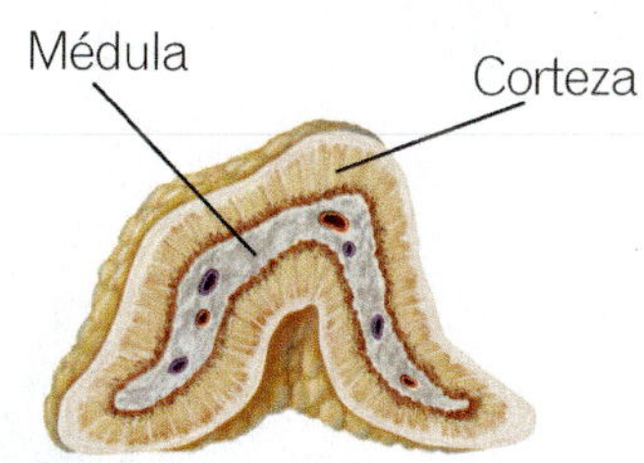

Ovarios

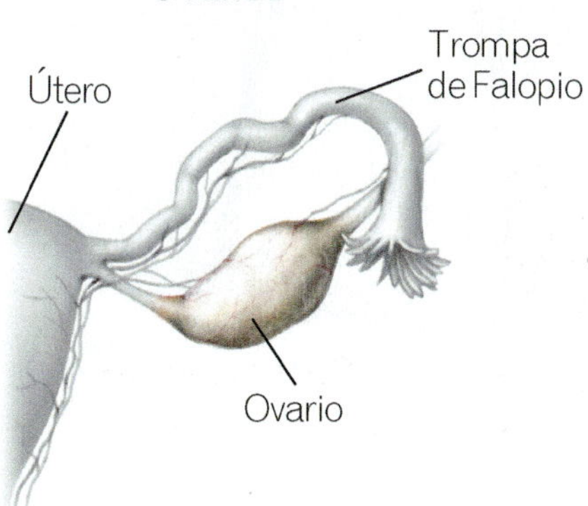

Páncreas

Testículos

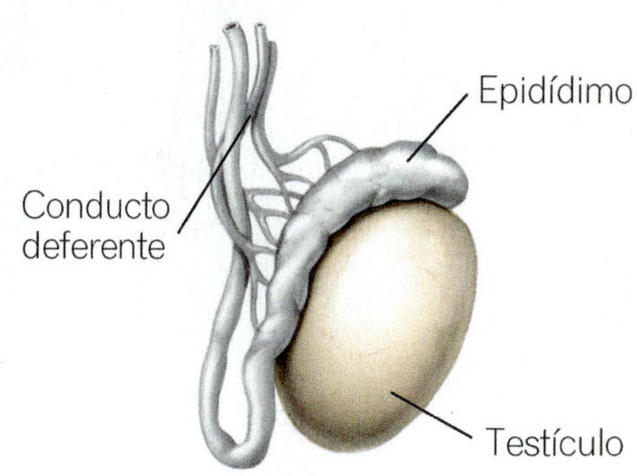

Sistema esquelético

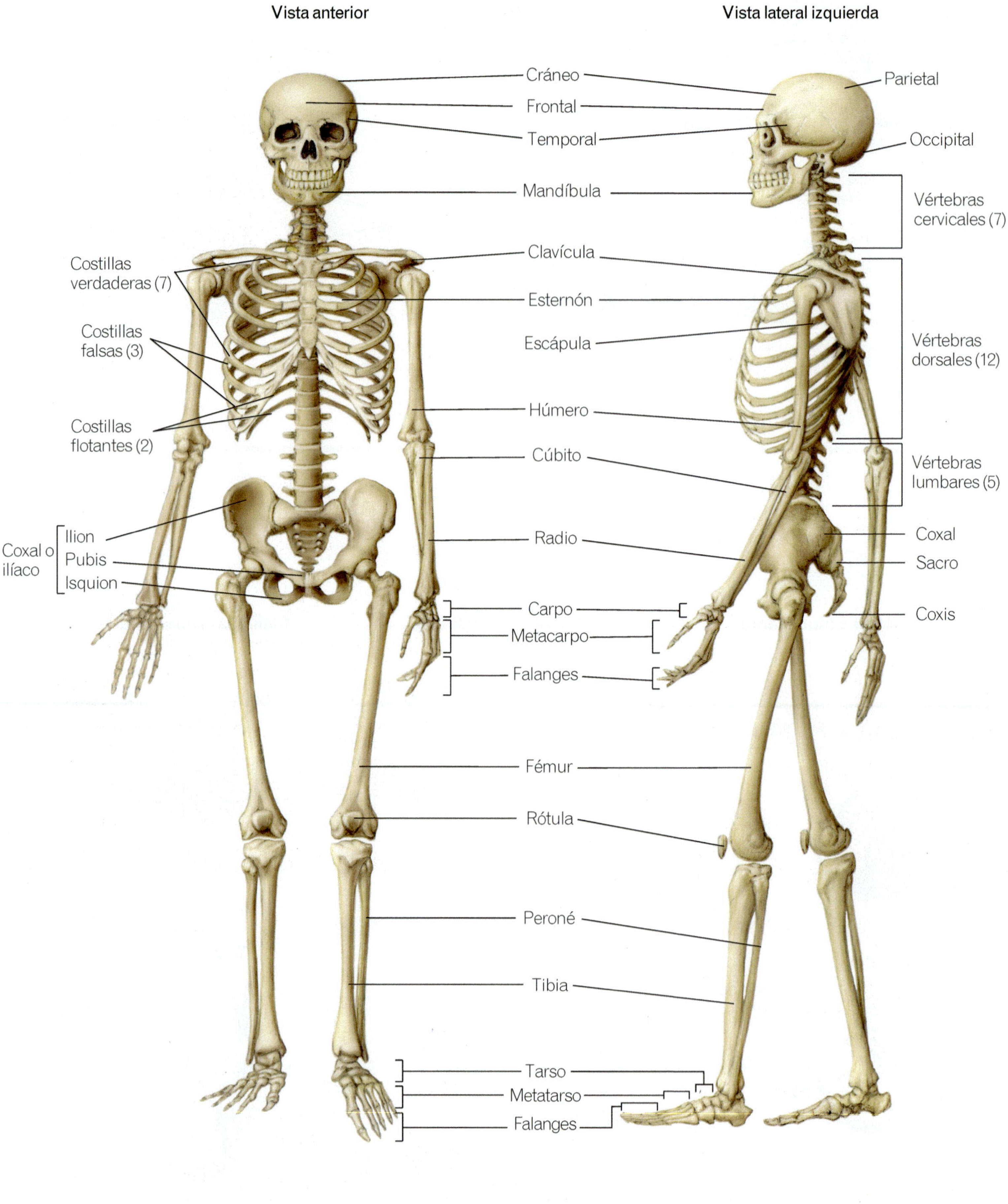

Cráneo

Vista lateral

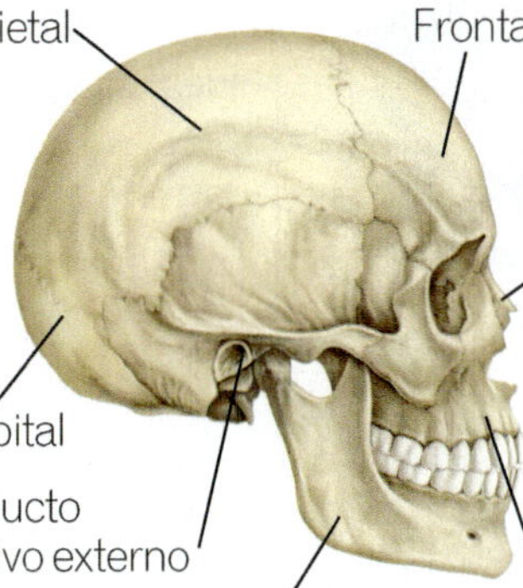

Vista superior

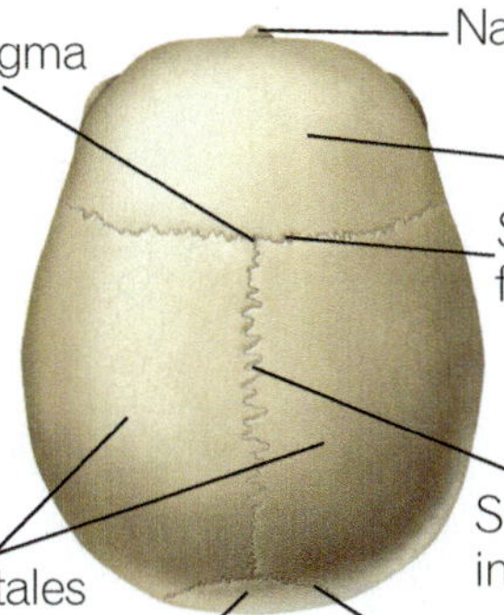

Vista inferior

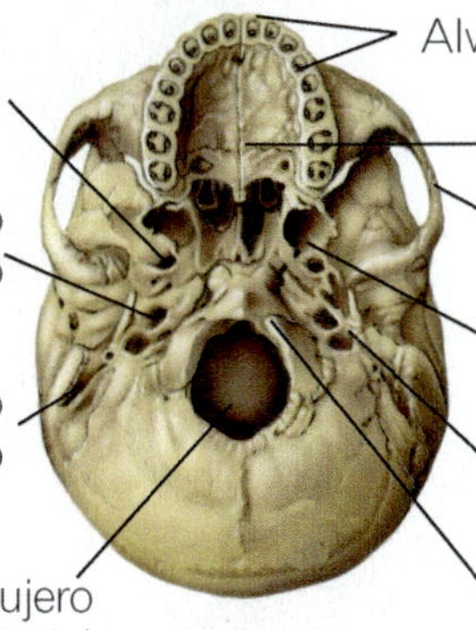

Columna vertebral

Vista anterior

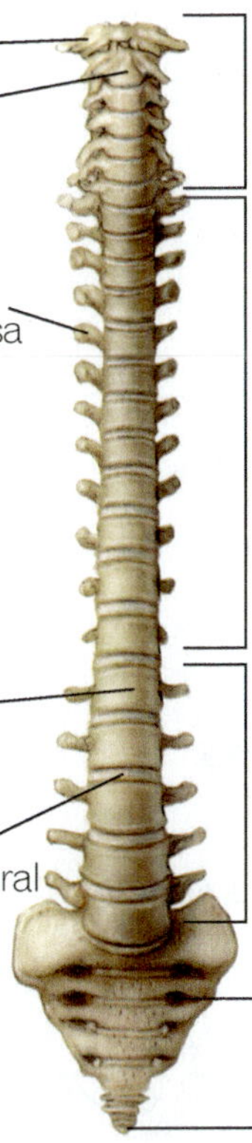

Vista lateral

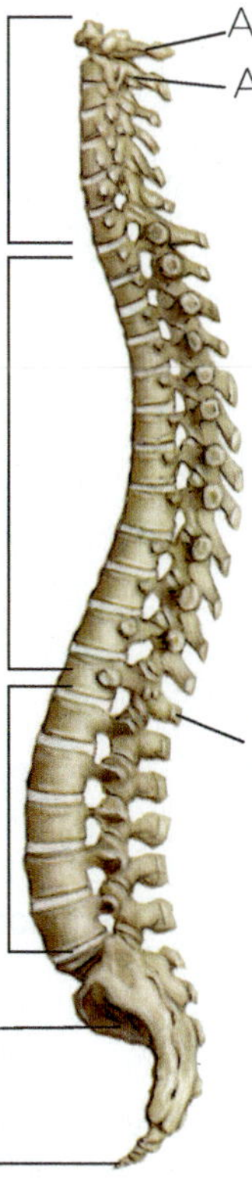

Caja torácica

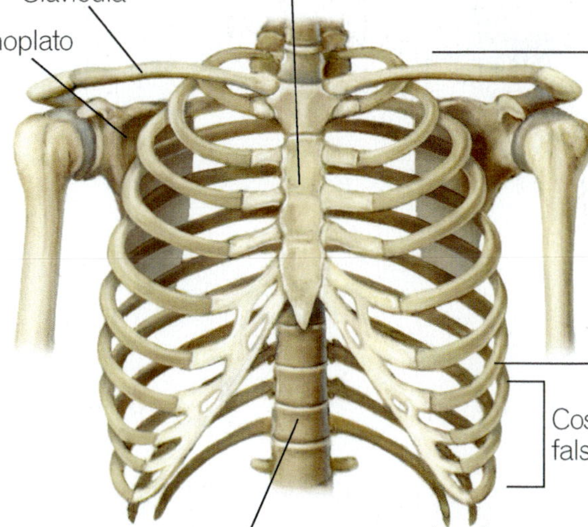

Vértebra

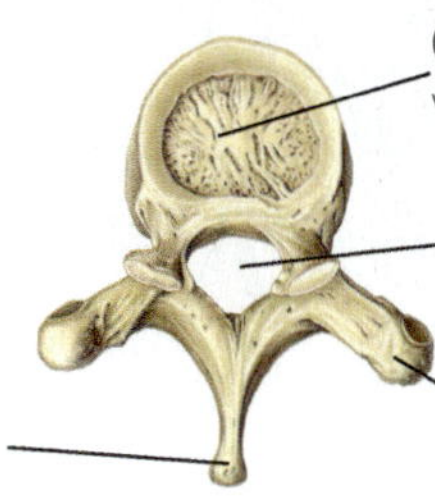

Sistema esquelético

Miembro superior

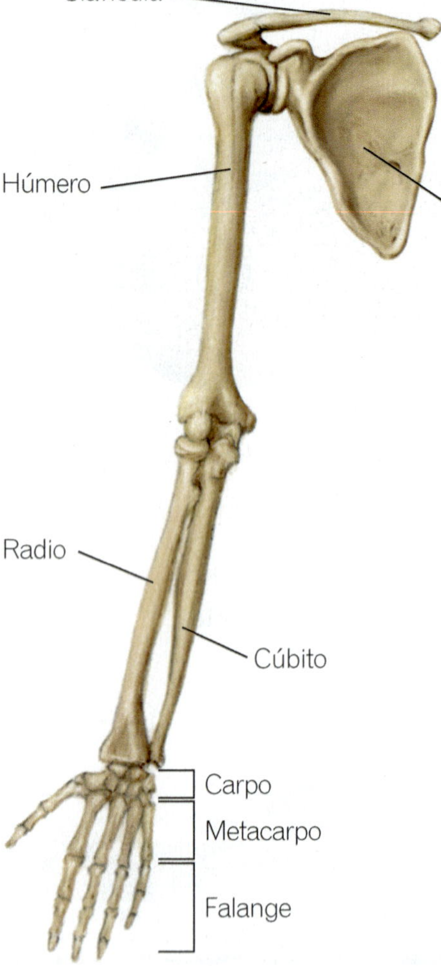

Miembro inferior

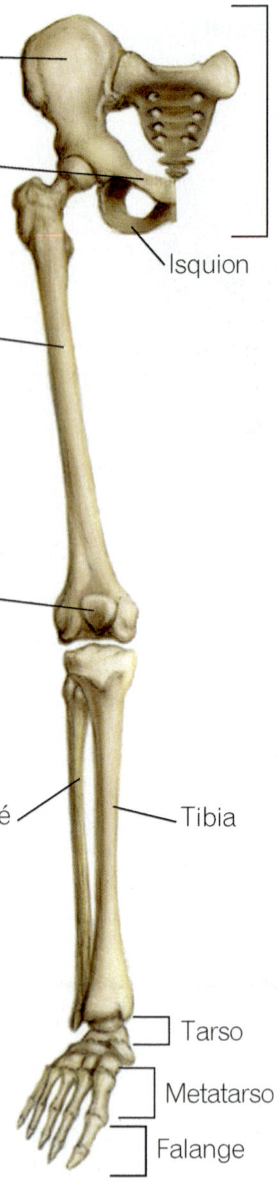

Carpo y metacarpo

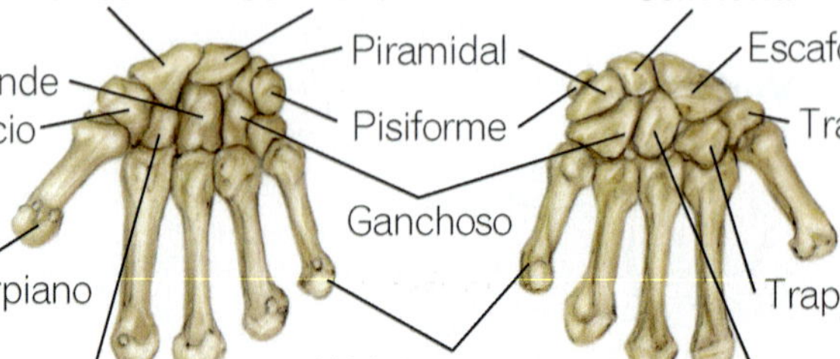

Tarso y metatarso

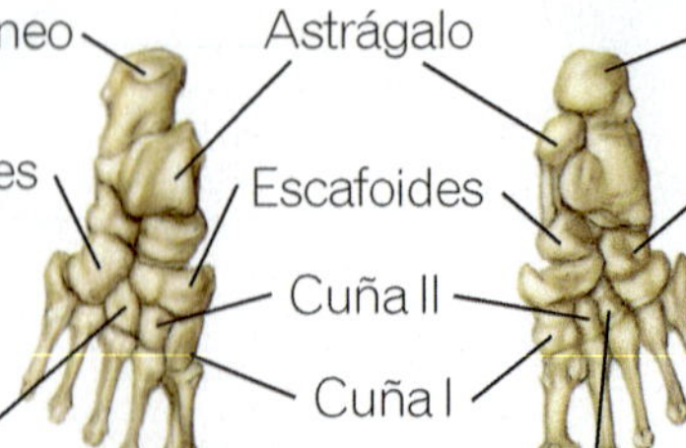

Articulación del hombro

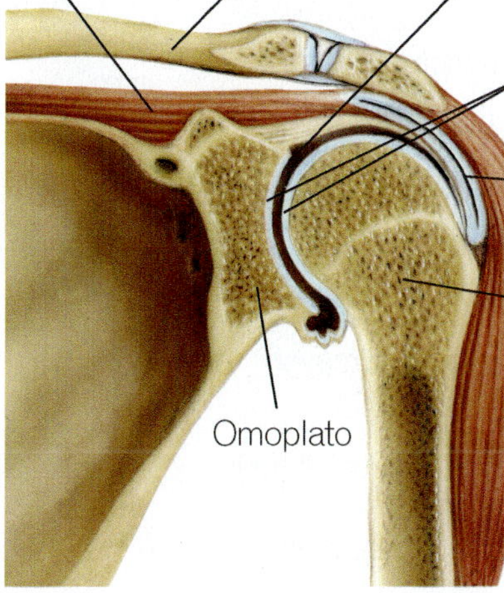

Corte frontal

Articulación de la cadera

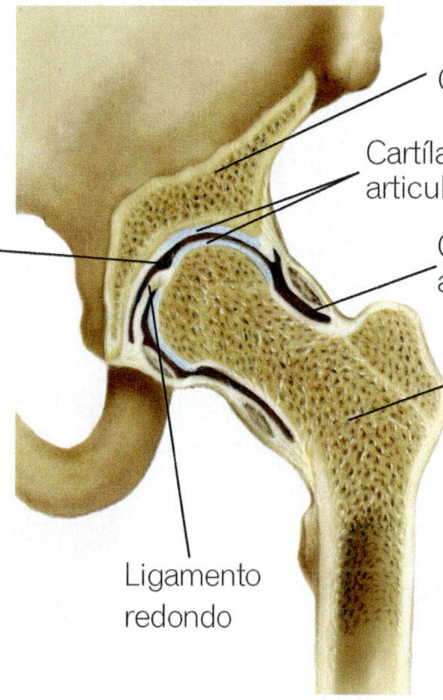

Corte frontal

Articulación de la rodilla

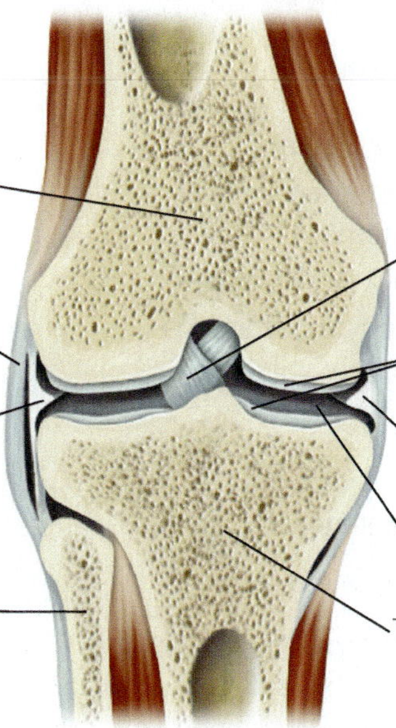

Corte frontal

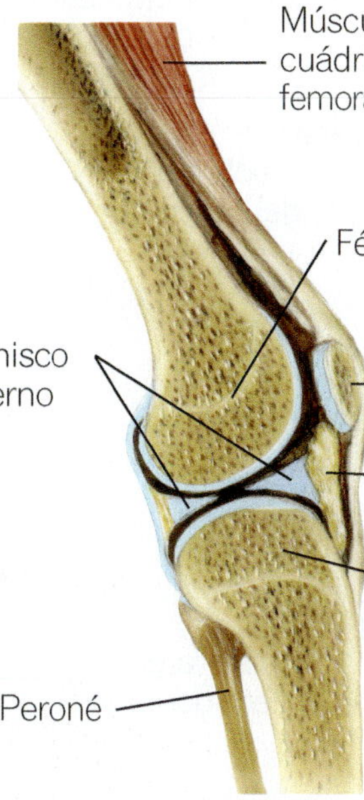

Corte sagital

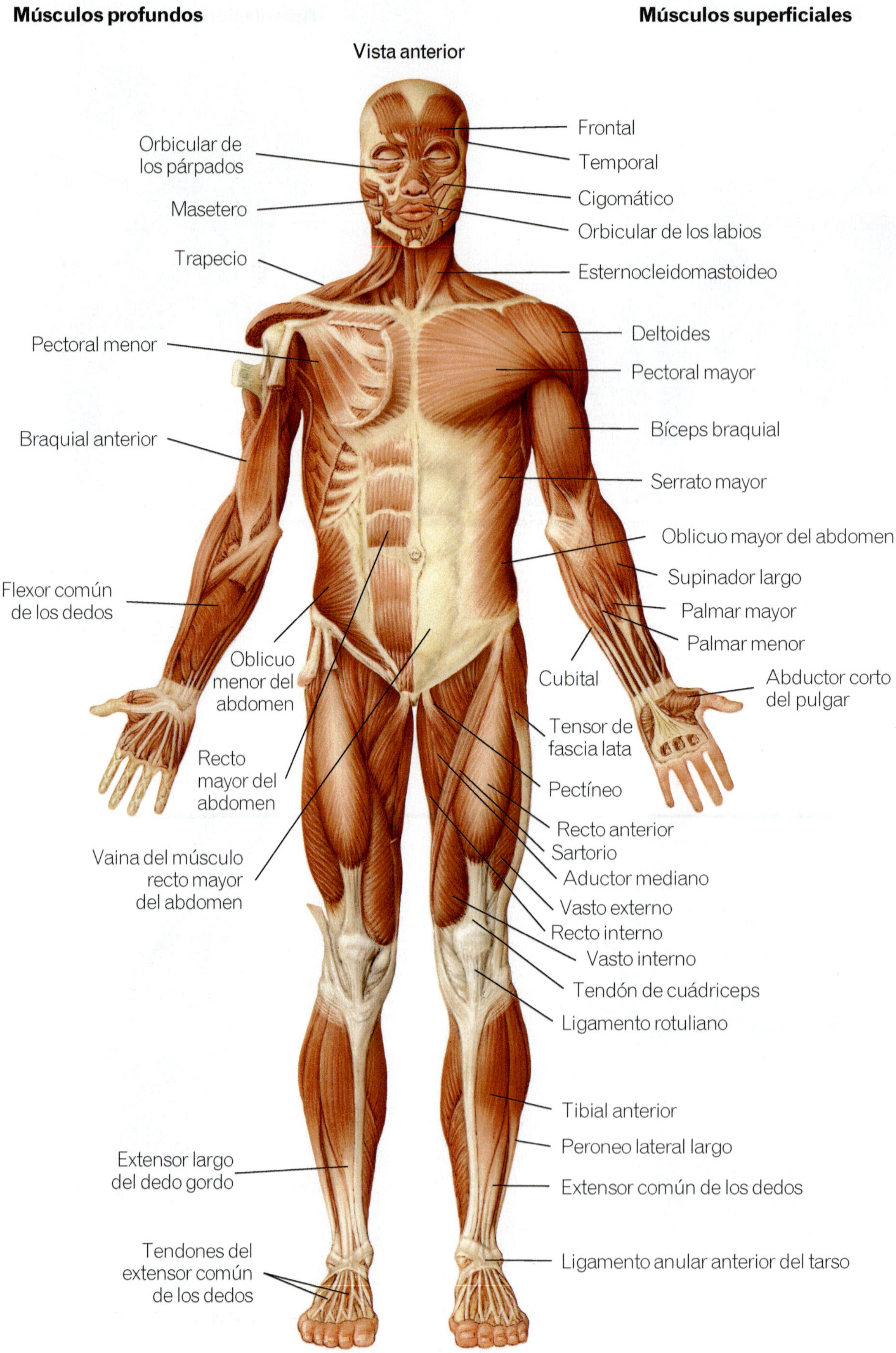
Músculos profundos
Músculos superficiales
Vista anterior
Orbicular de los párpados
Masetero
Trapecio
Pectoral menor
Braquial anterior
Flexor común de los dedos
Oblicuo menor del abdomen
Recto mayor del abdomen
Vaina del músculo recto mayor del abdomen
Extensor largo del dedo gordo
Tendones del extensor común de los dedos
Frontal
Temporal
Cigomático
Orbicular de los labios
Esternocleidomastoideo
Deltoides
Pectoral mayor
Bíceps braquial
Serrato mayor
Oblicuo mayor del abdomen
Supinador largo
Palmar mayor
Palmar menor
Cubital
Abductor corto del pulgar
Tensor de fascia lata
Pectíneo
Recto anterior
Sartorio
Aductor mediano
Vasto externo
Recto interno
Vasto interno
Tendón de cuádriceps
Ligamento rotuliano
Tibial anterior
Peroneo lateral largo
Extensor común de los dedos
Ligamento anular anterior del tarso

Músculos superficiales

Músculos profundos

Vista posterior

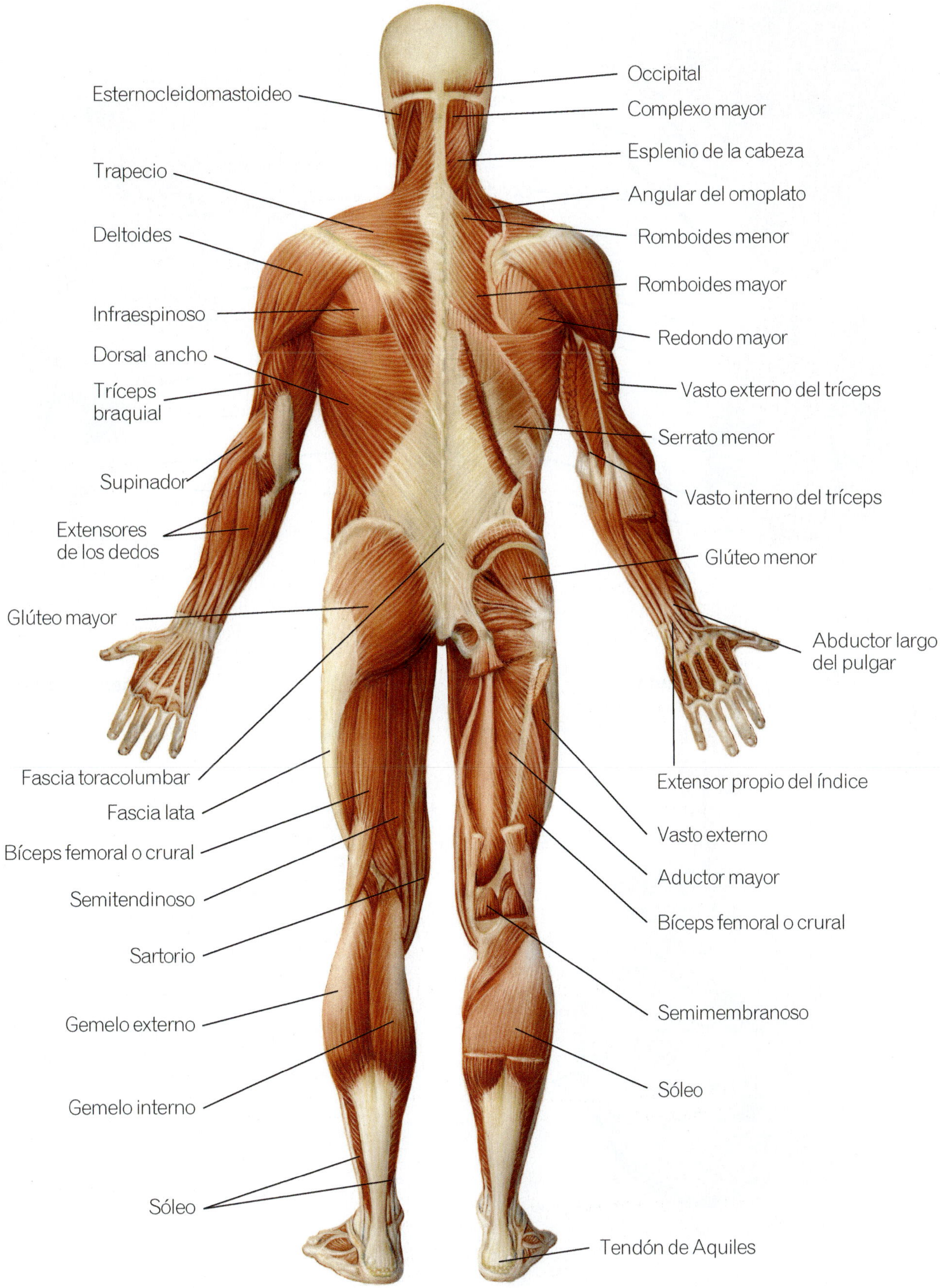

Aparato reproductor masculino

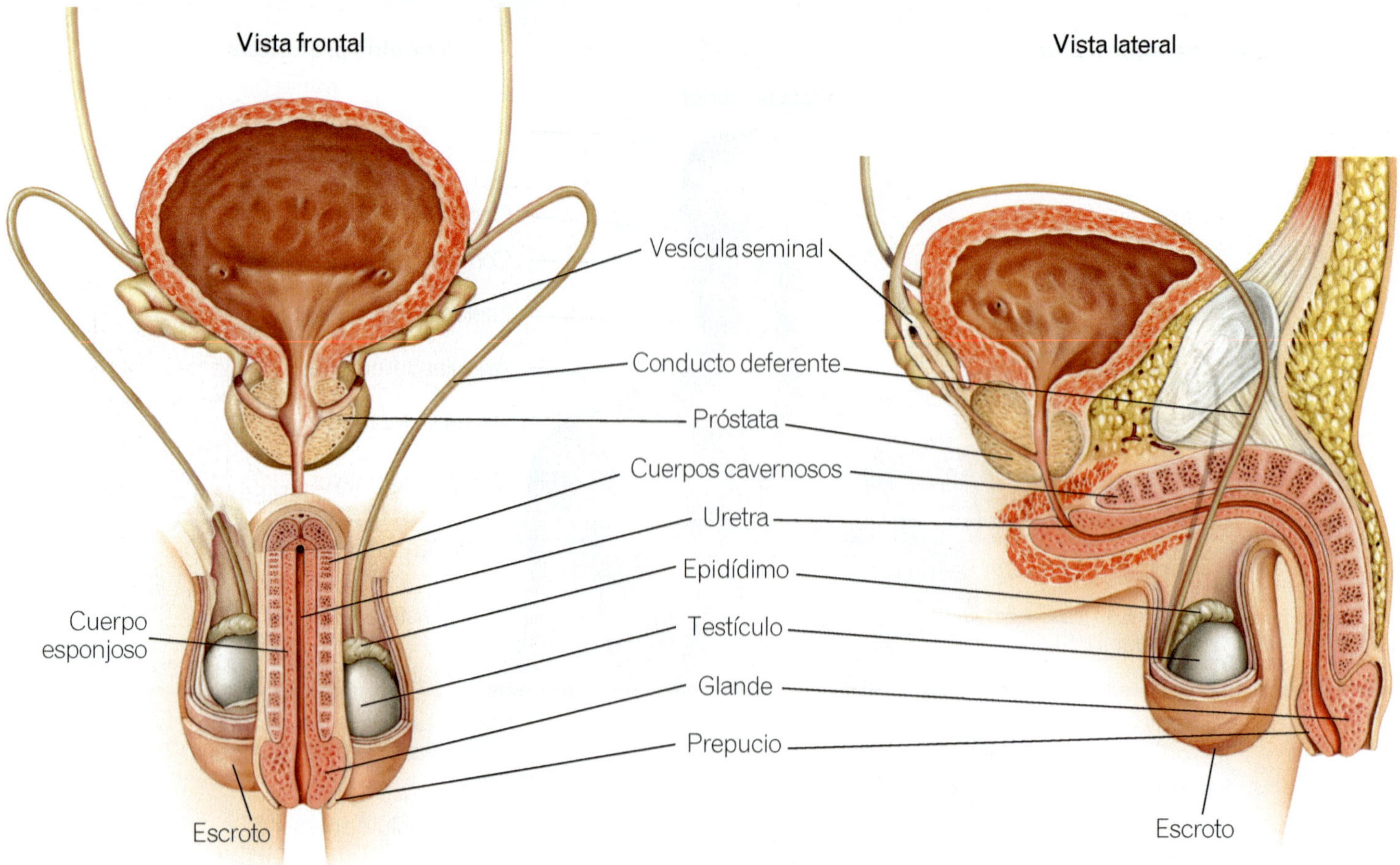

Testículo

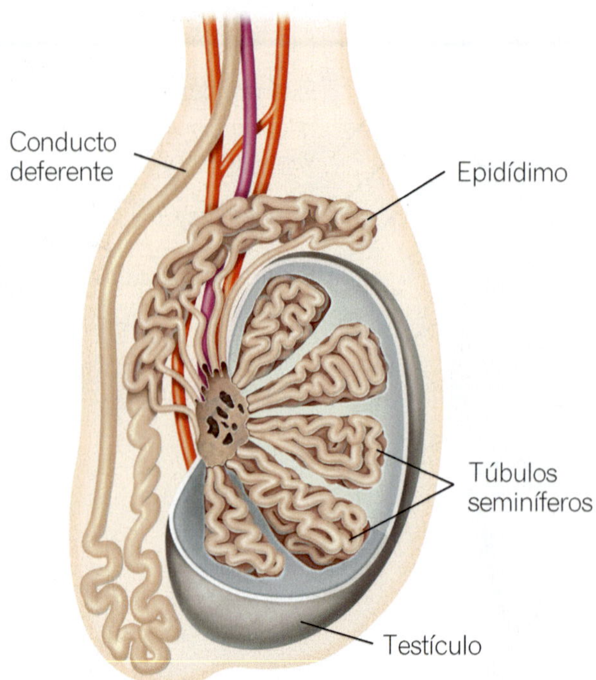

Espermatozoide

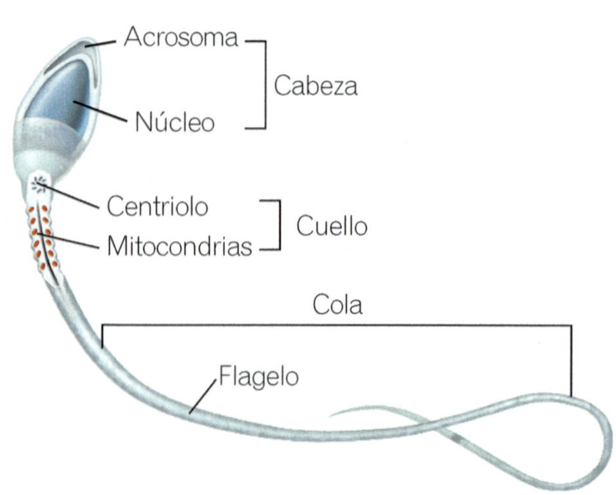

Aparato reproductor femenino

Vista frontal

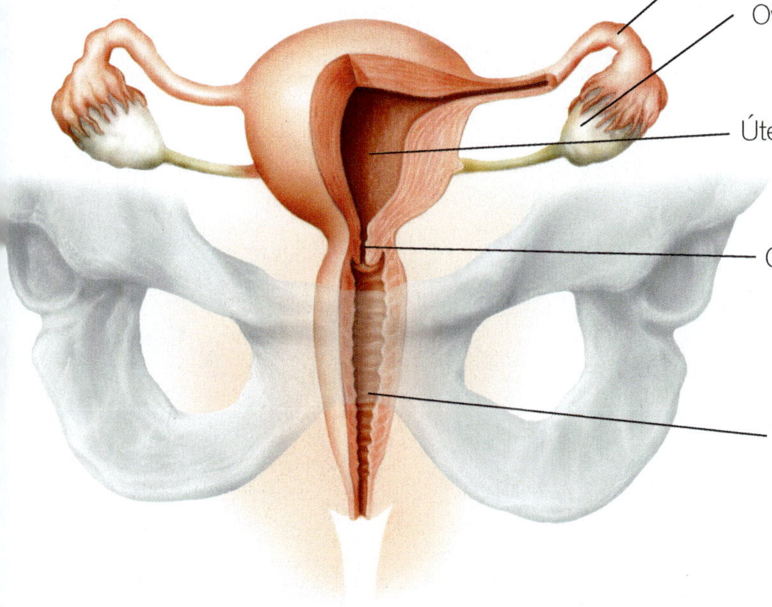

Vista lateral

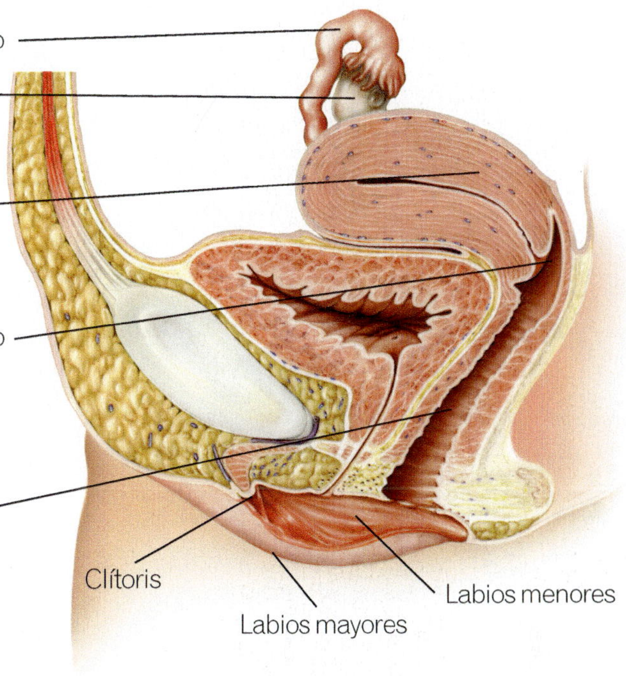

Óvulo

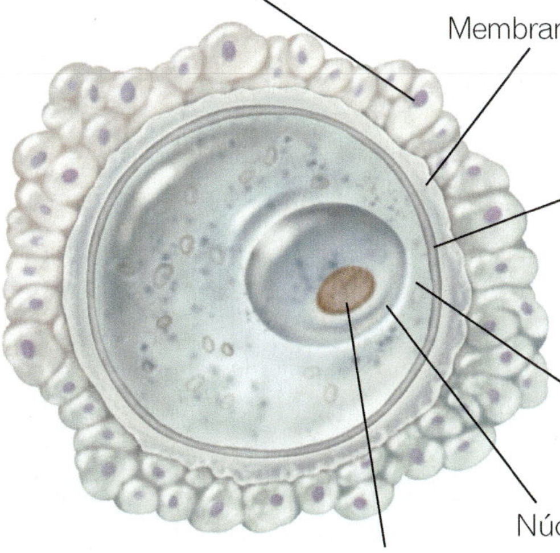

Ovario y formación del óvulo

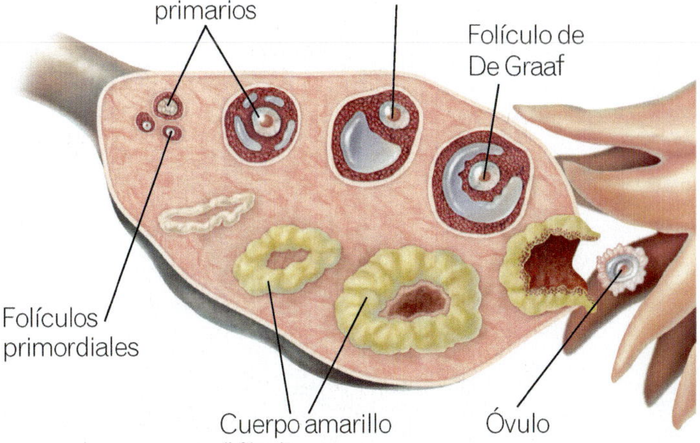